辽河口湿地
生态修复理论与方法

赵阳国　白　洁　高会旺　编著

U0195530

海洋出版社

2016 年 · 北京

图书在版编目（CIP）数据

辽河口湿地生态修复理论与方法/赵阳国，白洁，高会旺编著. —北京：海洋出版社，2016.11

ISBN 978-7-5027-9614-3

Ⅰ.①辽⋯ Ⅱ.①赵⋯ ②白⋯ ③高⋯ Ⅲ.①辽河流域-沼泽化地-生态恢复-研究-盘锦 Ⅳ.①P942.313.78

中国版本图书馆 CIP 数据核字（2016）第 270727 号

责任编辑：杨传霞
责任印制：赵麟苏

海洋出版社 出版发行

http：//www.oceanpress.com.cn

北京市海淀区大慧寺路 8 号 邮编：100081

北京画中画印刷有限公司印刷 新华书店发行所经销

2016 年 11 月第 1 版 2016 年 11 月北京第 1 次印刷

开本：787mm×1092mm 1/16 印张：18.5

字数：500 千字 定价：118.00 元

发行部：62147016 邮购部：68038093 总编室：62114335

海洋版图书印、装错误可随时退换

前 言

辽河口湿地被誉为中国最美的六大湿地之一，是以芦苇沼泽和翅碱蓬潮间带滩涂为主的自然湿地，分布着亚洲第一大苇场，拥有红海滩奇观，是丹顶鹤、黑嘴鸥等珍稀水禽的繁殖栖息地。同时，该区也是"苇田、稻田、油田"三田汇集区，受到强烈海陆共同作用的生态敏感区，也是辽河流域污染物入海的最后一道生态屏障。该区域生态环境的改善是辽河流域水污染治理效果的集中体现，也是对辽东湾海洋生态的有效保护。

20 世纪 80 年代至 21 世纪初的 20 多年间，受极端气候条件及人为因素综合影响，辽河河口区湿地景观格局波动剧烈，自然湿地斑块化严重，翅碱蓬湿地的面积减少了近 50%，自然湿地生态功能显著下降。在此背景下，自 2008 年以来，本课题组承担了国家水体污染控制与治理科技重大专项"辽河河口区大型湿地生态修复关键技术与示范（2008ZX07208－009）"和"辽河河口区水质改善与湿地水生态修复技术集成与示范（2013ZX07202－007）"课题，开展了基础与应用研究，以期为河口湿地生态修复提供理论依据和技术支撑。

本书汇集了课题组几十位环境领域学者关于辽河口湿地生态环境现状和演化趋势、湿地生态退化机制、生物地球化学循环与生态效应、辽河口湿地生态用水调控、芦苇和翅碱蓬退化湿地生态修复、生态价值评估等理论与技术方法，是对各位科研人员历时 8 年研究成果的总结。参与课题研究和本书编写的主要人员包括中国海洋大学马安青、王艳、田伟君、白洁、刘艳玲、米铁柱、李正炎、李辉、邹立、张学庆、林国庆、郑西来、罗先香、郎印海、赵阳国、胡泓、高会旺、姬光荣、潘进芬（以姓氏笔画为序，后同）；辽宁省环境科学研究院王延松、吕久俊、张恒明、满嬴、郭宝东；沈阳大学孙铁珩、杨继松、陈红亮、侯永侠、董怡华、程全国；中国科学院东北地理与农业生态研究所吕宪国、佟守正、宋晓林；盘锦市芦苇科学研究所于长斌、王金爽、王德林、金明等。赵阳国副教授、白洁教授和高会旺教授负责全书统稿、审校。

本书是作者们齐心协力的结晶，在编写过程中更是得到了国家和地方水专项管理办公室、辽宁省和盘锦市环保部门领导、辽河流域水体污染综合治理技术集成与工程示范项目负责人和专家组的大力支持，许多专家学者和同仁也为本书提出了宝贵意见，在此谨呈衷心的感谢！

希望本书能够使读者了解辽河口湿地水生态环境现状及研究动态，并为相关领域的科学研究与教学提供有益的参考。由于编者水平所限，书中一定会有不少疏漏和不当之处，敬请提出宝贵意见。

编著者

2016 年 10 月

目　次

第1章 辽河口湿地环境现状与演化趋势

辽河口湿地位于辽宁省盘锦市境内、辽河三角洲的最南端、辽河（双台子河）入海口处，著名的辽河口国家级自然保护区即分布于此。该区是以芦苇沼泽及潮间带滩涂为主的自然湿地，分布着亚洲第一大苇场；该区也是珍稀水禽重要的繁殖栖息地，被誉为中国最美的六大湿地之一。辽河口湿地是辽河入海的最后屏障，该区域生态环境的改善是辽河治理效果的集中体现，也是对海洋环境与生态的有效保护。

多重生态价值在同一时空背景下的相互冲突构成了本区域生态环境的鲜明特色，强烈的陆海作用和高强度的人为开发使辽河口湿地生态环境问题日益突出。具体表现为：生态系统脆弱化、湿地净化功能衰退、工业污染严重、局地污染与上游污染叠加，入海污染物增加和人为干预导致生态退化和近岸水质恶化。"九五"规划以来，辽河流域被纳入了国家重点治理的"三河"之一，辽河流域治理投入了大量人力、物力和财力，经过治理，积累了大量的流域水污染防治经验。2008年以来，通过水体污染控制与治理科技重大专项的实施以及全省上下的共同努力，至2012年，辽河全流域水质已经达到IV类水质，生态环境也有所改善。目前，生态环境存在的主要问题是河口湿地生物种群单一，芦苇湿地面积减少，种质明显退化；翅碱蓬湿地面积迅速萎缩，覆盖度显著下降；辽河流域和河口区生态用水量增加和水质性缺水之间的矛盾十分明显。

本章对辽河口湿地的环境现状以及演化趋势进行了调查分析，研究结果将对辽河口退化湿地生态修复、湿地生态系统的净污能力和服务功能改善提供理论依据。

1.1 辽河口湿地生态环境现状

1.1.1 辽河口湿地概况

1.1.1.1 位置与范围

辽河口湿地主要分布于辽河平原南端，渤海辽东湾北岸，集中分布于大凌河与大辽河之间，辽河口入海处。行政区域包括盘锦市和营口市区及其老边区的全部，盘锦市是其主体和核心。地理位置坐标40°40′—41°10′N，121°25′—122°55′E，总面积4 000 km²，是辽河、绕阳河和大凌河等几条河流下游的沉积平原（肖笃宁等，2005）。

1.1.1.2 气候条件

研究区地处中纬度，属北温带大陆性半湿润季风气候，河口区内四季分明，年平均气温8.4℃，平均无霜期177 d，年平均降水量为611~640 mm，年平均蒸发量1 656~3 476 mm，全年平均风速4.3 m/s，年日照时数为2 768.5 h。灾害性天气主要有暴雨、大风、冰雹、低

1

温冻害、霜冻等，11月上旬至翌年3月中旬为冻土期。

该区四季分明，春季气温回暖快，降水少，气候干燥，多偏南风，蒸发量大，日照时数多，由于受渤海的影响，4—5月时大于8级的大风日数为14 d，占全年大风日数的35%左右，降水量96.5 mm，蒸发量585 mm；6—8月炎热多雨，空气潮湿，降水集中，平均降水量为392.1 mm，占全年降水量的62.9%；9—11月多晴朗天气，平均气温10℃左右，降水量121 mm，日照时数670 h；12月至翌年2月寒冷干燥，温度最低值出现在1月，平均气温-10.3℃，极端最低气温为-29.3℃，降水量仅4.1 mm。

1.1.1.3　地质地貌

辽河口湿地属地势平坦的冲海积—冲洪积平原，属辽河平原南部边缘区。燕山运动时，盆地开始形成。侏罗纪以前，与华北台地同为一体，三叠纪以后，由于构造运动形成一些零星分割的侏罗系盆地，随构造运动的加强，产生了控制盆地形成和发育的"多"字形断裂构造，同时伴随有剧烈的岩浆活动。第三纪时期，在北东向"多"字形断裂构造的控制下，盆地发生大幅度断陷式下沉，并在其内部发生强烈的分异作用，形成了一系列紧密相间的隆起和凹陷。各入海水系所携带的大量泥沙等碎屑物质，为凹陷的堆积提供了丰富的物质来源，凹陷内部有巨厚的老第三纪堆积，厚度可达6 000 m，辽河口湿地的第四纪地层是在下辽河平原中生代断陷盆地基础上堆积形成的，经过几次海侵沉积，形成了分布广、面积大、时代齐全、成因类型复杂多变的第四纪沉积层。

辽河下游河道变化无常，泥沙堆积作用强，在入海处形成三角洲和河口沙洲。在辽河河口-5 m等深线间，分布着规模不等的水下堆积体，堆积物以砂质和细砂为主，涨潮时淹没，退潮时显出。

辽河口湿地地势平坦，地貌类型单一，地面高程小于7 m，坡降为1/25 000~1/20 000，海岸地带地势低洼，湿地遍布，潮沟发育。

地貌可分为两种类型：一种为滨海平洼地，地面高程为1.5~3.5 m，地面坡度小于1/1 000，地表组成物质为淤泥质亚黏土和黏土；另一种为滨海平垄地，地面高程为2.5~4.5 m，地面坡度小于1/1 000，地表组成物质为亚黏土，部分为亚砂土，是研究区地貌类型的主体。

根据环境地貌分区，可分为三种类型区：第一种类型为盐碱化低平地，在辽河口湿地的中上部，即老边、大洼一线的东北侧，滨海平垄地的主体部分，目前大部分开辟为水田；第二种类型为滨海芦苇盐土低湿地，在老边及大洼一线的西南，目前已开辟为农田、城市，建设有天和盐田；第三种类型为芦苇盐碱湿地，主要分布在盘锦的西北部。

1.1.1.4　海岸线

该区域内，海岸线长147.3 km，由于上游水土流失，泥沙下泄淤积，海岸线不断南移。据考证，辽河口湿地的古海岸线（新石器时代到汉代，距今10 000~3 000年）约在大石桥、古城子、沙岭、盘山一线。目前，湿地所处三角洲每年向海延伸2~10 m不等。据辽宁省勘测设计院《辽河干流盘山水利枢纽工程初步设计》估计，从1933—1954年，自辽河口到大辽河口海岸，每年外延95~330 m，这说明海退的速度明显加快了。在600年前，当时的辽河口已延伸至今日营口附近。《明史·志第十七》曾明确记载，"西北有梁房口关，海运之舟由此入辽河，旁有盐场"。梁房口即今日营口附近大白庙子。以上说明，辽河变迁导致三角洲的形成，河海泥沙淤积使三角洲面积逐渐扩大，海岸线不断向南延伸，使辽河口湿地的面积得以扩展。

1.1.1.5 水文

辽河口湿地的集水主要来源于地表水和地下水，该区有大小河流 20 多条，汇集于辽河入海。辽河（包括大辽河）年净流量 5.62×10^8 m³，大凌河 0.41×10^8 m³。由于降水量少，地势平坦，年径流深不足 100 mm，当地产水量每平方千米不足 10×10^4 m³，入海水量集中分布在汛期（6—9 月）。

辽河口湿地潮汐属非正规半日混合潮，平均潮差 2.7 m，最大可能潮差达 5.5 m，潮流的主流方向为东北至西南，冰期为 130 d 左右，是我国冰情最重的海域。水利工程对研究区的水文过程影响很大，本区水利灌排设施齐全，渠道总长度为 2 800 km，河流堤坝的长度约为 400 km，在海岸平均高潮线部位都修建了人工防潮堤，此外，还有水库、河流挡潮闸等水利工程。以上工程不仅减轻了潮水对陆地的影响，而且加重了淡水的停留脱盐过程。

1.1.1.6 土壤

本区土壤的成土物质主要由河水携带的大量泥沙沉积而成，主要土壤类型有水稻土、盐土、草甸土、沼泽土，此外还有风沙土和棕壤。水稻土是由于人类活动而改变了原有土壤的性质，经过长期水耕熟化而形成的土壤，分布较广，占本区全部土壤面积的 44%。水稻土可分为两个亚类：一是淹育型水稻土，是人类在草甸土上多年种稻发育而成，处于水稻土发育的初期阶段，主要分布在盘山县的大荒、喜彬、大洼县的西安、东风等农场及营口的部分地区；二是盐渍型水稻土，是盐土、盐化草甸土经垦殖后仍保持盐化特征的水稻土，分布在三角洲和辽河沿岸的低平地上，由于地势较低，地下水和水质矿化度较高。

盐土主要分布在西部和西南部沿海，占土壤面积的 27.9%，共分三个亚类：滨海盐土、草甸盐土和沼泽盐土。滨海盐土分布在西南近海地区，即海水能够到达的沿海地带，其成土母质为含盐较高的海积冲积物，地面高程 2.4~3.5 m，地下水位在 1 m 左右，矿化度 10~60 g/L，盐分在土壤剖面中几乎呈柱状分布，土壤较黏，质地较均一，层次分化不明显；草甸盐土中的盐分组成以氯化物为主，主要分布在距海较远，受河水影响较大的地带，地面高程 3~5 m，水质矿化度 5~15 g/L，pH 7.9 左右，有机质含量 0.49%~1.13%；沼泽盐土是分布在距海较近的低洼湿地的盐土，成土母质有两种：上为冲积物，下为海积物；地下水位接近地表，剖面特点为地表有盐化层，全盐量大于 1.0%，其下为腐殖质层、潜育层。

草甸土是辽河口地区的主要土壤之一，其分布范围也较为广泛，占总面积的 19.3%。根据成土过程中发育阶段的不同，可分为碳酸盐草甸土和盐化草甸土两个亚类。碳酸盐草甸土主要分布在辽河、大辽河及绕阳河的河漫滩、低阶地及冲积平原上；盐化草甸土分布在平原开阔地带，成土母质多为海积冲积物，地势较低，一般在 4 m 左右，地下水位 1~2 m，土壤含盐量较高，水质矿化度多为 1~10 g/L。

沼泽土主要分布在芦苇沼泽地区、河流沿岸的低洼地带或平原中心洼地上，占该区总面积的 8.5%，包括草甸沼泽土和盐化沼泽土两个亚类。草甸沼泽土一般分布在地势低洼，有季节性积水的地区，成土母质多为冲积物，土壤表层有机质含量最高可达 4%；盐化沼泽土约占该类土壤面积的 3/4，主要分布在大洼县的赵圈河、辽滨苇场等处，成土母质都为冲积海积物，地面植被以芦苇为主，地下水位普遍超过 1 m，每年约有 5 个月的灌溉时间，土壤处于脱盐和沼泽化初始阶段，可溶性盐含量较低，有机质含量高达 6%。

3

1.1.1.7 植被

本区植物区系特征属华北植物区，区内少有木本植物分布，偶见有零星的杨、柳、榆单株树，共有维管束植物 46 科 224 种。其特点为植物种类少，区系组成贫乏；木本植物少，草本植物多；喜湿耐盐植物多，中性植物少。由于独特的地质地貌、水文、土壤等条件，从而造成了植被的分异。本区植物群落类型中芦苇（*Phragmites*）群落为最重要类型。草甸芦苇生长在地势稍高的地段，地下水位较低，多在 1.0~1.5 m，地表积水时间较短，具有季节性积水或长期积水的地带，含盐量 0.2%~0.5%，群落中混生有付氏矶松（*Limonium franchetii*）、翅碱蓬（*Suaeda heteroptera*）、羊草（*Aneunolepidium chinensis*）、拂子茅（*Calamagnostis epigeios*）、东北菌陈篙（*Artemisia capillaris*）、抱茎苦荬菜（*Lxeris sonchiflora*）、车前（*Plantago asiatica*）、角碱蓬（*Suaeda corniculata*）、狗尾草（*Setaria viriis*）等。

1.1.1.8 动物

辽河口湿地由于保留了大面积的天然湿地景观，动物资源丰富多样，分布有 40 余种国际和国家重点保护物种，又是水禽迁徙的重要停歇地和栖息地，在保护生物多样性，尤其是珍稀鸟类保护方面占有重要地位，更是天然的物种基因库。辽河口湿地所在的双台河口国家级自然保护区，面积 1 280 km²，是一个以保护丹顶鹤等珍稀水禽及其赖以生存的湿地生态环境为主的野生动物类型的自然保护区。

辽河口湿地在动物地理区划中属古北界东北亚界东北区的松辽平原亚区。据多年观察，区内共有涉禽、游禽为主的鸟类 256 种，兽类、两栖、爬行动物多种，其中有国家一级保护动物如丹顶鹤（*Grus japonensis*）、黑嘴鸥（*Larus saundersi*）、白鹤（*Grus leucogeranus*）、白鹳（*Ciconia boyciana*）、黑鹳（*Ciconia nigra*）、金雕（*Golden eagle*）等，国家二级保护动物 29 种，如灰鹤（*Grus grus*）、蓑羽鹤（*Anthropoides virgo*）、大天鹅（*Cygnus cygnus*）、白额雁（*Anser albifrons*）、斑海豹（*Pjoca viyulina*）等，有《中日候鸟保护协定》规定保护的鸟类 145 种，《中澳候鸟保护协定》规定保护的鸟类 46 种。

1.1.1.9 社会经济概况

辽河口湿地的土地开发始于 1653 年清政府实施的《辽东拓民开垦条例》，鲁冀大批移民进驻垦荒。而水利设施的修建，最早始于 1905 年，修杜家台、黑渔沟两河，清朝末年到民国初年，共修辽河、大辽河、柳河等两岸堤坝 18 条，计 235.5 km，水沟 41 条。1931 年"九一八"事变后，一些日本人搞所谓的"开拓"，种植水稻，耕地面积有所增加，但单产仅 50 kg 左右。渔业的发展大约始于 19 世纪，至 1875 年，已有大小渔户 50 余家，船 70 余条。但到了新中国成立前夕，重点渔区二界沟只有渔户 27 户，船只 20 条左右，产量 100 余万千克。

由于辽河口湿地为大片退海之地，地势低洼，沼泽遍布，芦苇丛生，洪涝灾害时有发生，因此大片土地资源荒芜，大面积的开发还是在新中国成立之后，故有东北"南大荒"之称。20 世纪 50 年代末成立盘锦农垦局，60 年代中期，成立了盘锦垦区，同时渔业也得到了较大发展。1952 年盘山县渔民为 21 户，从业人员 1 671 人，船 514 条，网具 32 种，渔业生产兴旺，1990 年，盘锦市渔业产量 28 633 t，产值 15 995 万元。到 70 年代辽河油田油气资源被发现，为了更有利于油气资源的开发和利用，1984 年将营口市一分为二，成立盘锦市，这意味着对辽河口湿地自然和土地资源的进一步开发利用。

尽管该区域开发较晚，但开发程度和水平均较高，目前已经成为辽宁省重要的石油工业及农业基地。盘锦市自 1984 年建市以来，经济、社会面貌发生了巨大的变化，农林牧副渔五业兴旺，"油气头、化工身、轻纺尾"的工业格局已初步形成，成为一座新兴石油化工城市。辽河油田现已累计探明石油地质储量千亿吨、天然气储量 $1\,500×10^8\,m^3$，2011 年原油产量 $1\,019×10^4\,t$。至 2014 年，盘锦市常住人口达到 143.8 万人，国民生产总值 1 426 亿元，人均国民生产总值在辽宁省仅次于大连，位居第二。位于辽东湾北部、盘锦市境内的辽滨沿海经济开发区成立于 2005 年 12 月，是辽宁沿海经济带重点发展区域、国家级化工新材料产业示范基地和辽宁省综合改革试验区，已成为盘锦向海发展、全面转型、以港强市战略的重要载体和对外开放的重要窗口；是促进辽宁沿海经济带发展战略实施、推进东北老工业基地振兴的重要增长极。2013 年 1 月，国务院正式批复同意盘锦辽滨沿海经济开发区升级为国家级经济技术开发区，定名为盘锦辽滨沿海经济技术开发区。

现有耕地 $13×10^4\,hm^2$，其中水田 $11×10^4\,hm^2$，年产粮食 $8.5×10^8\,kg$ 左右，约占全省的 25%，是辽宁省重要商品粮基地和优质大米出口基地；有苇田 $8×10^4\,hm^2$，年产芦苇 $40×10^4\,t$，是世界最大的造纸原料和建材原料基地，占辽宁省造纸原料一半以上；此外，沿海拥有滩涂 $3.9×10^4\,hm^2$，具有发展水产养殖的良好条件，地下还蕴藏着约 $16×10^8\,m^3$ 的井盐，海盐、渔产品的产量均居全省前列。

随着人类活动的不断加大，该区也产生了一系列的环境生态问题。工业"三废"的排放、化肥农药的使用等均对水体、土壤及生态系统造成了污染和毒害。致使近年来一些珍稀物种濒于灭绝，大量的水产资源显著减少或质量下降，如辽河口原为斑海豹良好的栖息繁殖地，20 世纪 50 年代数量达千余只，1990 年仅剩不足 30 只。

1.1.2 辽河口湿地生态特征

1.1.2.1 河口湿地生态系统特征

利用野外调查和遥感植被指数，对辽河口湿地生态系统特征进行探讨。研究区域选择在 40°45′—41°10′N，121°30′—122°00′E 的双台河口国家级自然保护区内。该保护区包含了河口区所有湿地植被类型，是河口湿地最主要的组成部分。根据人类活动干扰程度以及前人对该区域人类干扰影响程度的研究，将保护区分为滨海滩涂（A）、人为活动干扰较少的芦苇湿地（B）、油井密集的芦苇湿地（C）、油井和农业活动频繁的芦苇湿地（D）、沿河岸芦苇湿地（E）（图 1-1）。

（1）河口湿地植被生态特征分析

不同区域植被群落的生态特征统计如表 1-1 所示。样地调查内容主要包括 1 m×1 m 样方的生物量，群落盖度，株高和株数。对于 A 区来说，其主要的植被群落类型为翅碱蓬群落。4 个样地的调查结果表明，翅碱蓬湿地的生物量在 $0.18\sim0.97\,kg/m^2$，平均生物量为 $0.49\,kg/m^2$。群落盖度在 20%~80%之间，平均盖度为 40%。植株的株高相

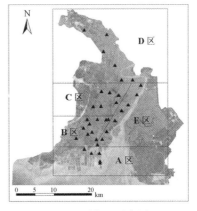

图 1-1　研究区示意图

A 区为滨海滩涂区；B 区为人为活动干扰较少的芦苇湿地区；C 区为油井密集的芦苇湿地区；D 区为油井和农业活动频繁的芦苇湿地区；E 区为沿河岸芦苇湿地区；▲代表野外主要布设点位

差不大，平均高度为 23.7 cm。调查表明 A 区翅碱蓬群落的每平方米株数在 23~452 株之间。与前人的研究相比，A 区翅碱蓬处在退化阶段，翅碱蓬群落的整体长势较差，且样方间的差异较大。

表 1-1　不同区域植被群落的生物量及生态特征

区域类型	生态特征	最小	最大	平均	标准误差
A 区（翅碱蓬）	生物量（kg/m²）	0.18	0.97	0.49	0.37
n=4	群落盖度（%）	20	80	40	28.28
	株高（cm）	23.3	24.4	23.7	0.51
	株数	23	452	190	190.9
B 区（芦苇）	生物量（kg/m²）	1.54	1.78	1.67	0.083
n=7	群落盖度（%）	75	100	87.86	8.59
	株高（cm）	248	330	284.71	31.61
	株数	30	85	56.14	18.08
C 区（芦苇）	生物量（kg/m²）	1.04	1.8	1.58	0.23
n=10	群落盖度（%）	75	100	88	9.19
	株高（cm）	79	310	198.8	90.38
	株数	28	96	54.8	22.67
D 区（芦苇）	生物量（kg/m²）	1.13	1.67	1.51	0.23
n=5	群落盖度（%）	65	85	79	8.94
	株高（cm）	170	300	237.4	62.35
	株数	46	94	70	21.12
E 区（芦苇）	生物量（kg/m²）	1.15	1.83	1.61	0.24
n=6	群落盖度（%）	70	100	88.33	12.91
	株高（cm）	170	282	252	40.98
	株数	44	115	69.83	26.59

B 区芦苇生物量 1.54~1.78 kg/m²，不同样方间差异不大。群落盖度为 75%~100%，平均值为 87.86%。株高约为 284 cm，每平方米株数约为 56 株。总体来看，B 区芦苇长势较高，平均生物量也较高，样方间差异不大。

C 区和 D 区的芦苇生物量分别为 1.58 kg/m² 和 1.51 kg/m²。群落盖度分别为 75%~100% 和 65%~85%，平均盖度为 88% 和 79%，株高为 198.8 cm 和 237.4 cm，每平方米株数分别为 54.8 株和 70 株，从对比分析中发现，C 区生物量和群落盖度要高于 D 区，但 C 区的株高和株数要略小于 D 区。由于人类活动强度的不同，C 区芦苇的单株生物量（28.8 g）略高于 D 区（21.6 g）。

E 区芦苇生物量为 1.61 kg/m²。由于南北跨度相对较大，影响生物量的因子变化也较大，不同样地间的生物量差异较大。E 区平均群落盖度也要略高于其他芦苇湿地群落，但平均株高略小于 B 区，平均株数小于 D 区芦苇株数。由此可见，株高和株数不是反映生物量的绝对因素，芦苇的胸径大小是影响生物量的重要因素。

6

（2）河口区芦苇湿地的空间分布格局

芦苇地上生物量不仅是河口植被重要的生态特征，指示着芦苇湿地生态状况的好坏，同时，也是当地造纸、畜牧和燃料的重要来源，具有很高的经济价值。因此，为进一步探讨河口区芦苇湿地生物量在空间上的分布特征，利用芦苇地上生物量和遥感植被指数建立回归模型，对双台河口国家级自然保护区的芦苇湿地生物量进行预测和评估。

研究选取了4种主要的植被指数进行计算，获得了4种主要植被指数的空间分布数据（图1-2）。

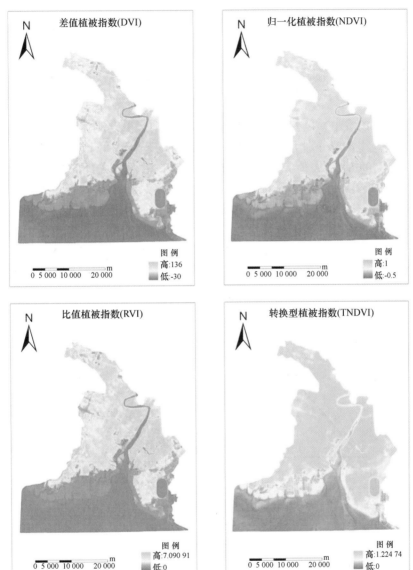

图1-2　遥感波段不同植被指数的计算结果

以野外实测地上生物量为因变量，以4种植被指数作为自变量，建立生物量与植被指数的一次和二次回归模型，结果如表1-2所示。

表 1-2　研究区芦苇湿地地上生物量一次回归模型

自变量（植被指数）	生物量回归模型	R^2	F	P
NDVI	$Y=2.7911X+0.1194$	0.794	53.84	<0.0001
	$Y=0.7192X^2+2.2691X+0.1757$	0.795	25.86	<0.0001
DVI	$Y=0.0192X+0.3281$	0.793	51.57	<0.0001
	$Y=-0.0001X^2+0.0284X+0.1635$	0.808	27.41	<0.0001
RVI	$Y=0.0737X+1.5053$	0.047	0.54	0.477
	$Y=0.252X^2-0.00248X-1.5514$	0.049	0.26	0.776
TNDVI	$Y=5.0307X-3.5041$	0.788	42.02	0.001
	$Y=-0.0001X^2+0.0284X+0.1635$	0.791	24.15	0.002

　　通过表 1-2 可以看出，以差值植被指数为自变量时，其与地上生物量的一次和二次方程拟合效果最差，其 P 值分别为 0.477 和 0.776，均高于其他回归方程的 P 值，且 R^2 较低。统计方程中，较大的 R^2 和 F 值，以及较小的 P 值对应的回归方程，拟合效果更好。因而，以 NDVI、DVI 和 TNDVI 为自变量的一元一次拟合方程中，NDVI 的一次回归模型（R^2 = 0.794，F=53.84，P<0.0001）要好于其他两个指数的一次回归模型，这说明了在一次方程中，与其他指数相比，归一化植被指数可以更好地表征研究区芦苇湿地的地上生物量特征。在二次回归模型中，以 DVI 指数为自变量的地上生物量回归方程的拟合效果最好（R^2 = 0.808，F=27.41，P<0.0001）。为进一步比较 NDVI 一次回归模型和 DVI 二次回归模型对地上生物量的拟合结果，分别将两个回归模型的预测值与野外实测值进行比较，结果如图 1-3 所示。

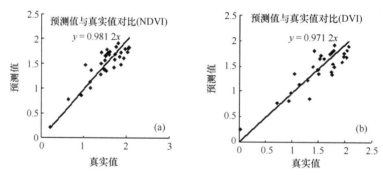

图 1-3　生物量回归模型预测值与真实值的散点图

（a）以 NDVI 为自变量的一次回归模型预测值与真实值；（b）以 DVI 为自变量的二次回归模型的预测值与真实值

　　从图 1-3a 和图 1-3b 的比较可以发现，以 NDVI 为自变量的一次线性方程和以 DVI 为自变量的二次曲线方程的地上生物量预测值和真实值都比较接近，拟合效果较好，其预测值与真实值的比值分别为 0.9812 和 0.9712，都小于 1，说明了两个回归模型的预测结果都小于真实值；但 NDVI 的预测值与真实值的比值大于 DVI 的比值，且更接近于 1，说明以 NDVI 为自变量的归回模型与 DVI 的回归模型相比，其预测值更加接近于真实值。可见，NDVI 的回归模型在预测生物量时准确性更高。

（3）芦苇湿地地上生物量的评估

根据以上研究的结果，研究区内芦苇湿地的地上生物量评估主要采取以 NDVI 指数为自变量的一元线性回归模型 $Y = 2.791\ 1 \times (NDVI) + 0.119\ 4$。其生物量评估结果如图1-4所示。

从图1-4可见，研究区内芦苇地上生物量较高的区域（颜色较深区域）多位于研究区中靠近辽河淡水区，也是保护区中心地区和东部地区，而保护区南部靠近海岸带一侧以及靠近建成区（保护区西侧）的芦苇湿地区，芦苇地上生物量较低。

根据生物量分布图进一步计算表明，2008 年时，研究区内芦苇湿地面积为 469.4 km²，芦苇湿地的平均地上生物量为 1 456.65 g/m²，芦苇总地上生物量为 6.8×10^7 t。

图 1-4　芦苇湿地地上生物量分布

1.1.2.2　河口湿地的主要演化过程

（1）河口区主要的土地利用类型

分别对 1978 年、1988 年、1998 年和 2008 年河口区遥感影像（1978 年为 MSS 遥感影像，其余为 TM 遥感影像）进行解译，结果表明，研究区内包含 14 种主要的土地利用类型，分别为建成区，旱地，林地，柽柳群落，库塘，河流，海岸带，盐田，水稻田，荒草地，翅碱蓬湿地，芦苇湿地，虾蟹池和香蒲湿地（图1-5）。

（2）河口湿地面积的变化

河口湿地面积的演变过程和趋势是人类活动引起的河口湿地的退化最直观的反映。对 1978 年、1988 年、1998 年和 2008 年遥感解译结果进行土地利用类型的面积统计分析，结果如表 1-3。

表 1-3　不同土地利用类型面积（hm²）

年份	柽柳	海岸带	旱地	建成区	林地	盐田	荒草地
1978	9 870.5	38 407.2	47 214.2	26 783.1	4 081.7	7 718.7	6 484.2.3
1988	45.0	9 684.1	34 785.3	31 001.4	3 425.4	237.6	12.2
1998	173.1	26 769	24 459.4	39 628.2	2 884.3	716.5	27.2
2008	174.0	35 287.6	19 773.1	43 947.7	2 447.3	648.5	9.8

年份	翅碱蓬	水稻田	河流	库塘	苇田	虾蟹田	香蒲
1978	11 829.5	141 870.7	8 301.2	9 396.7	82 518.4	1 149.3	67.8
1988	53 304.1	157 576.7	11 193.6	5 594.3	92 581.1	5 667.9	330.8
1998	37 094.7	176 356.2	9 898.9	5 890.6	85 760.8	11 690.8	812.2
2008	1 567	180 419.6	14 391.3	6 573.9	69 269.9	15 789.8	1 132.4

可见，翅碱蓬和芦苇湿地的面积在 1978—1988 年间呈现增加趋势，翅碱蓬面积的增加

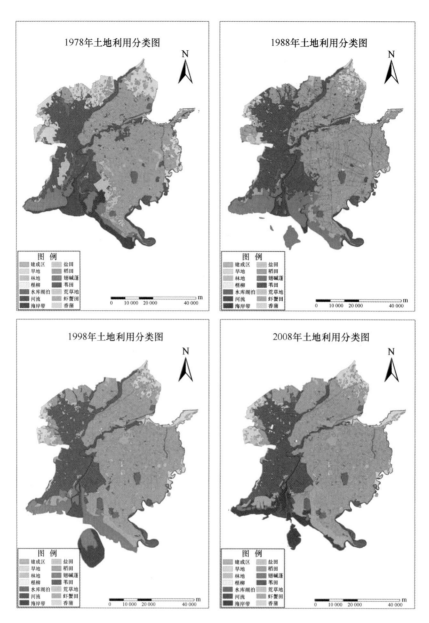

图 1-5 遥感解译河口区土地利用类型

是由于翅碱蓬群落在滩涂逐渐定居和演替的结果，而芦苇湿地的增加主要是荒地逐渐被开发为苇田的结果。

在 1988—1998 年间翅碱蓬和芦苇湿地的面积呈现减少趋势。对比遥感影像的土地利用分类结果可知，翅碱蓬面积的减小主要是虾蟹田增加以及翅碱蓬湿地转化为滩涂湿地的原因，而芦苇湿地的减少主要是由于水稻田和建成区两种土地利用类型增加的结果。

在 1998—2008 年间翅碱蓬和芦苇湿地的面积缩减比例最大，翅碱蓬面积仅有 1 567 hm²，芦苇湿地的面积也缩减至 69 269 hm²。从不同时段河口区土地利用的分类结果可以看出，翅碱蓬湿地严重退化为滩涂湿地，翅碱蓬适宜生境迅速减少，而水稻田面积的增加，侵占了原有芦苇湿地的面积。

芦苇湿地、翅碱蓬湿地、建成区、水稻田和虾蟹田在不同时间段的面积变化如图1-6所示。建成区、水稻田和虾蟹田面积在1978—2008年均呈现逐年增加的趋势，这也说明，在河口湿地人类的开发和经济活动是逐年增强的。

为进一步说明河口区翅碱蓬和芦苇湿地演变过程，利用GIS软件进行叠加分析，得到不同时段湿地向其他土地利用类型的转移比例。翅碱蓬湿地面积转移比例见表1-4，1978—1988年翅碱蓬湿地转移比率表明，至1988年时，翅碱蓬转化为虾蟹池的面积比

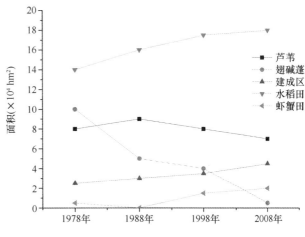

图1-6　主要土地类型面积变化

例最大，为11.32%；其次为芦苇湿地和建成区，分别为4.49%和2.66%。向芦苇湿地转化是由于自然演替的结果；虾蟹池的开发，道路和居民点相应增加也加剧了翅碱蓬转移比率。因而，1978—1988年10年间，出现了以经济开发为主的人类干扰活动侵占翅碱蓬湿地的趋势。1988—1998年翅碱蓬湿地转移比例分析表明，在这10年间，翅碱蓬的保留率降低到59.49%，主要转化为虾蟹池和水稻田，转移比率分别为14.99%和14.85%；与1978—1988年这10年间相比，翅碱蓬不但向虾蟹池的转移比率有所增加，同时水稻田的开发也使翅碱蓬湿地的面积缩减了14.85%。在1988—1998年这10年间，翅碱蓬具有向虾蟹池和水稻田继续演变的趋势，水产养殖和农业种植的双重人类活动成为湿地退化的主要驱动因素。

表1-4　翅碱蓬湿地面积转移比例（%）

时段（年）	翅碱蓬保留率	第一转化率	第二转化率	第三转化率	其他
1978—1988	79.23	虾蟹池 11.32	芦苇湿地 4.49	建成区 2.66	2.3
1988—1998	59.49	虾蟹池 14.99	水稻田 14.85	芦苇湿地 4.24	6.43
1998—2008	10.12	滩涂湿地 69.79	虾蟹池 10.9	河流 4.95	4.29

1998—2008年翅碱蓬湿地转移比例表明，翅碱蓬面积的保留率仅有10%左右。翅碱蓬湿地约有90%的比例转化为滩涂湿地、虾蟹池和河流等土地利用类型。其中向虾蟹池演化的趋势没有转变，转移比率为10.9%；而向滩涂湿地转变的比率高达69.79%。这说明，1978—1998年前20年时间虾蟹池养殖和水稻田开发等人类活动对翅碱蓬湿地的影响作用达到累积，翅碱蓬出现了逆向演替的趋势。需要说明的是，在1998—2008年10年间翅碱蓬向河流转移比例为4.95%，且主要位于淡水与海水的交汇处，这说明海平面上升，淡水资源的缺乏也是导致翅碱蓬湿地退化的主要原因。

芦苇湿地面积转移比例见表 1-5。在 1978—1988 年间，人类活动加剧，芦苇湿地内道路和居民点增多，导致了芦苇湿地向建成区转化的趋势；此外，还具有向林地和旱地转化的趋势，这也说明了错误的侵湿建林政策及农业开发也是这 10 年间芦苇湿地减少的原因。1988—1998 年间，芦苇湿地的演化趋势为向水稻田、建成区和旱地的转变，其中向水稻田的转移比率达到 13.06%，表明种植水稻是该时段芦苇湿地演化趋势的主因。

表 1-5 芦苇湿地的面积转移比例（%）

时段（年）	芦苇保留率	第一转化率	第二转化率	第三转化率	其他
1978—1988	85.85	建成区 9.67	林地 0.72	旱地 0.71	3.05
1988—1998	81.65	水稻田 13.06	建成区 1.45	旱地 1.44	10.03
1998—2008	89.48	水稻田 5.22	虾蟹池 0.99	旱地 0.68	3.63

1998—2008 年间，芦苇湿地仍然具有向水稻田、旱地和虾蟹池演化的趋势，但这一比例相对 1988—1998 年间已经明显减小，这也间接反映出芦苇湿地保护政策的实施对芦苇湿地演化趋势的影响。因而，今后需要进一步加强虾蟹池养殖业的管理，严格限制虾蟹池的增加，这是保护芦苇、翅碱蓬交错地区湿地的重要手段之一。

Kappa 指数是用于比较两个栅格图件相似程度大小的一个指数。原理是对两幅图像进行空间叠加，得到一个图件内各类要素向另一个图件各类要素转移的矩阵，再根据包含转移矩阵的 Kappa 指数计算公式，计算 Kappa 指数。如果两图完全一样，则 Kappa = 1；如果观测值大于期望值，则 Kappa > 0；如果观测值等于期望值，则 Kappa = 0；如果观测值小于期望值，则 Kappa < 0。通常，当 Kappa ≥ 0.75 时，两图间的一致性较高，变化较小；当 0.4 < Kappa < 0.75 时，一致性一般，变化明显；当 Kappa ≤ 0.4 时，一致性较差，变化较大。

本研究将 Kappa 指数作为识别土地利用类型变化程度的重要指标。通过计算 1978—1998 年，1988—1998 年，1998—2008 年 3 个 10 年段内，土地利用变化的 Kappa 指数，来确定不同年间土地利用变化程度的大小，如果指数较高，说明该时段内土地利用类型较为相似，变化程度较小；反之说明该时段的土地利用类型变化较为剧烈。

Kappa 指数计算结果如表 1-6 所示。结果表明土地利用类型变化最为剧烈的是 1978—1988 年间，结合影像对比可知，这主要是油田开发、城镇扩张和农田开发的贡献，而在 1988—1998 年间 Kappa 指数大于 1978—1988 年，土地利用类型变化程度较小，说明人类改变自然景观的速度有所放缓，分析主要原因，可能是双台河口国家级自然保护区的设立在一定程度上保护了自然湿地，而 1998—2008 年 Kappa 指数最大，说明这 10 年间土地利用变化程度最小，人类活动受到了较为有效的控制，保护区的设立和政策保护的结果初见成效。

表 1-6 Kappa 指数的计算结果

时段（年）	1978—1988	1988—1998	1998—2008
Kappa	0.644 74	0.704 11	0.746 08

1.2 辽河口湿地水环境现状

1.2.1 辽河口湿地水质现状

水是湿地系统中最为关键的生态要素，它对整个系统的生物地球化学过程均具有重要的影响。湿地水环境质量是衡量湿地系统健康水平的重要指标，因而在湿地生态系统健康评价中备受关注。湿地的水环境质量受多种因素影响和控制，各因素之间相互影响、相互制约，不同因素的影响程度也不同。利用模糊数学理论，结合水质评价指标及其评价原理，综合考虑水质污染程度由轻到重逐渐变化的模糊特性，可以获得更科学和更合理的评价结果（邹志红等，2005）。利用模糊综合评判方法，研究者对河流（邹志红等，2008；陈润羊等，2008）、湖泊（万金保和李媛媛，2007）和湿地（周林飞等，2005；张欣等，2009；江春波等，2010）等水体水质进行了评价研究，取得了较好的结果。

辽河口湿地由于地处辽河下游入海口，河流沿途携带大量物质流经河口湿地，加之日益增加的开发活动，这些都对河口湿地水环境质量产生了直接影响。本研究在区域布点采样的基础上，利用模糊综合评判方法对辽河口湿地水环境质量进行评价研究（杨继松等，2012），结果可为河口湿地保护、湿地生态健康修复提供依据。

1.2.1.1 辽河口湿地水污染特征

2009年7月中旬，分别在辽河下游辽河口的赵圈河苇场、羊圈子苇场和东郭苇场的芦苇湿地区域选取了17个采样点（图1-7），样点数分布为赵圈河苇场7个（T11、T12、T13、T14、T15、T16、T17）；羊圈子苇场5个（T1、T2、T3、T4、T5）；东郭苇场5个（T6、T7、T8、T9、T10）。水质分析指标包括化学需氧量（COD）、总氮（TN）、氨氮（NH₃-N）、总磷（TP）、锌（Zn）、镉（Cd）、铅（Cd）和铜（Cu）。

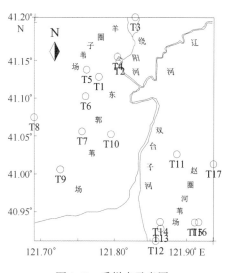

图1-7 采样点示意图

根据实测结果（表1-7），以地表水环境质量标准（表1-8）衡量，大部分样点 COD 和 TN 超标严重，TP、NH_3-N 和重金属（Cd、Pb、Cu、Zn）优于Ⅲ类标准。辽河口湿地水中 COD 变化在 28.8~73.6 mg/L 之间，70%的样点超出Ⅳ标准，近 50%的样点超出 V 类标准。湿地水中 TN 的浓度变化在 1.389~4.404 mg/L 之间，几乎全部样点超地表水Ⅳ标准，近76%的样点超 V 标准。TP 浓度变化在 0.035~0.19 mg/L 之间，30%的样点在Ⅲ类标准内，其他样点优于Ⅱ类标准。

13

表 1-7　河口湿地地表水取样点水质实测值

取样点	COD (mg/L)	TN (mg/L)	NH$_3$-N (mg/L)	TP (mg/L)	Zn (μg/L)	Cd (μg/L)	Pb (μg/L)	Cu (μg/L)
T1	43.2	1.868	1.118	0.063	2.804	10.02	3.55	6.85
T2	40.3	1.678	0.648	0.190	0.470	/	2.09	6.40
T3	41.6	2.148	0.782	0.051	3.853	5.48	3.63	6.30
T4	73.6	2.114	0.776	0.087	1.203	0.63	1.07	0.70
T5	34.5	4.404	0.794	0.035	0.572	1.30	1.77	2.93
T6	46.1	1.389	0.404	0.046	0.699	2.85	0.32	2.41
T7	36.2	3.115	1.458	0.070	0.926	0.60	0.53	2.97
T8	28.8	2.702	0.326	0.036	1.085	0.85	1.53	11.82
T9	29.2	2.364	0.556	0.056	2.223	/	1.24	3.93
T10	40.4	2.773	0.854	0.108	0.758	2.87	2.32	2.66
T11	35.2	4.161	0.840	0.109	0.663	/	0.61	3.85
T12	53.6	2.002	1.162	0.100	1.827	9.20	4.58	17.7
T13	45.2	4.04	0.396	0.069	0.509	/	1.19	1.74
T14	44.5	2.765	0.742	0.083	0.625	/	0.46	2.31
T15	42.4	3.718	0.774	0.066	1.452	5.95	1.68	7.82
T16	29.6	1.502	0.422	0.050	3.049	8.56	/	/
T17	17.6	3.056	0.608	0.158	1.229	/	0.64	0.05

表 1-8　地表水环境质量标准值（mg/L）

项目	Ⅰ类	Ⅱ类	Ⅲ类	Ⅳ类	Ⅴ类
COD$_{Cr}$ ≤	15	15	20	30	40
NH$_3$-N ≤	0.15	0.5	1	1.5	2
TP（以 P 计）≤	0.02	0.1	0.2	0.3	0.4
TN（以 N 计）≤	0.2	0.5	1	1.5	2
Cu ≤	0.01	1	1	1	1
Zn ≤	0.05	1	1	2	2
Cd ≤	0.001	0.005	0.005	0.005	0.01
Pb ≤	0.01	0.01	0.05	0.05	0.1

1.2.1.2　辽河口湿地水质模糊数学法评价

湿地水质模糊综合评价的步骤为：①将污染物因子实测浓度与其评价标准相比较，建立线性函数，计算出各污染因子对各级水的隶属度组成模糊矩阵；②计算出各单项因子的权重值，组成权系数矩阵；③将隶属度矩阵与权系数矩阵相乘，得到综合评价结果。

（1）评判因子选择

按照水质各项实际监测值（表 1-7），依据地表水环境质量标准（表 1-8），根据统计学原理，通过各单项超标倍数的百分比由大到小的累计频率，遴选出对水环境影响较大的因子（周林飞等，2005；江春波等，2010），最终选取 7 个单项因子作为评价因子组成因子集：U = $\{COD_{Cr}, TN, NH_3-N, TP, Cd, Pb\}$。

（2）因子隶属度计算

模糊综合评价法以隶属度来描述水质的模糊界限，由各采样点单项水质指标 c_i 对各水质级别 s_j 的隶属度 $u_{ij}(c_i)$ 所构成的矩阵，即为模糊关系矩阵 R，隶属度可用隶属函数来表示。本研究采用模糊分布曲线中的"梯形分布"确定各个元素的隶属函数（周林飞等，2005；江春波等，2010）。隶属函数的表达式为：

Ⅰ级水质的隶属度函数为：

$$\mu_{ij} = \begin{cases} 1 & (0 \leqslant c_i \leqslant s_{ij}) \\ (s_{j+1} - c_i)/(s_{j+1} - s_{ij}) & (s_{ij} < c_i < s_{j+1}) \\ 0 & (c_i \geqslant s_{j+1}) \end{cases} \tag{1-1}$$

Ⅱ级至Ⅳ级水质的隶属度函数为：

$$\mu_{ij} = \begin{cases} 0 & (c_i \geqslant s_{j+1} \text{ 或 } c_i < s_{ij-1}) \\ (c_i - s_{ij-1})/(s_{ij} - s_{ij-1}) & (s_{ij-1} < c_i \leqslant s_{ij}) \\ (c_i - s_{ij+1})/(s_{ij} - s_{ij+1}) & (s_{ij} < c_i < s_{j+1}) \end{cases} \tag{1-2}$$

Ⅴ级水质隶属度函数为：

$$\mu_{ij} = \begin{cases} 1 & (c_i \geqslant s_{ij}) \\ (c_i - s_{ij-1})/(s_{ij} - s_{ij-1}) & (s_{ij-1} < c_i < s_{ij}) \\ 0 & (c_i \leqslant s_{ij-1}) \end{cases} \tag{1-3}$$

c_i 表示第 i 个评价因子的实测值，s_{ij-1}，s_{ij}，s_{ij+1} 分别表示各评价因子的第 $j-1$，j，$j+1$ 级标准值。把各评价因子的实测值代入相应的隶属函数，计算出每一个评价因子对于各评价等级的隶属度，得到模糊矩阵 R。其中，采样点 T1 的隶属度矩阵 R_{C1} 如下。

$$R_{C1} = \begin{bmatrix} 0 & 0 & 0 & 0 & 1 \\ 0 & 0 & 0 & 0.264 & 0.736 \\ 0 & 0 & 0.736 & 0.237 & 0 \\ 0.463 & 0.538 & 0 & 0 & 0 \\ 0 & 0 & 0 & 0 & 1 \\ 1 & 0 & 0 & 0 & 0 \end{bmatrix} \begin{array}{l} COD \\ TN \\ NH_3 - N \\ TP \\ Cd \\ Pb \end{array} \tag{1-4}$$

（3）因子权重系数计算

因子的权重系数用来衡量参评因子对水体环境质量影响的大小，为了突出各参评因子对湿地水质贡献的程度，采用污染贡献率计算方法求单因子权重系数，计算式为：

$$a_i = \frac{w_i}{\sum_{i=1}^{n}(w_i)} = \frac{c_i/s_i}{\sum_{i=1}^{n}(c_i/s_i)} \tag{1-5}$$

式中：w_i 为实测值 c_i 与 s_i 的比值；s_i 为第 i 个因子各级水质标准值的算术平均值（$n=1$，2，…，5），$\sum_{i=1}^{n} a_i = 1$。将各单个因子实测值和选定评价标准分别代入式（1-5），求得各单因子的权重值（表 1-9），组成模糊矩阵 A，即因子权重集：$A = \{a_i, a_2, \dots, a_n\}$。

表 1-9　辽河口湿地水质评价权重计算结果

项目	COD	TN	NH$_3$-N	TP	Cd	Pb
c_i	43.2	1.868	1.119	0.063	10.03	3.56
s_i	24	1.03	0.204	1.04	0.005	0.044
w_i	1.800	1.796	1.086	0.309	1.928	0.081
a_i	0.257	0.257	0.155	0.044	0.275	0.012

归一化权重分配矩阵为：$A = \{0.257 \quad 0.257 \quad 0.155 \quad 0.044 \quad 0.257 \quad 0.012\}$。

（4）模糊数学法评价结果

在确定了模糊关系矩阵 R 与权重分配矩阵 A 之后，考虑到各个评价因子都对评价结果起作用，采用相乘相加法进行 A 与 R 的模糊关系合成计算（贺华中和柏森，1998），得到辽河口湿地水质的模糊数学法评价结果，即模糊子集 B（$B = A \circ R$）。

$$B = A \circ R = \{0.032 \quad 0.024 \quad 0.118 \quad 0.105 \quad 0.721\} \quad \sum_{j=1}^{5} b_j = 1 \qquad (1-6)$$

$\max b_j = 0.721$，表明采样点 T1 的湿地水环境质量综合评价结果为 V，水质污染较为严重。相同方法计算其他 16 个采样点的水质综合评价模糊子集，结果见表 1-10。模糊综合评价结果显示，辽河口湿地所有 17 个采样点的水环境质量较低，水质污染较为严重。

表 1-10　辽河口湿地水质模糊数学法评价结果

项目	I	II	III	IV	V	水质级别
T1	0.032	0.024	0.118	0.105	0.721	V
T2	0.010	0.109	0.209	0.212	0.460	V
T3	0.040	0.072	0.072	0.160	0.656	V
T4	0.034	0.108	0.065	0.000	0.794	V
T5	0.060	0.053	0.066	0.114	0.707	V
T6	0.127	0.138	0.067	0.235	0.434	V
T7	0.040	0.034	0.018	0.293	0.615	V
T8	0.111	0.043	0.032	0.235	0.579	V
T9	0.041	0.139	0.037	0.258	0.525	V
T10	0.055	0.156	0.100	0.000	0.689	V
T11	0.002	0.109	0.088	0.103	0.697	V
T12	0.014	0.064	0.100	0.085	0.738	V
T13	0.042	0.073	0.000	0.000	0.885	V
T14	0.017	0.122	0.062	0.000	0.799	V
T15	0.023	0.069	0.054	0.122	0.732	V
T16	0.049	0.083	0.010	0.622	0.237	IV
T17	0.003	0.229	0.116	0.000	0.590	V

通过以上研究分析可见，辽河口湿地水质大多数样点 COD 和 TN 超标严重，TP、NH$_3$-N 和重金属（Cd、Pb、Cu、Zn）优于 III 类标准。基于各单项超标倍数的累计频率，遴选出

COD、TN、NH$_3$-N、TP、Cd 和 Pb 作为参评因子，采用模糊分布曲线中的"梯形分布"确定各个元素的隶属度，并采用污染贡献率计算方法计算单因子权重系数，评判结果表明辽河口湿地大多数样点水质级别为Ⅴ，水环境质量较差。

1.2.2 辽河口水环境质量综合评价

河口是陆地到海洋的过渡地带，在陆海相互作用中有着重要的作用。每年大量含氮、磷营养盐物质以及一些有机污染物经河流入海，导致河口区域以及近海海域污染范围不断扩大，污染程度加深，给河口海岸带环境造成巨大压力。因此，分析评价河口地区的水环境状况，阐明河口海岸带不合理开发利用所带来的环境压力现状，可为海岸带环境治理提供重要依据。

目前常用的水环境质量评价方法有单因子指数法、综合污染指数法、层次分析法、主成分分析法和模糊数学法等数十种方法（薛巧英，2004；初征，2010）。单因子指数法是在所有因子中选择其中最差级别作为该区域的水质状况类别，该方法能够突出主要污染物，但无法反映水环境的整体污染情况。而其他的几种方法都是采用多种指标来描述水质，能较好地反映水质的总体情况，分析结果接近实际情况，也较为可靠，但是计算过程均较复杂一些。另外，像模糊数学法和层次分析法等对于各指标权重的确定还存在一定的主观性。

辽河流经辽宁省盘锦市境内，是接纳锦州、盘锦市工业和生活废水的主要河流，也是盘锦地区农业、淡水养殖业用水的主要来源。辽河口位于半封闭的辽东湾北部，水深较浅，河口区分布着众多大小不同的潮流浅滩，水体交换能力弱，自净能力差（魏皓等，2002），易导致各种污染物在此聚集。目前对辽河口环境质量的调查和综合评价的研究相对很少，仅有部分研究涉及辽东湾水域，采用单因子指数法计算水体无机氮、锌、铅和石油类评价指数，指征海域的水环境质量状况（李建军等，2001；王毅等，2001；宛立等，2007）。随着辽河口承担陆源污染物入海屏障的作用越来越为重要，准确及时地关注和掌握其环境质量状况，对海域的可持续性健康发展和区域经济发展策略制定具有现实意义。

本研究以辽河口2011年5月和8月的水环境质量调查为基础，在单因子指数法的基础上，利用主成分分析法和层次分析法确定各指标权重，然后以加权综合污染指数综合评价辽河水环境质量，从而全面可靠地了解和掌握辽河口水环境质量现状及其变化趋势（易柏林等，2013）。

1.2.2.1 调查与评价方法

调查区域位于辽东湾北部的辽河口（40.55°—40.85°N，121.60°—122.05°E），25个监测站位在河口处大致呈辐射状分布（图1-8）。分别于2011年5月和8月对所有站位进行一次水环境质量监测。监测指标包括溶解氧氧（DO）、pH、无机氮（DIN）、活性磷酸盐（PO$_4$-P）、化学需氧量（COD）、石油类、非离子氨和叶绿素 a 等。

首先建立辽河口水环境综合指标体系，然后利用单因子指数法对监测结果进行标准化，再运用主成分分析法和层次分析法确定各级指标的权重，最后计算水环境质量综合指数并进行分析。根据辽河口水环境质量现状，给出合理建议。

（1）辽河口水环境质量综合指标体系

根据监测指标在水环境中的性质和指征意义，将其分为四大类：①常规因素（pH 和 DO）；②营养因素（DIN 和 PO$_4$-P）；③污染因素（COD、石油类和非离子氨）；④生物因

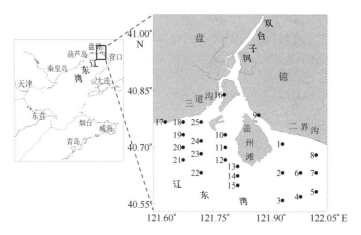

图 1-8　辽河口水环境质量评价范围

素（叶绿素 a）。DO 与 pH 是水质监测中的常规指标，与水体中物质的转化密切相关，且对河口海域的其他环境参数的变化十分敏感。DIN 和 PO_4-P 是浮游植物生长的必需指标，但过多营养物质在河口聚集可引起赤潮等环境问题。COD 和石油类是表征有机污染的重要指标，而高浓度的非离子氨对水生生物具有毒性作用。叶绿素 a 表征水体初级生产力状况，且与其他环境因子的变化有关。这 8 种指标能全面指征水环境质量状况，具有较好的代表性，因此都确定为辽河口的评价指标。辽河口水环境质量为一级指标，上述 4 类因素为二级指标，8 种监测指标为三级指标，建立辽河口水环境综合指标体系如图 1-9 所示。

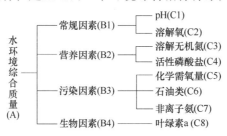

图 1-9　辽河口水环境综合指标体系

（2）数据标准化

采用单因子指数法对监测指标数值进行标准化，具体方法参见《近岸海域环境监测技术规范》（HJ 442—2008）。

标准值的确定根据辽河口区域的功能区划。该海域主要划分为近海渔业和农业功能区以及港口和油气开发功能区（辽政办发〔2004〕98 号），适用于国家《海水水质标准》二类；由于标准中未给出叶绿素 a 的标准值，参考邹景忠等（1983）提出的海水富营养化阈值（10 μg/L），结合区域现状，确定叶绿素 a 的标准值为 3 μg/L。

（3）权重确定

各级指标权重确定依次如下：①三级指标权重计算。运用主成分分析法（李哲强等，2008；Vaidya & Kumar，2006）计算三级指标（C）相对于二级指标（B）的权重 W_1。首先应用 SPSS 软件对标准化后的三级指标进行主成分分析，求出各主成分的特征向量、特征根、贡献率和因子载荷，用各主成分的特征向量的绝对值计算各变量的权重系数，最后将权重系数归一化得到各指标相对于上一级指标的权重。②二级指标权重计算。运用层次分析法（李恺，2009；Nazire et al.，1999）计算二级指标（B）相对于一级指标（A）的权重 W_2。根据层次结构模型，构造判断矩阵 A-B。对区域水环境逐项就任意 2 个评价指标进行比较，确定其相对重要性并赋以相应的分值，即判断矩阵 A-B 各系数值。根据上述判断矩阵，计算矩阵 A-B 的特征向量 W_2 及最大特征值 λ_{max}。将 W_2 的 4 个分量进行归一化处理，即得到一级指标中 4 个元素 B1、B2、B3、B4 的权重。根据 λ_{max} 一致性指标 CI 和平均随机一致性指标 RI 计算判断矩阵 A-B 的随机一致性指标 CR，当 CR<0.1 或在 0.1 左右时，矩阵具有满意的一致性，否则需重新调整矩阵。③综合权重的计算。根据三级和二级指标权重的确定，计算指标层 C 对于目标层 A 的综合权重：

$$W = W_1 \times W_2 \tag{1-7}$$

（4）综合指数计算

根据指标层 C 相对于 A 的权重 W_i 和各指标的标准化值 S_{ij}，采用加权求和的方法计算水环境质量综合指数 E_j：

$$E_j = \sum_{i=1}^{n} W_i S_{ij} \tag{1-8}$$

1.2.2.2 辽河口水环境质量单因子指数与指标权重

辽河口水环境质量指标的单因子指数结果如表 1-11 所示，由表可知，2011 年 8 月辽河口水环境中 PO_4-P、COD 和石油类含量较 5 月有大幅增加，叶绿素 a 含量则减少明显。8 月辽河径流量明显高于 5 月，入海污染物的通量也随之增加，可能导致水环境中 PO_4-P、COD 和石油类大幅增加。同时 8 月较强的淡水输入导致剧烈的淡咸水混合，悬浮物含量升高，水体透光率降低，可以抑制浮游植物的生长，表现为 8 月河口叶绿素 a 含量明显减少。单因子指数表明，辽河口 2011 年 5 月指数较高的因子为 PO_4-P 和叶绿素 a，8 月为 DIN、PO_4-P 和 COD。可见辽河口的主要污染物为有机物（COD）和氮、磷，并且叶绿素 a 含量始终较高。

表 1-11　辽河口水环境指标单因子指数

监测要素	2011 年 5 月			2011 年 8 月		
	范围	平均值	超标率（%）	范围	平均值	超标率（%）
pH	0.00~0.06	0.03	0	0.00~0.18	0.09	0
DO	0.07~0.87	0.48	0	0.05~0.63	0.37	0
DIN	0.61~1.64	0.96	32	0.43~2.63	1.20	52
PO_4-P	0.44~1.62	1.13	76	0.09~5.33	3.14	88
COD	0.44~1.24	0.78	24	0.34~1.38	1.06	68
石油类	0.03~0.15	0.06	0	0.06~1.12	0.39	12
非离子氨	0.01~0.08	0.03	0	0.03~0.52	0.17	0
叶绿素 a	0.45~5.83	2.20	80	0.15~2.85	0.98	36

1.2.2.3 辽河口水环境各级指标权重

计算三级指标相对于二级指标的权重，结果如表 1-12 所示，常规因素中 DO 的权重值较大，营养因素中 DIN 和 PO₄-P 所占权重相当，而污染因素中则以 COD 最为重要。

表 1-12　三级指标层（C）相对二级指标层（B）的权重

时间	项目	常规因素		营养因素		污染因素			生物因素
		pH	DO	DIN	PO₄-P	COD	石油类	非离子氨	叶绿素 a
2011 年 5 月	权重系数	0.62	1.24	0.68	0.74	0.74	0.36	0.24	1
	权重	0.34	0.66	0.48	0.52	0.55	0.27	0.18	1
2011 年 8 月	权重系数	0.65	1.60	0.54	0.56	0.76	0.41	0.36	1
	权重	0.29	0.71	0.49	0.51	0.50	0.27	0.23	1

　　计算二级指标相对于一级指标的权重之前需要对四类因素的重要性进行两两对比。叶绿素 a 是表征水体富营养化的重要指标，是水体污染的初级响应指标，因此生物因素在四类因素中最为重要。近年来盘锦市城市化进程不断加快，工农业排放的营养物质和有机污染物逐年增加，对河口区水环境造成严重影响，因此其重要性紧随其后。而 DO 和 pH 的含量则相对正常，受人为因素影响较小。由此判定辽河口水环境中四类因素的重要性依次为：生物因素>营养因素＝污染因素>常规因素，据此构建判断矩阵并计算得常规因素、营养因素、污染因素和生物因素的权重分别为 0.12、0.23、0.23 和 0.42。随机一致性指标 $CR = 0.0038 <$ 0.10，判断矩阵通过一致性检验（表 1-13）。

表 1-13　二级指标层（B）相对一级指标层的权重值（A）

A	B1	B2	B3	B4	W_2	权重	检验
B1	1	1/2	1/2	1/3	0.49	0.12	$\lambda_{max} = 4.0410$
B2	2	1	1	1/2	0.91	0.23	$CI = 0.0034$
B3	2	1	1	1/2	0.91	0.23	$RI = 0.9$
B4	3	2	2	1	1.69	0.42	$CR = 0.0038 < 0.10$

　　计算获得三级指标对于目标层（A）的权重如表 1-14 所示，其中叶绿素 a 权重值最大，其次为 PO₄-P、DIN、COD 和 DO，其他指标权重较小。这与单因子指数法得出的主要污染物排序具有很好的一致性，说明各指标权重的计算结果较好反映了各指标对辽河口水环境质量的贡献。

表 1-14　三级指标的综合权重值

时间	pH	DO	DIN	PO₄-P	COD	石油类	非离子氨	叶绿素 a
2011 年 5 月	0.04	0.08	0.11	0.12	0.13	0.06	0.04	0.42
2011 年 8 月	0.04	0.09	0.11	0.12	0.11	0.06	0.05	0.42

1.2.2.4　辽河口水环境质量综合评价

　　根据确定的参评指标的权重值和各指标在海水水质标准中不同等级的标准值，按上述过程计算得出水环境质量综合指数的分级标准，如表 1-15 所示。

表 1-15　水环境质量综合指数分级标准

综合指数	≤0.5	0.5~1.0	1.0~1.5	1.5~2.2	>2.2
污染程度	清洁	一般	轻污染	污染	重污染
水质类别	一类	二类	三类	四类	劣四类

　　计算辽河口水环境质量综合指数，结果如图 1-10 所示。2011 年 5 月辽河口水环境质量综合指数（图 1-10a）为 0.48~2.76，平均值为 1.31；大部分区域综合指数超过 1.0，仅在盖州滩两侧区域综合指数值小于 1.0。这一时间的综合指数整体呈现近岸略高于远岸的趋势，两个高值区分别位于西侧的三道沟码头近岸和东侧的二界沟—大辽河近岸。其中三道沟码头近岸水质综合指数甚至超过了 2.2，达到重污染的程度；在河口近河流区污染现象也较严重。

　　2011 年 8 月辽河口水环境质量综合指数（图 1-10b）为 0.71~1.50，平均值为 1.10；区域内综合指数分布相对均匀，西南向外海区域水质状况略好于其他区域。同 5 月相比，综合指数有所降低，但轻污染范围有所扩大，不再仅限于近岸区域。

　　参照表 1-15，辽河口水环境质量整体处于轻污染状态，对应的水质类别为三类。2011年 5 月有 4% 的站位处于清洁状态，47% 的站位处于一般状态，19% 的站位处于轻污染状态，而有 30% 的站位处于污染或重污染状态。2011 年 8 月有 30% 的站位处于一般状态，70% 的站位处于轻污染状态。8 月没有出现污染及重污染状态的站位，但轻污染的站位却明显增多。

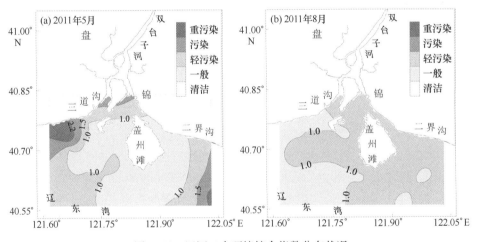

图 1-10　辽河口水环境综合指数分布状况

　　河口区域资源丰富，在我国社会经济发展中发挥着重要作用，而随着我国工业化进程的不断加快，对淡水的过量取用和通过河流排放污染物的增加，导致河口区的污染状况日益突出。辽宁中部地区近年来经济发展迅速，盘锦和锦州地区是辽河下游的重要城市，工农业并重；1995—2007 年辽河口 COD、NH$_4$-N 和石油类平均入海通量高达 20 644.7 t/a、4 010.88 t/a 和 645.61 t/a（王焕松等，2011）。盘锦市工业和生活废水排放是辽河口污染物的主要来源之一，而污染物的浓度与城市发展速度密切相关。2005 年环境统计数据显示，全市 COD 排放总量为 6 353.6 t，NH$_4$-N 排放总量为 963.3 t（张云浦，2006）；2008 年全市

COD 排放总量为 22 200.7 t，氨氮排放总量为 2 403.7 t（刘洋等，2009）。3 年时间内污染物排放量成倍增长，与盘锦、锦州和营口等新兴城市工农业的迅速发展密切相关，加之辽东湾半封闭的水动力条件，如果不能加以有效控制和处理，随着辽河下游流域经济深入发展，辽河口及其邻近海域将面临更为严峻的环境问题。

此外，辽河口农业和渔业资源较为丰富，是优质水稻和中华绒毛蟹的主要产地，但污染现象也较为严重，年化肥施用量高达 11.8×10^4 t，其中施用氮肥 6.7×10^4 t，磷肥 2.8×10^4 t（张司达，2012）。大量未被利用的氮磷肥随径流汇入河口区，易导致水环境中氮、磷营养盐物质超标。全市河蟹养殖面积已发展到 8.7×10^4 hm²，在市政府的大力支持下养殖规模还在不断扩大。养殖活动过程中会产生大量残饵和粪便等有机污染物（COD），同时盘锦市城镇污水中 COD 排放比例相当高，2008 年为 17 364.4 t，占 COD 总排放量的 80% 左右。因此辽河口 COD 污染现状也不容乐观，2011 年 5 月和 8 月辽河口 COD 均出现超标现象，其中 8 月超标率高达 68%。这些有机污染物质在水体中表现为好氧降解过程，可引起水体缺氧，影响水生生物生存，最终也能导致氮、磷等营养物质大量增加。2011 年 5 月辽河口 DIN 和 PO_4-P 的平均指数分别达到 0.96 和 1.13，而 8 月则高达 1.20 和 3.14，超标现象严重。辽东湾北部区域营养物质污染现象一直存在：1995—1999 年，盘锦近海无机氮全部超四类海水水质，无机磷 87% 超三类海水水质，处于富营养化状态（王毅等，2001）；2001—2004 年无机氮超四类海水水质，而活性磷酸盐则在一类标准以内，整个区域为磷限制潜在性富营养（宛立等，2007）；2004—2008 年无机氮和活性磷均超二类海水标准，同时 2007 年后重金属污染有恶化的趋势，海域处于富营养化状态，随时可诱发赤潮（秦延文等，2010）。综合来看，2000 年后辽河口及其邻近海域的总体环境状况较 2000 年前明显好转，但是无机氮和磷酸盐始终是污染因子；近年来持久性污染物，包括有机物和重金属已然出现，应该得到密切关注。

过高的营养物质含量，使得辽河口叶绿素 a 含量处于一个较高水平，2011 年 5 月和 8 月的叶绿素 a 评价指数分别达到 2.20 和 0.98；丰富的营养物质，较高的叶绿素 a 含量，预示着该区域存在较高的赤潮发生风险。

辽河流域拥有我国第三大的辽河油田，年开采原油能力 $1\ 000 \times 10^4$ t 以上。近年来石油开采不断向河口和近海方向延伸，在辽河口中西部海域开发的油气田面积已达 46 km²（李亚楠等，2001）。虽然近年来石油开采技术臻于完备，较少出现跑冒滴漏的现象，但个别事件仍然存在，加之前期石油开采的严重溢漏在土壤中造成深度积累，现在不断地向环境中释放。此外，辽河口三道沟、二界沟等近岸区建有若干小型码头，小型码头的使用和管理不完善，以及往来小型船只，也可能带来石油类溢漏。以营口老港、盘锦港为代表的港口群已形成相当规模，随着经济的发展和海上油类运输的日益繁忙，水域石油污染事故也时有发生。上述诸多原因使得辽河口水环境中的石油类会出现超标现象，2011 年 8 月石油类的单因子评价指数最高值为 1.12，超标率为 12%。石油类的成分复杂，其烃类组分虽然高达 95%~99%，但是石油烃类是易降解组分，其微量组分 PAHs，作为持久性有机污染物和环境激素，近年来受到越来越多的关注（田蕴等，2004；张先勇等，2012；Ren et al.，2010）；同期进行的 PAHs 调查结果表明：辽河口沉积物中 PAHs 含量高达 1 466.1~3 414.7 ng/g，平均值为 2 444.8 ng/g。虽然 PAHs 的来源还包括大气沉降和陆源废水等，但是石油类超标，无疑会增加 PAHs 等在环境中的积累和潜在的生态风险。

如表 1-16 所示，国内主要大河口水环境质量多超过国家二类海水水质标准，部分区域达到劣四类。虽然整个辽东湾海域处于污染较为严重的状态，但是辽河口水环境状况略优于经济较为发达的长江口和珠江口，也优于邻近的大辽河口。国内几大主要河口在经济发展过程都出现了一定的环境问题，营养盐和重金属污染的现象普遍存在。尽管辽河口水环境只是处于轻污染状态，但对比 2001 年辽东湾浅水区的环境质量可以发现，该区域水环境质量有恶化的趋势。为了减轻辽河口环境压力，避免环境质量的进一步恶化，有必要进一步加强这一区域的水环境管理与控制。

表 1-16   中国主要河口和海湾水环境质量状况

区域	评价方法	评价结果	参考文献
长江口及其邻近海域	主成分分析法	Cu、叶绿素、石油类、无机氮和浮游植物为主要指标，生态环境综合质量处于"中污染"状态	沈新强和晁敏，2005
黄河口	单因子指数法	主要受到无机氮、铜和石油类的污染，呈现明显的季节差异，5 月无机氮均值超二类海水水质标准，8 月 Cu 超四类海水水质标准	孙栋等，2010
珠江口及其邻近海域	模糊数学法	近 20 年来主要污染物质由重金属过渡到营养盐，1990 年后水质基本处于四类（或劣四类）状态	何桂芳和袁国明，2007
大辽河口	综合指数法	水体物理、化学要素基本属四类或劣四类海水水质标准，主要污染物为悬浮物、无机氮和磷酸盐	于立霞，2011
辽东湾北部	模糊数学法	局部超二类海水水质标准，污染区域主要分布在辽河口与辽河口海域，由近岸向远岸递减，主要污染物有 COD、石油类、无机氮和重金属	宛立等，2008
辽东湾浅水区	单因子指数法	大部分指标为一类，但无机氮、重金属 Pb 超标比较严重；河口附近海域水质较差，远岸水质相对较好	李建军等，2001
辽河口	综合指数法	整体处于轻污染状态，超二类海水水质，主要污染物有 COD、无机氮和磷酸盐	本研究

本研究以 2011 年 5 月和 8 月辽河口水环境质量的调查结果为基础，构建了辽河口水环境质量综合指标体系，利用主成分分析法和层次分析法，计算辽河口水环境质量综合指数，分析水环境质量现状。

辽河口水环境质量表现出以下特征：①辽河口 2011 年 5 月和 8 月水环境质量综合指数分别为 0.48~2.76 和 0.71~1.50，平均值分别为 1.31 和 1.10，整体质量状况超二类，处于轻污染状态；②主要污染指标为 PO_4-P、DIN 和 COD。

盘锦地区的迅速发展给辽河口水环境造成了巨大压力，主要表现为：①河口水交换能力减弱，但主要污染物入海通量有增加趋势；②营养物质和叶绿素 a 超标严重，辽河口存在赤潮发生的风险；③港口作业和石油开采带来的石油污染现象时有发生，可能导致 PAHs 等在河口环境中的积累。为了减轻辽河口环境压力，避免环境质量的进一步恶化，有必要进一步加强这一区域的水环境管理与控制。

1.3 辽河口湿地土壤环境现状

1.3.1 辽河口湿地土壤碳、氮、磷分布及季节变化

分别于 2008 年 10 月和 2009 年 5 月对辽河口湿地进行了 2 次野外调查（罗先香等，2010b），根据土壤类型和植被分布特征，采集了该区域具有代表性的 4 种类型土壤样品，分别为盐渍水稻土表层土壤（0~20 cm）、盐化草甸土表层土壤（0~20 cm）、滨海沼泽盐土表层土壤（0~20 cm）和滨海潮滩盐土表层土壤（0~20 cm），采样点分布如图 1-11 所示；同时在部分站位设置土壤剖面，剖面深 60 cm，每 10 cm 采集 1 个土壤样品。芦苇分布区土壤类型包括盐化草甸土和滨海沼泽盐土，芦苇调查采用样方收获法，在芦苇湿地内随机选取 1 m×1 m 样方，在计数其中的植株数后，将芦苇全部齐地面割下，任选 10 株芦苇。

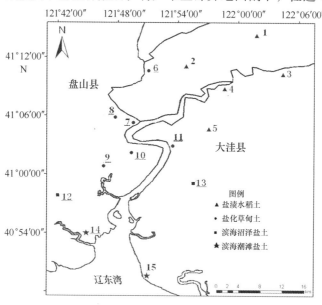

图 1-11 辽河口湿地采样点分布

图 1-12 为湿地表层土壤 C、N、P 含量分布。由图 1-12 可见：①辽河口湿地表层土壤 TOC 含量 10 月大于 5 月。原因是土壤有机碳的积累主要由有机质输入与不同类型碳的矿化速率间的平衡决定（吕国红等，2006）。10 月水稻、芦苇和翅碱蓬进入成熟期，植物根系固碳和地表枯落物是表层土壤有机碳重要来源（刘景双等，2003）。盘锦地区当年 11 月至翌年 5 月经过较长时间的土壤冻结过程，加速了有机碎屑的分解和碳矿化（Grofman et al.，2001）。10 月盐化草甸土和滨海沼泽盐土表层 TOC 含量较高，可能是由于盐化草甸土、滨海沼泽盐土分布的主要植被为芦苇，盐渍水稻土主要种植水稻，滨海潮滩盐土分布大面积的翅碱蓬，芦苇相对于水稻和翅碱蓬，根系较发达和植物枯落物较多，为表层土壤积累了较高含量的有机碳（吕国红等，2007）。②盐化草甸土和滨海沼泽盐土表层土壤氮含量相对较高，滨海潮滩盐土最低。原因可能是当气候和成土母质基本一致时，土壤中 TN 含量的变化主要受植被的影响（白军红

等，2006）。与TOC一样芦苇相对于水稻和翅碱蓬，根系发达，在发育过程枯枝落叶进入土壤，使土壤中氮的积累量较高；滨海潮滩盐土受涨落潮影响，在较短的干湿交替周期作用下，有助于湿地脱氮。铵态氮和硝态氮含量5月高于10月，可能因为5月是植被的生长期，对营养元素的需求旺盛，能促进氮素的矿化作用，使有机态氮转化成可供植物直接吸收利用的无机态氮。辽河口湿地土壤C/N 5月高于10月，表明整个研究区内土壤有机碳的腐殖化程度较高、有机氮容易矿化，这样有利于土壤有机质的分解和矿质氮的增加。③该区域表层土壤全磷含量5月、10月无明显的季节性和区域性差异。原因是自然土壤中的磷主要来源于成土母质和动植物残体，其含量主要受土壤类型和区域气候条件的影响（戎郁萍等，2001）。

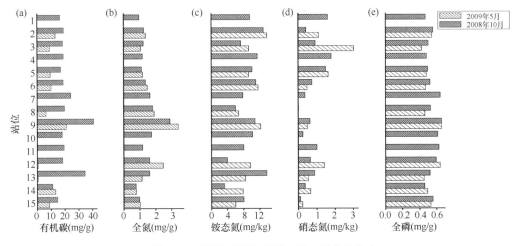

图1-12　湿地表层土壤碳、氮、磷含量分布

图1-13为土壤碳、氮、磷含量垂直分布。9号站位采自半天然苇塘内，土壤类型为盐化草甸土，15号站位采自辽河口东岸的滩涂，该区域覆盖有大面积的翅碱蓬，土壤类型为滨海潮滩盐土。由图1-13可以看出，辽河口湿地剖面土壤碳、氮、磷的变化趋势总体都是随深度逐渐减小，表层含量最高，以芦苇为主要植被的盐化草甸土剖面营养元素含量高于以翅碱蓬为主的滨海潮滩盐土剖面含量。可能是由于植物根系的分布直接影响到土壤有机碳的垂直分布，发达的根系、植物的枯落物、大量的死根腐解，都为土壤提供了丰富的碳源（Jobbagy & Jackson，2000）。

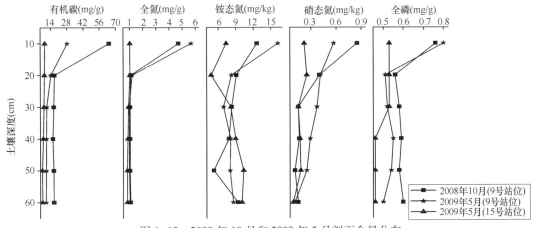

图1-13　2008年10月和2009年5月剖面含量分布

图 1-14 为 2008 年 10 月和 2009 年 5 月辽河口湿地芦苇地上、地下部分单位干重氮、磷含量。辽河口湿地主要植被芦苇对氮、磷的积累量表现为 5 月地上部分含量明显高于地下含量，10 月地下部分氮含量略高于地上部分，磷含量无显著差异。5 月是芦苇的生长旺盛期，养分不断由根输送到植株地上部分，因此地上部分单位干重氮、磷含量较高；10 月芦苇都已经成熟，植物生物量较大，各器官氮、磷含量表现出"稀释效应"（陈灵芝，1997），含量较低。

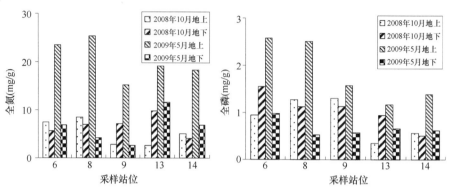

图 1-14　河口湿地植被芦苇地上、地下部分氮、磷含量（以单位干重含量表示）

图 1-15 为 2009 年 5 月芦苇不同器官对氮、磷累积量分布。表明芦苇不同部位氮、磷含量在地上器官的分布趋势为叶大于茎大于穗。植物各器官氮、磷含量的差异是由相应器官的结构和功能决定的，5 月初是芦苇进入旺盛生长的初期，叶是植物的同化器官，是新陈代谢最旺盛的部位，因此其氮、磷含量的累积量最高，芦苇是禾本科水生植物，其茎也能进行光合作用，故茎中的氮、磷累积量也较高。枯落物经过冬季的自然降解，枯茎和枯穗的含量相对绿色部分含量低，表明了枯落物将营养元素氮、磷归还到土壤中，使养分得以循环。

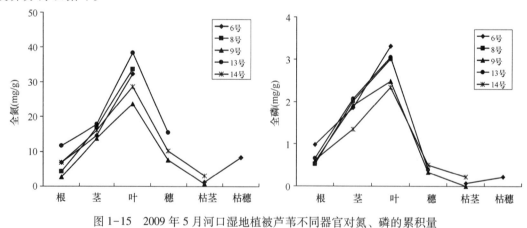

图 1-15　2009 年 5 月河口湿地植被芦苇不同器官对氮、磷的累积量

图 1-16 为 2008 年 10 月和 2009 年 5 月芦苇和表层土壤氮、磷储量分布。通过对芦苇氮、磷储量和表层土壤氮、磷储量的相关分析，显示二者具有弱的负相关趋势（图 1-17），这说明植物对营养元素氮、磷的累积降低了表层土壤中氮、磷储量，尤其对土壤中磷的储量影响较大，这是由于芦苇对磷的吸收完全来自土壤。

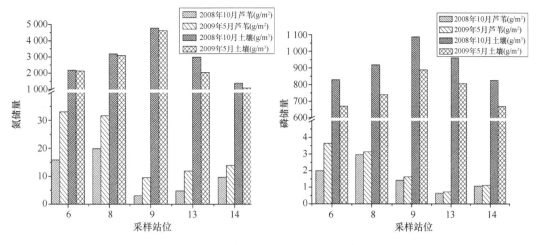

图 1-16　表层土壤与芦苇地上部分氮、磷储量分布

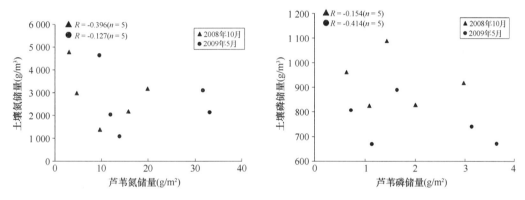

图 1-17　芦苇和表层土壤氮、磷储量的相关关系

通过以上研究可见：①辽河口湿地表层土壤有机碳含量 10 月明显高于 5 月，5 月 4 种类型土壤含量差别不大，10 月盐化草甸土和滨海沼泽盐土有机盐含量较高。全氮含量在 2 个季度无显著差异，盐化草甸土和滨海沼泽盐土表层土壤氮含量相对较高，滨海潮滩盐土最低；无机氮（NH_4^+-N 和 NO_3^--N）含量较低，且以铵态氮为主，5 月略高于 10 月含量。全磷在 2 个季度含量差别不大，在整个区域分布比较均匀。②辽河口湿地剖面土壤碳表层含量最高，且高于底层，以芦苇为主要植被的盐化草甸土剖面营养元素含量高于以翅碱蓬为主的滨海潮滩盐土剖面含量。③辽河口湿地主要植被芦苇对氮磷的积累量表现为 5 月地上部分氮、磷含量明显高于地下氮、磷含量，10 月地下部分氮含量略高于地上部分，磷含量无显著差异。④对芦苇不同部位分析表明氮、磷含量在地上器官的分布趋势为叶大于茎大于穗，绿色部分高于相应的立枯部分。⑤植物对营养元素氮、磷的吸收降低了表层土壤中氮、磷储量，植物中营养元素的累积作用对湿地土壤氮、磷含量分布有一定的影响。

1.3.2　辽河口不同植被湿地土壤营养元素的分布特征

土壤为植物生长提供必需的水热条件及营养元素，植物死亡后被分解并将所吸收的营养元素归还土壤或大气，构成了营养元素在土壤-植物系统中的迁移转化基本过程，也是元素生物地球化学循环过程的重要一环。由于植物种类不同及植物对某些元素具有选择性吸收的特点，不同植被覆被土壤中，元素的含量通常会存在较大差异（李朝生等，2006；吕瑞恒等，2009）。土壤是植物养分的主要来源，它影响着植被群落的结构和生产功能。土壤养分全量是该元素土壤中各种形态含量的总和，一定程度上代表土壤养分供应的潜在水平（胡忠良等，2009）。

本节将通过研究不同覆被条件下土壤营养元素含量的差异来探讨植被对营养元素分布特征的影响，以期加深对河口湿地土壤中营养元素生物地球化学循环过程的认识（宋晓林等，2010）。

研究于 2008 年 10 月开展野外调查，在辽河口湿地的滨海滩涂上，选定裸露滩涂、地表有植被死体、地表有植被活体的典型样地 3 个，进行棋盘式采样。每个样地设置 7 个采样点，每个样点之间间隔约 2 m，采用 25 cm×25 cm 的取样框置于样点上，并分层挖取样框内 0~10 cm、10~20 cm、20~30 cm 和 30~40 cm 土层的土样，装于样袋中带回实验室测定，共采集样品 84 个。土壤样品运回实验室后，除去石块、枝叶、草根等，室温下自然风干，用陶瓷研钵研磨过 100 目尼龙筛，密封于聚乙烯塑料袋中保存待测。监测参数主要包括总氮、总磷、总钾、速率氮磷钾、有机质、硫、铁以及含盐量等。

分别将三类样地的相关指标取均值后，作为对应样地该养分的总体水平，其变化规律如图 1-18 所示。

三类样地土壤的氮、速氮、磷、钾、有机质和铁含量从大到小为：地表有植被活体、地表有植被死体、裸露滩涂；硫、速钾和速磷含量情况从大到小为：地表有植被死体、地表有植被活体、裸露滩涂；而含盐量变化从大到小为：裸露滩涂、地表有植被死体、地表有植被活体。除了含盐量之外，基本上裸露滩涂中所有的营养元素均低于其他两种样地，说明地表是否具有植被覆盖会显著影响土壤中的养分含量。土壤中磷素除植物残体内存在少量有机态以外，其他主要为无机形态且主要来源于成土母质，其含量受土壤类型和气候条件的影响，因此研究区土壤全磷及速磷变化范围很小。

单因素方差分析表明，不同地表覆被下土壤氮含量差异显著（$F=3.647$，$P<0.05$），土壤全磷、全钾含量差异则不显著（$F=0.787$，$P>0.05$；$F=0.444$，$P>0.05$），而地表有植被死体和地表有植被活体的土壤中氮、磷、钾含量差异均不显著（$F=1.547$，$P>0.05$；$F=0.675$，$P>0.05$；$F=0.234$，$P>0.05$）。这表明植被对于土壤中氮含量具有显著影响，而地表有植被死体或活体对土壤的氮含量影响不大。

从图 1-19 可以看出，三种植被覆盖下土壤剖面全氮、全磷、有机质、含盐量、速钾、速磷含量随深度向下先减少后增加，大多以 20 cm 处为转折点；全磷和铁含量总体上随深度向下逐渐增加；土壤钾和速氮含量的变化规律不明显，20 cm 处仍为变化的转折点。

三类采样点处于海拔高度接近的小区域内，因此干湿沉降所输入的氮元素几乎相同，但三类采样点的地表覆盖物不同，所以对氮元素的吸附和归还能力有所不同。在上述因素的影响下，造成三个采样点氮元素分布的差异。三类样地全氮含量总体上呈上高下低的分布格局，符合一般土壤氮素的分布情况。但进一步分析发现，由于植被状况的不同，相同层次土壤的全氮存在一定的差异。

磷的含量在 0~10 cm 土层最高，10~20 cm 土层最低，10 cm 以下随土层加深磷含量升高。这是由于土壤中磷素主要来源于成土母质及动植物体归还，随植物根系的吸收而减少，0~10 cm 土层可以得到上部植物养分的补充，磷含量普遍高于其他土层。

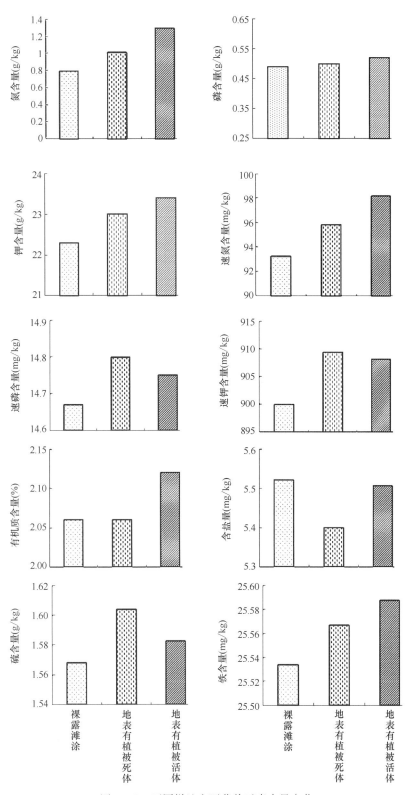

图 1-18　不同样地主要营养元素含量变化

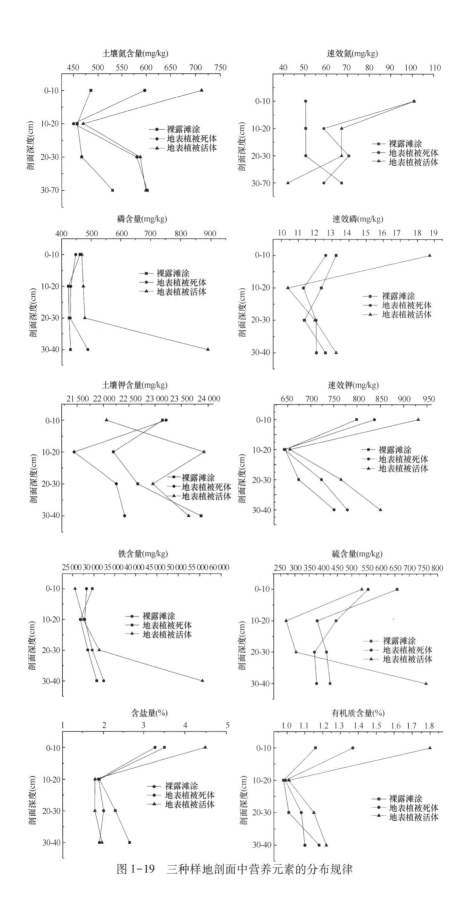

图 1-19　三种样地剖面中营养元素的分布规律

三种地表覆被下全钾含量呈逐渐减少趋势。影响钾分布的主要因素是土壤黏粒，土壤中钾几乎是以离子状态存在，很容易淋溶，土壤底层吸附钾的能力较强，同时植物生长对表层钾元素吸收较多，所以三种地表覆被条件下钾含量差不多。

三种样地中有机质剖面分布从大到小为：地表植被活体、地表植被死体、裸露滩涂，除了裸露滩涂之外，地表有植被覆盖的样地有机质含量由表层往下均呈现出降低的趋势，符合一般规律。由于地表具有植被覆盖，枯落物的分解大大增加了表层土壤中有机质的含量，而缺少植被的裸露滩涂，不但有机质含量较低，而且在垂直方向上变化不大。

三种样地中表层硫的分布从大到小为：裸露滩涂、地表植被死体、地表植被活体，表现出与有机质截然相反的分布趋势，这可能与大气沉降有关。空气中的硫通过干湿沉降过程降至地面，地表在有植被覆被的状况下，一部分硫可能被植物所吸收截留，这导致了裸露滩涂表层硫含量相对较高。而在地表植被活体覆盖的样地底层，土壤中硫含量则突然增大，原因并不清楚，尚需进一步研究。

三种样地中表层土壤中铁的含量分布从大到小为：裸露滩涂、地表植被死体、地表植被活体，这可能与植物对铁的吸收有关。但是铁在三种样地上的分布规律与硫相似，在底层同样出现了高值。

大多数营养元素均在地表下 20 cm 处急剧减少，这种趋势在地表有植被活体覆被的样地中更为明显，这可能与翅碱蓬根系深度较浅有关。

1.3.3 辽河口湿地土壤石油烃污染特征

辽河油田是我国最大的稠油加工基地和沥青生产基地，年产原油 1.42×10^7 t（刘振乾等，2000）。石油烃类污染物在石油勘探、开采、炼制、加工和运输过程中会以含油废水、落地原油、含油废弃泥浆等形式进入湿地，对湿地水体、土壤环境造成污染。辽河油田公司 2005 年产生落地原油 2.14×10^4 t 和含油污泥 4.33×10^4 t（田敏和张昌楠，2008），虽然采取措施使含油污泥基本得到回收处理，但仍对周边环境造成不同程度的污染，污染较为严重的高升采油厂及其周边地区石油烃平均值达到 75.13 mg/kg，距离油井 5 m 的苇田水和稻田水石油烃分别达 1.89 mg/L 和 1.14 mg/L，虽然未超过水体和土壤石油烃抑制芦苇生长的临界值（分别为 3 mg/L 和 500 mg/kg），不是造成芦苇产量下降的主要原因（冷延慧等，2006），但辽河口湿地环境的石油烃污染已成为该区域的一个重要的生态风险源。通过对辽河口湿地野外调查、采样分析，研究辽河口湿地水环境和土壤石油烃污染的基本状况及特征，探讨区域内石油烃污染对湿地主要植被——芦苇生长产生的可能影响，以期为湿地保护和管理提供有意义的参考。

分别于秋季（2008 年 10 月）和春季（2009 年 5 月）对辽河口湿地不同水体和土壤中石油烃进行调查分析（罗先香等，2010a），地表水的采样站位见图 1-20，其中稻田水和苇田水的采样站位与土壤的采样站位相对应。在研究区域内采集地表水有三种：河水（RX）；稻田水（DX）以及苇田水（WX）。

图 1-21 为辽河口湿地地表水中石油烃的分布情况，表 1-17 为地表水中石油烃的特征值。综合图表可以看出，春季河水、苇田水和稻田水石油烃浓度差异不显著，秋季各站位石油烃和其变异系数都小于春季，可能的原因是秋季采集的水样在苇田内滞留时间较长，通过挥发、土壤吸附、生物降解以及芦苇分配利用等使其降低（冷延慧等，2006）。与苇田水一

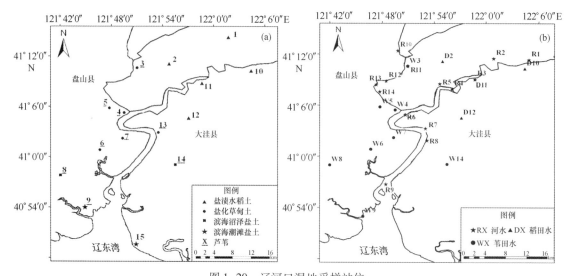

图 1-20 辽河口湿地采样站位

(a) 土壤样品和植物（芦苇）样品；(b) 地表水样品

样，稻田水秋季石油烃浓度也小于春季，也是由于稻田水经过稻田自身的净化降解作用（冯忠民等，2005），其石油烃明显降低。同时秋季苇田水和稻田水石油烃浓度明显低于河水，这进一步说明了苇田和稻田湿地对石油烃污染物的净化降解作用关系密切，但石油烃最高值均出现在辽河油田采油区附近。

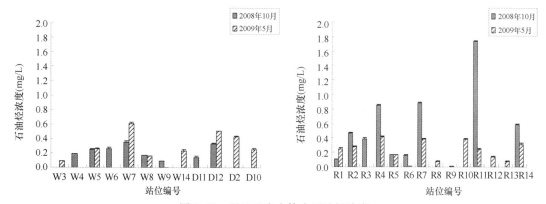

图 1-21 湿地地表水体中石油烃浓度

表 1-17 地表水石油烃的特征值

水体	采样时间	样品数（个）	石油烃			
			范围（mg/L）	平均值（mg/L）	标准偏差	变异系数（%）
河水（RX）	2008 年 10 月	9	0.10~1.73	0.59	0.51	86.48
	2009 年 5 月	13	0~0.41	0.20	0.15	75.07
苇田水（WX）	2008 年 10 月	6	0.09~0.3	0.22	0.09	42.10
	2009 年 5 月	6	0~0.61	0.23	0.21	92.36
稻田水（DX）	2008 年 10 月	2	0.14~0.32	0.23	0.13	54.45
	2009 年 5 月	3	0.25~0.50	0.39	0.13	32.51

根据《地表水环境质量标准》（GB3838—2002）中对石油烃污染分级：I~Ⅲ类地表水，ρ（石油烃）≤0.05 mg/L；Ⅳ类地表水，ρ（石油烃）≤0.5 mg/L；V类地表水，ρ（石油烃）≤1.0 mg/L，对辽河口湿地地表水石油烃污染程度评价，结果见表1-18。

表1-18　辽河口湿地水体评价结果

采样季节	不超Ⅲ类站位	超Ⅲ类站位	超Ⅳ类站位	超V类站位
秋季		R1、R2、R3、R5、R6、D4、D5、W7、W8、W9、W10	R4、R7、R14	R11
春季	R9、W14	R1、R2、R4、R5、R7、R7、R8、R10、R11、R12、R13、R14、D2、D3、W6、W8、W12、W13	D5、W10	

水环境石油烃污染评价结果显示，研究区域秋季河水石油烃污染比春季严重，可能是由于该区域10月降水径流量明显大于5月，地表径流会携带部分落地油进入水体，导致秋季河水石油烃污染加重（陈家军等，1999）。且R11站位河段水体秋季不适合农业用水。秋季该区域地表水均超过《地表水环境质量标准》（GB3838—2002）Ⅲ类标准，个别站位超过Ⅳ类和V类标准，春季86.36%的站位超过Ⅲ类标准，春秋两季共92.31%的地表水石油烃浓度超过Ⅲ类标准。

春秋两季土壤石油烃含量如图1-22、表1-19和表1-20所示。根据图表可以明显看出，春秋两季土壤石油烃污染较严重的区域分布在绕阳河下游至辽河入口以上，分布于流域中上游区域的盐渍水稻土和盐化草甸土中的石油烃明显高于流域下游区域的滨海沼泽盐土和滨海潮滩盐土，可能是由于流域中上游是辽河油田采油密集区（刘岳峰等，1998），且中下游区域分布的大面积芦苇湿地对石油烃具有一定的净化作用（许学工等，2005）。污染较重的盐渍水稻土和盐化草甸土空间变异性较大，表现出明显的点源污染特征。

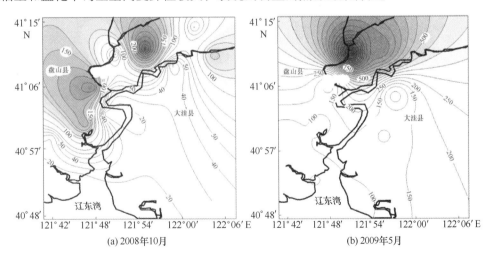

(a) 2008年10月　　　　(b) 2009年5月

图1-22　土壤表层中石油烃的分布特征

表 1-19　湿地表层土壤中石油烃的特征值

土壤类型	季节	站位编号	石油烃			
			范围 （mg/kg）	平均值 （mg/kg）	标准偏差	变异系数 （%）
盐渍水稻土	秋季	1, 2, 3, 4, 5	15.83~303.95	108.30	121.46	112.15
	春季	2, 5	32.35~789.50	410.92	535.39	130.29
盐化草甸土	秋季	6, 7, 8, 9, 10, 11	14.43~231.46	90.90	93.73	103.1
	春季	6, 8, 9	80.58~1 169.53	443.73	628.56	41.66
滨海沼泽盐土	秋季	12, 13	21.50~31.03	6.27	6.74	26.65
	春季	12, 13	60.99~93.99	77.49	23.33	30.1
滨海潮滩盐土	秋季	14, 15	9.53~14.78	12.16	3.71	30.53
	春季	14, 15	35.96~46.76	57.88	15.73	27.18

表 1-20　表层土壤石油烃与芦苇长势参数的相关关系

采样时间	土壤/植被 站位编号	株高 （cm）	径周长 （mm）	密度 （棵/m²）	干质量 （g/棵）	地上生物量 （g/m²）	表层土壤石油烃 （mg/kg）
	6	230	20	180	11.8	2 127.6	35.56
	7	300	30	65	28.4	1 848.6	53.86
	8	290	25	69	34.0	2 343.2	231.46
2008 年 10 月	9	300	25	66	16.6	1 096.9	187.15
	10	330	30	58	35.6	2 063.6	14.43
	11	240	32	45	26.8	1 204.2	22.88
	12	300	13	130	13.4	1 739.4	31.03
	13	240	30	72	25.3	1 823.0	21.50
相关系数 R（n=8）		0.26	−0.08	−0.20	0.12	0.03	
土壤/植被站位编号							
	6	100	7	155	9.1	1 410.5	1 169.53
	8	110	11	52	14.4	748.8	81.07
2009 年 5 月	9	70	8	74	7.2	532.8	80.58
	12	91	9	168	7.6	1 276.8	60.99
	13	66	8	90	5.8	522.0	93.99
	14	90	8	63	7.3	459.9	46.76
相关系数 R（n=8）		0.31	−0.53	0.52	0.09	0.68	

　　表层土壤中石油烃含量较低，一方面，表层土壤中石油烃由于挥发、光解和根际微生物降解等共同作用而下降（贾建丽等，2007）；另一方面，石油烃污染可能影响的最大深度受区域环境条件与石油性质的制约（韩德昌等，2008），研究区域土壤主要为粉砂质黏土，吸附能力较强，经多年渗透积聚，底层土壤中石油烃高于表层土壤，最大值出现在 30~40 cm 土层。盐化草甸土 30 cm 以下土壤中石油烃明显降低，表明芦苇根系及其微生物对重油具有很好的降解作用（Ji et al.，2007）。

辽河口湿地土壤石油烃含量与芦苇的株高、径周长、密度及地上生物量之间无显著相关性，芦苇生长正常，表明目前区域内湿地土壤石油烃污染尚未影响芦苇的正常生长及产量。相反，湿地环境中少量石油烃能提高芦苇产值（Ji et al.，2004），当没有其他有毒、有害污染物作用的前提下，若湿地土壤中石油烃小于 500 mg/kg（冷延慧等，2006），石油还会刺激芦苇的生长。

通过以上研究，得出以下结论：①春季河水、苇田水和稻田水石油烃浓度差异不显著，秋季苇田水和稻田水石油烃明显低于河水，这与苇田和稻田湿地对石油烃污染物的净化作用关系密切；秋季该区域地表水环境石油烃均超过《地表水环境质量标准》（GB3838—2002）Ⅲ类标准，个别站位超过Ⅳ类和Ⅴ类标准，春秋两季共 92.31% 的地表水石油烃超过Ⅲ类标准，说明研究区域水环境已经受到不同程度的石油烃污染。②湿地表层土壤石油烃春季明显高于秋季，分布于流域中上游的盐渍水稻土和盐化草甸土中的石油烃比流域下游的滨海沼泽盐土和滨海潮滩盐土高，中下游芦苇湿地对石油烃净化作用明显，表层土壤中石油烃明显低于底层，最大值出现在 30~40 cm 土层，达到重度污染水平，由于芦苇发达的根系对石油烃的截留阻挡作用使得盐化草甸土 30 cm 以下的石油烃随深度的增加显著降低。③辽河口湿地土壤石油烃与芦苇的株高、径周长、密度及地上生物量之间无显著相关性，芦苇生长正常，表明目前区域内湿地土壤石油烃污染尚未影响芦苇的正常生长及产量。

1.3.4 辽河口湿地土壤多环芳烃分布特征、来源与影响因素

多环芳烃（Polycyclic Aromatic Hydrocarbon，PAHs）是由两个或两个以上苯环以稠环形式相联的化合物，是广泛存在于环境中的持久性有机污染物。土壤作为一种重要的环境介质，是环境中多环芳烃的储藏库和中转站。有报道称环境中 90% 以上的 PAHs 都储存在土壤中，关于湿地土壤中 PAHs 的研究已逐渐引起人们的重视。为了有效控制环境中 PAHs 的污染，识别其来源是必要的。PAHs 的来源广泛，它经历了复杂的迁移和转化过程，准确判定其来源较为困难。常用的 PAHs 源解析方法有特征化合物和比值法、碳同位素法、化学质量平衡法和多元统计法。其中主成分分析/多元线性回归法作为多元统计法的一种，可在不了解研究区域特征源成分谱的情况下，对样品中的 PAHs 进行分析并定量解析其可能的污染源，目前该方法在 PAHs 的来源解析研究中已得到了成功的应用。

通过对不同时间土壤剖面中的 PAHs 含量、分布特征进行分析研究，并利用有机碳归一化法对表层土壤中 PAHs 的生态风险进行初步评价，综合运用不同环数的相对丰度、比值法和因子分析/多元线性回归技术对 PAHs 来源进行定性和定量解析，以获得辽河口湿地 PAHs 的分布及源特征（廖书林等，2011）。

1.3.4.1 表层土壤 PAHs 分布特征

分别于 2008 年 10 月和 2009 年 5 月和 8 月对辽河口湿地 12 个站位 0~20 cm 表层土壤中多环芳烃进行解析，采样站位如图 1-23 所示。

研究中 16 种美国优控 PAHs 在 2008 年 10 月和 2009 年 5 月调查时全部都有检出，而 2009 年 8 月样品中共检出除 DBahA 外的 15 种 PAHs（表 1-21）。不同站位 PAHs 总量范围为 293.4~1 936.9 ng/g，平均值为 851.5 ng/g，最高值出现在靠近辽河采油区的 LH26 站位，最低值位于滩涂区的 LH3 站位。图 1-24 为不同区域 PAHs 总量的比较，油井区苇田PAHs 的平均含量最高，为 1 717.5 ng/g，这是由于采油过程中石油泄漏的影响，长期的石

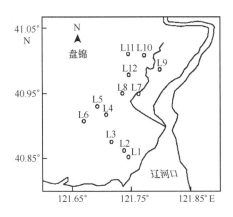

图 1-23　辽河口湿地多环芳烃采样站位

油开采活动加剧了湿地土壤 PAHs 污染。苇田区 PAHs 的平均含量要稍高于芦苇退化区，这可能与苇田长期受到人类活动干扰有关，盘锦地区冬季苇田收割后一般会进行烧荒，芦苇秸秆等生物质的不完全燃烧会向环境释放一定量的 PAHs。滩涂区 PAHs 的平均含量最低，为 614.6 ng/g，这表明该区域的 PAHs 污染相对较低。与国内外湿地相比，辽河口湿地 PAHs 的污染水平明显超过了白洋淀湿地和黄河三角洲湿地，但要小于美国 Elizabeth River 湿地和印度 Sunderban 湿地，总体来看辽河口湿地土壤 PAHs 总体处于中等偏上的污染水平，应该引起有关部门的足够重视。

表 1-21　辽河口湿地表层土壤多环芳烃含量（ng/g）

PAHs	2008 年 10 月			2009 年 5 月			2009 年 8 月		
	最低值	平均值	标准偏差	最低值	平均值	标准偏差	最低值	平均值	标准偏差
NaP	80.4~340.0	167.6	66.8	132.3~458.7	219.0	81.4	21.1~403.4	137.9	101.3
Acy	2.1~169.9	55.9	39.7	47.3~272.2	90.8	60.3	30.7~193.5	74.5	45.1
Ace	16.8~189.1	66.1	39.9	21.2~187.9	65.7	42.9	16.4~193.5	39.0	23.5
Fle	14.7~134.1	56.1	24.9	14.7~216.7	57.6	52.2	ND~154.5	48.4	46.7
Phe	24.8~143.2	74.8	23.9	21.8~142.2	98.1	34.7	11.1~195.3	69.1	45.8
Ant	44.5~135.0	72.0	19.6	6.1~85.4	23.6	22.1	4.5~34.1	15.9	9.8
Fla	44.1~160.9	86.0	24.8	17.1~352.5	59.3	70.8	3.6~97.5	34.0	26.3
Pyr	55.2~143.5	79.4	20.0	34.4~152.4	62.7	32.8	12.2~154.3	53.4	41.0
BaA	13.5~73.2	42.5	14.4	10.2~40.2	17.6	7.8	ND~81.9	37.3	22.6
Chr	43.7~78.4	56.7	8.2	12.7~59.2	32.9	11.6	7.3~99.5	29.5	21.2
BbF	42.4~93.4	65.3	14.5	31.3~53.4	41.7	7.3	ND~97.5	36.6	29.5
BkF	36.2~58.4	45.7	5.4	10.0~59.4	28.1	13.5	ND~158.4	32.7	31.9
BaP	28.3~52.4	37.7	6.3	ND~44.2	15.0	12.8	ND~77.2	14.5	17.8
IND	31.2~48.8	38.4	5.1	14.1~77.5	26.5	17.1	ND~54.3	20.8	16.0
DBahA	ND~9.1	4.8	1.9	ND~25.7	1.6	6.3	ND	ND	
BghiP	41.3~62.5	52.9	5.6	23.6~59.7	36.7	9.9	ND~88.2	31.9	27.1
∑PAHs	704.7~1 804.5	1 001.9	251.5	509.7~1 936.9	877.1	374.9	293.4~1 735.9	675.4	404.7

ND 表示未检出；PAHs 组分名称：NaP：萘；Acy：二氢苊；Ace：苊；Fle：芴；Phe：菲；Ant：蒽；Fla：荧蒽；Pyr：芘；BaA：苯并（a）蒽；Chr：䓛；BbF：苯并（b）荧蒽；BkF：苯并（k）荧蒽；BaP：苯并（a）芘；IND：茚并（1，2，3芘）；DBahA：二苯并（a）蒽；BghiP：苯并（g，h，i）芘

　　PAHs 的季节变化特征较为明显，10 月的 PAHs 平均含量最高，为 1 001.9 ng/g，5 月和 8 月 PAHs 平均含量分别为 877.1 ng/g 和 675.4 ng/g，相比 10 月分别下降了 12.5% 和 32.6%。这可能是由于进入到 10 月以后，盘锦地区日照强度和气温都有明显下降，使得 PAHs 的挥发和降解速率下降，从而有利于 PAHs 的积累。此外，8 月的降雨量和降雨次数的相对增多，可能导致大气沉降下来的多环芳烃随着可溶性有机质下沉或随雨水被冲走，这

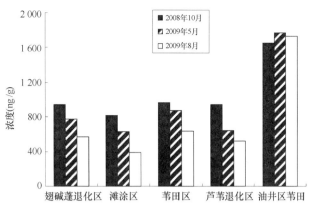

图 1-24 不同区域表层土壤 PAHs 总量

使得土壤 PAHs 含量有所减少。

根据环数不同，将 16 种 PAHs 分为 2~3 环（低环）、4 环（中环）和 5~6 环（高环）PAHs（图 1-25）。不同采样时间的 PAHs 环数构成比例从大到小均为：低环、中环、高环，2009 年 5 月和 8 月的低环组分比例均超过了 55%，其中 5 月的比例达到了 63.3%；2008 年 10 月的中高环组分占有比例高于 2009 年 5 月和 8 月，达到了 50.8%，环数构成比例的不同预示着不同季节下湿地土壤中 PAHs 的来源可能会有所差异。

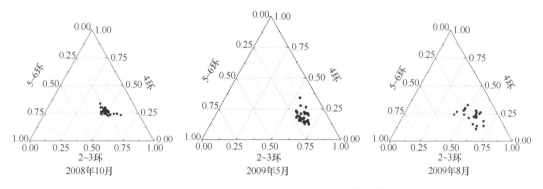

图 1-25 辽河口湿地表层土壤 PAHs 环数的分布

1.3.4.2 PAHs 的来源分析

不同环数的相对丰度可以初步反映 PAHs 的污染源，中高环 PAHs 一般主要来自化石燃料、生物质等在相对高温条件下的不完全燃烧，而低环 PAHs 则大多源于石油类产品的输入。Soclo 等（2000）指出，当低环/高环（L/H）小于 1 时，表明 PAHs 主要源于燃烧源；而当 L/H 大于 1 时，指示 PAHs 主要来自油类污染。由表 1-22 可知，2009 年 5 月和 8 月的 L/H 平均值均大于 1，指示为石油污染源，而 2008 年 10 月的 L/H 小于 1，表明燃烧源是其 PAHs 的主要来源。

PAHs 同分异构体的分布随着来源、有机质组成和燃烧温度的改变而改变，利用同分异构体的比值也可以判断 PAHs 的来源。Ant/（Ant+Phe）与 Fla/（Fla+Pyr）是 2 种常用来指示 PAHs 污染来源的判断值。除了上述 2 种比值，有些学者还针对燃油、燃煤、木材燃烧等污染源产生的 PAHs 特征进行了相关研究，并指出不同源的 BaA/（BaA+Chr），IND/（IND+BghiP）等特征指数的变化范围（表 1-22）。

表 1-22　特征比值范围

特征比值	L/H	Fla/（Fla+Pyr）	Ant/（Ant+Phe）	IND/（IND+BghiP）	BaA/（BaA+Chr）
石油污染	>1.00	<0.40	<0.10	<0.20	<0.20
柴油泄漏	—	0.26±0.16	0.09±0.05	0.40±0.18	0.35±0.24
原油泄漏	—	0.22±0.07	0.07	0.09	0.12±0.06
燃料燃烧	<1.00	>0.40	>0.10	>0.20	>0.35
车辆	—	—	>0.10	—	—
汽油燃烧	—	0.40~0.50	0.11	0.09~0.22	0.33~0.38
柴油燃烧	—	0.20~0.58	0.11±0.05	0.25~0.45	0.18~0.69
煤	—	0.48~0.85	0.31~0.36	0.48~0.57	0.36~0.50
焦炉		0.58	0.18	0.53	0.54
木材		0.41~0.67	0.14~0.29	0.57~0.71	0.40~0.52
2008 年 10 月	0.95（0.66~1.60）	0.52（0.44~0.62）	0.49（0.39~0.76）	0.42（0.35~0.52）	0.42（0.20~0.61）
2009 年 5 月	1.74（1.16~2.42）	0.42（0.26~0.73）	0.20（0.06~0.76）	0.40（0.37~0.60）	0.35（0.22~0.60）
2009 年 8 月	1.36（0.70~2.26）	0.41（0.04~0.66）	0.21（0.06~0.53）	0.42（0.22~0.67）	0.58（0.16~0.87）

　　对比本研究表层土壤 PAHs 与不同污染来源的 PAHs 中各特征指数值，可判断出 2008 年 10 月主要源于燃烧来源（柴油、煤和木材等燃烧）；2009 年 5 月和 8 月的比值范围较为相近，BaA/（BaA+Chr）和 IND/（IND+BghiP）的比值均指示为燃烧来源，而 Fla/（Fla+Pyr）和 Ant/（Ant+Phe）的比值指示了石油污染和燃烧的混合来源，因而 5 月和 8 月 PAHs 的来源可能为石油污染和燃烧源的混合来源。由于研究区域附近有辽河油田分布，结合相关特征比值结果，判断石油污染主要是油田开采过程的原油泄漏造成的。

　　特征比值法属于定性和半定量方法，可以粗略地判断出污染源的主要类型，使用起来比较简单，但由于化合物在环境中可能会因挥发、淋滤、降解、光解等过程而产生损失或丢失，从而造成"源谱"信息的失真。有研究者指出，Ant 在空气中的光解速度要比 Phe 快，因此由于它们降解的不一致性，从而导致污染源的 Ant/（Ant+Phe）比值与沉降到土壤的该比值并不完全相同，这在一定程度上增加了其结果的不确定性。

　　为进一步了解湿地土壤中 PAHs 的来源情况，采用主成分分析/多元线性回归法来定量分析其来源。由于 DBahA 在 2009 年 5 月和 8 月仅有个别站位检出，故只对 15 种 PAHs 进行分析。分别对经方差极大标准化转化的辽河口湿地 3 次采样的 PAHs 含量进行主成分分析，提取特征根大于 1 的因子，3 次采样时间提取的累计方差分别为 74.8%、79.6% 和 80.1%，主成分分析的结果见表 1-23。

表 1-23　表层土壤样品方差极大旋转后的主成分因子载荷

PAHs	2008 年 10 月			2009 年 5 月			2009 年 8 月		
	主成分 1	主成分 2	主成分 3	主成分 1	主成分 2	主成分 3	主成分 1	主成分 2	主成分 3
NaP	0.675	0.626	0.035	0.915	0.361	0.112	0.644	0.486	0.409
Acy	0.464	0.454	0.496	0.965	0.204	0.060	0.702	0.579	0.395
Ace	0.816	0.112	0.404	0.831	0.101	0.344	0.697	0.588	0.390
Fle	0.779	0.107	0.331	0.751	0.016	-0.234	0.530	0.570	0.040
Phe	0.587	0.474	0.147	0.121	0.621	0.587	0.811	0.166	0.225
Ant	0.647	0.502	0.490	0.579	0.042	-0.614	0.728	0.480	0.207
Fla	0.595	0.456	0.485	0.841	-0.159	-0.097	0.778	0.450	0.312
Pyr	0.752	0.518	0.397	0.925	0.096	0.093	0.572	0.642	0.354
BaA	0.472	0.331	0.477	0.961	0.263	0.066	0.116	0.916	0.217
Chr	0.026	-0.119	0.807	0.416	0.477	-0.331	0.154	0.077	0.935
BbF	0.329	0.653	0.364	0.399	-0.046	0.738	0.487	0.380	0.405
BkF	-0.028	0.783	-0.237	0.468	0.577	-0.043	0.922	-0.030	-0.213
BaP	0.705	0.540	-0.060	-0.086	0.900	0.019	0.073	0.240	0.792
IND	0.057	0.842	0.213	0.963	0.210	0.057	0.211	0.877	0.038
BghiP	0.795	-0.288	-0.116	0.846	0.377	0.243	0.217	0.674	0.252
累计方差（%）	54.6	66.8	74.8	57.5	70.1	79.6	60.9	71.8	80.1

2008 年 10 月，主成分 1 中 Ace、BghiP、Fle、Pyr 等组分载荷较高。BghiP 是汽油燃烧的排放物，Pyr 和 Fle 指示燃煤来源，因此主成分 1 可认为是交通污染和燃煤的混合源；IND 和 BkF 在主成分 2 上载荷最高，二者都是柴油发动机排放的指示物，由此判断主成分 2 代表了交通污染源；主成分 3 上 Chr 的载荷最高，Pyr、Fla 和 Ant 等中低环组分也有中等程度的载荷，指示为燃煤来源。

2009 年 5 月，主成分 1 上的 NaP、Acy、Ace、IND 和 BghiP 组分载荷较高，石油或油类相关物质排放的 PAHs 主要以烷基化多环芳烃及低分子量 PAHs（如 NaP、Acy、Ace 等）为主，而 IND 和 BghiP 分别是柴油发动机排放和汽油燃烧的指示物，因此主成分 1 代表石油污染与交通污染的混合来源；主成分 2 上 Bap 的载荷较高，有研究表明 BaP 是煤燃烧的典型代表物质，由此推测主成分 2 为燃煤源；主成分 3 上 BbF 的载荷最高，其余组分的载荷都相对较低，BbF 指示的为机动车排放污染，因而将主成分 3 归为交通污染源。

2009 年 8 月，主成分 1 上 BkF、Phe、Acy、Ace 等组分载荷较高，BkF 指示交通污染，Phe、Acy、Ace 等组分是石油污染的典型代表物质，因此主成分 1 代表石油污染与交通污染的混合来源；主成分 2 中 BaA、IND、BghiP 等高环组分载荷较高，指示为交通污染；主成分 3 上的 Chr 和 BaP 载荷最高，二者均是燃煤源的指示物，由此判断主成分 3 代表了燃煤来源。

以标准化主成分得分变量为自变量，标准化的 15 种 PAHs 总量为因变量，进行多元线性回归分析。设定进入变量的显著水平为 0.05，从方程中剔除变量的显著水平为 0.10，由此获得方程的标准化回归系数可反映各主因子的相对贡献率，具体的回归结果见表 1-24。

表 1-24　因子得分变量的多元线性回归结果

PAHs	2008 年 10 月			2009 年 5 月			2009 年 8 月		
	交通污染和燃煤	交通污染	燃煤	石油与交通污染	燃煤	交通污染	石油与交通污染	交通污染	燃煤
标准回归系数	0.755	0.520	0.385	0.963	0.255	0.063	0.708	0.582	0.387
条件概率	0.000	0.000	0.000	0.000	0.000	0.000	0.000	0.000	0.000
相关系数平方		0.988			0.996			0.988	
贡献率（%）	45.5	31.3	23.2	75.2	19.9	4.9	42.2	34.7	23.1

由表 1-24 可知，2008 年 10 月交通污染和燃煤混合来源、交通污染源、燃煤来源的贡献率分别为 45.5%、31.3% 和 23.2%；2009 年 5 月石油和交通的混合污染源、燃煤、交通污染的贡献率分别为 75.2%、19.9% 和 4.9%；2009 年 8 月石油和交通的混合污染源、交通污染、燃煤的贡献率分别为 42.2%、34.7% 和 23.1%。2008 年 10 月 PAHs 污染以燃烧来源（交通燃油、燃煤等）为主，2009 年 5 月和 8 月 PAHs 都是以石油污染和燃烧的混合来源为主，这与前面定性分析的结论相符。煤炭在当地能源结构中的重要地位使得燃煤源成为 PAHs 的重要来源，而湿地地处辽河油田开探区，随着油田的发现和开采，不可避免地使得石油污染对 PAHs 来源的产生影响。

关于辽河口湿地土壤沉积物中 PAHs 的研究相对较少，已有的研究多是集中在整个大辽河流域。郭伟等（2007）研究发现大辽河流域表层沉积物中 PAHs 的主要来源为燃烧源和交通污染，刘春慧等（2009）发现大辽河流域表层沉积物中 PAHs 主要源自燃煤、生物质燃烧、交通和炼焦。这与本研究的结论有一定的差别，推测其原因主要是研究区域的差异。主成分分析/多元线性回归法作为一种定量解析方法，对 PAHs 源成分谱的依赖性小，可以不必了解降解因子，使用起来较为简单。

1.3.4.3　土壤中 PAHs 随时间变化

辽河口湿地不同深度土壤 PAHs 总量的时间变化较为一致，三个土层从大到小均为：2008 年 10 月、2009 年 5 月、2009 年 8 月（图 1-26），2008 年 10 月 0~20 cm 土壤中 PAHs 总量最高，为 1 850.0 ng/g，2009 年 5 月和 8 月 0~20 cm 土壤 PAHs 分别为 1 043.4 ng/g 和 832.3 ng/g，相对于 2008 年 10 月分别下降了 43.6% 和 55.0%；2009 年 8 月 40~60 cm 土壤 PAHs 总量为 268.2 ng/g，相对 2008 年 10 月和 2009 年 5 月分别下降了 69.9% 和 52.6%。产生这种时间变化的原因可能是进入到 10 月以后，盘锦地区的气温和日照强度都明显下降，从而使得辽河口湿地 10 月土壤中 PAHs 的挥发和降解速率要低于 5 月和 8 月（图 1-27）。此外，盘锦地区 8 月的降雨量和降雨次数要相对较高，这可能导致大气沉降下来的多环芳烃

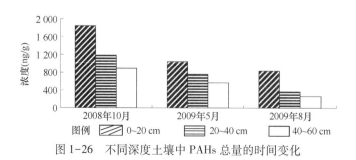

图 1-26　不同深度土壤中 PAHs 总量的时间变化

随雨水被冲走或随着可溶性有机质下沉，从而导致土壤 PAHs 含量减少。本研究中 PAHs 时间变化规律性与近年来的国内外研究较为相似，Tremolada 等（2009）在研究 Andossi 高原地区土壤 PAHs 时，得出 5 月初的 PAHs 总量要显著高于 7 月底的结论。匡少平等（2008）研究中原油田周边土壤时发现 7 月土壤受到 PAHs 的污染明显轻于 12 月。

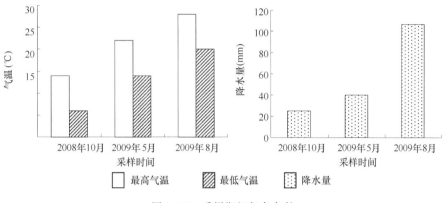

图 1-27　采样期间气象条件

进一步研究不同时间的 PAHs 组分在土壤剖面中的分布可以发现，2009 年 5 月和 8 月的 PAHs 都是以低环（2 环及 3 环）为主，2008 年 10 月的高环组分（4 环及 4 环以上）贡献较大（图 1-28）。在 0～20 cm 土壤中，2009 年 5 月和 8 月 PAHs 组分分布较为相似，低环 PAHs 分别占 PAHs 总量的 67.7% 和 64.4%，单体 PAHs 都是以低分子量的 Nap 和 Phe 含量最高，高分子量 DBahA 的含量最低；2008 年 10 月，高环 PAHs 占总 PAHs 的比重为 64.1%，单体 PAHs 以 Nap 含量最高，Fla 含量最低。20～40 cm 土壤中，2008 年 10 月高环所占比例为 70.0%，单体 PAHs 以 NaP 含量最高，其余 PAHs 组分含量变化不大；2009 年 5 月低环组分占有比例为 66.3%，其中 Nap 和 Phe 含量最高，DBahA 和 BaP 含量最低；2009 年 8 月低环 PAHs 占有比例为 59.0%，NaP 和 Acy 含量最高，DBahA 和 Ant 含量最低。40～60 cm 土壤中，2009 年 5 月和 8 月都是以低分子量的 Nap 和 Phe 含量最高，高分子量 DBahA 的含量最低，其中低环组分所占比例分别为 68.3% 和 55.3%；2008 年 10 月的高环 PAHs 占有比例达到了 72.9%，NaP 和 IND 含量最高，低分子量的 Ace 和 Acy 含量最低。

1.3.4.4　PAHs 与盐度、pH、有机质和油类的相关性分析

PAHs 进入到土壤表面后，通过光解、挥发、分配、降解等过程最终影响到它们在土壤剖面上的纵向迁移行为，它们在土壤中的迁移转化行为取决于多环芳烃与土壤不同组分间的相互作用，土壤的理化性质（有机质、pH、盐度等）对 PAHs 的迁移有很大的影响。为了探讨辽河口湿地土壤中 PAHs 含量的影响因素，将不同时间 12 个站位 PAHs 的含量与土壤中盐度、pH、有机质和油类利用 SPSS13.0 软件分别进行相关性计算（见表 1-25）。结果表明，不同季节 PAHs 含量与 pH、盐度含量相关性均很低，理论上可视为无相关性，这与郑一等（2003）研究天津地区土壤 PAHs 与土壤理化性质关系的结论相似；有机质与 PAHs 含量的相关性在不同土壤深度差异较大，2008 年 10 月和 2009 年 8 月 0～20 cm 土壤中有机质与 PAHs 含量之间均有显著的相关性，相关系数分别为 0.777 和 0.762（$p<0.01$），而在 40～60 cm 土层中，二者的相关性很低，相关系数分别为 -0.012 和 0.556。油类与 PAHs 含量之间的相关性在不同时间变化较大，2009 年 5 月和 8 月不同深度土壤的 PAHs 均与油类含

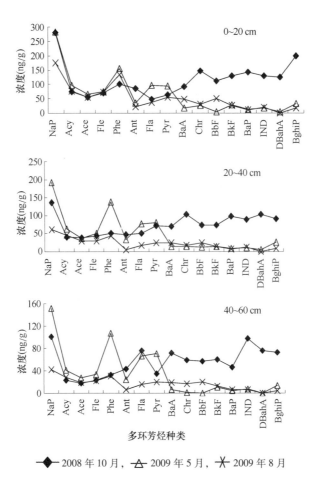

图 1-28　土壤剖面中单体 PAHs 的变化

量有显著的相关性，其中 2009 年 8 月 0～20 cm 土壤中二者的相关系数达到了 0.969（$p<$
0.01），而 2008 年 10 月仅在 0～20 cm 土壤中二者具有显著的相关性（$r=0.892$，$p<0.01$），
在 20～40 cm 和 40～60 cm 土壤中，二者的相关性均较低，分别为 0.519 和 0.251，这在一定
程度说明辽河口湿地受到了阶段性的油类泄露影响。

表 1-25　土壤 PAHs 浓度与各理化参数相关性分析

时间	2008 年 10 月			2009 年 5 月			2009 年 8 月		
土层（cm）	0～20	20～40	40～60	0～20	20～40	40～60	0～20	20～40	40～60
pH	0.460	-0.491	0.368	0.188	0.138	0.441	-0.445	-0.060	-0.492
盐度	-0.424	-0.568	-0.554	-0.365	-0.329	-0.335	0.072	-0.210	-0.035
有机质	0.777**	0.475	-0.012	0.433	0.123	-0.121	0.762**	0.779**	0.556
油类	0.892**	0.519	0.251	0.652*	0.806**	0.892**	0.969**	0.955**	0.787**

注：**相关性在 0.01 的水平上显著；*相关性在 0.05 的水平上显著。

1.3.4.5　辽河口湿地土壤中 PAHs 的生态风险评价

Swartz（1999）提出了有机碳归一化法预测 13 种 PAHs 浓度总和的风险评价标准，13 种

PAHs 分别是 NaP、Acy、Ace、Fle、Phe、Ant、Fla、Pyr、BaA、Chr、BbF、BkF、BaP。该标准用 TEC 值、MEC 值和 EEC 值 3 个指标衡量 PAHs 的风险状况，TEC 值（threshold effects concentration）：2.9×10^5 ng/g，MEC 值（median effects concentration）：1.8×10^6 ng/g 和 EEC 值（extreme effects concentration）：1.0×10^7 ng/g。归一化的 PAHs 值小于 TEC 值认为不产生生态风险，在 TEC 和 MEC 之间认为偶尔产生生态风险，在 MEC 与 EEC 之间有较高的生态风险，大于 EEC 值认为存在严重的生态风险。

对 12 个站位的 0~20 cm 土壤的 13 种 PAHs 进行有机碳归一化处理（表 1-26），可以看出 2008 年 10 月 4 个站位（滩涂区的 L3 站位、普通苇田区的 L4、L5 和 L6 站位）和 2009 年 5 月 2 个站位（滩涂区 L2 和 L3 站位）PAHs 有机碳归一化值处于 TEC 和 MEC 之间，表明这些站位偶尔会产生生态风险，存在着对生物的潜在危害，其余站位均小于 TEC 值，表明生态风险处于较低水平。2009 年 8 月所有站位的 PAHs 有机碳归一化值均小于 TEC 值，表明其生态风险均处于较低水平。

表 1-26　各站位 PAHs 有机碳归一化后的浓度（ng/g）

站位	L1	L2	L3	L4	L5	L6	L7	L8	L9	L10	L11	L12
2008 年 10 月	219 838	222 566	489 541	469 267	981 941	316 205	218 137	113 413	139 795	162 050	81 843	169 629
2009 年 5 月	240 244	292 003	379 980	41 171	108 788	74 313	78 464	125 324	121 421	268 546	193 328	257 383
2009 年 8 月	116 688	118 115	123 196	43 743	114 803	72 961	101 834	130 838	123 679	145 606	200 639	267 526

Swartz（1999）提出的风险标准考虑到了有机碳的含量，但是有机碳的组成千差万别，如腐殖酸、干酪根等各种形态的有机碳对有机污染物具有不同的吸附性能，因此相应的风险标准评价还要将这些因素考虑进去。此外，由于不同化合物之间可能存在着拮抗作用和促进作用，均低于标准值的两个化合物，混合在一起也有可能会对生物产生危害。因此，以上的生态风险评价仅是一个初步判断，更为精准的风险评价还需要对有机污染物的赋存形态及毒性机理的进一步研究。

由此可见，辽河口湿地 0~20 cm 土壤 16 种 PAHs 总量变化范围为 268.7~2 853.8 ng/g，平均值为 1 241.9 ng/g，油井区苇田含量最高，滩涂区域含量最低。PAHs 含量与 pH 和盐度相关性很低，理论上可视为无相关性，与有机质的相关性在不同土壤深度差异较大，其中 0~20 cm 相关性较高，而在 40~60 cm 土壤中二者的相关性很低，与油类含量相关性在不同时间变化较大，2009 年 5 月和 8 月不同深度土壤的 PAHs 均与油类含量有显著的相关性，而 2008 年 10 月仅在 0~20 cm 土壤中二者具有显著的相关性（$r = 0.892$，$p < 0.01$）。生态风险评价显示，2008 年 10 月 L3、L4、L5、L6 站位和 2009 年 5 月 L2、L3 站位存在着对生物的潜在危害，其余站位生态风险处于较低水平，2009 年 8 月所有站位的生态风险均处于较低水平。

1.3.5　辽河口湿地沉积环境综合评价

沉积物是海洋环境的一个重要组成部分，作为污染物的集散地，其指示作用归因于沉积物对海洋污染信息的放大作用和沉积物对海洋污染事件的空间统计代表与时间记录有序性（马德毅，1993）。沉积物富集的重金属和其他有毒难降解有机物是水环境中污染物的蓄库，在适当条件下向水体中释放，对水生生物和底栖生物产生负效应（Liu et al.，2008；Zhu et al.，2005），进而损害食物链上端的生物和人类健康（王宪等，2002）。因此海洋沉积物中污染物的监测和分析，是探讨人为造成海洋污染的一种重要手段，污染物在沉积物中积累状况是进行海区环境质量分析、污染程度评价的主要依据（王宪等，2002）。

目前，陆架浅海区沉积物环境评价尚无统一的评价方法和评价标准（王菊英等，2003）。从有毒物质的生态效应角度出发，国内外学者在研究近海沉积物中重金属和持久性有机污染物的空间分布、迁移转化规律和生态效应的基础上，以对重金属和持久性有机污染物的生态风险评估为主要内容，而对于沉积环境中其他因素（如石油类、有机碳、硫化物等）的质量评估相对较少。沉积环境中重金属和有毒有机污染物存在方式决定了污染物的毒性，并且其存在浓度和生物有效性之间有密切联系（Long & Morgan，1990）。因此对包括重金属等有毒物质和沉积环境因子在内的综合分析评价，可以更全面地揭示区域的环境质量状况。

水体沉积物重金属污染评价一般分为污染指数法、地质累积指数法、潜在生态风险指数法、沉积物质量基准法、污染负荷指数法、回归过量分析法、脸谱图法和元素相关图法等（周秀艳等，2004；秦延文等，2007；盛菊江等，2008）。沉积环境质量评价的方法各异，既有突出单因子污染状况，也有综合考虑多因素污染和生态效应；其中污染指数法包括单因子污染指数法和综合污染指数法。单因子指数法基于对标准值的比较，直观表达环境污染状况，综合污染指数法则通过污染因子间的特定关系，较客观全面地表达环境污染状况；地质累积指数法、污染负荷指数法、回归过量分析法、脸谱图法和元素相关图法以污染程度的定量化描述为重点，沉积物质量基准法和潜在生态风险指数法则将污染与生态效应联系起来。有机污染物的风险分析方法多使用风险商法、生态风险指数法、生物沉积物富集因子、沉积物质量标准和概率风险分析法（刘爱霞等，2009）。

辽东湾北部接纳了大辽河、辽河、大凌河和小凌河等流域内大量的工业废水和生活污水，从 20 世纪 80 年代末至今对该区域沉积物中的重金属研究和评价结果表明，重金属汞、铅和镉是主要重金属污染物，其含量呈现不断增加的趋势，由早期的轻微生态危害状况发展为中等水平状况（冯慕华等，2003；张婧等，2008）。2009 年对辽河河口区水体环境的综合评价结果表明，重金属、无机氮和石油类成为主要污染物（刘春涛等，2009）。说明辽东湾北部区域的污染物种类呈现多元化趋势，仅以重金属作为沉积环境质量和生态健康评价对象不能更全面地反映该区域的污染状况和危害风险。而目前尚未见到针对辽河口和辽东湾沉积环境的综合环境质量评价报道。

为实现对辽河口和辽东湾沉积物环境质量的综合评价，在单因子评价基础上，综合考虑多元素总体评价，选用三种不同的综合污染指数法，即利用 AHP 法计算各污染物权重的加权综合污染指数法、运用无因次化算数平均综合指数法和内梅罗综合污染指数法，并对不同性质、不同量纲评价元素无因次化处理方法进行完善，分别从不同元素危害程度、危害程度平均化和突出最大危害的角度，分析揭示研究区重金属、硫化物、有机碳和石油类对沉积环境的综合影响，实现对辽河口区域沉积环境质量全面、准确的评价，推动沉积环境综合评价方法的建立和完善（文梅等，2011）。

1.3.5.1　数据来源与评价方法

2010 年在辽河口区及辽东湾北部采集表层 0~2 cm 沉积物样品，5 月采集站位为 S1~S8，8 月采集站位为 L1~L10，采样站位如图 1-29 所示，合计 18 个站位。

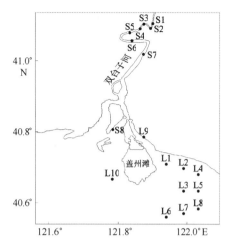

图1-29 辽河口和辽东湾北部沉积物采样站位示意图

（1）AHP法加权综合污染指数（李雪梅等，2007）。

首先采用层次分析法（AHP）计算并确定各因子的权重，包括确定目标和评价因素集U，进行重要性排序，构造判断矩阵P。用Matlab7.1对矩阵进行特征根计算，并通过一致性检验值CR来检验权数分配合理性，$CR<0.1$即认为判断矩阵具有满意的一致性，说明权数分配合理。否则，就需要调整判断矩阵，直到取得具有满意的一致性为止。然后确定各重金属元素的单因子污染指数，最后利用加权平均公式计算综合污染指数。评价标准值采用我国海洋沉积物一类标准GB18668—2002和沉积物加权综合污染指数标准（杨新梅等，2002）。

本书基于水体环境AHP法加权综合污染指数法，突破传统沉积环境AHP法只针对重金属的局限，综合考虑沉积物中重金属、硫化物、有机碳和石油类等因素，实现沉积环境全面评价。首先对5种重金属汞、砷、锌、铅和铬进行基于AHP法加权综合污染指数计算，评价结果作为重金属总的阈值，与硫化物、有机碳和石油类进行两两比较，构造判断矩阵，计算权重继而得出沉积环境总体综合污染指数。

（2）无因次化算数平均综合指数法（王文强，2008）

将不同性质量纲的指标无因次化，转化为某种标准形式，转化后指标值均在（0，100）之间。这些经转化的实数称为"综合指数"。首先将所有评价项目的各等级浓度限值作统一的规范化处理，使其成为具有比较意义的相对距离；再计算沉积物环境质量分级标准的各级综合指数和实测样本综合指数；最后判断和评价沉积物环境质量。本研究在此方法基础上，通过完善标准形式的转化，使综合污染指数值在（0，10）之间，实现与其他评价方法结果数量级上的一致性，利于横向对比。

（3）内梅罗综合污染指数法（陈云英，2007）

内梅罗污染指数法是当前国内外进行综合污染评价的最常用的方法。首先对沉积物各评价指标进行单因子指数计算，实现评价指标的无量纲化，计算参比标准为国家沉积物环境质量一类标准，如表1-27所示。

表 1-27　我国海洋沉积物一类标准（GB18668—2002）和各指标的权重值

项目	Hg	As	Zn	Pb	Cr	重金属		有机碳	硫化物	石油类
						5 月	8 月			
阈值	0.2	20	150	60	80	0.32	0.28	2	300	500
ω_i	0.510 0	0.263 8	0.032 9	0.129 6	0.063 6	0.563 8	0.563 8	0.263 4	0.117 8	0.055

在此基础上进行内梅罗污染指数计算。内梅罗污染指数法数学表达式为：

$$I = \sqrt{\frac{(P_i)_{max}^2 + (P_i)_{ave}^2}{2}} \tag{1-9}$$

式中：I 为沉积环境综合质量指数；P_i 为污染物的污染指数，$P_i = C_i/S_i$；$(P_i)_{max}$ 为参评污染物中最大污染物的污染指数；$(P_i)_{ave}$ 为参评污染物的算术平均污染指数。

1.3.5.2　基于 AHP 法计算权重的加权综合污染指数

首先确定各重金属指标权重。根据我国海洋沉积物质量标准的一类标准值，对评价因子 Hg、As、Zn、Pb 和 Cr 五种重金属两两进行比较，再根据表 1-28 确定相对重要性数值，构造式（1-10）的判断矩阵 P_1。

表 1-28　判断矩阵标度及其含义

标度	含义
1	表示因素 u_i 与 u_j 比较，具有同等重要性
3	表示因素 u_i 与 u_j 比较，u_i 比 u_j 稍微重要
5	表示因素 u_i 与 u_j 比较，u_i 比 u_j 明显重要
7	表示因素 u_i 与 u_j 比较，u_i 比 u_j 强烈重要
9	表示因素 u_i 与 u_j 比较，u_i 比 u_j 极端重要
2，4，6，8	2，4，6，8 分别相邻判断 1~3，3~5，5~7，7~9 的中值
倒数	表示因素与比较，则得判断 $u_{ji} = 1/u_{ij}$

$$P_1 = \begin{array}{c} \\ \text{Hg} \\ \text{As} \\ \text{Zn} \\ \text{Pb} \\ \text{Cr} \end{array} \begin{bmatrix} 1 & 3 & 9 & 5 & 7 \\ 1/3 & 1 & 7 & 3 & 5 \\ 1/9 & 1/7 & 1 & 1/5 & 1/3 \\ 1/5 & 1/3 & 5 & 1 & 3 \\ 1/7 & 1/5 & 3 & 1/3 & 1 \end{bmatrix} \tag{1-10}$$

运用 matlab7.1 对矩阵 P_1 进行特征根计算，得 ω_i 值，即权重，见表 1-27。根据式（1-11）对各重金属元素进行单因子评价，单因子评价标准采用表 1-27 限值。

$$PI = \sum \omega_i(C_i/S_i) \tag{1-11}$$

式中：PI 为加权综合污染指数；ω_i 为各评价指标的权重值；C_i 为各评价指标的实测浓度；S_i 为评价标准值。

将单因子指数代入式（1-11），得出重金属加权综合污染指数 PI_{11}。5 月 PI_{11} 值在 0.17~0.46 之间，平均值为 0.32。8 月 PI_{12} 值在 0.13~0.51 之间，平均值为 0.28。$CR = 0.042 4$

（<0.1），说明构造判断矩阵可满足层次分析法的要求，通过一致性检验。

计算得出的重金属PI_{11}和PI_{12}值与有机碳、硫化物和石油类标准进行对比，发现5月和8月构造判断矩阵相一致，设为P_2，如下：

$$P_2 = \begin{array}{c} \\ \\ \\ \\ \end{array} \begin{array}{cccc} \text{总重金属} & \text{有机碳} & \text{硫化物} & \text{石油类} \\ \end{array}$$

$$P_2 = \left[\begin{array}{cccc} 1 & 3 & 5 & 7 \\ 1/3 & 1 & 3 & 5 \\ 1/5 & 1/3 & 1 & 1 \\ 1/7 & 1/5 & 1/3 & 1 \end{array} \right] \begin{array}{l} \text{总重金属} \\ \text{有机碳} \\ \text{硫化物} \\ \text{石油类} \end{array} \qquad (1-12)$$

Matlab7.1计算P_2矩阵特征值计算得ω_i值见表1-27。以单因子指数计算沉积物总体加权综合污染指数PI_2，得到辽河口沉积环境5月PI_{21}值在0.22~0.38之间，平均值为0.33；8月PI_{22}值在0.18~0.45之间，平均值为0.28。通过一致性检验，得$CR = 0.032\ 5$（<0.1），权重分配合理。对照表1-29，可知辽河口2010年5月PI_{21}和8月PI_{22}值全部在允许范围之内，无超标站位存在。PI_{21}值略大于PI_{22}值，说明5月环境负荷大于8月，这可能与调查区域有关。5月监测区域位于辽河口河流段，由于陆源污染物随地表径流进入海洋的过程是一个不断被稀释和衰减的过程，因此该段污染物浓度大于8月，导致沉积环境质量劣于8月；并且8月研究区域受潮汐作用强烈，导致其沉积环境稳定性较差，污染物积累程度略低。总体来说，辽河口区沉积物环境处于良好状态。

表1-29　污染物污染程度分级标准（秦延文等，2007）

综合污染指数	<0.5	0.5~1.0	1.0~1.5	1.5~2.0	>2.0
污染程度	允许	影响	轻污染	污染	重污染

1.3.5.3　无因次化算数平均综合指数

首先根据我国海洋沉积物标准，运用式（1-13），对5种重金属（Hg、As、Zn、Pb、Cr）、有机碳、硫化物和石油类等不同量纲的指标转化为标准形式。

$$r_{ij} = \frac{S_{i\max} - S_{i\min}}{10} \qquad (1-13)$$

式中：$S_{i\max}$为评价指标i中最高级的限制；$S_{i\min}$为评价指标i中可能的最低值，假定$S_{i\min} = 0$。

根据式（1-14）计算各指标的标准限值，对评价项目的各等级浓度限制作统一的规范化处理。

$$\hat{S}_{ih} = \frac{S_{ih}}{r_{ij}} \qquad (1-14)$$

其中，$i = 1, 2, \cdots, 8$；依次为汞、铅、锌、铬、砷、有机碳、硫化物、石油类；$h = 1, 2, 3$，依次为海洋沉积物对应标准的Ⅰ类标准、Ⅱ类标准、Ⅲ类标准；S_{ih}为第i个项目的h级标准限制。

最后根据式（1-15）计算各评价标准综合指数，计算得出了"综合指数"评价范围列于表1-30。

$$I_h = \frac{1}{n} \sum_{i=1}^{n} \hat{S}_{ih} \qquad (1-15)$$

式中：$h = 1, 2, 3$，依次为综合污染指数对应的Ⅰ类标准、Ⅱ类标准、Ⅲ类标准。

根据式（1-16）和式（1-17）计算实测样本综合指数 M'。

$$d_i = \frac{X_{ij}}{r_{ij}}(若 X_{ij} \geq S_{imax}，规定 d_i = 10) \qquad (1-16)$$

$$M' = \frac{1}{n}\sum_{i=1}^{n} d_i \qquad (1-17)$$

计算 2010 年 5 月 M'_1 为 0.91，8 月 M'_2 为 0.89。与评价标准（表 1-30）比较，M'_1 和 M'_2 值均在等级 I 类的范围内，因此辽河口沉积环境处于良好状态。5 月 M'_1 高于 8 月 M'_2，表明 5 月辽河口地区沉积环境负荷大于 8 月。

表 1-30　海洋沉积物污染等级标准

综合污染指数	污染程度等级
$0 < M_h < 3.2$	I
$3.2 \leq M_h < 6.4$	II
$6.4 \leq M_h \leq 10$	III

1.3.5.4　内梅罗综合污染指数

对监测数据进行单因子评价，取评价结果的最大值和平均值，计算内梅罗综合污染指数 I，得 2010 年 5 月 I_1 值为 0.48，8 月 I_2 值为 0.44。与评价标准（表 1-31）比较，其 I_1 和 I_2 值均小于 1，说明辽河口沉积环境处于清洁状态。同样 5 月环境负荷大于 8 月。

表 1-31　内梅罗综合污染等级划分标准

内梅罗综合污染指数 I	<1	1~2	2~3	3~5
污染等级	清洁	轻污染	污染	重污染

1.3.5.5　污染状况分析

在采用加权综合污染指数法评价前，首先进行各指标的单因子评价，然后用 AHP 法计算各污染物的权重，进而计算出加权综合污染指数，该方法揭示不同重金属和污染因子间内在联系，准确反映不同元素危害程度。无因次化算术平均综合污染指数法首先将各污染物污染程度进行平均化，然后计算出综合污染指数，该方法评价结果较符合无特别污染站位或污染元素的地区，不能反映单一污染物超标现象。而内梅罗污染指数法与无因次化算术平均综合污染指数法侧重点正好相反，前者更侧重于某一最大污染物的单独贡献。计算结果如表 1-32 所示，三种方法对 2010 年 5 月和 8 月评价结果一致，说明辽河口沉积环境中无最大污染物影响，整体处于良好状态。三种评价结果都显示 2010 年 5 月评价值均略大于 8 月，说明 2010 年 5 月研究区域的环境负荷大于 8 月。此外，通过对前两种方法数据无因次化处理进行完善，最终实现了三种方法对不同量纲、不同性质污染物的各自综合环境质量评价，使评价结果具有客观性，其高度一致性证明采取 AHP 法对重金属、硫化物、石油类和有机碳进行加权综合污染指数评价具有可行性，评价结果从多方面综合体现了沉积环境总体质量。

表 1-32 各综合污染指数评价结果

时间	加权综合污染指数	无因次算术平均污染指数	内梅罗综合污染指数
2010 年 5 月	0.33	0.91	0.48
2010 年 8 月	0.28	0.89	0.44

我国主要河口及本研究区域大辽河口、大凌河口北、小凌河口等区域沉积环境历史评价结果列于表 1-33。通过比较可知,我国除长江口、鸭绿江口、黄河口和本研究评价的辽河口沉积环境良好,其他多数河口均有不同程度重金属污染,潜在生态风险较大。辽河口与辽河口、大凌河口北、小凌河口评价结果相比较,沉积环境明显好于相邻区域。区域的沉积环境质量状况与其生态风险性较一致,较好的沉积环境质量预示较低的生态风险性,反之亦然;辽河口沉积环境综合质量评价结果良好,处于低污染,其潜在生态风险较低。并且与2004 年辽河口区域评价结果比较,沉积环境质量有了一定程度的改善。这可能与我国"十一五"规划中,辽河口湿地保护政策的实施有密切的关系。从 2008 年 4 月开始,辽宁省对污染企业进行重点整治,同时全面提高污水处理率,使辽河水质明显改善。处于辽河下游的辽河口,因接纳的陆源污染物明显减少而使水质沉积环境得到了一定程度的改善。

表 1-33 我国主要河口沉积环境质量状况

河口	评价方法	结果	沉积物环境质量状况	文献
长江口	综合污染指数 C_d	0.91	低污染	马德毅和 王菊英,2003
	潜在生态风险指数法	20.62	轻微	
鸭绿江口	综合污染指数 C_d	1.02	低污染	
	潜在生态风险指数法	19.30	轻微	
珠江口	综合污染指数 C_d	3.25	As 中等	
	潜在生态风险指数法	61.01	轻微	
闽江口	单因子评价	–	主要污染物 Cu、As 和 Hg	任保卫,2010
	潜在生态风险指数法	40.88	一个站位 Hg 中等	
黄河口	沉积物质量基准	–	较低	刘成等,2005
渤海湾河口	潜在生态风险指数法	99.80	轻微	安立会等,2010
天津大沽排污河河口	潜在生态风险指数法	–	重度污染或以上	吕建霞等,2007
广州入海河口	综合污染指数 C_d	11.76	Pb、Cu 和 Hg 个别站位较高	张勇和刘树函,2007
	潜在生态风险指数法	128.05	一个站位较高	
巢湖塘西河口	潜在生态风险盲数评价模型	0.755	轻微	李如忠和 石勇,2009
巢湖十五里河河口	综合污染指数 C_d	1.79	Hg 中度	刘路等,2007
	潜在生态风险指数法	20.2	中等	

河口	评价方法	结果	沉积物环境质量状况	文献
大辽河口	综合污染指数 C_d	4.36	Cd 较高	马德毅和王菊英，2003
	潜在生态风险指数法	119.73	Cd、Hg 局部中-强	
		-	中等-强	周秀艳等，2004
	地质累计指数	1	Cd 中等	
大凌河口北	地质累计指数	2	Cd 中等-强；Pb、Cu、Zn 中等	
	潜在生态风险指数法	-	中等-强	
小凌河口	潜在生态风险指数法	160.26	中等	
辽河口	地质累计指数	1	Cd 中等	
	潜在生态风险指数法	248.45	中等-强	
	加权综合污染指数	0.30	低污染	本研究
	算术平均综合指数	0.09	低污染	
	内梅罗污染指数	0.46	低污染	

应用改进的 AHP 法加权综合污染指数、无因次化算术平均综合污染指数、内梅罗综合污染指数法，综合评价 2010 年 5 月和 8 月辽河口沉积环境质量，主要发现：①AHP 法实现了 5 种重金属（Hg、As、Zn、Pb、Cr）、有机碳、硫化物和石油类的加权综合污染指数的计算，2010 年 5 月和 8 月加权综合污染指数平均值分别为 0.33 和 0.28，均在环境允许范围内。②通过无因次化将不同性质、量纲的评价指标分别进行归一化，得到 2010 年 5 月和 8 月"综合指数"分别为 0.91 和 0.89，其值在综合污染等级 I 类范围内，亦表明沉积环境处于良好状态。③2010 年 5 月和 8 月辽河口沉积环境内梅罗综合污染指数分别为 0.48 和 0.44，表明沉积环境属于清洁一类。

本研究结果表明，环境质量评价在明确评价目的基础上，首先对评价指标进行筛选，构成评价元素集，最后进行适宜方法的叠加。在实际工作中，数据的前处理尤为重要。建议采用单因子评价结果初步判断整体环境质量状况，再根据评价方法优缺点进行选择。本研究在单因子评价结果无污染物超标情况下，选择了能从三种截然不同方面体现沉积环境总体质量的方法，从不同侧面验证三种评价方法的一致性，并得出可靠结论。采用的三种评价方法结果一致，确定辽河口沉积环境综合质量良好。同时辽河口良好的沉积环境质量状况，是三种评价方法所得结果没有差异的主要原因；对于沉积环境质量状况较差的区域，建议根据预研究的主要问题，选择适宜的评价方法，或者采用多种方法从不同的角度评价环境质量状况。

1.4 辽河口湿地景观多样性

1.4.1 盘锦地区景观多样性

景观多样性是指景观在结构、功能和时间变化方面的多样性，其分析源于景观生态学土地利用格局演变分析研究，反映的是景观和生态系统类型的复杂性（李晓文等，1999）。景观多样性包括斑块多样性、类型多样性和格局多样性（傅伯杰，1995）。运用多样性指数对景观变化的研究多借助于遥感及地理信息系统分析手段（马春等，2011），研究对象一般集中于湿地景观上。本节借助景观生态学方法和统计学途径对 2000—2010 年盘锦地区土地生态系统动态变化进行研究，分析盘锦地区 10 年土地生态系统多样性的演变规律及其驱动力，以期为盘锦地区景观多样性变化研究提供科学依据。

1.4.1.1 景观分类系统

研究基于功能结构形态分类思想以及综合考虑景观分类实用目的、景观功能、景观结构、自然地理因子、人类活动的干扰强度等多种因素（邹昶和等，2012），将景观分类体系建立如表 1-34 所示。

表 1-34 盘锦地区景观分类系统

一级 景观类型	二级 生态系统类型	说明
林地	落叶阔叶林	双子叶、被子植被的乔木林，叶型扁平、较宽；一年中因气候不适应，有明显落叶时期的物候特征。乔木林中阔叶占乔木比例大于 75%，包括半自然植被
草地	草甸	生长在低温、中度湿润条件下的多年生草生植被，中生植物，也包括旱中生植物，属非地带性植被
湿地	草本沼泽	以喜湿苔草及禾本科植物占优势多年生植物，植被郁闭度不低于 15%
	湖泊	湖泊等相对静止的水体
	水库/坑塘	人工建造的静止水体，包括鱼塘、盐场
	河流	河流、溪流和人工运河等流动水体
	运河/水渠	人工建造的线性的水面
农田	水田	有水源保证和灌溉设施，筑有田埂（坎），可以蓄水，一般年份能正常灌溉，用以种植水稻或水生作物的耕地，包括莲藕等
	旱地	2 年内至少种植一次旱季作物的耕地，包括有固定灌溉设施与灌溉设施的耕地，既包括草皮地、菜地、药材、草本果园等，也包括人工种植和经营的饲料、草皮等草地，但不包括草原上的割草地
	乔木园地	指种植以采集果、叶、根、干、茎、汁等为主的集约经营的多年木本植被的土地，包括果园、桑树、橡胶、乔木、苗圃、茶园、灌木苗圃、葡萄园等园地，还包括城市绿地
城镇	居住地	城市、镇、村等聚居区
	工业用地	独立于城镇居住外的或主体为工业、采矿和服务功能的区域，包括独立工厂、大型工业园区、服务设施
	交通用地	各种交通道路、通信设施、管道，不包括护路林及其附属设施、车站、民用机场用地
裸地	沙漠/沙地	地面完全被松散沙粒所覆盖、植物非常稀少的荒漠
	裸土	地表被土层覆盖、低植被覆盖度的土壤

1.4.1.2　景观制图与 GIS 分析

利用 2000 年、2005 年、2010 年三个时相 Landsat TM/ETM 遥感影像数据，在进行大气校正、正射校正和几何校正等处理，以及对影像的时相、云量、波段、噪声、变形、条带、像元大小等进行检查后，基于构建的景观分类体系，对遥感影像分类解译，获得 2000 年、2005 年、2010 年盘锦地区土地利用类型数据。编制 2000 年、2005 年、2010 年盘锦地区景观现状图（图 1-30）（蔡元帅等，2015）。为使上述数据精度可靠，真实反映不同时期景观和土地利用状况，制图中采用相同的景观分类系统、相同的地图投影和最小制图单元。将以上数据进行叠加分析和数据统计分析，研究景观多样性的变化。

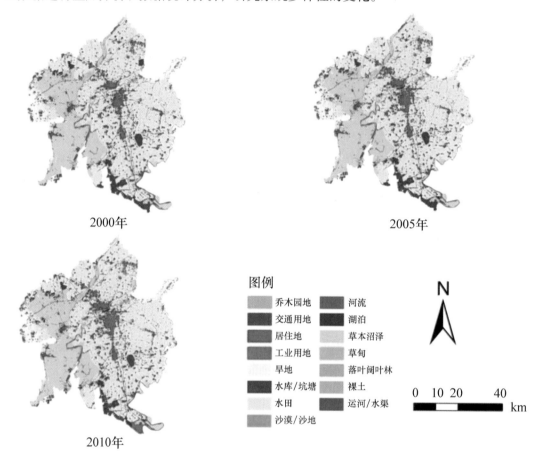

2000年

2005年

2010年

图例

乔木园地　　　河流
交通用地　　　湖泊
居住地　　　　草本沼泽
工业用地　　　草甸
旱地　　　　　落叶阔叶林
水库/坑塘　　　裸土
水田　　　　　运河/水渠
沙漠/沙地

0　10 20　　40 km

图 1-30　盘锦地区 2000 年、2005 年、2010 年景观分布

1.4.1.3　景观多样性指标

（1）斑块多样性

通过比较景观格局指数特征，选取研究区总斑块数（NP）、平均斑块面积（MPS）、边界密度（ED）3 个指数，以及各生态系统类型的斑块平均面积、斑块数和分维数（D）来对斑块多样性进行描述。斑块的大小直接影响物质、能量的蓄存及物种组成（余新晓等，2006），斑块周长（P）与斑块面积（A）有关，并影响边缘效应。分维数（D）反映斑块的形状复杂程度（刘学录，2000），其表达式为：$D = 2\lg (P/4) / \lg A$。理论上 $D \in (1.0,$

2.0），1.0代表形状最简单的正方形斑块，2.0代表等面积条件下周边最复杂的斑块。利用景观格局指数计算软件FRAGSTATS得到上述指标（表1-35，表1-36）。

表1-35 盘锦地区斑块多样性总体变化

年份	斑块数指数（NP）	边界密度指数（ED）	平均斑块面积指数（MPS）
2000	6 189	30. 907 3	56. 512 5
2005	6 000	31. 259 5	58. 298 6
2010	6 218	32. 298 7	56. 386 9

表1-36 盘锦地区景观各类型的斑块多样性变化

景观类型	平均斑块面积指数/斑块数指数/平均分维数		
	2000 年	2005 年	2010 年
林地	2.08/105/1.0830	2.08/105/1.0830	2.07/106/1.0813
落叶阔叶林	2.08/105/1.0830	2.08/105/1.0830	2.07/106/1.0813
草地	13.14/71/1.0941	13.14/71/1.0941	12.77/73/1.0903
草甸	13.14/71/1.0941	13.14/71/1.0941	12.77/73/1.0903
湿地	108.18/886/1.0942	111.17/863/1.0934	102.78/908/1.0921
草本沼泽	188.76/390/1.0776	187.81/391/1.0784	186.90/391/1.0835
湖泊	11.91/13/1.0392	11.91/13/1.0392	12.72/13/1.0432
水库/坑塘	25.77/589/1.0868	26.39/587/1.0870	20.66/648/1.0863
河流	12.66/445/1.1160	12.96/441/1.1167	12.15/461/1.1174
运河/水渠	7.47/169/1.1317	8.19/140/1.1362	7.38/148/1.1259
农田	271.25/763/1.0759	264.68/773/1.0647	256.97/793/1.1000
水田	220.58/878/1.0846	215.31/892/1.0862	200.22/954/1.0874
旱地	18.45/720/1.0940	16.63/754/1.0940	17.85/715/1.0964
乔木园地	3.51/2/1.1202	3.51/2/1.1202	3.47/2/1.1113
城镇	22.71/1995/1.0838	25.89/1838/1.0882	27.01/1899/1.0881
居住地	19.03/2008/1.0824	21.72//1851/1.0868	22.24/1940/1.0854
工业用地	8.64/3/1.1200	8.64/3/1.1200	8.55/3/1.1248
交通用地	10.31/685/1.1125	11.54/638/1.1208	11.91/681/1.1241
裸地	4.51/111/1.0640	4.61/112/1.0781	12.94/83/1.0819
沙漠/沙地	4.00/5/1.0853	4.00/5/1.0853	3.35/6/1.0678
裸土	4.54/106/1.0630	4.64/107/1.0637	13.68/77/1.1025

斑块多样性的动态变化对景观多样性的形成与再分布具有重要的意义（马克明等，1998）。运用上述指标，对盘锦地区不同时期景观类型的斑块多样性特征进行了研究。由表1-35、表1-36看出，盘锦地区斑块多样性的变化特点是：从2000年到2005年斑块总数由6 189个减少到6 000个，主要是湿地景观中的运河/水渠和城镇景观中的居住地、交通用地斑块数的减少，边界密度指数由30.907 3增加到31.259 5，平均斑块面积指数由56.512 5增加到58.298 5，主要是城镇景观中的居住地和交通用地以及农田景观中的水田和旱地平均

斑块面积指数的增大，说明 2000 年到 2005 年该研究区的破碎化程度下降，城镇景观完整性提高。从 2005 年到 2010 年斑块总数由 6 000 个增加到 6 218 个，主要是湿地景观中的水库/坑塘、河流和农田景观中的水田以及城镇景观中的居住地、交通用地斑块数的增加，边界密度指数 ED 由 31. 259 5 增加到 32. 298 7，平均斑块面积指数由 58. 298 5 减小到 56. 386 9，主要原因可能是湿地景观中水库/坑塘和农田中的水田斑块面积减小，说明 2005 年到 2010 年研究区破碎化程度加深，而城镇和裸地斑块发育较好，也说明人类活动影响的范围扩大。

（2）类型多样性

类型多样性指标主要包括多样性指数、优势度和均匀度指数（肖笃宁，1991）。多样性指数反映景观要素的多少和各景观要素所占比例的变化。当景观由单一要素构成时，景观是均质的，多性指数为 0，组成景观的各要素比例越接近，其多样性越大，反之则越低。根据信息论原理，景观类型多样性指数可以表示为：$H = \left| \sum_{i=1}^{m} P_i \right| \ln P_i$，其中，$m$ 为景观类型数，P_i 为第 i 类景观所占比例。优势度指数表示景观多样性对最大多样性的偏离程度，或描述景观结构中一种或几种景观类型支配景观的程度（肖寒等，2001）。优势度越大，表明组成景观各景观类型所占比例差异越大；优势度小，表明组成景观各景观类型所占比例大致相当；优势度为 0 时，表明组成景观的各景观类型所占比例相等。优势度（Dd）表达式为：$Dd = H_{max} + \sum_{i=1}^{m} P_i \times \ln P_i$，其中，$H_{max} = \ln m$，$m$ 为景观类型总数，P_i 为第 i 类景观所占比例。均匀度指数（E）反映景观里不同景观类型的分配均匀程度，其计算式为：$E = （H/H_{max}）\times 100\%$，式中：$H$ 表示修正了的 Simpson 指数；H_{max} 是最大可能均匀度。H 计算公式为：$H = -\ln\left(\sum_{i=1}^{n} P_i^2\right)$，$H_{max}$ 和 P_i 定义同前。利用景观格局指数计算软件 FRAGSTATS 得到上述指标（表 1-37）。

表 1-37　盘锦地区景观类型多样性变化

年份	多样性 SHDI	均匀度 SHEI	优势度
2000	1. 357 5	0. 501 3	3. 157 9
2005	1. 364 7	0. 503 9	3. 150 7
2010	1. 374 9	0. 507 7	3. 140 5

类型多样性的生态意义主要表现为对生物多样性的影响，同时对径流、侵蚀等生态过程也具有重要意义（马克明等，1998）。由表 1-37 看出，研究区 2000 年、2005 年、2010 年三年多样性指数从 1. 357 5 增大到 1. 364 7，再增大到 1. 374 9；均匀度从 0. 501 3 增大到 0. 503 9，再增大到 0. 507 7；优势度从 3. 157 9 减小到 3. 150 7，再减小到 3. 140 5。这是因为 2000 年研究区的景观类型结构相对简单，均质化程度相对较高，湿地和农田景观为研究区内的优势景观。到 2005 年湿地和农田景观依然为研究区内的优势景观，但已经开始被复杂的城镇等景观取代，使得多样性指数增大，均匀度增大，优势度减小。到 2010 年多样性指数继续增大，均匀度继续增大，优势度继续减小，说明研究区内的优势景观继续被其他景观取代。这种变化趋势在一定限度内，各生态系统功能发挥较好，生产力将得到显著提高，但是由于研究区的优势景观为湿地和农田，相对脆弱，应对外界影响的能力较小，在此变化

趋势下也有一定的风险。

（3）格局多样性

参考其他研究（李育中等，1996；刘惠明等，2003），选取描述格局多样性的指标包括景观聚集度指数（C）和破碎度指数（FN）。C反映景观中不同斑块类型的非随机性或聚集程度。聚集度指数越高，说明景观完整性较好，相对的破碎化程度较低，其计算式为（王宪礼等，1996a）：

$$C = C_{max} + \sum_{i=1}^{n} \sum_{j=1}^{n} P_{ij} \ln P_{ij} \tag{1-18}$$

其中：$C_{max} = n \cdot \lg n$；P_{ij}是景观类型i与j之间为邻的概率；n为景观类型总数。在实际计算中P_{ij}由下式估计：$P_{ij} = E_{ij}/Nb$，式中E_{ij}是相邻景观类型i与j之间的共同边界长度，Nb是景观中不同景观类型间边界的总长度。破碎度指数指景观被分割的破碎程度（Sui & Zeng，2001），它在一定程度上指人类活动对景观的干扰程度，其计算式为：$FN1 = (NP-1)/NC$，$FN2 = MPS(NF-1)/NC$，其中，NC是用栅格个数表示的研究区景观总面积，NP是景观内斑块总数，MPS是景观中各类斑块的平均面积，NF是类斑的个数，$FN1$为整个区域景观的破碎度，$FN2$为区域内某一景观类型的破碎度。$FN1$、$FN2$（0，1），0表示景观完全未被破坏，1表示完全被破坏。利用景观格局指数计算软件FRAGSTATS得到上述指标（表1-38）。

表1-38　盘锦地区景观格局多样性变化

年份	聚集度指数（C）	破碎度指数（FN）
2000	0.704 7	0.001 6
2005	0.702 9	0.001 5
2010	0.699 5	0.001 6

格局多样性是指景观类型的空间分布的多样性及各类型之间以及斑块与斑块之间的空间关系与功能的联系（马克明等，1998）。由表1-38可以看出，研究区景观格局多样性的聚集度指数从2000年的0.704 7减少到2005年的0.702 9，再减少到2010年的0.699 5，破碎度指数从2000年的0.001 6减少到2005年的0.001 5，到2010年又增大到0.001 6，聚集度和破碎度不同反映了少数团聚的大斑块逐渐瓦解，小斑块数量增加，景观变得破碎化，总体格局复杂化，表明水田和草本沼泽逐渐被其他景观类型所取代，水田和草本沼泽对其他景观类型的隔离程度减小，与之相应的其他景观类型的连接度增加。这种格局使整个景观内部相互作用增强，加强了物种、物质和能量的交换，由于研究区内湿地和农田景观的脆弱性，对湿地和农田景观的保护不利。并且景观格局继续按照上述变化趋势发展，则会对湿地和农田景观这种相对脆弱的景观类型影响逐渐增大，存在一定的威胁。

（4）景观动态度

生态系统综合变化率考虑了研究时段内生态系统类型间的转移，着眼于变化的过程而非变化结果，反映研究区生态系统类型变化的剧烈程度，便于在不同空间尺度上找出生态系统类型变化的热点区域（徐燕侠，2013）。

综合生态系统动态度（EC）可表征区域一定时间范围内，某种土地的面积变化情况，可定量地描述某时间尺度内区域土地利用的变化速度，以比较土地利用变化差异和预测未来土地利用变化趋势，其计算公式如下：

$$EC = \frac{\sum\limits_{i=1}^{n} \Delta ECO_{i-j}}{\sum\limits_{i=1}^{n} ECO_i} \qquad (1-19)$$

式中：ECO_i 为监测起始时间第 i 类生态系统类型面积；ECO_i 根据生态系统类型图矢量数据在 ARCGIS 平台下进行统计获取。ΔECO_{i-j} 为监测时段内第 i 类生态系统类型转为非 i 类生态系统类型面积的绝对值；ΔECO_{i-j} 根据生态系统转移矩阵模型获取，获得指标结果如表 1-39 所示。

表 1-39　综合生态系统动态度

综合生态系统动态度	2000—2005 年	2005—2010 年
EC	1.02%	1.86%

由表 1-39 可以看出，研究区综合生态系统动态度由 2000 年到 2005 年为 1.02%，2005 年到 2010 年达到 1.86%。说明研究区 2005 年到 2010 年的景观类型变化速度快于 2000 年到 2005 年的变化速度，景观变化程度更为剧烈。2000 年到 2005 年盘锦地区的变化主要集中在双台子区和兴隆台区，以居住地扩张为主，其他区域变化也主要集中在由其他景观转变成居住地。

总结对盘锦地区景观多样性研究发现，在 2000—2010 年，随着城市和农村居民点持续扩张，景观趋于破碎化，局部地区稳定的自然景观斑块减少，不稳定的城镇景观斑块逐年增加，在这种变化趋势下生态景观格局的稳定性受到威胁。2000—2010 年，盘锦地区以湿地和农田景观为基质的高度均质化的景观生态系统有逐渐转变为以城镇、湿地、农田为基质的异质化的景观生态系统的风险。农田和湿地面积比例超过了生境斑块的连通阈值的 60%，其结构和功能稳定性较弱。盘锦地区由湿地和农田两种优势景观组成。10 年间，盘锦地区景观多样性变化的主要驱动力是人类活动，具体包括农村居民点扩张、城市扩展、交通道路修建，以及地区政策性的兴建工业园区、开发区等。尽管近年来，盘锦市加强了湿地保护的监管力度，但通过此次研究和分析发现，自然景观被侵占的趋势并未得到逆转，并且农田景观也被城镇景观所侵占，研究区内景观破碎化程度增加，人类的影响增大，城市和农村居民点扩张的力度继续提高，这也使得盘锦地区的景观多样保护面临较大压力。为了降低盘锦地区景观的破碎化程度，保证景观格局合理性，建议控制居住地、交通用地等类型景观的无序扩张，进行合理的生态规划，优先保障脆弱的湿地和水田景观，提高地区的生态安全。水田对盘锦地区也具有极其重要的意义，对于水田被其他景观无序侵占情况，应该加以控制，参考相关规定，划定水田重要等级，根据发展需要合理谨慎地改变土地类型。为了应对由于不良人为干预对盘锦地区景观多样性造成的破坏，保障地区生态安全，促进经济社会可持续发展，应及早对盘锦地区划定生态保护红线，确保湿地面积不减少，湿地功能不丧失。

1.4.2　辽河口湿地景观格局演化趋势

景观格局是指大小和形状不一的景观嵌块体在景观空间上的排列，它能揭示地区空间信息，具有重要的生态学意义（邬建国，1992；张秋菊等，2003）。为动态地描述景观格局的变化过程，一些生态学模型常被运用到研究当中（郭程轩和徐颂军，2007），CA-Markov 模型就是其中应用得较多的一种，它不同于简单的 Markov 模型，该模型在量化模拟的基础上结合了 CA 模型的空间分析能力，能够更加切合实际地模拟未来景观格局的变化过程（黎夏和刘小平，2007）。

辽河口湿地是我国重要的河口湿地之一，也是我国主要的石油与粮食生产基地。由于特殊的地理位置，湿地受到来自河流、海洋等多种自然因素影响，同时随着近些年人类活动的加剧，使得该地区的景观格局正遭受着严重的破坏（王宪礼等，1996b；李加林等，2009）。基于此，研究从景观生态学的角度运用 CA-Markov 模型动态模拟、预测辽河口湿地（以盘锦市为例）未来 10 年景观格局变化特征（李兴钢等，2013），以期为区域内生态保护和管理政策的制定提供理论数据的支持。

1.4.2.1 数据来源

土地覆盖来源于 1988 年、1998 年、2008 年三期 TM 遥感影像，分辨率均为 30 m。以1：5 万地形图对三期遥感影像几何精校正后进行景观类型（土地利用类型）目视解译。为保证解译精度，解译过程中综合考虑野外核查状况、各时期背景资料（王宪礼等，1996b）及相关图件，并借助 Google earth 软件进行对比辅助纠正。研究依据"与湿地公约中湿地分类系统相符合"、"涵盖研究区域的主要景观类型"、"考虑景观类型在影像上的可分性"（韩文权和常禹，2004）等原则将研究区域景观类型分为以下 11 类：建成区、水库湖泊、虾蟹田、旱地、稻田、苇田、林地、翅碱蓬、河流、海岸带、盐田。利用 ArcMap 和 IDRISI软件完成数据解译和格式之间的转换，最终生成可用于 CA-Markov 模型分析的栅格数据。

1.4.2.2 模型及可行性验证

Markov 模型是目前常用的一种模拟无规律变化状态的模型，具有较强的定量化预测能力，但不具备空间预测能力（韩文权和常禹，2004）。CA 模型是一种时间、空间状态都离散，相互作用及因果关系具有时空计算特征的动力学模型，具有较强的空间模拟能力。CA-Markov 模型综合了 Markov 模型的定量化分析预测优势和 CA 模型模拟复杂空间变化的能力，能有效地模拟复杂空间结构的变化趋势（郑青华等，2010；Sang et al.，2011；Mondal & Southworth，2010）。本研究利用 IDRISI 软件进行景观格局预测运算过程如下：以 2008 年为起始时刻，以 1998—2008 年各景观类型的转换面积作为 Markov 状态转移矩阵的元素；创建转变适宜性图像集，作为 CA 规则的一部分参与模型预测；CA 迭代次数，即 CA-Markov 模型模拟预测的时间间隔；CA 滤波器：采用 5×5 的滤波器，即认为一个元胞周围 5×5 范围内的矩形空间对该元胞状态的改变具有显著影响。

景观格局是否具有无后效性和长期过程处于稳定状态是使用 CA-Markov 模型的必要前提。对于这种以类别划分的数据，常采用皮尔逊 X^2 检验法验证研究区域的无后效性，用 Kappa 指数法评价研究地区是否处于长期的稳定状态。

（1）皮尔逊 X^2 检验法

$$X^2 = \sum \frac{(f_0 - f_e)^2}{f_e} \tag{1-20}$$

式中：f_0 为观察值；f_e 为期望值。X^2 统计量与自由度为（$m-1$）的 X^2 分布临界值进行比较，如果 $X^2 > X^2_{0.05}(m-1)$，说明两个向量之间不相关，具有无后效性。

（2）Kappa 指数

$$I_k = \frac{(p_0 - p_c)}{(p_p - p_c)} \tag{1-21}$$

式中：I_k 为 Kappa 指数；p_0 为正确模拟的比例；p_c 为随机情况下期望的正确模拟比例；p_p 为理想分类情况下的正确模拟比例（即 100%）。如果两期图件完全一样，则 Kappa = 1；如果观测值大于期望值，Kappa > 0；如果观测值等于期望值，Kappa = 0；如果观测值小于期望值，Kappa < 0。通常，当 Kappa ≥ 0.75 时，说明两图件的一致性较高，变化较小；当 0.4 ≤ Kappa ≤ 0.75 时，两图件一致性一般，变化明显；当 Kappa ≤ 0.4 时，一致性较差，变化较大。

遥感解译处理后得到 1988 年、1998 年和 2008 年三期解译结果，根据解译结果，确定各类景观类型面积数据见表 1-40。

表 1-40　辽河口湿地景观类型面积（km²）

景观类型	年份		
	1988	1998	2008
建成区	370.037 7	396.286 2	429.606 9
水库湖泊	59.136 3	58.909 5	59.546 7
虾蟹田	58.200 3	116.908 2	156.960 0
旱地	252.791 1	244.613 7	268.086 6
稻田	1 587.883 5	1 764.092 7	1752.255
苇田	949.906 8	867.384 9	834.633 9
林地	35.187 3	28.844 1	27.154 8
翅碱蓬	531.405	370.975 5	271.175 4
河流	112.297 5	100.904 4	94.111 2
海岸带	362.134 8	368.871 8	414.980 1
盐田	2.376 0	7.164 9	12.846 6
总计	4 321.536 3	4 324.599 5	4 321.357 2

通过 Map Comparison Kit（MCK）软件计算 1988—1998 年和 1998—2008 年 Kappa 指数分别为 0.78、0.87，两指数均大于 0.75，说明在 1988—2008 年该地区景观格局一致性较高，研究地区景观格局稳定性较好。经计算得出 1988—1998 年的皮尔逊 X^2 指数为 797.691，1998—2008 年的皮尔逊 X^2 指数为 16 842.3，均大于 $X^2_{0.05}(m-1) = 18.307$，说明两个向量之间具有很强的独立性。综上，本研究区域景观格局变化符合 Markov 模型的条件，可用 CA-Markov 模型对辽河口湿地进行景观格局预测。

1.4.2.3　辽河口湿地景观格局演变特征

由图 1-31 分析可知，1988—2008 年辽河口地区景观格局变化总体表现为两方面：一方面表现在景观格局变化中人为主导现象严重，人为景观面积逐年增加，自然景观面积逐年减少，主要表现在：建成区、虾蟹田、盐田面积均有大幅度增长，其中虾蟹田和盐田的面积增幅分别达到170.0%和440.7%，而苇田、林地、翅碱蓬、河流面积均不断降低，其中尤以湿地代表性植物翅碱蓬的面积减少最为显著，20年间面积减少49.0%，降低至271.175 4 km²，这表明该地区的湿地景观格局在人为因素为主导的驱动下正遭受日益破坏，生态功能正在逐渐丧失；另一方面表现在受沿海自然因素及人为因素综合影响下的沿海地区景观格局变化较大，海岸带、翅碱蓬、虾蟹田等近海景观面积波动剧烈，而受自然因素影响相对较小的内陆地区，如稻田、旱地、水库湖泊等景观面积变化趋于稳定。

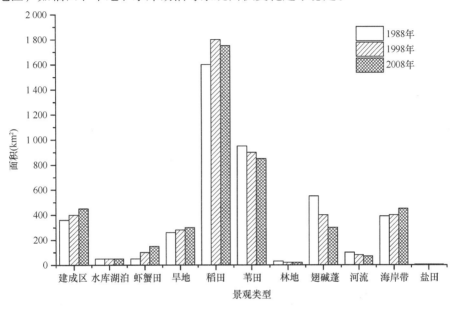

图 1-31　辽河口景观面积变化

1.4.2.4　CA-Markov 模型准确性验证

以1988—1998年景观格局变化为基础，预测2008湿地景观格局，并将预测结果与2008年解译结果进行 Kappa 指数分析，具体结果如表1-41所示。结果表明，通过 MCK 软件计算得到2008年预测图与实际图的 Kappa 指数达到0.78，符合预测精度要求，其中建成区、苇田、稻田等内陆景观类型的预测精度较高（Kappa≥0.75），根据景观格局演变特征可知，上述景观类型演变特征受到的驱动因素相对稳定，预测效果良好；而虾蟹田、翅碱蓬等沿海景观类型预测精度较低（Kappa<0.75），说明景观类型变化受到的驱动因素较为复杂，导致模型预测效果一般。但总体 Kappa 指数为0.78，说明了 CA-Markov 可以较好地模拟该区域的景观格局变化趋势，适用于该研究区域格局变化模拟。

表 1-41　2008 年模拟图与实际图 Kappa 指数对比分析

景观类型	建成区	水库湖泊	虾蟹田	旱地	稻田	苇田	林地	翅碱蓬	河流	海岸带	盐田	总体
Kappa 指数	0.75	0.71	0.41	0.63	0.79	0.76	0.60	0.32	0.63	0.67	0.17	0.78

1.4.2.5　辽河口湿地景观格局演化趋势

以 1998—2008 年景观格局变化为基础，以 2008 年为起始年份预测 2018 年辽河口地区景观格局。将预测结果统计分析，并与 2008 年景观面积进行对比，如图 1-32 所示。研究结果表明：研究区域将继续向人为主导的方向发展，其中以建成区为代表的人为景观类型面积还将不断向以旱地、稻田、苇田为主的景观类型扩张，至 2018 年建成区的面积将增加至 459.746 1 km²，而随着建成区面积的扩张，人为影响将更加严重地作用于周围的景观类型，对辽河口湿地景观结构造成更为严重的影响。同时以翅碱蓬为代表的湿地自然景观面积将继续降低，相比于 2008 年，2018 年的翅碱蓬面积将减少 10.4%，降低至 242.849 7 km²，面积仅为 1988 年翅碱蓬面积的 45.7%。分析 Markov 面积转移矩阵可知，翅碱蓬减少的面积中有大部分转变成苇田和虾蟹田，究其原因主要是由于人为的开垦利用及河口区自然演替的结果。由此可见，人类活动已成为影响该研究区域景观格局变化的决定性因素，景观格局变化将很大程度上取决于人类的主观意识。

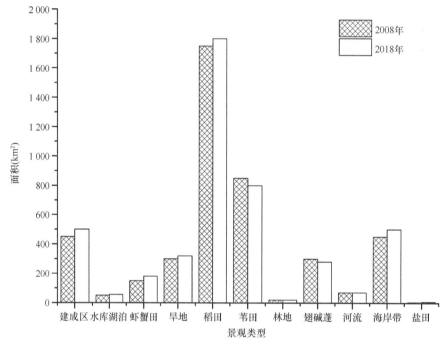

图 1-32　2008 年与 2018 年景观类型面积对比

1.4.2.6　CA-Markov 模型误差与不确定性分析

CA-Markov 模型能够较准确地模拟景观格局变化趋势，但同样存在着诸多限制因素影响模型的预测精度：①遥感影像精度限制。遥感影像的解译和 CA-Markov 模型的运行均与影像的栅格大小密切相关，研究中以中低分辨率的栅格进行预测，可能会造成研究精度的降低。②CA-Markov 模型参数限制，CA 模型中有一系列不确定因素，如邻域、元胞大小、预测步长和转换规则，研究过程中不同设定对模型预测精度会造成一定的影响。③研究区域状况复杂。河口地区受人为和自然因素综合影响十分剧烈，模型本身无法完全考虑这些因素和生态过程的影响，也会造成预测精度的降低。

针对 CA-Markov 模型预测性能提高可从以下几方面着手：①提高遥感影像分辨率、减小元胞尺度，同时进一步加大解译精度检验，降低解译误差。②充分考虑不同景观类型相互作用关系，整合研究区域各限制性因素，形成转换适宜性图集，重新定义 CA-Markov 转换规则，提高模型运行的模拟的精度。③在格局变化剧烈的沿海地区不宜做长时间预测，应以短期预测为主。

总结辽河口湿地景观格局演变特征及趋势发现：①通过对辽河口地区湿地景观格局进行动态分析，发现景观格局变化总体表现在两方面：一方面表现在人为景观类型面积逐渐增大，自然景观面积逐渐减少，人类已成为该地区景观格局变化的主导因素；另一方面表现为沿海地区受人为因素和三角洲地区自然条件综合影响严重，湿地景观格局变化剧烈，各景观类型面积变化较大。②通过对辽河口地区 2018 年湿地景观格局进行预测发现，在人为主导因素的驱动下，湿地景观结构将继续遭到破坏，并逐渐按人为导向发展，自然景观将逐渐为人为景观所取代，湿地生态功能也将随之降低。

鉴于目前辽河口湿地景观格局变化实际情况及未来可能的格局变化趋势，应着重从以下几方面着手，加大湿地景观保护工作：①注意自然景观类型的保护，减少对芦苇、翅碱蓬等自然景观类型的人为干扰，针对建成区不断扩张的趋势，应强化对已建成地区的管理，并加强新建审批工作，切实减少建成区人为景观向芦苇等自然景观的入侵，降低其对自然生态环境的影响，保证生态格局的稳定，维护该地区湿地景观功能持续稳定的发挥；②在确保经济发展的同时注重生态建设与修复，实现经济与生态协调发展，如限制沿海地区虾蟹田扩张趋势，引导农民开展稻蟹养殖，倡导生态农业，合理利用自然资源，减少对湿地的人为破坏；③针对沿海景观格局变化剧烈的地区，应加大对该地区的人为保护，充分发挥自然保护区的作用，减少翅碱蓬面积的人为消减，稳定河口地区的景观类型，确保其生态功能持续稳定发挥。

第2章 辽河口湿地生态退化机制与过程

辽河口湿地生态服务功能总价值呈现逐年上升趋势，但水文调节价值、净化污染价值、侵蚀控制价值都出现了逐年下降的趋势。湿地健康已出现危机，生态系统不再平衡，湿地功能弱化，湿地生态系统有退化演变的趋势。利用构建的辽河口湿地生态评价地方标准，判定湿地为亚健康等级，亟待引起人们的注意。

土壤盐分是限制芦苇生长最为重要的因子，是芦苇湿地退化的主因；土壤盐分含量并未超过翅碱蓬植株生长的阈值，并不是翅碱蓬湿地退化的主因，植物无法泌盐是造成翅碱蓬死亡的关键。生源要素含量、重金属以及有机污染物对湿地退化有一定的影响，但并不是造成湿地退化的关键。该研究结果可为河口湿地保护、水网调控、湿地净污功能及净污机制研究提供必要的基础数据和理论依据，也可为大型湿地生态修复与保护奠定基础。

2.1 辽河口湿地生态退化特征与驱动机制

生态系统退化是指在一定的时空背景下，生态系统受自然因素、人为因素或两者的共同干扰下，使生态系统的某些要素或系统整体发生不利于生物和人类生存要求的量变和质变，系统的结构和功能发生与原有的平衡状态或自然演替方向相反的位移。退化是与自然演替相互对立的，要明确退化特征、驱动力，必须先了解其自然演替特征。

2.1.1 辽河口典型湿地生态系统自然演替特征

辽河口湿地中共存在 3 种湿地类型，即浅海水下湿地、潮上带淡水深水湿地、潮上带淡水浅水湿地，这 3 种湿地均向沼泽湿地、草甸湿地演化（张绪良等，2009）。在这 3 种湿地中，共发育了 9 种典型的植被群落类型。

柽柳群落：在辽河口地区，柽柳为人工种植的湿地植物，分布范围较狭窄。柽柳盖度低者近 3%，高者也不超过 10%。群落盖度在芦苇沼泽化草甸可达 80%，在柽柳-翅碱蓬群落中仅 5%，柽柳为建群种。

罗布麻群落：分布在辽河三角洲的地势稍高处，土壤为盐化草甸土，群落盖度 40%~70%。

拂子茅群落：分布在排水较好的地段，群落盖度可达 90%，建群种拂子茅高 50~100 cm，盖度 40%~70%。

羊草群落：分布在排水较好的高河漫滩和台地上，群落盖度 90%，高 45~60 cm，盖度 50%左右。

獐茅群落：一般分布于翅碱蓬群落外围的低平地上，群落盖度 90%左右，高度 20 cm，随海拔的升高、盐分含量的下降，共建种由翅碱蓬变为芦苇。

翅碱蓬群落：该群落分布较广，其中平均海潮线以上滩涂是其理想生境，群落盖度30%左右，主要由翅碱蓬贡献，在日潮淹没的地段是纯群落，株高30~60 cm，幼苗绿色，深秋时变为红色。

糙叶薹草群落：在辽河三角洲防潮堤外的平均高潮线以上的滩涂或者潮沟旁，与翅碱蓬群落呈镶嵌分布。群落盖度30%~50%，几乎没有别的伴生种，高度30~50 cm。

芦苇群落：是该区主要植物群落类型，分布在常年积水或季节性积水的淡水湿地，分为沼泽芦苇群落和草甸芦苇群落。草甸芦苇群落土壤为盐化土，芦苇高度1~1.5 m，盖度50%~60%，群落总盖度70%~80%。沼泽芦苇群落的群落总盖度90%以上，芦苇占绝对优势，只在下层分布有少量伴生种，如香蒲。

水生群落：在积水超过50 cm的沼泽、湖泊或者河流静水处，分布着水生植被，主要类型有挺水的香蒲群落、沉水的狐尾藻+眼子菜+金鱼藻群落。香蒲群落分布在水深50 cm左右的生境，群落盖度50%~60%。

辽河三角洲滨海湿地植物群落的分布主要受到土壤水分和盐分这两个生态因子的制约。在不同的水分及盐分梯度下，植被演替过程如图2-1所示。

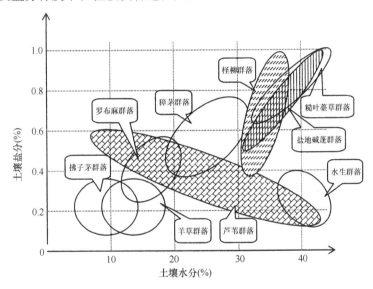

图2-1　辽河三角洲滨海湿地植物群落分布与土壤水盐环境关系（张绪良等，2009）

辽河口湿地群落中面积最大、最具典型性的为芦苇群落和翅碱蓬群落。自然状态下，随着辽河三角洲的淤长，滩涂不断向海面延伸。受海水盐度影响，普通植物很难在滩涂上建群。翅碱蓬是当地一种非常耐盐的植物，作为先锋物种可以在海滩上形成大面积单一群落。翅碱蓬排盐与潮汐冲刷相互结合可降低土壤盐度，抑制土壤返盐，进而适于芦苇的生长（图2-2）。随着三角洲的淤积，先锋物种对土壤环境的降盐改造，湿地按照裸露滩涂、翅碱蓬群落、芦苇群落这一特定的顺序向海面推进。

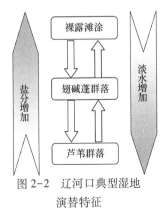

图2-2　辽河口典型湿地演替特征

63

2.1.2 辽河口湿地生态系统退化特征

辽河口典型湿地生态系统包括的主要要素：初级生产力为翅碱蓬、芦苇植被；初级消费者为以植物碎屑为主要食物的底栖动物；高级消费者为肉食性鱼类、鸟类；以及作为分解者的微生物群落。辽河口典型湿地退化特征主要表现在如下方面。

（1）土地开发利用加快，典型湿地类型面积和质量下降

人类活动是当地湿地退化的主要驱动力之一。研究表明，翅碱蓬和芦苇湿地的面积在1978—1988年有增加的趋势，到20世纪80年代后期，却表现出了明显的下降的趋势。翅碱蓬面积的增加是由于翅碱蓬群落在滨海滩涂逐渐定居和演替的结果，随着80年代后期湿地开发以及海面上升的影响，该区域一些湿地分布区出现海水倒灌的现象，在此之后，湿地内水体的盐分逐年上升，由此也抑制了翅碱蓬群落的生长，近年来翅碱蓬面积减少的趋势并没有得到有效遏制（表2-1）。

表2-1 翅碱蓬种群面积变化情况（hm^2）（康艳华，2004）

年份	地点			
	滩海站	混江沟	小河	三道沟
1997	206.67	226.67	66.67	100.00
1998	180.00	209.33	55.33	86.67
1999	170.00	220.00	68.67	70.00
2000	80.67	180.67	45.67	65.00

芦苇湿地在近30年间，具有向水稻田、建成区（道路、油井、居民点）和旱田演化的趋势。近年来，由于芦苇湿地的人工管理和保护措施的实施，芦苇湿地的面积缩减较少。

另外，自然湿地面积下降，植被改造土壤环境能力弱化，功能衰退。根据20世纪80年代和2000年卫星遥感数据调查结果，辽东湾80年代湿地总面积为4 814.6 km^2。其中天然湿地面积为1 840.6 km^2，占总湿地面积的38.2%；人工湿地面积为2 974.0 km^2，占总湿面积的61.8%。2000年湿地总面积为4 974.5 km^2，其中天然湿地面积为1 260.4 km^2，占总湿地面积的25.4%；人工湿地面积为3 714.1 km^2，占总湿地面积的74.6%。辽河口湿地的发展趋势表明，自然湿地减少、人工湿地明显增加是该湿地生态系统的显著特征之一。自然湿地斑块面积的减少、内部结构的简单化造成生态系统自我调节能力和抗干扰能力的下降，增加了湿地的脆弱性。

（2）淡水资源利用矛盾突出，湿地植被质量下降（王西琴和李力，2006）

水文条件是湿地类型和湿地过程得以维持的决定性因子之一，也是形成不同类型湿地的主导因素。湿地水文情势的改变，往往会导致湿地环境及生态系统的变化，并引起湿地格局、类型和功能的变化。河口湿地位于陆地与水体之间的过渡地带，因而对水量和水质的改变特别敏感。

辽河三角洲地区的水量并不十分充足。辽河三角洲属于暖温带大陆性湿润季风气候，年平均降水量611.6 mm，降水集中在夏季，蒸发量大，常有涝、旱、风、雹和风暴潮等自然灾害。从三角洲湿地的积水状况而言，辽河三角洲以季节性积水湿地为主（占

64

64%），而以水稻田占优势（占季节性积水湿地的58%）。三角洲地区的地表蓄水量包括河川最大径流量以及水库、苇田、盐田、虾池、水稻及渠塘的最大储水量，通常根据丰水年测量或者计算积水容积。辽河三角洲的两条河流（辽河和绕阳河）河长分别为116 km和71 km，蓄水容量209.3×10^6 m^3，7座平原水库的蓄水容量为139×10^6 m^3，苇田蓄水容量为800×10^6 m^3，稻田蓄水容量为237×10^6 m^3，渠、塘蓄水容量为366×10^6 m^3，合计1 751×10^6 m^3。辽河三角洲的水资源总量为8 298×10^6 m^3，其中年均河川径流量7 204×10^6 m^3，占总资源量的86.8%，但河川径流的利用率较低，辽河与大辽河以往多年的实际引水率，分别只占其平均径流量的12%和7%。区内地表径流深度78.3 mm；年均地表径流量258×10^6 m^3，占3.1%，地下淡水可采资源836×10^6 m^3，占10.1%。辽河三角洲全年陆面蒸发量为1 392～1 705 mm。

（3）生态系统生物量减少，生产力下降

生态系统退化，其结构的破坏是重要的因素。而动物、植物是生态系统结构的主体。芦苇、翅碱蓬的破坏、动物的捕杀，会使河口湿地生态系统内生物成分降低；随之，植被的减少，光合作用的减弱，对营养物质的吸收降低，植物为正常生长消耗在克服环境和不良影响上的能量消耗增多，净初级生产力下降；生产者结构和数量的不良变化会导致次级生产降低，发生连锁反应即食草（碎屑）底栖动物、食肉动物的数量大大减少。所以退化的生态系统中，动植物的生物量会显著降低，这是生态系统退化最鲜明的特点。例如，油井密集的苇田湿地区及油井和农业活动频繁的苇田湿地区是受人类干扰相对较多的芦苇湿地区域，与人类活动干扰较少的区域相比，芦苇生物量降低十分明显。

（4）生物利用和改造环境能力弱化，功能衰退

植被的减少，会直接导致植物固定、保护、改良土壤及养分能力弱化；调节气候能力削弱；水分维持能力减弱，地表径流增加，引起土壤退化；防风、固沙能力弱化；净化空气、降低噪声能力弱化；美化环境等文化环境价值降低或丧失。例如，翅碱蓬的大面积减少，导致大面积红海滩景观观赏性下降，土壤返盐加剧。而与裸露滩涂相比，生长翅碱蓬的样地内大多数营养元素均在距离地表20 cm以内的土壤中，20 cm以下随着深度的增加，这些营养元素会急剧减少，这种趋势在地表有植被活体覆被的样地中表现得更为明显，这可能与当地翅碱蓬的根系深度有关。

（5）湿地破碎化程度加深，适宜生境缩减，生物多样性下降

由于某个物种的减少或缺失，会使食物链缩短，部分链断裂和解环，单链营养关系增多，种间共生、附生等复杂关系减弱，甚至消失。这样使得有利于系统稳定的食物网变得简单化，进而导致生物多样性下降。另外，乱捕滥猎珍稀鱼类、鸟类，过度采挖沙蚕、甲壳类等底栖动物，更会加剧食物链减少、断裂，导致生物多样性下降。

湿地破碎化程度加深是导致生物多样性下降的重要原因。王凌等（2003）对辽河三角洲野生动物生境格局的研究表明，1988—1998年整体趋势是生境适宜性逐渐降低，适宜生境和较适宜生境的面积10年间减少7 637 hm^2，且破碎化程度加深，在空间上呈现由北向南推进，由东向西压缩的趋势。研究表明，目前辽河口湿地各种类型的斑块达1 213个，其中人工景观破碎化程度最高，密度指数达1.46个/km^2，廊道密度为1.1 km/km^2，造成野生动物生境破碎化，适宜生境大幅减少，带来生境损失。辽河三角洲是东亚水禽迁徙路线上重要的栖息地和繁殖地，又是野生丹顶鹤繁殖栖息地和目前世界上面积最大的黑嘴鸥繁殖地。在这里生存繁殖着236种鸟类、114种水禽，23种国家一级和二级保护水鸟以及30余种鱼类。

由于生境破碎化的影响，原有大片连续的湿地已经被格田或围坝所取代，景观连通性受到了非常大的破坏。双台河自然保护区核心区内适宜丹顶鹤营巢的芦苇沼泽面积由建区初期的 9 500 hm^2，减少到目前的 1 500 hm^2。按照每对丹顶鹤需要湿地 300 hm^2 计算，核心区的丹顶鹤承载力从 32 对锐减到 5 对。据野外观测，整个辽河三角洲湿地丹顶鹤繁殖由 1998 年前的 30 多对减少到近些年的 10 对左右。又如该地区湿地鸟类在 1985 年以前，在迁徙季节可以常见 3 000~5 000 只燕鸭类种群，1990 年调查见到的最大燕鸭种群只有 300~500 只，近年来则很难见到。由于在河流和潮沟上修建河闸及拦潮闸，阻断了鱼类等动物的洄游路径，减少了上游淡水供应量，造成水土盐分变化，加之石油污染，使沿河或沿潮沟上溯洄游的动物数量大量减少，影响了某些动物食物链的空间分布格局，由此也导致了湿地生态系统的不稳定。

综上所述，土地、淡水资源的利用与开发，以及工农业污染，导致典型翅碱蓬、芦苇湿地面积与质量的下降。植被的面积、质量退化进而影响其对土壤、水体环境的修复和净化能力。由此造成恶性循环，湿地生态系统的基础——第一生产力退化严重，进而导致整个生态系统退化。

2.1.3 辽河口湿地退化驱动机制

辽河口的湿地格局变化的驱动因素主要包括自然因素和人为活动。自然因素主要有气候、地质、地貌、水文、植被、土壤等；人为活动主要表现在人口、经济、政策等方面。自然因素常常在较大的时空尺度上作用于景观，在大的环境背景上控制着湿地景观的变化，而人为活动因素则是在较短的时间尺度上影响湿地动态变化的主要驱动力。1978—1988 年，是芦苇湿地和翅碱蓬湿地面积都增加的时期，其增加的主要原因为翅碱蓬种群自然扩张和芦苇湿地人工开垦的结果。1988 年以后，是芦苇湿地面积急剧退化的时期。因此，本研究将结合辽河口湿地近 20 年来的气候变化特征以及人类活动强度，分析辽河口湿地退化的驱动机制。

2.1.3.1 自然因素驱动力分析

湿地景观是流域中特殊的景观类型，水是维系其生态结构功能和景观空间特征的支点，是湿地景观内部及景观相互间物质流、能量流和信息流的主要载体，因此流域水环境是促使湿地景观形成和演变的直接动力因素（郭跃东等，2004）。其中气候因素对湿地景观的变化影响重大。大气降水是湿地主要的补给水源，降水量的多少直接影响湿地的面积。对盘锦地区 1990—2014 年的年均降水量进行统计分析，结果如图 2-3。

分析图 2-3 可以看到，1994—2002 年期间盘锦地区的年降水量出现明显的递减趋势，自 850 mm 降至 420 mm，2002 年后开始逐渐上升，尤其是 2010 年达到历史上罕见的 1 081.7 mm。然而，从图中明显可以看出，自 2009 年以来，年降水量波动极大，极端天气频繁，2010 年降水量达到 1 081.7 mm，而 2013 年降水量又降至不足 500 mm，前后相差一倍多。

除了降水的影响外，气温的变化也是影响湿地景观变化的重要因素。温度不仅影响植被的种类、生长状况和生物量，还影响地表蒸发和水面蒸发的过程和强度。选取盘锦地区 1990—2014 年的年均气温资料进行统计分析，得到图 2-4。

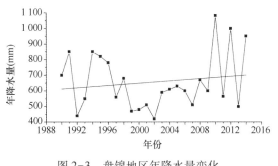

图 2-3　盘锦地区年降水量变化

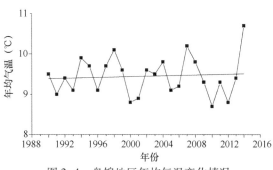

图 2-4　盘锦地区年均气温变化情况

分析图 2-4 可以看到，1990—2008 年期间盘锦地区的年平均气温总体上有升高的趋势，平均每年分别以 0.016℃ 的速率逐年增加。1990—2001 年的年平均气温为 9.386℃，2002—2008 年的年平均气温为 9.626℃，2009—2013 年的年平均气温又降至 9.1℃，而 2014 年的年平均气温达到 10.7℃，为近 20 年来最高值。与降水波动类似，近年来，年均气温变化也出现较大起伏，极端天气增加，气候不稳定性越发显现。

综合以上所述，辽河口地区的总体的气候变化趋势是极端天气增加，降水和气温的不确定性提高，对动植物的环境适应性提出了挑战。总之，就自然因素而言，在全球变暖的大背景下导致的气温升高，辽河口地区的降水变异性以及区域性缺水，是导致湿地面积出现萎缩和退化的主要自然因素。

2.1.3.2　人为因素驱动力分析

随着人类社会发展到一定的程度，造成了资源的长期过度消耗，人口的急剧增长导致了沉重的经济压力，进而造成了巨大的生态压力。人类活动的干扰对湿地的影响越来越深刻。主要从以下几个方面来分析影响辽河口地区湿地变化的人为驱动因子。

（1）人口急剧增长

选取盘锦和营口地区作为辽河口地区的研究范围，此地区的总人口数量从 1988 年的 303.2 万人增长到了 2013 年的 388.2 万人。为了应对人口增长的压力，就会采取相关措施提高单位面积粮食产量，扩大耕地面积。同时由于人口的增长带来了大量的生活污水导致湿地水资源的污染，加快了自然湿地的退化速度。

（2）经济迅速发展

随着人口数量的急剧增长，大量的自然湿地在人类活动的干扰下被逐渐开垦为经济效益较大的人工湿地或人工景观，主要表现在以水田开发、水产养殖为主的农业开发活动，以芦苇造纸、油气开发为主的工业活动和交通、城镇居民点等城镇化建设。近现代人类的经济活动及区域开发历史作为一种人类外在的胁迫因子叠加于自然因子之上，加快了湿地环境演变的进程，并使之逐渐偏离原来的自然演化轨迹。

（3）工程建设

为了有效供给农业用水，修建了各种水利设施，造成的后果是湿地景观的生态用水被截留，造成湿地植被的整体退化、生态功能严重受损、水生生物多样性下降、生物生产力降低。

因此人口的急剧增长、区域经济综合开发等人为活动是影响辽河口地区湿地景观变化的主要驱动力。

2.1.3.3 辽河口典型湿地植被退化原因分析

芦苇与碱蓬群落是辽河口典型的湿地植被，近年来，在自然条件变化与人类活动的干扰下，这两种湿地植被群落均发生不同程度的退化。

芦苇群落生长的主要限制因子是水分和盐度，研究区内芦苇湿地的生物量和土壤盐分的相关系数为-0.796，二者存在着极显著的负相关关系（$P<0.01$）。这说明较大的土壤盐分往往对应着较低的芦苇产量。芦苇的生物量受土壤盐分的影响较为明显，盐分是制约芦苇生长的重要因子。而河水和海水的彼此消长决定着河口湿地的水分盐度。盐分过高则会限制芦苇群落的生长或导致芦苇群落的死亡。因此在芦苇生长过程中，淡水水量和盐分浓度对芦苇群落的稳定性起到了非常重要的作用。

近年来辽河三角洲气候变暖变干，降水不均，天然径流降幅较大。1980—2000年流经本区的大凌河和绕阳河的多年平均降水比1956—1979年分别减少6.2%和5.4%，天然径流分别减少了26.26%和21.39%。在淡水资源不断减少的同时，三角洲水田面积却不断增加，从1980年的6.96×10^4 hm^{2}上升2000年的1.76×10^5 hm^2，导致农业用水增加，挤占苇田用水。尤其在春季，降水只占年降水量的15.5%，蒸发量达到全年最大，同时稻田生长进入最需要补水的时期，导致芦苇湿地缺水较大，需要灌溉来维持。对芦苇湿地退化机理的分析表明，局部地区芦苇湿地的退化，最主要的原因是土壤盐分含量较大的结果。历史上，曾经有近一半的苇田能够适时灌水，但是近年来由于大力发展水田，且遭遇连年干旱或旱涝不均，上游灌溉供水不足导致能适时灌水的苇田已不足原有面积的1/2，加之在各潮沟区域设置闸门拦水，切断了潮水的补给，使芦苇沼泽退化严重。据实地调查，辽河三角洲芦苇湿地，在平水年至少需要$5\times10^8\sim6\times10^8$ m^{3}的水进行灌溉，才能维持正常的面积和产量。目前大凌河、辽河的桃花汛以及稻田、城镇回归水等不到3×10^8 m^3。因为缺水，苇田面积已很难达到8×10^4 hm^{2}的水平，在正常年份一般维持在6.67×10^4 hm^{2}左右。水量不足降低了芦苇生长密度和高度，芦苇质量下降，不仅影响芦苇的经济价值，同时对芦苇湿地的生态服务功能产生严重威胁。

碱蓬群落在辽河口湿地中退化最为严重。土壤盐分、海水污染、滩涂面积增大及修堤筑路可能是造成碱蓬退化的主要原因，具体包括：①在辽河口左岸拦海大堤外有许多早年形成的滩涂，地下水埋藏浅，矿化度高（达40.20 g/L）。随着滩面露出时间逐渐增长，地面蒸发时间延长，土壤盐分含量逐渐增加。当盐分含量超过20.25 g/kg时，就会抑制翅碱蓬的生长；②上游淡水输入的减少，使得河口海水盐度升高，加快了滩涂土壤盐分累积，直接或间接地影响了翅碱蓬群落；③潮涨潮落使沿海滩涂淤积的面积和高度增加，海水不能漫灌到翅碱蓬生长区域，无法通过海水潮汐将翅碱蓬外泌到叶片表面的盐分带走；而且潮滩在日光的照射下，翅碱蓬原来吸收的水分蒸发，盐分却存积下来，超过了翅碱蓬的承受能力；④每年5月，是渔民采蛤的季节。而4月、5月正是翅碱蓬草的生长出苗旺期，处于幼苗状态，极其脆弱，对翅碱蓬群落造成一定影响。

当土壤中含盐量高于翅碱蓬的生长阈值时，翅碱蓬植物体内吸收盐分过多，出现生理干旱、离子失调和代谢紊乱，生长受到抑制甚至死亡，植株上出现盐霜，死亡植株根系白色，茎枯萎。翅碱蓬植被严重退化，导致有些区域大片枯萎，露出裸露滩涂。辽河口翅碱蓬群落自2000年开始显著退化，在整个生长季的不同时期都有面积大小不等的翅碱蓬死亡，致使群落面积逐渐缩小。尤其是辽河口左岸接官厅至二界沟 26.3 km 拦海大堤外退化尤为严重。群落盖度已经从 70%~80% 减少到 20%~30%，高度降低到 15~30 cm，有的已经成为裸露的滩涂（图 2-5）。

图 2-5　退化中的翅碱蓬群落

2.2　人类活动对河口湿地生态环境的影响

2.2.1　稻田开发对河口湿地生态环境的影响

区域农业开发对于三角洲生态环境的最大影响就是很大一部分自然湿地转化为人工湿地。在辽河三角洲，水稻田是人工湿地的主体，稻田开发对湿地生态环境的影响主要体现在如下两个方面：一是土壤脱盐与潜水淡化。滨海盐渍土经种稻灌溉，会降低土壤盐分含量。种稻时间愈长，土壤盐分含量降低愈多。随着种稻时间的延长，地下水矿化度从表层逐渐淡化，土壤盐分组成也从 Cl^- 逐渐变成 $Cl^- - SO_4^{2-} - HCO_3^-$ 型（陈兵等，2010）。种稻灌溉不仅降低了土壤盐分，同时也改变了土壤盐分组成。在种稻灌溉洗盐过程中，由于大量盐分从灌区排出，因此使地下水从表层向下逐渐淡化。二是施肥对稻田土壤养分的改变。据辽宁省盐碱地利用研究所连续 8 年稻田培肥技术措施的定位试验研究，稻田连续 8 年施用有机肥、化肥或有机肥与化肥配合，耕层土壤养分含量变化各异（国家气象局，1984）。

2.2.2　油田开发对河口湿地生态环境的影响

油气的勘探与开发是直接利用地下资源的过程，地下油藏决定石油开采的位置，对周围环境的选择余地有限。石油开发过程中每一个生产环节，每一处生产设施都不同程度地排放污染物，对环境产生一定的影响（肖笃宁等，2005）。

油气开发对湿地生态系统的影响分为污染影响和非污染影响两方面，综合起来主要表现在对湿地面积、湿地生态功能及生物量、生物生产力的影响。一是对湿地面积的影响。辽河油田在湿地范围内共有 4 个区块，即海外河、双南、双台子、河口。油气开发在湿地范围内的占地面积逐年增长，2007 年比 1986 年增加 1.3 倍。二是对生态功能的影响。湿地具有蓄水、调洪、地下水的补给及排泄、水质净化等功能，同时还是野生动物（水禽、涉禽）栖息地和迁徙的停歇站，油气开发过程污染物排放、湿地被分割而造成的破碎化，降低了湿地完整的生态功能。三是对生物量及生物生产力的影响。据专家估算，湿地面积减少 1/2，生物种类将减少 25%。因此，油气开发占地势必降低湿地原有的生物多样性。湿地面积减少，使芦苇生产面积减少，油气开发污染物的排放，使芦苇的单产及品质下降，直接影响了芦苇的经济价值。同时，由于多种因素的影响，使湿地中大片芦苇沼泽演变成芦苇草甸，生产力急剧下降。由于石油开发排污的影响，潮上带动物（中华绒螯蟹、天津厚蟹等）、潮间带动物（文蛤等）和河口湾动物（小黄鱼、梭鱼、对虾等）数量、生产力降低；由于湿地面积减少，石油开发工程活动对自然保护区自然景观的分割和侵占，适于鸟类栖息和繁殖的区域日益缩小，因而国家一级保护动物丹顶鹤、黑嘴鸥等鸟类的数量也急剧减少（陈兵等，2010）。

2.2.3 水利设施建设对河口湿地生态环境的影响

1990 年，盘锦市开发辽河三角洲，在辽河口东岸修建拦海大坝。2010 年采集了坝内外的土样进行了分析。

土壤含盐量表现出从大到小为坝内无碱蓬、坝内有碱蓬、坝外无碱蓬、坝外有碱蓬的规律（图 2-6）。建坝之后，由于潮汐的冲刷作用减弱，盐分在坝内地区聚集，土壤水分蒸发，导致盐分含量升高；在坝外地区，土壤中盐分可以得到潮汐的补充和淋洗，则稳定在一定的范围之内。无论是坝内还是坝外，生长有碱蓬的地区土壤含盐量显著低于无碱蓬地区，说明碱蓬生长能够有效地降低土壤中的盐分含量。坝内 B 点生长有翅碱蓬，其土壤中盐分含量比坝内 A 点无翅碱蓬地区约少 1.3%；同时，坝外 D 点有翅碱蓬地区土壤中盐分含量比

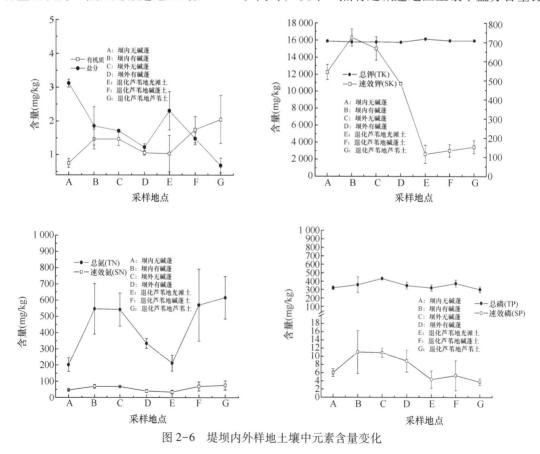

图 2-6 堤坝内外样地土壤中元素含量变化

坝外 C 点无翅碱蓬地区低约 0.5%。坝外由于碱蓬吸收导致土壤盐分降低幅度低于坝内地区，这主要归结于两方面的原因：一方面，相对较高的土壤盐分可能刺激了碱蓬的生长，并导致碱蓬对土壤中盐分吸收增强；另一方面，在坝外，碱蓬中盐分除了来源于土壤之外，可能有一部分直接来源于潮汐海水，而且土壤中盐分可以得到海水的补充。

坝内坝外土壤中有机质、有效钾、总氮与速效磷等表现出相似的规律，其中均以坝内有翅碱蓬生长地区最高。植物的生长对于土壤中有机质与总氮含量具有明显的贡献，能够导致土壤中有机质与氮含量显著增加。植物根系所分泌的低分子量有机酸、有机质等物质，可能通过络合、吸附、溶解等作用释放土壤中钾、磷，进而导致土壤中有效钾与速效磷含量增加。

坝内坝外土壤中的 TK、SN 以及 TP 则无明显变化。土壤中 TK 与 P 含量主要来源于成土母质的风化与释放，由于坝内外土壤形成过程及物质相同，因此 TK 含量相差不大，变化非常小；P 在生物地球化学循环过程中属于半闭合循环，坝内外含量有微小波动，这可能与生物活动有关。海鸟的排泄可能是导致本地区微地貌中 TP 含量差异的主要影响因素。

比较对比分析坝内外土壤中各种元素含量可以发现，工程设施对于河口湿地土壤性质的改变主要体现在对土壤盐分的改变上。由于工程设施通常会对近海岸地区潮汐路线产生重要影响，这是导致土壤盐分改变的主要原因。由于在河口湿地生态系统中，盐分是控制生态系统演化过程的主控环境因子之一，当土壤中的盐分含量超过或者低于植物生长的阈值时，植物将死亡，植被发生退化，湿地的生态结构发生改变。因此工程设施的建设应该充分考虑并全面评估由此带来的生态系统安全和风险。

建坝除了对各种元素的含量造成影响之外，对于 C、N、P 营养元素的分布特征也具有显著影响，如图 2-7 所示。虽然坝内、坝外植被覆盖状况将对土壤中 C∶N、C∶P、N∶P 比产生重要影响，然而拦海大坝的修建，将导致海水对坝内外的冲刷情况产生差异，进而影响土壤中营养元素的分布特征。在有碱蓬覆盖的地区，坝内的 C∶N 比要比坝外低，而 C∶P 和 N∶P 要比坝外高，而当地表无碱蓬覆盖时，坝内土壤中的 C∶N 要比坝外高，而 C∶P 比和 N∶P 比要低于坝外。

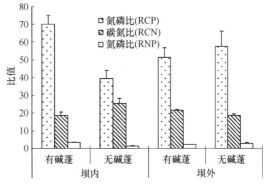

图 2-7　坝内坝外土壤中 C、N、P 生态
化学计量学特征

2.3　翅碱蓬湿地生物群落退化机制

每年秋季，盘锦市双台河口国家级自然保护区境内，滩涂上生长的翅碱蓬一片赤红，成为了盘锦重要的生态旅游资源。翅碱蓬群落不仅蕴含着丰富的动物资源，也是盐碱化土壤的优势物种，具有很好的调节气候、改良土壤、防洪抗旱、控制污染等生态功能。

受经济发展的强烈冲击，辽河三角洲湿地面积和结构都发生了巨大的变化，自然覆被类型如翅碱蓬、芦苇的面积不断减少，其中翅碱蓬面积减少最为严重，其面积由 1987 年的 356.737 8 hm² 退化到 2000 年的 103.506 4 hm²，年平均退化面积 19.479 3 hm²，相对速率达

0.188 2 hm²/a（李建国等，2006）。辽河口左岸接官厅至二界沟 26.3 km 拦海大坝外退化严重，有的已经成了裸露的滩涂（朱浩峥等，2006）。同时斑块数量猛增，说明翅碱蓬湿地被占用和切割严重。翅碱蓬湿地景观格局及生物群落发生极大变化，严重影响了湿地功能的发挥和当地旅游业的发展。通过野外调查、采样分析，研究辽河口湿地翅碱蓬群落退化机制，找出退化原因，为翅碱蓬湿地修复，发挥其生态价值和效益提供理论依据。

　　选取四块样地，见图 2-8。分别为修复中、长势良好、退化严重的翅碱蓬湿地和裸露滩涂。修复中翅碱蓬湿地原来为退化的裸地，2009 年春季人工淡水灌溉、开垦后种植芦苇，垄间自然修复翅碱蓬群落；退化严重区翅碱蓬面积逐年减少，分布呈斑块状；长势良好区位于红海滩，植株整齐，面积连片，生长旺盛季节一片赤红；裸露滩涂为原来翅碱蓬湿地完全退化而成。

图 2-8　采样点布设

　　三次采样分别是 2009 年 6 月、2009 年 9 月、2010 年 4 月。翅碱蓬生长发育的主要影响因子是光照、温度、气候、成土母质、土壤中的氮和磷等营养元素、土壤盐分等（宋秀兰，2009），根据野外调查和资料分析，选择土壤中的氮、磷、有机质和可溶性盐含量为主要的分析因子。

2.3.1　不同类型土壤对翅碱蓬生长的影响

2.3.1.1　春季不同类型翅碱蓬湿地土壤理化性质

　　2010 年春季不同类型的湿地土壤理化性质如图 2-9。春季长势良好的翅碱蓬湿地和裸露滩涂土壤中有机质、氮、磷的含量要比修复区和退化区高，主要原因是长势良好的翅碱蓬湿地植株茂盛，冬季枯枝落叶多，被微生物分解以后形成腐殖质，营养丰富。而裸露滩涂虽然目前不长植株，可是 2000 年前曾是茂盛的翅碱蓬湿地，后来因为退化，翅碱蓬大面积死亡，死亡植株及其降解产物在土壤中仍然还有相当的积累，致使春季裸露滩涂的有机质和营养元素含量高。

2.3.1.2　夏季不同类型翅碱蓬湿地土壤理化性质

　　2009 年夏季不同类型的翅碱蓬湿地土壤理化性质如图 2-10 所示。从图中发现：①退化区土壤氮、磷和有机质的含量要低于修复区和长势良好的翅碱蓬湿地，主要原因是夏季翅碱蓬营养器官正在发育，对营养元素的需求量大。而退化区的翅碱蓬虽然面积减少，翅碱蓬植

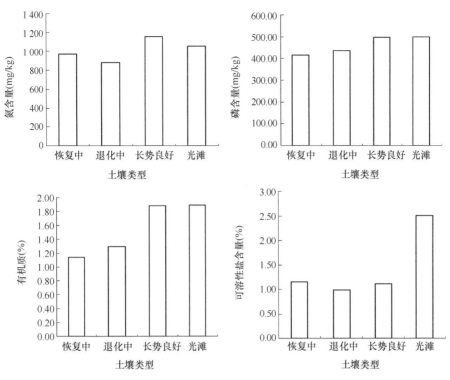

图 2-9　春季四块样地氮、磷、有机质和可溶性盐含量

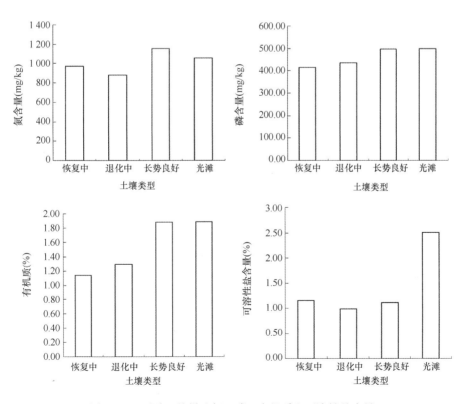

图 2-10　夏季四块样地氮、磷、有机质和可溶性盐含量

株有死亡，但是夏季植株很高，生物量很大，对营养元素的需求量和吸收量也大，致使其比修复区氮、磷和有机质的含量低。②修复区夏季土壤的氮、磷、有机质的含量均比春季要高，也高于同期其他三块样地。据调查，修复区的翅碱蓬湿地原本已经退化死亡，2009年春季人工进行修复，翅碱蓬又重新萌发生长。修复区土壤的氮、磷、有机质的含量高与人为开垦、灌溉及甚至营养投加有关。③夏季四块样地可溶性盐的含量差别很大。可溶性盐含量比春季要低，主要原因是夏季降水多，土壤含水增加。裸露滩涂土壤的含盐量要高于其他样地，而修复区土壤夏季含盐量最低，除了与降水有关外，也与修复时灌溉等有关。

2.3.1.3 秋季不同类型的翅碱蓬湿地土壤理化性质

2009年秋季，不同类型的翅碱蓬湿地土壤理化性质分析结果如图2-11所示。秋季修复中和长势良好的翅碱蓬湿地土壤氮、磷有机质的含量比退化区和裸露滩涂高，且裸露滩涂中最低。秋季翅碱蓬已经发育成熟，植株开始落叶，落叶被微生物分解可增加土壤氮、磷、有机质的含量，修复区和长势良好的湿地翅碱蓬枝叶茂盛，秋季落叶多，土壤中氮、磷、有机质的含量也高，而裸露的滩涂由于不长翅碱蓬，土壤中无落叶的分解，因此这三个理化指标较其他样地低。

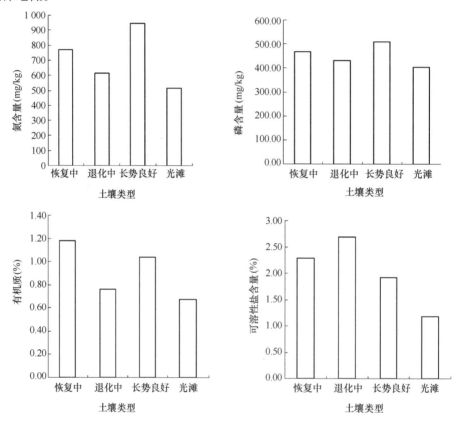

图2-11 秋季季四块样地氮、磷、有机质和可溶性盐含量

秋季四块样地除裸露滩涂外土壤含盐量都很高，且都高于10 g/kg，退化区土壤含盐量最高，达到27 g/kg。秋季修复区、退化区、长势良好的翅碱蓬湿地土壤含盐量明显比春季高（图2-12）。9月气温较高，降水量少，气候干旱，地面蒸发量大，导致秋季土壤含盐

量高。

根据春、夏、秋三季不同类型翅碱蓬湿地土壤理化性质的分析，翅碱蓬湿地土壤为盐渍化土壤，土壤中的营养物质氮、磷及有机质含量均较低，根据全国第二次土壤普查土壤肥力分级标准，土壤肥力等级均较低，但春季裸露滩涂土壤中的氮和有机质的含量都要高于长势良好的翅碱蓬土壤，磷的含量也比退化中和修复中的土壤高。春季裸露滩涂翅碱蓬不萌发，已经裸露，而长势良好的翅碱蓬面积大，植株生长旺盛。可见营养物质的含量不是翅碱蓬退化的主要原因。

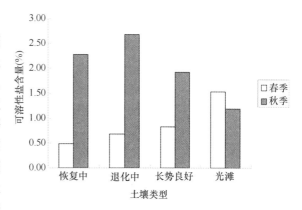

图 2-12　春季和秋季 4 块样地可溶性盐含量

2.3.1.4　翅碱蓬对盐分的耐受性

选择成熟野生翅碱蓬种子，探讨土壤盐分含量对翅碱蓬发芽率的影响。试验应用培养皿铺三层滤纸，选择 50 粒种子，分别加入盐度为 31，25，20，15，10，5 盐度的海水，用蒸馏水作对照，28℃ 避光培养，计算 4 d 萌发率。从图 2-13 中可以看出，盐分浓度与种子萌发数呈现明显的负相关关系。翅碱蓬作为盐生植物，虽然抗盐，但其种子在淡水中萌发最好，在 0~30 的海水盐度下，海水盐度越大，种子萌发数越少。

资料显示，土壤含水量和土壤含盐量是翅碱蓬生长发育的主要限制因子，翅碱蓬适合生长的盐分含量在 10~16 g/kg 之间，当盐分含量高于 16 g/kg 时，翅碱蓬生长就会受到抑制，甚至死亡；当土壤盐分低于 10 g/kg 时，翅碱蓬也能生长。由图 2-14 可知，春季是翅碱蓬的萌发季节，此时裸露滩涂可溶性盐含量为 2.51%，远高于翅碱蓬种子萌发需要的盐分，也超过翅碱蓬生长时的最高耐受盐分 16 g/kg，而春季土壤中的氮、磷和有机质的含量均正常，均可满足翅碱蓬的生长发育的要求。这说明土壤中盐分过高可能会使裸露滩涂上翅碱蓬种子萌发受到抑制，进而无法形成植株，这可能是裸露滩涂翅碱蓬退化的重要原因。

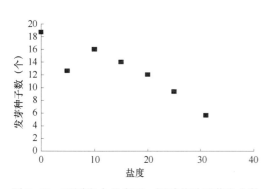

图 2-13　不同海水盐度下，翅碱蓬种子萌发个数

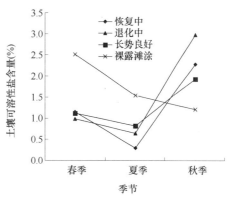

图 2-14　4 块样地不同季节土壤可溶性盐

2.3.2 环境因素对翅碱蓬生长的影响

2.3.2.1 潮水对翅碱蓬生长的影响

翅碱蓬是典型的真盐生植物，需要通过固定的脱盐方式排除体内多余的盐分。生长在高盐度海水中的翅碱蓬，会在短时间内通过旺盛的蒸腾作用排出大量盐分，积聚在叶片或茎的表面。如果这些盐分不能被及时除去，则很快结晶形成盐鞘，堵塞植物的气孔，使植物遭受盐害死亡（台培东等，2009）。

春季修复区、退化区和长势良好的翅碱蓬湿地土壤含盐量均小于 16 g/kg，且退化区春季和夏季土壤含盐量要比修复区和长势良好区低（表 2-2）。修复区和长势良好的湿地翅碱蓬可以正常生长，但是退化区的翅碱蓬面积逐渐减少，可见盐分并不是翅碱蓬退化的唯一原因。

表 2-2 翅碱蓬湿地土壤可溶性盐含量与翅碱蓬生长形态

	修复区			退化区			长势良好		
	春季	夏季	秋季	春季	夏季	秋季	春季	夏季	秋季
可溶性盐（%）	1.15	0.48	2.28	0.99	0.69	2.69	1.12	0.82	1.93
生物量（g）	0	16.00	63.67	0	26.00	56.67	0	17.50	23.23
株高（cm）	0	240.92	1 015.63	0	463.42	1 383.75	0	199	522

2009 年秋季退化区翅碱蓬湿地属于高盐度状态。经调查发现由于退化区拦海大坝的修筑，翅碱蓬无法及时地得到潮水的淋洗，盐分未能及时除去使翅碱蓬死亡。从表 2-2 中还可以看出，夏季和秋季退化区翅碱蓬的株高较高，株高过高但潮水水位低，即使有潮水，叶面部分也不能得到淋洗，翅碱蓬也会形成盐鞘而死亡。长势良好的翅碱蓬地区潮水多，翅碱蓬的株高都很小，即使是在高盐度状态下翅碱蓬体内积聚盐分也可以及时除去，所以此区域翅碱蓬面积最大。可见，退化区翅碱蓬退化死亡的原因是翅碱蓬持续无浸水，而土壤盐分又高，茎叶表面分泌的盐分长时间无法淋洗，导致形成盐鞘而死亡。

野外调查发现，裸露滩涂和长势良好的翅碱蓬湿地只隔一条大坝，后者每日均有浸水过程发生（最大持续无浸水时间小于 24 h），但裸露滩涂在小潮期间有连续无浸水过程（最大持续无浸水时间大于 72 h）。从而说明裸露滩涂退化的根本原因是在高盐土壤中，翅碱蓬持续无浸水时间的增加。

2.3.2.2 种群竞争对翅碱蓬生长的影响

夏季退化区的翅碱蓬生物量和株高，明显地高于修复区和长势良好的翅碱蓬，秋季退化区的生物量也明显高于其他两块样地。这也说明土壤含盐量不是限制翅碱蓬生长状态的唯一因子。长势良好的翅碱蓬湿地面积大，翅碱蓬生长稠密，种间竞争激烈，所以翅碱蓬的株高较小，此外长势良好的翅碱蓬株矮小也是对低潮水位的一种适应，从而让叶面积聚的盐分更好地被潮水淋洗掉。夏季到秋季翅碱蓬植株长势缓慢，株高变化小。退化中的翅碱蓬面积逐渐减小，有些枯萎死亡，致使翅碱蓬群落密度小，种间竞争也小，翅碱蓬可以得到充足的光照和养分，所以翅碱蓬的生物量和株高都很高。

调查发现，长势良好的翅碱蓬湿地不仅植株矮，而且分枝少。这主要与光照有关，长势良好区翅碱蓬很稠密，植株为了获得充分的阳光努力向上生长，导致翅碱蓬叶片较小，植株很细。相比之下，修复区翅碱蓬生长在垄上，生长位置高，能够充分地得到光照，翅碱蓬分枝很多，叶片较大。资料显示，叶片的颜色也与光照有关系，红海滩翅碱蓬叶片为红色可能与叶片未得到充分的光照有关。

以上研究表明，盐分不是限值翅碱蓬生长的唯一原因。翅碱蓬退化的原因有两方面：一是由于拦海大坝的修筑，翅碱蓬无法及时得到潮水的淋洗，盐分未能及时地除去使翅碱蓬死亡；二是株高过高，但潮水水位低，叶面部分也不能得到淋洗，翅碱蓬也会形成盐鞘而死亡。裸露滩涂退化的根本原因也是翅碱蓬持续无浸水时间的增加，而翅碱蓬的退化又进一步提高了土壤盐分。

2.4　芦苇湿地生物群落退化机制与生态影响

湿地生态系统退化包括两种：一种为格局上的退化；另一种为功能上的退化。格局上的退化表现为面积的缩减和生境的破碎化，是一种对宏观驱动因素的探讨。辽河口湿地从 20 世纪 70 年代至今，面积上始终处于逐年缩减的状态，其缩减的直接原因是水稻种植和虾蟹田的开发，侵占了原有的芦苇湿地面积，湿地转化为其他土地利用类型。

在功能上探讨湿地生态系统退化，往往从表征湿地基本生态特征的湿地植被生产力和生物量入手，探讨基本生态服务功能受损的状况。本研究发现，辽河口湿地芦苇地上生物量较高的区域多位于湿地中靠近辽河淡水区，也是保护区中心地区和东部地区，而保护区南部靠近海岸带一侧以及靠近建成区（保护区西侧）的芦苇湿地区，芦苇地上生物量较低。根据生物量分布图的进一步计算表明，2008 年时，研究区内芦苇湿地面积为 469.4 km^2，芦苇湿地的平均地上生物量为 1 456.65 g/m^2，芦苇总地上生物量为 6.8×10^7 t。而在此之前，研究资料统计结果表明盘锦地区芦苇湿地的地上生物量单位产量为 1 500~1 800 g/m^2，高于本研究结果。一方面是由于前人研究所得结果都是基于连续均匀生长的芦苇样地测量，芦苇湿地植被生物量较高；另一方面，也是由于本研究不仅探讨了芦苇长势较好的地区，还包括了离海岸线较近的芦苇湿地以及其退化区，芦苇产量相对要低一些。但从总体上看，芦苇湿地生物量缩减得并不明显，总体处于良好状况，局部出现退化。

本节重点内容为，针对不同芦苇湿地生态特征，分析和筛选最为可能影响芦苇湿地植被生物量的环境因子，探讨环境因子对芦苇生长的影响，查明芦苇湿地主要的退化机制。选取的主要环境因子包括土壤 pH 值、土壤多环芳烃、土壤重金属和土壤盐分。

2.4.1　pH 值对芦苇生长的影响

2.4.1.1　不同区域土壤 pH 值

辽河口湿地土壤呈碱性，各区土壤的 pH 值具有自海洋沿河岸向内陆发展逐渐变小的趋势，但总的来说 pH 值变化不明显。

如图 2-15 所示，A 区为滨海滩涂区，受海水影响最为明显，其土壤的 pH 值高于人为活动干扰较少的苇田湿地（B 区）、油井密集的苇田湿地（C 区）、油井和农业活动频繁的苇田湿地（D 区）和沿河岸芦苇湿地（E 区）。2008 年 10 月，比较 5 个区域的 pH 值大小，从高到低依次为：A>B>C>D＝E，表现出从沿海滩涂向内陆芦苇湿地土壤 pH 值逐渐减小的规律。

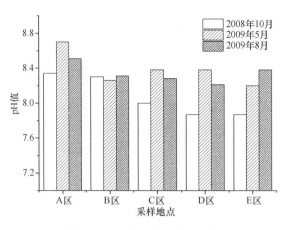

图 2-15　不同区域土壤 pH 值

2009 年 5 月，因受海水影响，A 区，即滨海滩涂区土壤的 pH 值仍为最高，达到 8.7，高于人为活动干扰较少的苇田湿地（B 区）、油井密集的苇田湿地（C 区）、油井和农业活动频繁的苇田湿地（D 区）和沿河岸芦苇湿地（E 区），5 个区域的 pH 值从高到低依次为：A>C>D>B>E，在这一季节中，总体上还是从沿海到内陆逐渐降低，但 B 区，即人为活动干扰较少的苇田湿地土壤的 pH 值有一个较为明显的减小。

2009 年 8 月，因受海水影响，滨海滩涂（A 区）土壤的 pH 值为 8.5，仍高于其他区域，pH 值由高到低依次为：A>E>B>C>D，其中，E 区即沿河岸芦苇湿地区的土壤在这一季节中土壤 pH 值则明显地升高。

总之，从区域土壤 pH 的特征来看，区域内土壤 pH 值的差异变化不明显，相差不大。

2.4.1.2　不同季节土壤 pH 值

比较不同季节滨海滩涂（A 区）的土壤 pH 值的大小发现，在 2009 年 5 月期间的土壤 pH 值达到最高（8.7），其总趋势为 2009 年 5 月的土壤 pH 值高于 2009 年 8 月土壤的 pH 值，高于 2008 年 10 月土壤的 pH 值。

人为活动干扰较少的苇田湿地（B 区）土壤的 pH 值变化规律为：2008 年 10 月>2009 年 8 月>2009 年 5 月。在油井密集的 C 区土壤中，pH 值总体趋势为：2009 年 5 月>2009 年 8 月>2008 年 10 月。不同季节油井和农业活动频繁的苇田湿地（D 区）总体的变化趋势为：2009 年 5 月>2009 年 8 月>2008 年 10 月。对于沿河岸芦苇湿地（E 区）土壤来说，则在 2009 年 8 月 pH 值达到最高，2008 年 10 月达到最低，其 pH 值为 7.9。

比较不同季节各区的土壤 pH 值发现，滨海滩涂（A 区）、油井密集的苇田湿地（C 区）和油井和农业活动频繁的苇田湿地（D 区）具有相同的变化规律，即在 2009 年 5 月土壤 pH 值达到最高。盘锦湿地由于受海水影响，不同区域土壤的 pH 值均呈碱性。A 区为滨海滩涂区，受海水影响最为剧烈，因此这一区域土壤的 pH 值最高，土壤 pH 值表现出从内陆向沿海方向有逐渐增大的趋势。在不同季节时，2009 年 5 月期间的土壤 pH 值相对较高（8.2~8.7）。与该区域内以往监测数据相比较，该区 pH 值处于相对稳定的阈值内，不是影响芦苇湿地退化的主要环境因子。

2.4.2　土壤盐分对芦苇生长的影响

2.4.2.1　土壤盐分的主要分布特征

（1）不同季节土壤盐分的水平分布

分别于 2008 年 10 月、2009 年 5 月及 2009 年 8 月三个不同季节对辽河口湿地 5 个站位，即滨海滩涂（A 区）、人为活动干扰较少的苇田湿地（B 区）、油井密集的苇田湿地（C 区）、油井和农业活动频繁的苇田湿地（D 区）和沿河岸芦苇湿地（E 区）土壤盐分进行分析，结果如图 2-16。三个时期土壤盐分含量分布具有相似的规律，A 区土壤中盐分含量达到最高，分别为 6.13 g/kg、6.71 g/kg 和 6.57 g/kg。从 B 区到 D 区，土壤盐分含量逐渐升高，而 D 区到 E 区土壤盐分含量逐渐降低，特别是 2009 年 5 月及 2009 年 8 月两个季节表现更为明显。除 2008 年 10 月外，其余两个季节中 D 区土壤盐分均高于 B 区、C 区和 E 区。而 2008 年 10 月的土壤样品中的盐分含量在 C 区、D 区和 E 区中没有明显的变化。三个不同季节土壤盐分的水平分布，除 D 区外，总体走向为滨海滩涂向内陆长势较好的苇田逐渐下降。而 D 区土壤盐分含量较高的原因，是由于 D 区为油井和农业活动频繁的苇田湿地，这一区域受到人为活动的强烈影响，芦苇植被的长势和脱盐能力低于人为干扰少的地区，从而致使这一区域中的土壤盐分含量相对较高。

在辽河口湿地中，A 区为滨海滩涂区，由于这一区域受海水影响最为剧烈，所以土壤盐分含量明显高于其他四个区域，这一区域分为有翅碱蓬覆盖的区域和没有植被覆盖的区域，由图 2-17 可知，有翅碱蓬生长的区域含盐量相对较低，而这一趋势在 2009 年 5 月这一季节中表现最为明显。这一现象主要是由于植物生长对土壤中的盐分有一定的洗脱作用，进而良好的植被可以降低土壤中的盐分含量。

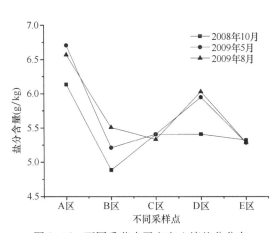

图 2-16　不同季节水平方向土壤盐分分布

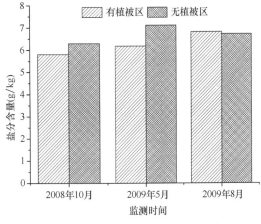

图 2-17　A 区不同季节不同植被覆盖下
土壤盐分含量

（2）土壤盐分的垂直分布

比较 2008 年 10 月、2009 年 5 月及 2009 年 8 月 4 个站位土壤剖面的盐分含量发现，在三个不同时期土壤剖面盐分含量存在相似的规律，即 A 区土壤盐分均高于其他区域土壤盐分含量。

表 2-3 所示的为 2008 年 10 月土壤剖面的盐分含量，A 区各剖面的土壤盐分含量均高于其他区域剖面的盐分含量；在 A 区土壤中，20~40 cm 的土壤盐分含量达最高值，为 7.52 g/kg，要高于 0~20 cm 土层（5.95 g/kg）和 40~60 cm 土层（5.74 g/kg）剖面的含量。D 区各剖面的土壤盐分含量次之，而人为活动干扰较少的苇田湿地（B 区）和油井密集的苇田湿地（C 区）各剖面盐分的含量和变化规律相近。

表 2-3　2008 年 10 月不同区域土壤剖面盐分含量

区域	0~20 cm	20~40 cm	40~60 cm
A 区	5.95	7.52	5.74
B 区	5.03	5.13	5.22
C 区	4.93	4.97	5.14
D 区	5.37	5.53	5.67

表 2-4 为 2009 年 5 月不同区域土壤各剖面盐分含量分布。0~20 cm 剖面的土壤盐分含量（5.50~6.73 g/kg）均高于 20~40 cm（4.78~6.11 g/kg）和 40~60 cm（4.88~6.08 g/kg）剖面，且都具有从表层至底层先降低后升高的趋势。

表 2-4　2009 年 5 月不同区域土壤剖面盐分含量

区域	0~20 cm	20~40 cm	40~60 cm
A 区	6.73	6.11	6.08
B 区	5.50	4.79	4.94
C 区	5.53	4.78	4.88
D 区	6.17	6.10	6.17

表 2-5 为 2009 年 8 月滨海滩涂（A 区）、人为活动干扰较少的苇田湿地（B 区）、油井密集的苇田湿地（C 区）中土壤各剖面的盐分含量。其主要的规律为每个区域内 0~20 cm 土壤剖面的盐分的含量最高，而 40~60 cm 土层最低。其中，A 区各剖面的土壤盐分含量明显高于其他两个区域。

表 2-5　2009 年 8 月各区域土壤剖面盐分含量

区域	0~20 cm	20~40 cm	40~60 cm
A 区	6.89	6.35	6.25
B 区	5.49	5.39	5.35
C 区	5.50	5.30	5.14

综上所述，2008 年 10 月土壤剖面的盐分含量除在滨海滩涂（A 区）土壤中表现为 20~40 cm 的土壤盐分含量高于 0~20 cm 土层和 40~60 cm 土层外，在人为活动干扰较少的苇田湿地（B 区）、油井密集的苇田湿地（C 区）、油井和农业活动频繁的苇田湿地（D 区），土壤盐分含量为：40~60 cm >20~40 cm >0~20 cm。2009 年 5 月和 2009 年 8 月土壤各剖面盐分含量分布规律较为相似，均表现为每个区域内 0~20 cm 土壤剖面的盐分含量最高，从表层到底层逐渐降低的趋势。

2.4.2.2　植物生物量与土壤盐分

一般认为，辽河口湿地演替要经过浅海湿地—近海滩涂—翅碱蓬群落—潮间带芦苇湿地—潮上带芦苇湿地等几个阶段（肖笃宁等，2005）。这一演替阶段是植被从定居，到逐渐发展为长势较好的顶级芦苇湿地群落过程，同时也是植被对土壤不断脱盐的过程。

为探讨芦苇湿地植物生物量与土壤盐分的关系，我们对二者进行相关分析（图2-18）。得到的结果显示，研究区内芦苇湿地的生物量和土壤盐分的相关系数为-0.796，二者存在的极显著的负相关关系（$P<0.01$）。这说明较大的土壤盐分往往对应着较低的芦苇产量。芦苇的生物量受到土壤盐分的影响较为明显，盐分是制约芦苇生长的重要因子。

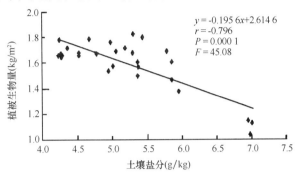

图2-18　芦苇湿地生物量与土壤盐分散点图

辽河口芦苇湿地的退化表现为面积上的退化和功能上的退化。通过遥感影像发现，芦苇湿地的退化主要以面积上的大量缩减为主，局地出现芦苇湿地退化斑块。造成芦苇湿地面积退化的主要原因是人类经济活动驱动的宏观因素。从20世纪70年代至今，辽河口芦苇湿地面积上始终处于逐年缩减的状况，其缩减的直接原因是水稻种植和虾蟹田的开发，侵占了原有的芦苇湿地面积，芦苇湿地转化为其他土地利用类型。

在功能上，为探讨芦苇湿地生态系统退化状况，选取了表征湿地基本生态特征的湿地植被生产力，探讨基本生态服务功能受损的状况。选取了土壤pH值、石油烃及土壤多环芳烃、土壤重金属和土壤盐分4个主要的指标来具体探讨芦苇湿地退化的主要环境因子。

土壤pH值在不同区域中并未存在显著的变化，不是影响芦苇湿地退化的重要因子，石油烃和土壤多环芳烃也未超过研究区域的环境背景值，但在油井附近，存在着距离油井越近，石油类和土壤多环芳烃含量越高的趋势，这些物质在研究区内存在着造成芦苇湿地退化的潜在风险。重金属中，土壤Cr已经影响到了芦苇的长势，是芦苇湿地生态系统退化的一个重要因素，而土壤盐分是造成芦苇湿地退化的主要因子。

通过野外调查发现，在几十米至几百米不同芦苇湿地退化梯度上，芦苇湿地生物量的缩减往往伴随着土壤盐分的增加。而土壤盐分增加，也是人类活动造成的土壤植被破坏引起的。芦苇湿地植被一旦被破坏，会使土壤直接暴露于环境中，蒸发作用造成了局地干旱。水分由于毛细作用上升到地表、地表水分继续蒸发、留下盐分，造成了局地土壤盐分增加。这是研究区域内芦苇湿地局地退化的主要因素。

2.4.3　植被退化对土壤石油及多环芳烃分布的影响

土壤油类含量变化范围为12.24~628.35 mg/kg，其中人为活动干扰较少芦苇湿地石油含量为12.24~97.98 mg/kg，芦苇严重退化区土壤石油含量明显高于未退化及正在退化区土壤，随深度增加石油类含量呈减少趋势，表明了油类是由于人为污染造成的；油井密集区芦苇湿地油类变化范围为203.72~628.35 mg/kg，距离油井较近的站位土壤石油含量明显高于距油井较远站位，各站位油类含量随深度呈减少趋势；碱蓬退化区石油变化范围为14.28~

135.89 mg/kg，碱蓬生长茂盛区土壤的油类含量明显要比正在退化和退化严重区域低，其中碱蓬退化最为严重区域 0~20 cm 土层油类含量最高，达到了 135.79 mg/kg，各站位石油含量随深度呈减少趋势。

3 个季节表层土壤中 PAHs 变化较大，2008 年 10 月表层土壤 PAHs 含量平均值最高。从季节对比来看，2008 年 10 月，湿地土壤中的 PAHs 化合物以 3 环和 4 环为主，分别为 32.4% 和 26.4%，高环 PAHs 所占比例最低，5 环和 6 环分别为 15.3% 和 9.1%。2009 年 5 月和 8 月，单体 PAHs 构成比例分布比较相似，都是以低环（2 环和 3 环）为主，所占比例分别为 63.3% 和 57.0%，其中 3 环所占比例最高，分别为 38.3% 和 36.6%，高环 PAHs 中均是以 4 环比例最高，分别为 19.7% 和 22.8%，6 环所占比例最低，分别为 7.2% 和 7.8%（图 2-19）。

在芦苇退化区，随着芦苇退化程度的加深，PAHs 总量也逐渐增加。芦苇严重退化区土壤中的 PAHs 含量最高。退化区之间的单体 PAHs 分布规律较为一致，2 环的 NaP 含量最高，3 环的 Phe 含量其次，高环 PAHs 含量相对较低（图 2-20），这一结果表明芦苇湿地对 PAHs 具有更强的降解作用，二者之间存在密切关系。

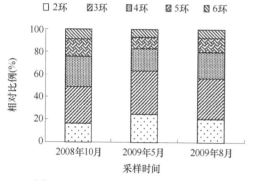

图 2-19　辽河口湿地表层土壤 PAHs 环数的分布

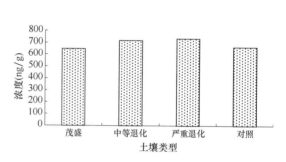

图 2-20　芦苇退化区土壤中 PAHs 总量

在芦苇和翅碱蓬混合区，土壤中 PAHs 总量变化不大，PAHs 分布没有明显的规律性。不同类型的土壤中，PAHs 组分的分布特征都极为相似，且含量大小也比较相近（图 2-21）。

在油井区苇田，随着距离油井距离的延伸，土壤中 PAHs 含量逐渐下降，油井区苇田土壤中 PAHs 含量要明显高于对照区的含量。距离油井不同距离的采样点中 PAHs 单体的分布都是以低环的 PAHs 为主，其中 NaP 的含量最高（图 2-22）。退化区土壤中单体 PAHs 的含量总体上是随土壤深度的增加而逐渐下降（见图 2-23）。

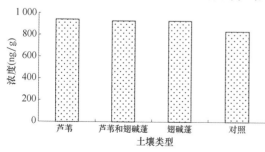

图 2-21　芦苇和翅碱蓬混合区土壤中 PAHs 总量

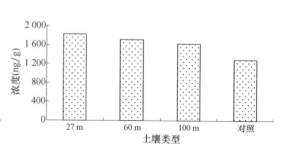

图 2-22　油井区苇田土壤中 PAHs 总量

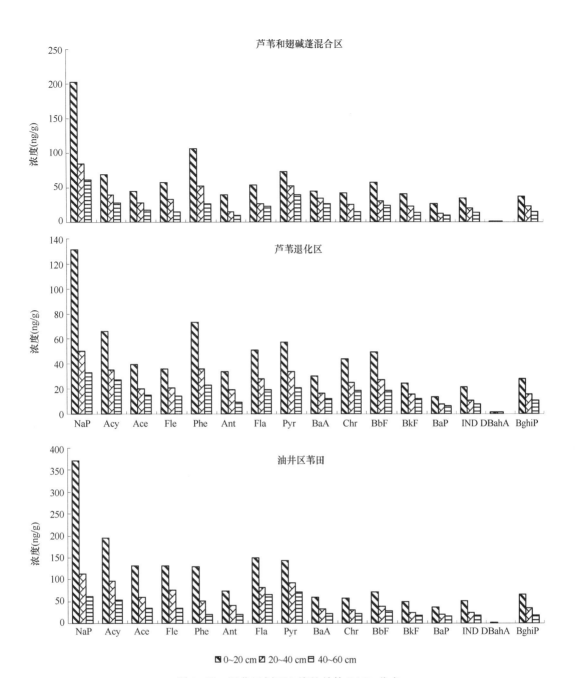

图 2-23 退化区剖面土壤的单体 PAHs 分布

总之，在不同退化芦苇湿地中油类及土壤多环芳烃含量与芦苇长势存在着较为密切的关系。总体表现为芦苇长势好，对应土壤中的油类及多环芳烃含量小；若芦苇长势越差，则油类和多环芳烃含量越高。这表明，在一定阈值范围内，芦苇及其根际微生物对油类及多环芳烃具有较强的降解和去除能力。

第3章 辽河口湿地的物质循环与生态效应

净化污染物是天然湿地系统的重要功能，完整的湿地系统自净能力更强。通过生态修复，使辽河口退化的芦苇湿地生物量显著增加，系统自净能力亦将增强。以保持辽河口湿地的生态功能可持续发展为前提，围绕辽河口湿地的净化功能，开展河口湿地净化能力、净化机制和净化技术研究，以研发技术的应用和推广为目的，建设净化示范区，并对其净化功能进行评价，以期最大限度发挥其净化功能，提升生态价值。

借助天然湿地系统的自净能力，以辽河芦苇湿地系统的氮、磷污染为典型事例，构建辽河口芦苇湿地系统的净化能力计算方法，以湿地现场监测结果为基础，阐明系统对氮、磷、COD 和石油类等主要污染物的净化效率，探讨氮、磷和重金属污染物在土壤—水—植物间的分布、迁移、转化和蓄积规律，认识芦苇对氮、磷污染物的吸收和固定能力及其影响因素，为辽河芦苇湿地生态功能的提升奠定技术基础。

针对辽河口开发过程中产生的典型污染物石油类及营养盐，借助芦苇湿地对氮、磷的高效吸收和同化，并以芦苇湿地地表裸露的根须及芦苇秆为载体，获得高效、耐盐型石油降解菌剂，构建对氮、磷及石油污染地表水具有高效净化能力的植物-微生物-土壤复合体系，达到强化辽河芦苇湿地的净化能力。

根据辽河口湿地的污染现状以及各种生态系统价值估算方法的适用条件，以现场调查和监测数据为依据，确定表征辽河口芦苇湿地系统的评价指标，选取模糊数学法分别对芦苇退化、修复中和正常状态下湿地的净化功能进行价值估算，评估其开发利用的价值空间，指导河口芦苇湿地健康可持续发展。

3.1 碳、氮、磷生物地球化学循环

随着经济发展的需要，辽河口湿地系统面临面积日益减少、水盐失衡、生境质量下降的压力（王西琴和李力，2006）。充分认识不同要素在湿地系统中的行为特征，是保护性开发利用湿地资源的前提和重要依据，为此，本节分别探讨了碳、氮、磷等生源要素在辽河口湿地分布特征以及循环过程，为湿地的合理开发和利用提供基础数据。

3.1.1 河口湿地有机碳积累特征

湿地土壤是湿地的基质，也是湿地生态系统有机质的主要储积场所。河口湿地有机质来源多样，组成复杂，不仅包括陆源输入和本地藻类及其他生物成因有机物，还不同程度地受外海生物成因有机质的影响。不同来源有机质在湿地中具有不同的埋藏和降解规律，对湿地有机碳循环、积累和生态效应不同。因此，常利用各种生物标志物（氨基酸和脂肪酸等）和人类活动的特征产物（如石油烃和阴离子表面活性剂等），来识别不同湿地土壤环境中有

机物来源、迁移和沉降过程。在不同土壤基质和土壤深度上，多环芳烃（PAHs）、石油类及脂类标志物都存在不同分布的特征和降解过程（Cousins et al.，1999；Ringelberg et al.，2008；Koponen et al.，2006）。

本研究通过调查辽河口芦苇湿地土壤有机碳、阴离子表面活性剂（LAS）、石油类、PAHs和脂类化合物的埋藏规律，阐述自然源和人为源有机碳的积累特征，探讨该区域有机质的降解特征（彭溶等，2012），旨在为该湿地区域开发、利用和管理提供基础依据。

3.1.1.1　站位设置与样品采集

土壤样品采集于 2009 年 3 月，研究区域位于辽河口芦苇湿地，41°09′34.3″—41°10′11.8″N，121°47′26.6″—121°47′31.0″E，采集表层和剖面土壤样品，采样区域如图 3-1 所示，土壤剖面采样点 PJ-14 位于其中。表层土壤取 0~5 cm，土壤剖面采样深度为 60 cm，取 0~5 cm、5~10 cm、10~15 cm、15~20 cm、20~25 cm、25~30 cm、30~40 cm、40~50 cm 和 50~60 cm 共 9 个层次。

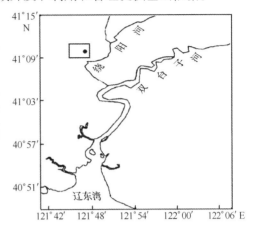

图 3-1　辽河芦苇湿地研究区域示意图
（图中方框为采样区域）

3.1.1.2　土壤有机碳垂直分布特征

如图 3-2a 所示，盘锦湿地 PJ-14 柱状样中有机碳含量范围为 0.3%~9.3%，平均值为 1.8%。有机碳含量在 0~5 cm 层最高，至 5~10 cm 层迅速降低至 2.1%；之后有机碳含量波动范围较小，并且持续降低；10~20 cm 层在 1.3%~1.1%之间；20~30 cm 层介于 0.5%~0.7%之间；30~60 cm 层在 0.3%~0.5%之间，其中 40~50 cm 层为整个柱状样的最低值。有机碳含量在表层最高，不仅与芦苇根系、地表枯落物的腐解有关（石福臣等，2007），还受到石油烃、LAS 等陆源有机污染物输入量的影响。5~10 cm 迅速减少了 77.5%，这与其他植物残体和根系分布研究结论一致（白军红等，2003），是有机质的外源输入和内源输出共同作用的结果（余晓鹤等，1991）。研究表明，10 cm 以下土壤各层有机碳降解率均在 12.5%左右，降解速度明显降低，这是因为 10 cm 以下水分下渗较少、土壤温度降低、微生物种类和数量减少（王少昆等，2009）、微生物活动减弱，造成有机质分解矿化速度减弱（蔡体久等，2010），使得有机质在土壤中积累。

3.1.1.3　土壤石油类的垂直分布特征

土壤中石油烃垂直分布如图 3-2b 所示。整个柱状样中石油烃的含量变化较大，在 19.04~482.31 mg/kg（干重，以下同）之间，平均值为 182.67 mg/kg。表层石油烃含量最大，为 482.31 mg/kg，该含量大于胜坨油田土壤中石油烃含量（刘庆生等，2003）。胜坨油田为胜利油田的高产油区，由于该油田开发较早且执行清洁生产，土壤中石油含量较低并且处于动态平衡状态。随着深度增加至 15 cm，土壤石油烃含量迅速减少了 80.0%。表层石油烃含量的减少与挥发、光解及芦苇根际微生物的降解作用有关（张学佳等，2008）；15~20 cm 层土壤石油烃含量增加至 217.52 mg/kg，说明在这一时期可能存在陆源污染物的大量排放。20~25 cm 层石油烃含量迅速减少为最小值 19.04 mg/kg。25~60 cm 层土壤石油烃含量逐渐增加，平均值为 130.83 mg/kg，说明在土壤深层随着深度的增加，石油烃不断积累，使得底层含量较高，可能受到了芦苇根系向下迁移作用的影响（王蓓等，2007）。

3.1.1.4 土壤阴离子表面活性剂垂直分布特征

PJ-14 柱状样的 LAS 含量介于 0.84~19.28 mg/kg 之间，平均值为 4.05 mg/kg，如图 3-2c 所示。0~5 cm 层 LAS 含量最大为 19.28 mg/kg。随着土壤深度的增加，下层土壤 LAS 含量逐渐降低。5~10 cm 层其含量减小的幅度较大，从 19.28 降至 6.37 mg/kg。这主要是因为表层土壤含氧量充足、微生物活性较高、光照强度大、生物降解和光降解发挥了较大的作用（林以安等，1995），使得土壤中 LAS 具有较高的降解率。10~20 cm 层 LAS 减少的幅度减缓。20~60 cm 层 LAS 含量变化范围较小，含量也较低。10 cm 层以下随深度增加 LAS 逐渐变小，说明土壤中 LAS 在向下层迁移的过程中也不断地得到了降解，但降解程度相对表层可能稍有降低。整个柱状样中表层的 LAS 含量最高，随着地表深度的增加其含量降低，这与韩永镜和潘根兴（1999）在苏南吴县地区三种类型水稻土中 LAS 的分布规律相似。

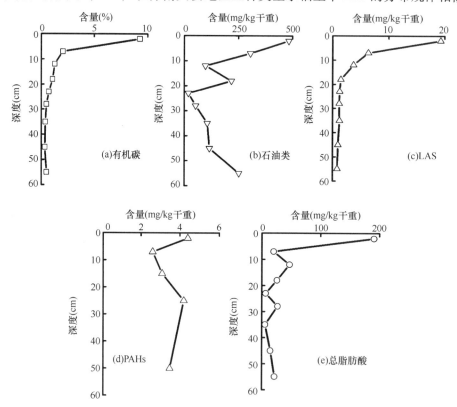

图 3-2　土壤中有机碳、石油类、阴离子表面活性剂、多环芳烃和总脂肪酸的垂直分布

3.1.1.5 土壤多环芳烃的垂直分布特征

土壤总多环芳烃（PAHs）的垂直分布见图 3-2d。土壤剖面 PAHs 质量范围为 2.59~4.40 mg/kg，平均值为 3.55 mg/kg。该结果远高于黄河三角洲北部湿地中 PAHs 的含量（0.071 mg/kg）（袁红明等，2008）。土壤表层 PAHs 含量最高，随深度增加至 10 cm，其含量迅速减少了 41.2%。PAHs 在 0~10 cm 层的变化与石油烃和 LAS 一致。表层 PAHs 含量的减少与芦苇根系的吸收和富集作用有关；同时 PAHs 还会在土壤中产生化学反应，在矿物质

的引发下产生转化（包贞等，2003）。10~30 cm 层 PAHs 含量增加，利用低环（2~3 环）与中高环（4 环以上）的相对丰度以及同分异构体的比值来初步判断这一层次上 PAHs 主要来源于化石燃料、生物质等在相对高温条件下的不完全燃烧过程（Mai et al.，2002）。总体来看，土壤剖面 PAHs 随深度的增加呈"S"形分布，表层含量最大，深层随深度 PAHs 含量先减少后增加再减少。

3.1.1.6　脂肪酸在土壤中的垂直分布特征

土壤总脂肪酸含量由每种脂肪酸含量加和得到，其垂直分布如图 3-2e 所示。柱状样中脂肪酸含量较高，在 5.72~190.69 mg/kg 之间，平均值为 39.92 mg/kg。表层 0~5 cm 总脂肪酸含量最高，5~10 cm 层含量迅速减少到 20.12 mg/kg。10~20 cm 总脂肪酸含量先增加后减少，平均值为 26.56 mg/kg。20~35 cm 层总脂肪酸含量的变化与 10~20 cm 相似，先增加再减少，平均值为 16.29 mg/kg。在 30~35 cm 层出现最低值 5.72 mg/kg。35~60 cm 总脂肪酸含量表现出增加趋势，平均值为 18.09 mg/kg。整个柱状样中总脂肪酸的变化含量与德国瓦登海潮间带沉积物中短链脂肪酸的变化趋势相似（Rutter et al.，2002），总脂肪酸含量呈锯齿状增减直至底层；可能主要与有机质来源的季节变化有关，并受到不同层次上的环境条件影响。

3.1.1.7　生源有机质的沉积特征

土壤中共检出 34 种脂肪酸，包括 10 种短链正构饱和脂肪酸（C10：0~C20：0）、10 种长链正构饱和脂肪酸（C21：0~C30：0）、8 种支链脂肪酸、5 种单不饱和脂肪酸及 1 种多不饱和脂肪酸。检出的脂肪酸以 C16：0 占主要优势，C18：0 次之。

脂肪酸被广泛地用来示踪有机质的来源。通常长链偶碳（>C20）饱和脂肪酸来源于陆源高等植物（Wannigama ct al.，1981），短链（<C20）饱和脂肪酸主要来源于水生有机质（Van Vleet & Quinn，1979），低碳数饱和脂肪酸中，奇碳数来自细菌，偶碳数为混合来源（细菌和浮游生物），异构、反异构及支链脂肪酸等常在细菌检测到（Kaneda，1991），不饱和脂肪酸中除 C18：1n7 源于细菌（Parker & Taylor，1983）外，其余均来自藻类（Volkman et al.，1989）。根据其潜在来源和功能，大致将脂肪酸分为陆生高等植物源、细菌源、微藻源和混合源 4 类。

不同来源脂肪酸含量的垂直变化如图 3-3。土壤中混合源脂肪酸的含量最高，其变化范围为 28.5%~61.7%，平均值为 48.4%，最低值出现在 5~10 cm 层，最高值出现在 40~50 cm 层。陆源脂肪酸的含量最低，其变化范围为 1.0%~20.0%，平均值为 5.9%，最高值和最低值分别出现在 0~5 cm 和 50~60 cm 层。微藻源脂肪酸的含量为 12.0%~20.8%，平均值为 15.6%，最低值在 0~5 cm 层，最高值在 20~25 cm。细菌源脂肪含量为 20.7%~32.1%，平均值为 25.1%，最低值和最高值的分布与混合源脂肪酸正好相反。从整体来看，柱状样中不同来源脂肪酸的贡献从大到小为：混合源、细菌源、微藻源、陆源；但表层脂肪酸来源贡献有所不同，从大到小为：混合源、细菌源、陆源、微藻源。总体来看，土壤中脂肪酸组分以混合源和细菌源脂肪酸为主，说明研究区域土壤中有机质降解活动旺盛，并且微生物作用强烈。表层土壤陆源脂肪酸百分比较

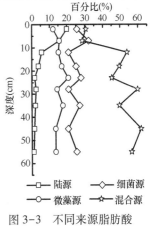

图 3-3　不同来源脂肪酸含量的垂向变化

高，表明陆源高等植物的外源有机质输入对研究区域的贡献较大。

陆源脂肪酸从0~25 cm层百分比持续减少，减少高达99.7%，远远高于同层次细菌源和微藻源脂肪酸的变化率，表明湿地土壤陆源有机物来源有限。此后陆源脂肪酸保持较小的贡献率。陆源脂肪酸含量与对应土壤层次中石油烃和LAS含量的相关系数（r）分别为0.911 5和0.934 5，相对于现场生产的细菌源和微藻源脂肪酸，陆源脂类物质来自芦苇湿地系统外部，其与石油烃和LAS较好的相关性表明三者在土壤中的降解行为相似。从整体来看，混合源脂肪酸百分比呈现锯齿状逐渐增加，且在深层上占绝对优势，最大值在40~50 cm层；随着其他特征源脂肪酸变化，尤其是陆源脂肪酸的降低、混源脂肪酸相对量的增加，表明其性质相对稳定。细菌源脂肪酸在0~10 cm层含量增加，且在5~10 cm层百分比含量最大，说明在表层氧气、有机碳等生源要素充足的条件下，微生物大量繁殖，使得细菌源脂肪酸逐渐增加；细菌的旺盛活动可能加速其他特征源脂肪酸和石油烃、LAS及PAHs的降解。10~15 cm层细菌源脂肪酸因环境条件限制其含量减少了11.1%。15~30 cm细菌源脂肪酸含量增加后降低，平均含量为24.6%，可能在这一层上存在较多的碳源可供微生物进行生命活动，此时，15~20 cm层石油烃含量正好有较大幅度的增加。由于微生物的代谢活动消耗石油烃，随后石油烃含量减少，细菌源脂肪酸含量也减少。30~60 cm层细菌源脂肪酸含量先增加，再减少，再增加，再减少，平均含量为24.4%，与15~30 cm层含量相差较小，说明土壤深层仍存在较多的微生物对其他有机质会产生降解作用，这也是LAS在30~60 cm减少的主要原因。综合来说，细菌源脂肪酸在整个柱状样中随污染物含量的变化而变化，说明微生物在土壤中可利用多种碳源进行再生产，包括人类活动产生的石油类和LAS；这种随污染物含量变化的再生产活动有利于对湿地土壤污染的修复作用。10 cm以下微藻源脂肪酸的垂直变化与细菌源脂肪酸变化一致，二者的相关性达到0.8684，而陆源脂肪酸与细菌源脂肪酸相关性较差（$r=0.6571$），说明现场生产的微藻源有机碳是次表层以下细菌代谢活动的主要碳源。因此，土壤中微藻源脂肪酸分布不仅与浮游植物的含量有关，还与细菌降解作用有关（Alfaro et al.，2006）。在珠江河口，细菌主要以海洋中浮游藻类产生的有机质作为生长基质（Hu et al.，2006）。10 cm以上微藻源脂肪酸变化与细菌源脂肪酸变化有一定的相似性，同时与陆源脂肪酸有一定的关联，说明表层土壤中细菌活动不仅旺盛，而且其赖以生存的有机碳具有多源性。

3.1.1.8 人为源有机物的沉积特征

石油类在表层含量最高，一方面与表层输入量高有关，另一方面可能与表层高有机质含量有关。研究表明，土壤中有机质含量越高，就越容易吸附石油类污染物（郑西来等，2003）。5~25 cm石油类含量的明显降低，之后直至60 cm层石油类含量持续增加。石油类的这种异常变化与输入量有关，更与芦苇根际的迁移和调控作用有关。辽河油田早期生产活动的环保措施落后，大量原油及其产生的废水流散到芦苇湿地系统，可能导致其在较深土壤中的富集；现代石油开采的环保措施严密，几乎没有明显的溢漏现象，因此近年来的沉积物中石油类集聚很少。此外，对土壤中石油烃与细菌源脂肪酸的相关性分析发现，相关系数为0.890 1，说明石油烃在向底层土壤迁移的过程中存在生物降解作用，但降解作用并不明显，石油烃更多地随着时间和含量的增加不断在土壤中累积（陈鹤建，2000）。

LAS随着深度增加不断被降解，在土壤中残留的含量很少。土壤剖面LAS含量从表层至15 cm层迅速降低，达到80.5%，之后降低较慢，至20 cm以下变化很小。土壤剖面LAS

含量与细菌源脂肪酸含量的相关性较好（$r=0.983\ 0$），说明微生物作用可能是导致 LAS 在土壤中降解的主要因素。LAS 在有氧和厌氧条件下都能够发生生物降解生成水、二氧化碳、甲烷及各种无机物（袁平夫等，2004），但是有氧条件下生物降解更容易进行（关景渠和李济生，1994）。芦苇湿地排水后表层土壤空隙中氧含量较高，好氧微生物作用强烈，可以导致表层 LAS 的快速降解至较低水平。随着土层的加深，好氧微生物作用的减弱，LAS 含量低并且降解程度降低，因此自 20 cm 深度以下 LAS 以低含量赋存在较深层土壤中，且仅有较小的垂直变化趋势。

表层土壤较高含量的 LAS，该结果约为日本东京湾河口区 LAS 含量的 2 倍（>10 mg/kg）（Takada et al.，1992）。盘锦市以石油天然气开采加工、化工产业为工业支柱产业，石油开采和治理时使用的表面活性剂及城市生活污水，均进入辽河口，经抽水站直接灌溉芦苇湿地，可能成为该区域土壤中 LAS 呈现较高含量的原因之一。$30\sim60$ cm 层 LAS 和石油烃的变化趋势明显相反，二者呈现较好的负相关性（$r=-0.943\ 4$）。研究表明，LAS 作为可利用的生长基质被微生物优先降解，从而延迟了土壤石油类中稳定组分的降解（Tiehm，1994），这种选择性优先降解行为可能进一步加剧石油类在 30 cm 层以下的逐渐聚集。

土壤剖面各层次上均以多环 PAHs（≥4 环）为主，其含量占总 PAHs 的 $74.4\%\sim92.1\%$，可初步推断 PAHs 来源于化石燃料的不完全燃烧，如天然气、汽油和煤等的燃烧，此外，各层次上菲/蒽均小于 10，同样证明了这一推断（Budzinski et al.，1997）；但除 $5\sim10$ cm 层外，荧蒽/芘均小于 1，说明土壤中 PAHs 也可能来源于石油污染（Soclo et al.，2000）。也就是说，在土壤中沉积的 PAHs 主要来自进入河流的人为活动的产物，而少量的 PAHs 来自辽河油田开发过程中石油类的泄露。土壤 PAHs 分布既与来源输入量有关，又与其在土壤中的降解和积累过程有关。表层土壤 PAHs 含量最高，但因化学和生物作用发生了一定的降解，随着深度的增加，PAHs 又在土壤中层积聚，说明在这一时间内盘锦市城市化进程加快，工、农业生产活动加剧，化石燃料的大量使用对大气、水体均造成了较严重的污染。30 cm 层下 PAHs 有所降低，但仍以较高的含量（3.48 mg/kg）沉积在土壤底层中，说明生物降解对 PAHs 的去除效果并不明显，PAHs 与细菌源脂肪酸的相关系数 r 仅为 0.7540。

石油类、LAS 和 PAHs 作为人为活动的产物，随河水的流动进入苇田土壤中。其中 LAS 随土壤层次加深不断被降解，在土壤中仅有少量残留；石油类更多地与埋藏时代的输入量有关，PAHs 既与输入量相关，又与其相对稳定的性质相关，通常在表层含量较高，随土壤层次加深呈现较为复杂的分布特点。

综上可见，在调查的辽河口芦苇湿地土壤柱状样中，有机碳含量范围为 $0.3\%\sim9.3\%$，表层含量最高，随深度增加迅速减少。石油类含量范围为 $19.04\sim482.31$ mg/kg 之间，表层石油类含量最大，随深度增加变化复杂。LAS 含量范围为 $0.84\sim19.28$ mg/kg，其含量随着土壤深度的增加迅速降低，与有机碳的分布规律相似。脂肪酸含量范围为 $5.72\sim190.69$ mg/kg，碳数分布于 $10\sim30$ 之间，其表层量最高，之后在低含量范围波动。土壤剖面 PAHs 质量范围为 $2.59\sim4.40$ mg/kg，平均值为 3.55 mg/kg，表层含量最大，深层随深度增加、PAHs 含量先减少后增加再减少。

表层和深层不同来源脂类化合物的相对贡献有所差异，表层的相对贡献从大到小为：混源、细菌源、陆源、藻类，次表层及其以下脂类化合物的相对贡献从大到小为：混源、细菌源、藻类、陆源。表层有机碳含量丰富，来源广泛；随土壤层次加深，陆源脂肪酸的贡献迅速降低，混源脂肪酸由于其性质相对稳定、来源丰富而相对贡献增强；细菌在整个土壤层中都是有机碳再生产的主要承担者，在次表层以下，其现生产所利用的有机碳主要来自现场的生产。

辽河油田不同年代的采油环保措施可能是芦苇湿地土壤中石油类聚集量多寡的主要因素，芦苇根际的微生物的选择性降解也对土壤石油类分布起到重要作用。LAS 在土壤中被迅速降解，是所研究有机物中降解最迅速的一种。土壤剖面 PAHs 主要来自河流的人为活动排放，少量 PAHs 来自辽河油田开发过程中石油类的溢漏。

3.1.2 辽河口湿地沉积物硝化作用与影响因素

3.1.2.1 样品来源和模拟培养

鉴于目前辽河口湿地存在植被退化明显，一些区域已退化为无任何植被生长的裸滩，本研究选择有代表性的芦苇生长茂盛（A 区：121°47′29.5″E，41°09′34.3″N）和无植被生长的裸滩（B 区：121°35′15.8″E，40°51′11.7″N）为研究区域，分别无扰动采集两个区域土壤（0~30 cm）进行现场模拟培养，探讨 C/N 比对有植被土壤、无植被土壤氮转化效果影响。

实验按土壤来源分为 A、B 两组，每组分别设置不同 C/N 比处理，C/N 分别为 5：1、10：1、15：1，实验分组见表 3-1。模拟培养于 2010 年 5 月 19 日至 10 月 1 日模拟现场条件进行，培养期间各实验组水量保持一致，土壤表层始终有上覆水。自 6 月 3 日开始施加影响因素，一次性向不同受试土壤添加一定量的葡萄糖和硫酸铵混合溶液，同时测定其含量使其达到设定浓度。分别于施加影响因素后的第 0 d、30 d、60 d、90 d 及第 120 d 采集土壤样品进行室内分析。

表 3-1　实验分组

样品	植被状况	组别（C：N）			
A 区	植被生长良好	AN（对照）	AC5（5：1）	AC10（10：1）	AC15（15：1）
B 区	无植被生长	BN（对照）	BC5（5：1）	BC10（10：1）	BC15（15：1）

3.1.2.2 有植被芦苇湿地沉积物总氮去除率及影响因素

（1）有芦苇植被的湿地总氮去除率的季节变化

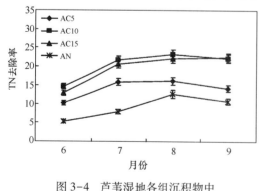

图 3-4　芦苇湿地各组沉积物中
总氮去除率

有植被的湿地总氮去除率的变化见图 3-4 中 AN（对照）。从图中可以看出，不同月份沉积物中总氮去除率不同，其中 6 月最小，8 月最大，其值分别为 5.35% 和 12.69%；而 9 月的总氮去除率和 7 月的相差不大，但均高于 6 月。在 8 月其平均温度达到 32℃ 左右，明显高于其他月份，经相关性分析可知，总氮去除率与温度之间的相关性系数为 0.931（$p < 0.05$），呈显著性正相关，温度的升高增强了硝化反硝化微生物的活性，从而使 8 月总氮去除率较其他月份高；同时，芦苇植株在 7 月、8 月处于快速生长期，植物的吸收也是氮去除的重要原因（黄娟等，2006）。

（2）不同碳氮比对芦苇湿地总氮去除率的影响

在不同碳氮比条件下沉积物中总氮的去除率不同，各月份的总氮去除率在 C/N 比为 10：1 时最大，在 15%~25% 之间，总氮去除率在 C/N 比为 15：1 时低于 10：1 组，C/N 比为 5：1 时其总氮去除率最小。在 2006—2007 年，刘树和梁漱玉（2008）通过连续两年的芦苇湿地田间试验调查发现，在不同的芦苇湿地生产区域，土壤有机质含量较高的田块，芦苇产量普遍较高，湿地沉积物中总氮含量随芦苇的生长而减少，这说明土壤有机质含量高低，对湿地芦苇产量及沉积物中总氮的去除有重大影响。由此可见，增加 C/N 的实验组的总氮去除率要比对照组中的总氮去除率高，说明碳源的添加促进了植物的生长，同时也促进了沉积物中氮的去除。结果表明，对有植物生长的芦苇湿地而言，要提高其氮去除效果，增强其氮循环的能力，需要一个合适的碳氮比，C/N 比值为 10：1 左右可能是最佳 C/N 比值。

（3）植物和微生物对芦苇湿地总氮去除率的影响

植物是湿地中重要的组成部分，在湿地氮循环过程中，它不仅可以吸收无机氮和碳素供自身生长的需要，而且从根部释放出来的物质（如溶解氧等）对湿地有重要影响（Wen et al.，2010；Garten et al.，2000）。本研究表明，植物吸收的氮在总氮去除中所占的比例为 6.13%。经过相关性分析得到，芦苇植株生物量与总氮去除率之间的相关性系数 $r = 0.893$（$p<0.05$），呈显著性正相关，说明芦苇植株生物量与总氮去除率呈显著性正相关，表明芦苇植株对总氮的去除具有重要促进作用。实验阶段芦苇植株的生长状况如图3-5。

由于绝大多数反硝化细菌为异养菌，有机底物是反硝化过程中不可缺少的物质，因此沉积物中有机碳的含量决定了反硝化细菌的潜在能力（赵化德等，2007）。有植被的芦苇湿地沉积物中细菌总数如图3-6，AN组中细菌总数最少，ACN15 和 ACN10 相差不大，在一定范围内，当 C/N 比越高、沉积物中的细菌数量越多，其数量都在 $5×10^9$ CFU/g（干重）之上，但根据图3-4可知，并不是 C/N 比越高其总氮去除率越大，因为沉积物中的微生物需要一定的碳源和氮源，一般微生物的数量受到碳源的限制，当加入碳源时，可以刺激微生物的生长，但是当 C/N 比过高时，由于碳源的刺激作用，其他微生物就会与 AOB、NOB 及反硝化细菌形成竞争关系，使沉积物中硝化反硝化细菌数量减少而降低了总氮去除率。

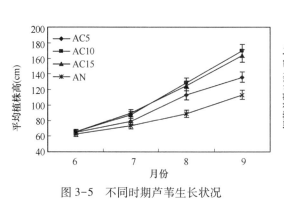

图3-5　不同时期芦苇生长状况　　　　图3-6　芦苇湿地沉积物中细菌数量变化

（4）其他环境因子对芦苇湿地总氮去除率的影响

温度对总氮去除的影响如图3-7中a所示。当温度升高时总氮去除率也增大，当温度由

22℃上升到31℃时，其总氮去除率由8.5%上升到15%，增加了将近1倍，可见温度对总氮去除率有促进作用。在Nowicki（1994）的研究中，在0~25℃范围内，反硝化速率随温度升高呈指数关系增加，Q_{10}（Q_{10}即温度系数，表示温度每增10℃，反应速度增加的倍数）值等于1.8，由此可知当温度升高时可以提高总氮的去除效果。

含水率对总氮去除的影响如图3-7b所示。当含水率在0.51左右时，总氮去除率最大，经相关性分析得出，含水率与总氮去除率之间的相关性系数为$r = 0.825$，呈正相关。由于反硝化作用是一个在厌气条件下进行的微生物过程，所以水分条件对反硝化作用的影响主要是通过影响通气状况和O_2分压而间接发生作用，孙志高和刘景双（2008）的研究表明，湿地土壤淹水条件下，反硝化是主要过程，且N_2的释放量超过N_2O。由此可得，湿地土壤中的含水率不仅对总氮去除率有重要影响，而且反硝化过程的产物对气候也有重要的影响。

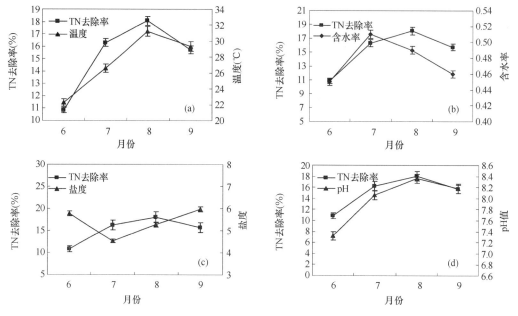

图3-7　环境因子对芦苇湿地沉积物中总氮去除的影响

（a、b、c、d分别表示温度、含水率、pH、盐度与总氮去除率之间的关系）

盐度主要通过影响反硝化细菌生理方面特性影响其活性，由图3-7c可知，盐度与总氮的去除呈反比的关系，经相关性分析可知$r = -0.861$，可知盐度与总氮去除率呈显著性负相关。在高盐度下反硝化细菌呈现低的活性，特别是在盐度0~10范围内（Rysgaard et al.，1999）。由此可得，当盐度较高时会对反硝化作用及总氮的去除产生抑制作用。

由图3-7d可知，pH在8.0左右时总氮去除率较高，因为在土壤中反硝化作用的最适pH范围是在6~8之间的中性条件下，在酸性条件下土壤中的反硝化作用受到抑制，总氮的去除率也会受到抑制（刘义等，2006）。同时，pH也影响着反硝化产物的N_2O/N_2比（Šimek & Cooper，2002），影响着总氮的去除效果。对辽河口芦苇湿地而言，若要达到较好的氮去除效果，最合适的pH应在7.5~8.0之间。

3.1.2.3 无植被湿地沉积物中总氮去除率

（1）无植被湿地总氮去除率的季节变化

无植被湿地中总氮去除率的变化如图3-8中BN（对照），从图中可以看出，沉积物中总氮去除率在5.7%~8.03%之间，8月去除率最高，9月次之，6月、7月去除率都较低。一般情况下，进入湿地系统中的氮可以通过氨的挥发、植物吸收、微生物硝化反硝化作用以及介质沉淀吸附等过程得到去除（张政等，2006），但裸露湿地中由于没有植物生长且处于淹水状态下，沉积物中微生物的数量和活性会受到影响，所以裸露湿地中氮素去除方式就会受到限制，所以相对有植被湿地，无植被湿地在整个过程中总氮去除率要低得多。

（2）不同碳氮比对无植被湿地总氮去除率的影响

在无植被（B组）湿地中，不同碳氮比对总氮去除率的影响结果见图3-8。由图可知，当C/N比为15时，各月份的总氮去除率最大，当C/N比为10时次之，当C/N比为5时最小；当C/N比分别为5:1、10:1和15:1时，基本上都是8月、9月总氮去除率较大，6月时最小；总氮去除率的平均值分别为7.49%、11.21%、12.09%，而AN组总氮去除率仅为6.73%，由此可知，增加C/N比的实验组的总氮去除率要比对照组中的总氮去除率高，说明在无植被湿地中，碳源促进了裸滩湿地沉积物中氮的去除。

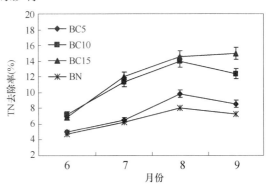

图3-8 无植被湿地中总氮去除率

从图3-8中还可得到，BC15总氮去除率的变化趋势与BC5和BC10的不同，BC15总氮去除率一直在增大，而BC5和BC10总氮去除率变化趋势相同，即在8月达到最大后又有所减小。因为当碳氮比较低时，在实验的后期由于碳源缺乏而影响了反硝化作用，从而使总氮去除率较低；当碳氮比较高时，在反应后期可以为反硝化提供充足的碳源，进而有利于氮的去除。结果表明，对没有植物生长的裸滩湿地而言，要提高其氮去除效果，增强其氮循环的能力，需要一个合适的碳氮比，C/N比值为15:1左右可能是最佳C/N比值。

（3）微生物对无植被湿地总氮去除的影响

湿地去除氮的影响因素很多，从脱氮的主要机理来考虑，主要的脱氮过程是微生物的硝化和反硝化作用（尹连庆和谷瑞华，2008），而硝化反硝化作用是在硝化细菌和反硝化细菌的作用下完成的，沉积物中的碳源数量又会影响硝化反硝化菌数量（张虎成等，2004）。图3-9反映了无植被湿地沉积物中细菌总数的变化，由图可知，BN组中细菌总数最小，在三个梯度

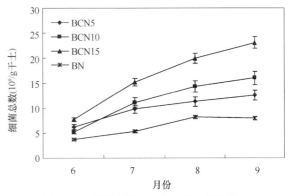

图3-9 无植被湿地土壤中的细菌总数

组中，C/N比越高，沉积物中细菌总数越多，AOB数量在$4.5×10^3$~$9.5×10^4$ CFU/g（干重）

之间，也表现为 C/N 比越高，细菌数量越多，其总氮去除率也越高，可见在无植被湿地中，C/N 比与细菌数量和总氮去除率呈正比，碳源的增加促进了沉积物中总氮的去除。与有植被的湿地相比，无植被湿地土壤中的细菌总数至少要小一个数量级，可见，植物对沉积物中微生物的数量有重要影响。

（4）环境因子对裸滩湿地总氮去除率的影响

在裸滩湿地中，环境因子对总氮去除效果的影响见图 3-10。由图 3-10a 可知，总氮去除率随温度的升高而增大，8 月份温度最高，总氮去除率最大；温度较低时，总氮去除率也较小，总氮去除率与温度呈正相关的关系，说明温度升高对裸滩湿地沉积物中总氮的去除有促进作用。由图 3-10b 可知，在裸滩湿地中总氮去除率与含水率呈现一定的关系，当含水率在 0.49 左右时，总氮去除率最大，经相关性分析可知其相关性系数 $r = 0.797$，呈正相关，说明在无植被湿地中，含水率对总氮的去除也有重要的影响。由图 3-10c 可知，盐度与总氮去除率之间的相关性系数为 $r = -0.921^*$（$p < 0.05$），呈显著性负相关，说明盐度对总氮去除有抑制作用。由图 3-10d 可知，当 C/N 比越高时沉积物中的 pH 越高，其总氮去除率也越高，当 pH 为 7.5 左右时沉积物中总氮去除率效果最好，一方面 pH 会影响硝化反硝化过程，另一方面硝化反硝化作用又决定 pH 的大小，它们之间是相互作用的过程，由图可以看出 pH 和总氮去除呈正相关的关系。

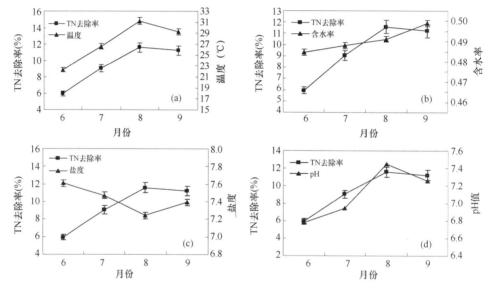

图 3-10　环境因子对裸滩湿地沉积物中总氮去除率的影响

（a、b、c、d 分别表示温度、含水率、pH、盐度与总氮去除率之间的关系）

3.1.2.4　植被退化对湿地沉积物总氮去除效果的影响

湿地中的植物会通过影响沉积物中 O_2 和 $NO_3^- - N$ 的分布等影响反硝化作用（赵化德等，2007），进而影响氮的去除效果。植物也会通过光合作用产生 O_2 影响反硝化作用；大型植物还会通过根部诱捕和释放有机碳影响反硝化速率和氮的去除（Cartaxana & Lloyd, 1999），因此，植物不仅是湿地的重要组成部分，同时在湿地氮循环中的作用不容忽视。

当无外加影响因素时，从有植被和无植被的湿地总氮去除效果可以看出，有植被湿地总氮去除率是无植被湿地的近两倍，可见，无植被湿地对氮的去除能力明显低于有植被的芦苇湿地，退化后的湿地氮去除功能减弱，因此，若要提高无植被湿地氮去除能力，应以修复植被为前提。

无论是有植被还是无植被，当施加的 C/N 比不同时，沉积物中总氮的去除率也相差较大，但是在有植被时，当 C/N 比为 10 时去除效果最好，而在无植被时，C/N 比为 15 时去除效果最好，这说明在不同的区域要获得较好的氮去除效果所需要的 C/N 比也不同。由此可见，已退化湿地中由于没有植物的生长而导致氮去除受到抑制，因此在增强已退化湿地氮去除能力方面，除了修复其植物外，合适的碳氮比也可以提高其氮去除能力。由于近年来辽河口芦苇湿地被广泛地作为养鱼、养蟹、养虾等养殖湿地，虽然使芦苇湿地达到了"一水多用、一地多收"的目的，但是随着养殖规模的扩大，连年循环高密度养殖，导致了养殖水体污染逐年加剧、水质和底泥富营养化严重（于长斌，2008），因此，对辽河口芦苇湿地，必须进行合理的开发利用和严格保护。

3.1.2.5 影响辽河口湿地硝化作用的因素

湿地硝化作用过程很复杂，受到诸多环境因素的影响，如上覆水环境条件、沉积物 AOB 含量、理化性质和植被情况等（Krave et al.，2002；Lutz et al.，2002；刘义等，2006）。

（1）氨氧化菌（AOB）对硝化作用的影响

在硝化作用过程中，AOB 是主要的参与者，其数量的多少会直接影响硝化作用速率（Dollhopf et al.，2005；吕艳华，2007；李奕林等，2006），而在不同的环境条件下，不同的 pH 值又可以通过改变 AOB 的生长环境（De Boer et al.，1992），如影响沉积物中 AOB 生长所需的游离氨的浓度（陈旭良等，2005），影响其数量，从而影响沉积物的硝化作用速率；AOB 具有生长缓慢的生理特性，氨氧化过程又是硝化作用过程中的限制性步骤（Oved et al.，2001），因此，环境条件的变化会直接或间接地影响 AOB 的种群结构和数量，从而影响硝化作用速率（Abeliovich，1992；Krave et al.，2002；刘义等，2006）。本研究中的辽河口湿地沉积物潜在硝化作用速率与 AOB 数量呈高度显著性相关关系的结果与此有关。

辽河口湿地中 AOB 数量与氨氮和总氮含量有关，主要是因为氨氮是 AOB 生长所必需的营养物质，对硝化细菌的生长有直接的影响；氨氮是总氮的重要组成，因此，沉积物中 AOB 与总氮含量之间的显著性相关关系主要与氨氮含量的变化间接影响总氮含量有关；沉积物中不同的 pH 值会改变 AOB 生长的环境，进一步影响其细胞内的电解质平衡而影响到其活性与数量（De Boer & Kowalchuk，2001），本研究中的辽河湿地沉积物 pH 与 AOB 数量密切相关的结果可能与此有关。

（2）营养盐对硝化作用的影响

本研究表明，辽河口湿地沉积物潜在硝化作用速率与氨氮和总氮含量高度相关，主要是因为氨氮是硝化作用的间接底物（陈旭良等，2005），上覆水中氨氮又可以通过土壤孔隙进入到沉积物中而影响沉积物中氨氮含量，进一步影响硝化作用；而沉积物中的氮主要以有机氮的形式存在，在微生物作用下，沉积物氮库中的有机氮不断地通过矿化作用将有机氮转化为氨氮等无机氮（周才平和欧阳华，2001），因此总氮对硝化作用的影响主要是通过改变氨氮含量完成；磷元素是微生物生长所必需的另一营养元素，沉积物中磷的存在有利于 AOB 的生长，而且磷酸盐的存在也能够形成磷酸盐缓冲体系，可暂时性延缓沉积物因硝化作用造成的 pH 值下降，有利于硝化作用的发生（代惠萍等，2009），因此辽河口湿地沉积物中磷含量的变化对硝化作用也有明显影响。

3.1.2.6 辽河口湿地与其他区域硝化速率的比较

国内外关于河口湿地潜在硝化速率的研究相对较少，有研究报道，美国 Savannah 河口盐沼湿地沉积物潜在硝化速率为 0.051~1.486 mmol/（m² · h）（Dollhopf et al.，2005），英国 Colne 河口沉积物潜在硝化速率为 3.33~8.89 mmol/（m² · h）（李佳霖，2009），本研究中辽河口湿地的潜在硝化速率为 9.72~24.62 mmol/（m² · h），表明辽河口湿地沉积物的潜在硝化速率明显高于 Savannah 河口，略高于英国的 Colne 河口。国内外不同研究区域沉积物的净硝化速率见表 3-2。可见，辽河口湿地沉积物净硝化作用速率明显高于黄河口，但与长江口、珠江口以及国外的 Ringfield Marsh 和 Newport River Estuary 湿地区域相接近。一般情况下，河口湿地植被丰富，含盐量低，且富含各种营养物质，对硝化细菌的生长而言，河口海域沉积物环境条件均不及河口湿地，其硝化作用强度也低于河口湿地（李佳霖，2009），但长江口和珠江口由于常年气温较高，且河口水携带大量的氨氮等营养物质（李佳霖，2009；徐继荣等，2005），为硝化作用提供了良好的环境，因而净硝化速率与辽河口湿地相近。

表 3-2　不同区域沉积物的净硝化作用速率

研究区域	净硝化速率［μmol/（m² · h）］	文献
辽河口湿地	202.61~528.31	白洁等，2010
长江口	100.3~514.3	李佳霖，2009
黄河口	30.3~76.5	李佳霖，2009
珠江口	320~2 430	徐继荣等，2005
Ringfield Marsh，Virginia，USA	370~2 160	Tobias et al.，2001
Newport River Estuary，North Carolina，USA	0~700	Thompson et al.，1995

潜在硝化反应速率是向环境样品中加入足够的氨氮和适量的磷元素后在最适温度（一般取 25℃）条件下测定的硝化作用速率，通过测定潜在硝化反应速率，可以比较不同环境条件下的样品中硝化细菌将氨氮转化为 NO_3^--N 的速率即硝化细菌的能力（罗宏宇等，2003）。由于实际环境中硝化反应速率的限制因子很多，因此潜在硝化速率往往会高于环境中的净硝化速率（Krave et al.，2002）。净硝化反应速率是模拟现场条件测定的硝化作用速率，它反映的是湿地沉积物中硝化细菌实际将氨氮转化为 NO_3^--N 的速率，可以用来估算硝化作用在氮循环中的贡献（李佳霖等，2009）。辽河口湿地研究区域的面积约为 $8×10^4$ hm²，根据本研究测得的净硝化速率值和各站位代表区域所占比例（罗宏宇等，2003）估算，硝化作用每天可以将 $1.14×10^5$ kg 氨氮转化为 NO_3^--N，相当于辽河流域氨氮和 NO_3^--N 日入海通量的 45.8%（夏斌，2009）。可见，硝化作用对辽河口湿地氮循环的影响不容忽视。硝化作用所产生的 NO_3^--N，除供植物吸收外，其余部分或随水流进入海洋污染水体，或经反硝化作用还原为 N_2 或 N_2O 进入大气，导致大气温室效应的增加。此外，硝化作用需要消耗沉积物中大量溶解氧，每氧化 1 mol 氨氮就会消耗 1.815 mol 氧分子（Rittmann & McCarty，2001），在硝化作用强烈的区域会造成沉积物缺氧而影响其他湿地生物的生长。因此，辽河

口湿地表层沉积物硝化作用对湿地氮循环和生态环境演变具有重要意义。

3.1.3 氧化还原条件对湿地磷吸附与解吸的影响

磷是湿地生态系统中极其重要的生态因子，其含量直接影响着湿地生态系统的结构和功能。湿地土壤是磷累积和转化的重要场所，与水体之间存在着吸附-解吸的动态平衡。Sakadevan 和 Bavor（1998）的研究表明，湿地土壤通过吸附作用（主要是化学吸附）能够去除受污水体中的磷，但在环境条件改变的情况下，磷又可通过各种复杂的迁移转化过程释放到上覆水体中，从而造成二次污染。因此，研究磷在湿地土壤中的吸附-解吸特性对保护湿地生态环境、控制水质具有重要意义。

湿地土壤对磷的吸附-解吸特性主要取决于土壤的物理、化学和生物学特性。湿地干湿交替水位的变化会引起土壤氧化还原条件的变化，导致土壤理化性质发生改变，从而影响土壤对磷的吸附和解吸特性（王国平，2004）。氧化还原条件可以通过影响土壤中活性铁的含量，而间接影响土壤对磷吸附解吸特性。但是，当氧化还原条件改变时，活性铁含量的变化是否为影响天然湿地土壤对磷素的吸附-解吸特性的主要因素，目前仍缺乏研究。为此，本研究以辽宁盘锦天然湿地生态系统 5 个不同区域的湿地土壤样品为对象，通过室内模拟试验，研究不同氧化还原条件下，活性铁含量与土壤磷吸附-解吸之间的关系，为湿地土壤中磷素的迁移转化机理等问题提供科学依据。土壤样品为 2008 年 10 月采自辽河口盘锦湿地，根据湿地土壤扰动状况分别沿辽河入海方向，划分了滨海滩涂区、人为活动干扰较少的苇田湿地区、沿河岸芦苇湿地区、油井和农业活动频繁的苇田湿地区、辽河湿地双台河上游 5 个区域（陈亚东等，2010），每个区域选择一个代表性站位，每站位采样 3 个 0~20 cm 样品土壤样品均匀混合。5 个站位的位置分别为：1 号站位（40°51.556′N，121°44.643′E）；2 号站位（40°89.889′N，121°44.383′E）；3 号站位（40°59.604′N，121°49.905′E）；4 号站位（41°3.067′N，121°48.683′E）；5 号站位（41°6.931′N，121°45.175′E）。各站位土壤的基本性质见表 3-3，磷吸附、解吸及相关计算方法详见陈亚东等（2010）。

表 3-3　土壤样品的基本理化性质

样品	TOC（mg/g）	TP（mg/kg）	黏粒含量（mg/g）	活性铝（mg/kg）	活性铁（mg/kg）	pH
1	4.31	459.26	244.0	1 245	2 188	8.5
2	10.30	535.70	399.6	1 946	3 955	7.9
3	19.67	654.57	555.6	3 279	5 227	7.7
4	8.10	302.35	216.0	1 042	2 335	7.7
5	29.00	575.74	512.8	2 673	3 142	8.2

3.1.3.1 淹水还原作用对磷吸附的影响

由图 3-11 可见，无论是在氧化条件下还是在还原条件下，所有磷吸附等温曲线均是 L 形，且在相同磷浓度条件下，土壤对磷素的吸附量在还原条件下均小于氧化条件，这表明在同一平衡浓度时，还原条件下土壤对磷的亲和力小于氧化条件下土壤对磷的亲和力。

97

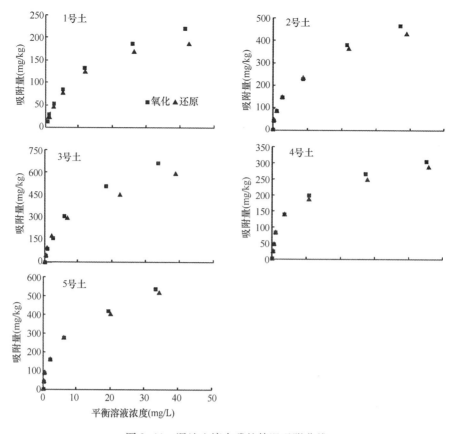

图 3-11　湿地土壤中磷的等温吸附曲线

用 Langmuir 模型和 Freundlich 模型对试验数据进行拟合（表 3-4）。根据 R^2（决定系数）最大原则，在氧化条件和还原条件下，Langmuir 模型和 Freundlich 模型均能较好地对磷的等温吸附曲线进行拟合（$R^2 \geqslant 0.91$），且 Langmuir 模型的拟合效果要好于 Freundlich 模型。此外，Langmuir 模型参数的物理意义明确，故用 Langmuir 模型描述盘锦湿地土壤的吸附特征较用 Freundlich 模型更为合理。

根据 Langmuir 模型可以得到湿地对磷吸附的重要参数，即磷最大吸附量（S_{max}），该值是土壤磷库容的一种标志，是反映土壤吸附磷的容量因子。由表 3-4 可见，与淹水前相比，淹水 30 d 后，5 个供试土壤中磷的最大吸附量均呈减少趋势，但减少的幅度却略有不同，其中 1 号和 3 号土壤降低最为明显，降幅分别为 11.14% 和 12.15%。原因可能是铁氧化物具有较大的比表面，有利于增加磷的吸附点位（Lijklema，1980；Lucotte & d'Anglejan，1988；Brinkman，1993），淹水还原过程使 Fe^{3+} 转化成 Fe^{2+}，氧化铁活化度不断增加，部分含 Fe^{3+} 矿物随之溶解，如果溶解的 Fe^{2+} 不再沉淀，则磷的吸附点位减少，使得土壤对磷的吸持能力减弱（高超等，2002）。因此，与氧化条件相比，淹水还原条件可以减少湿地土壤对磷素的吸附点位，从而降低盘锦湿地作为天然污水处理系统对磷的容纳能力。

同时，在氧化条件和还原条件下，土壤对磷的最大吸附量排序为 3 号土高于 5 号土高于 2 号土高于 4 号土高于 1 号土，这可能与土壤对磷的吸附能力受总有机碳（TOC）、黏粒和无定形氧化铁铝含量等多种因素影响有关（熊毅，1985）。本试验中，无论氧化或是还原条件黏粒含量和活性铝含量均与 S_{max} 呈显著相关，表明无论在氧化还是还原条件下活性铝和黏粒含量均是影响供试土壤磷素吸附能力的主要因素。

表 3-4　模型拟合参数及其他相关参数

条件	样品	S_{max} (mg/kg)	K (L/kg)	L-R^2	K_f (L/kg)	F-R^2	F (%)	EPC_0 (mg/L)
氧化条件	1	256.41	0.10	0.99	22.01	0.97	40.4	0.231
	2	526.32	0.18	0.97	58.68	0.95	21.0	0.030
	3	714.29	0.27	0.97	102.52	0.96	12.5	0.011
	4	322.58	0.29	0.99	54.53	0.92	25.6	0.056
	5	555.56	0.33	0.97	91.18	0.92	13.9	0.006
	平均值	475.03	0.23	0.98	65.78	0.95	22.7	0.067
还原条件	1	227.27	0.09	1.00	17.07	0.96	39.5	0.337
	2	476.19	0.18	0.98	59.01	0.97	19.8	0.082
	3	625.00	0.27	0.98	96.96	0.97	12.1	0.056
	4	294.12	0.30	0.99	51.59	0.91	9.8	0.065
	5	526.32	0.36	0.97	94.34	0.93	13.6	0.014
	平均值	429.78	0.24	0.98	63.79	0.95	19.0	0.111

3.1.3.2　淹水还原作用对磷解吸的影响

磷素的解吸率（f）是土壤解吸磷量占解吸前土壤吸附磷量的百分含量，被土壤吸附的磷的解吸率能反映出土壤对磷素的吸附强度。由表 3-4 可以看出，淹水后吸附态磷的解吸率降低，平均降幅达 16.3%，其中 4 号土壤降低最为明显，降幅达到 61.8%。说明淹水培养虽然减少了土壤对磷的吸附点位，但却增加了土壤对磷的吸附强度。可能是由于淹水还原作用使氧化铁活化度增加的同时，氧化铁表面的羟基数量也增加（陈家坊等，1983），同时淹水培养使土壤 pH 发生改变，影响土壤溶液中磷酸根离子的类型，进而影响磷酸根离子与氧化铁表面配合的形式，使得土壤对磷的吸附强度增大，难以解吸（苏玲等，2001）。

3.1.3.3　淹水还原作用对磷的吸附解吸的影响

自 20 世纪 80 年代以来，发现磷在天然土壤或沉积物上的吸附等温线是穿过浓度坐标而不是通过原点的"交叉式"（潘纲，2003），即磷-天然颗粒物吸附体系中同时存在着吸附和解吸现象，这与本试验结果一致。说明当溶液中磷浓度为某一适当的值时，从表观上看，磷在土壤表面上没有吸附，同时也没有从土壤表面上解吸下来，即体系已经处于动态平衡，称此时的状态为吸附/解吸平衡点，此时溶液中磷的质量浓度为吸附-解吸平衡质量浓度（EPC_0）。当溶液中磷的质量浓度大于该平衡质量浓度时，土壤吸附一定量的磷；反之，当溶液中磷的质量浓度小于该平衡质量浓度时，土壤则开始释放磷。因此，深入了解湿地土壤的吸附-解吸平衡点，对于认识水-土界面磷的交换机理具有非常重要的意义。

表 3-4 表明，淹水后磷的吸附解吸平衡质量浓度均呈现不同程度的提高，平均增幅为 158.8%，最大增幅为 423.8%，最小增幅为 16.7%。不同样品的 EPC_0 增幅差异显著，3 号土样增幅最大，这可能与该土样中含有较高的活性铁有关。还可能是因为淹水还原作用使氧化铁活化，Fe^{3+} 被还原成 Fe^{2+}，使得部分被氢氧化铁所吸持和闭蓄的磷得以释放（Pant &

Reddy，2001；高超等，2002），这或许是造成 EPC_0 升高的主要原因。Gomez 等（1999）研究发现，在厌氧条件下，铁结合态磷发生明显的解吸，不断地向上覆水体释放磷酸盐。由此可见，还原条件下土壤向水体释放磷素的含量大大增加，从而加大了造成水体二次污染的风险。

3.1.3.4　土壤中活性铁对磷素吸附解吸的影响

　　通过室内模拟试验进一步研究了淹水还原条件下供试土壤中活性铁含量的变化（图

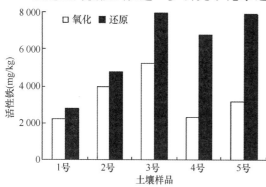

图 3-12　淹水还原条件下活性铁的变化

3-12），结果表明，淹水培养后活性铁的含量均不同程度的升高，平均增幅为 89.6%，其中 4 号土样活性铁的增加幅度最大。苏玲等（2001）研究表明，淹水还原条件使土壤中活性铁的浓度明显增加。由于活性铁具有较高的活性，易随环境条件的变化而转变（陈家坊等，1983），故淹水还原条件可促使活性铁含量发生一定变化。

　　研究表明，土壤对磷素吸附-解吸行为与铁组分，尤其是活性铁（水化）氧化物的变化有关（Ann et al.，2000；苏玲等，2001；Pant & Reddy，2001；高超等，2002）。通过进行 ΔFe（活性铁的变幅）与 ΔS_{max}（S_{max} 的变幅）、ΔEPC_0（EPC_0 的变幅）、Δf（f 的变幅）的相关性分析：ΔFe 与 ΔEPC_0 呈显著相关，相关系数为-0.891（$R_{0.05}=0.878$），ΔFe 与 ΔS_{max}、Δf 相关性不显著，相关系数仅为-0.64 和 0.71（$R_{0.05}=0.878$），结果表明，在淹水还原条件下，活性铁含量的变化是影响供试土壤磷素吸附-解吸平衡浓度变化的主要因素，而非影响磷的最大吸附量和解吸率变化的主要因素，但从相关结果看，应该有一定的影响，符合理论上的推断。淹水后最大吸附量和解吸率的明显变化可能是因为其他因素如锰的还原、碳酸盐和硫化物的形成等在淹水期对磷的吸附-解吸起了重要的作用（王国平，2004）。

3.1.4　辽河口芦苇湿地对氮磷的转化能力

3.1.4.1　苇田湿地中无机氮和有机氮的变化特征

　　苇田湿地积水中不同形态氮含量如图 3-13 和图 3-14 所示。氮的含量变化较大，随着芦苇的生长而逐渐降低。TN 在芦苇生长初期变化很大，从 5—6 月下降幅度达到 57.1%；6—7 月变化较小，而 7—8 月再次明显降低；这段时间正是芦苇生长的旺盛时期。芦苇生长后期的 8—9 月，积水中溶解性无机氮（DIN）含量基本维持在 0.17~0.30 mg/L。

　　芦苇生长期内氮的组成结构不断变化。芦苇生长期内苇田湿地积水中溶解性有机氮（DON）一直高于 DIN，大约是 DIN 含量的 1.6~90.7 倍。其中以初期积水中 DON 的含量最高，但此时与 DIN 含量的差距也最小，是其 1.6 倍。尽管 DON 含量从 5—7 月下降了近 1.40 mg/L，但此时 DIN 下降得更多，DON 约是 DIN 的 90.7 倍。至 8 月，DON 比 7 月下降 93.0%。9 月积水中 DON 含量约是 8 月的 2 倍。积水中 DON 始终是氮的主要组分。

　　如图 3-14 所示，苇田进水的 DIN 组成与芦苇生长过程中的 DIN 组成存在显著差别。进

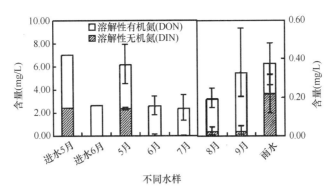

图 3-13　芦苇生长期内苇田积水中不同形态的氮含量

水中 NO_3-N、NH_4-N 和 NO_2-N 分别占 DIN 构成的 74.3%、10.4% 和 15.3%，说明初始状态下 NO_3-N 是水体中 DIN 的主要组成形式，其中较高的 NO_2-N 含量可能有以下原因导致：①苇田积水和沟渠水，除了进出水时流动外，其他时间静止，水体交换条件差，尤其是初次进水时，经过整个冬季和初春的静置，某些区段呈现弱氧化条件；②苇田积水中有机质含量较高，同期监测结果显示，COD 范围约为 35～105 mg/L，有机质的降解需要消耗大量氧气，进而导致水体缺氧以及氨氮和亚硝氮含量较高。随着芦苇的生长，DIN 含量迅速降低，同时 NH_4-N 成为主要组分，6—9 月 NH_4-N 构成了 DIN 的 77.2%～86.4%，同时 NO_3-N 降至 4.9%～17.8%。

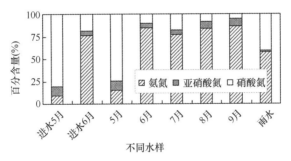

图 3-14　芦苇生长期内苇田积水中溶解态无机氮的组成

3.1.4.2　苇田湿地积水中活性磷酸盐和溶解有机磷的变化特征

芦苇生长期内苇田湿地积水中不同形态磷的变化规律如图 3-15 所示。TP 的变化规律分为两个明显降低的阶段：第一阶段为 5—6 月，从 0.110 降至 0.062 mg/L；第二阶段从 7—9 月，由 0.195 降至 0.101 mg/L。磷的变化规律与氮显著不同，溶解态无机磷（DIP）和溶解态有机磷（DOP）含量交替升降，没有明显优势。DIP 从进水时到 6 月呈降低趋势，但是此后逐渐升高，芦苇生长后期的 8 月和 9 月 DIP 含量基本相当，并维持在 0.075 mg/L 左右。5 月和 6 月 DOP 含量和变化趋势与 DIP 相近，7 月升高到 0.170 mg/L，之后迅速降低，8 月和 9 月维持在 0.026 mg/L 左右，这一水平大约是 DIP 含量的 1/3。

3.1.4.3　芦苇湿地氮、磷的去除特征

苇田进水中氮、磷组成如图 3-13 至图 3-15 所示。第一次进水中 DIN 和 DON 分别达到

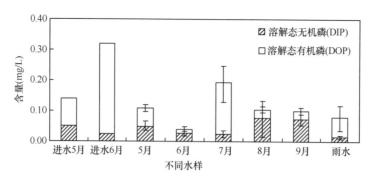

图 3-15　芦苇生长期内苇田积水中不同形态的磷含量

2.43 mg/L 和 4.59 mg/L，DIN 中 NO_3-N 占 80.2%，这一结构特征与苇田积水初始状态一致；6 月底第二次进水时，DIN 含量较低，而 DON 含量较高，受其影响 7 月苇田积水中的氮素组成也显示出相应的变化特征。与氮相似，苇田积水中磷的含量与组成直接受进水水质控制，特别是 6 月底进水含高浓度的 DOP，导致 7 月水体中 DOP 的含量较 6 月升高约 12.5 倍。因此芦苇湿地积水中的氮、磷含量和组成主要由进水决定。

由氮的组成变化可知，芦苇湿地系统对 DIN 的净化快于 DON，DIN 含量较低时对 DON 的净化效果更显著。与之相比，湿地对 DIP 和 DOP 的去除速度都较快，二者没有明显差异。7—8 月，水体中 DIP 升高而 DOP 降低，推测大量 DOP 被转化为 DIP，成为芦苇生长所需磷元素的主要来源。以芦苇生长最快、所需营养要素最多的 7 月为例，湿地积水中 DOP 的减少量完全转化为 DIP，成为芦苇吸收的有效形态的磷，根据其转化为 DIP 的含量与积水中原 DIP 含量比例计算，DOP 对湿地芦苇生长的相对贡献占 85.6%。

进水中含有较高浓度的 DOP 可能与农业施药等污水排放有关。鉴于河水及近岸海水中 DOP 的含量与有机磷农药含量呈现很好的相关关系，日本等国家的水质监测中以 DOP 的含量监控和指征水体中有机磷农药状况。本研究表明，6 月底的进水中 DOP 高达 76.8%，该时段正值当地的农耕施肥施药季节；相比较而言，5 月初的进水中 DOP 含量与 DIP 相当，此时段是农耕的开始，施药有限。据统计，有机磷农药约占有机杀虫剂的 70%（贺红武，2008）。因此推测，7 月较高 DOP 可能与农业施药密切相关。施药集中在特定季节，有机磷农药可以通过苇田进水进入芦苇湿地，一方面可能对苇田内生物（如螃蟹）造成急性毒性伤害；另一方面，将导致湿地中磷的富集，增加湿地富营养化的风险。本研究监测结果表明，8 月和 9 月芦苇生长的旺盛时期，大量吸收氮、磷，但是积水中 DIP 含量不降反升，并且高于芦苇生长初期苇田积水中 DIP 水平的 1.6~4.0 倍；推测较高 DOP 是引起 DIP 升高的直接原因。此外，该季节蒸散作用强烈，对水体中的污染物质也起到了一定的浓缩作用。

3.1.4.4　芦苇湿地系统对水体中氮、磷的去除能力

（1）对水体氮、磷去除能力的估算方法

将氮、磷经过芦苇湿地生态系统后，单位面积被截留的量与进入量的百分比，定义为芦苇湿地对水体中氮、磷的去除率。氮、磷输入包括苇田进水、降水和苇田养蟹投饵；氮、磷输出，指的是排水中的含量；氮、磷被截留量，以输入量与输出量之差计算，包括转化后向大气排放、芦苇收割和河蟹收获等；土壤的吸收和释放均发生在芦苇湿地系统内部，在下面的计算中包括在被苇田截留的量中。芦苇湿地氮、磷的来源、去向及其相互关系如图 3-16 所示。

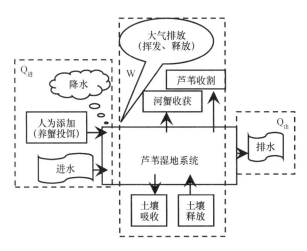

图 3-16　芦苇湿地生态系统中氮和磷来源与去向示意图

氮、磷的去除率按下式计算：

$$W = (Q_{进} - Q_{出}) / Q_{进} \times 100\% \tag{3-1}$$

式中：W 表示湿地系统对 TN 和 TP 的去除率（%）；$Q_{进}$ 和 $Q_{出}$ 分别表示单位面积 TN 和 TP 的输入量和输出量（mg/m^2）。

$Q_{进}$ 表示污染物的来源，计算如下：

$$Q_{进} = Q_{进水} + Q_{降水} + Q_{养殖} \tag{3-2}$$

式中：$Q_{进水}$ 为苇田进水输入 TN 和 TP 的量，由进水中 TN 和 TP 含量与进水量的乘积计算而得；苇田进水两次，分别在 5 月初和 6 月底，每次进水量约为 150 m^3/亩（0.224 8 m^3/m^2）。$Q_{降水}$ 表示 TN 和 TP 通过降雨输入量，由雨水中 TN 和 TP 含量与降雨量乘积计算获得；据辽宁省气候公报，2009 年盘锦地区降雨量为 566 mm，不同月份降水量根据各月的降水贡献率计算（张蕊，2009）。$Q_{养殖}$ 表示苇田养蟹投苗、投饵、收获分别从苇田中带入和带出的 TN 和 TP 净值；通过过实际投苗量、投饵量和河蟹成长和收获量估算；蟹苗投放及喂饲的蟹饲料和玉米计算为向芦苇湿地输入污染物，成蟹收获计算为从芦苇湿地输出污染物。

$Q_{出}$ 为 TN 和 TP 输出量，通过下式计算：

$$Q_{出} = V_{出} \times c_{出} \tag{3-3}$$

式中：$c_{出}$ 表示苇田排水中 TN 和 TP 的平均含量，为实际监测数据；$V_{出}$ 表示苇田单位面积的排水量，由于在芦苇生长过程中不进行排水，因此认为苇田剩余水量即为排水量，按下式计算：

$$V_{出} = V_{in} + V_r - V_e - V_s \tag{3-4}$$

式中：V_{in} 表示苇田进水量或前期剩余水量；V_r 表示降水量，计算方法同 $Q_{降水}$ 中降水量；V_e 表示蒸发损失水量，盘锦当地气象部门发布年平均蒸发量为 752.4 mm，不同月份蒸发量根据各月的蒸发比例计算（张蕊，2009）；V_s 表示被苇田土壤所吸收的水分，本研究取值 80 mm，并且认为第一次进水数日内即达到饱和状态。研究区域各月份降水量、蒸发量和苇田积水量如表 3-5 所示。

表 3-5　研究区域进水量、降水量、蒸发量和积水量

采样时间 （月-日）	时间范围	进水量 （m³/m²）	降水量 （mm）	蒸发量 （mm）	渗漏量 （mm）	积水量 （mm）
进水 1	5 月初	0.225			−80.0	145.0
05-11	04-10 至 05-11		46.7	−95.8		98.5
06-13	05-12 至 06-13		76.3	−149.1		30.0
进水 2	6 月底	0.225				225.0
07-16	06-14 至 07-16		153.2	−169.1		247.6
08-15	07-17 至 08-15		142.7	−142.8		255.4
09-08	08-16 至 09-08		53.4	−77.6		234.1

注：①正值表示向苇田输入，负值表示从苇田输出；②积水量为进水量（或前期积水量）、降水量、蒸发量、渗漏量的和。采样时间均为 2009 年的各月份。

（2）湿地对 TN 和 TP 的去除能力

根据监测结果计算芦苇湿地进水和芦苇生长期内苇田积水中 TN、TP 含量如表 3-6 所示。研究区域降水中 TN、TP 含量，以及计算各月份通过降水向芦苇湿地输送的 TN、TP 结果见表 3-7。河蟹及其饵料的氮、磷含量，以及换算成单位面积的 TN、TP 量如表 3-8 所示。河蟹养殖投饵集中于 5 月中、下旬和 7 月、底 8 月初，河蟹收获于 9 月中、下旬；根据投饵量，按式（3-1）至式（3-3）计算辽河芦苇湿地对 TN、TP 的净化能力计算过程及其结果如表 3-9 和表 3-10 所示。

表 3-6　芦苇湿地苇田进水和积水的 TN、TP 含量

采样方式	时间 （月-日）	TN （mg/m²）	TP （mg/m²）
进水	5 月初	1 019.35	20.45
	6 月底	387.15	46.26
苇田积水	05-11	610.73	10.31
	06-13	85.75	1.11
	07-16	595.75	46.78
	08-15	48.45	25.68
	09-08	70.20	23.57

表 3-7　降水向芦苇湿地输入 TN、TP 的月变化

采样时间	时间范围 （月-日）	降水量 （mm）	TN （mg/m²）	TP （mg/m²）
雨水（mg/L）	04-10		0.38 （0.26~0.58）	0.081 （0.034~0.123）
2005-11	04-10 至 05-11	46.7	17.74	3.78
2006-13	05-12 至 06-13	76.3	28.99	6.18
2007-16	06-14 至 07-16	153.2	58.22	12.41
2008-15	07-17 至 08-15	142.7	54.22	11.56
2009-08	08-16 至 09-08	53.4	20.30	4.33

注：输入 TN、TP 的量以平均单位面积的输入量计算。

表 3-8　河蟹及其饵料的氮、磷含量

品种	单位面积质量（g/m²）	氮含量（g/kg）	磷含量（g/kg）	TN（mg/m²）	TP（mg/m²）
蟹苗	1.50	22.40	1.45	33.60	2.18
成蟹	3.75	22.40	1.45	−84.00	−5.44
蟹饲料	0.19	56.20	12.00	10.53	2.25
玉米	1.41	15.36	2.70	21.59	3.79
合计				−18.28	2.78

注：1. 蟹苗投放和喂蟹饲料及玉米计算为向芦苇湿地输入氮、磷，以正值表示；成蟹收获计算为从芦苇湿地输出氮、磷，以负值表示；2. 河蟹及其饲料的氮、磷含量采用陈家长等数据（陈家长等，2005）。

表 3-9　芦苇湿地 TN、TP 输入量（mg/m²）计算结果

时间（月-日）	$Q_{进水}$ TN	$Q_{进水}$ TP	$Q_{进水'}$（前月积水）TN	$Q_{进水'}$（前月积水）TP	$Q_{降水}$ TN	$Q_{降水}$ TP	$Q_{养殖}$ TN	$Q_{养殖}$ TP
05-11	1 581.75	31.73	—	—	17.74	3.78	—	—
06-13	—	—	610.73	10.31	28.99	6.18	44.13	4.43
07-16	600.75	71.78	85.75	1.11	58.22	12.41	—	—
08-15	—	—	595.75	46.78	54.22	11.56	21.59	3.79
09-08	—	—	48.45	25.68	20.30	4.33	—	—

表 3-10　芦苇湿地 TN、TP 输入总量、输出量和净化能力结果

时间（月-日）	$Q_{进}$ TN（mg/m²）	$Q_{进}$ TP（mg/m²）	$Q_{出}$ TN（mg/m²）	$Q_{出}$ TP（mg/m²）	W TN（mg/m²）	W TP（mg/m²）	W TN（%）	W TP（%）
05-11	1 599.49	35.51	610.73	10.31	988.8	25.2	61.8	71.0
06-13	683.85	20.92	85.75	1.11	598.1	19.8	87.5	94.7
07-16	744.73	85.29	595.75	46.78	149.0	38.5	20.0	45.1
08-15	671.56	62.13	48.45	25.68	623.1	36.5	92.8	58.7
09-08	68.75	30.01	70.20	23.57	−1.5	6.4	−2.1	21.4
平均	—	—	—	—	471.5	25.3	52.0	58.2
合计	2 427.69	149.99	70.20	23.57	2 357.5	126.4	97.1	84.3

注：合计中 TN、TP 的 $Q_{进}$ 为外界输入量，不计算前月积水中的积累量，即 $Q_{进} = Q_{进水} + Q_{降水} + Q_{养殖}$，$Q_{出}$ 为排水前的 TN、TP 量，即 9 月 8 日苇田积水中的 TN、TP 含量。

　　研究区域月平均对 TN 和 TP 的去除能力分别为 471.5 mg/m² 和 25.3 mg/m²，换算成去除率分别为 52.0% 和 58.2%，合计年净化能力分别达到 97.1% 和 84.3%。研究表明，自然湿地系统对氮、磷具有较高的净化能力。如三江平原小叶樟湿地生态系统对氮、磷的总净化率高达 97.97% 和 99.05%（徐宏伟等，2005）。同是芦苇湿地系统，苏北盐城海岸带对氮、磷的年净化能力分别 95.1% 和 90.1% 以上（欧维新等，2006）。

由计算结果可知，辽河口芦苇湿地系统在芦苇不同生长期对 TN、TP 的净化能力存在较大差异。对 TN 和 TP 的净化能力表现出不一致性，可能与多种因素有关，如芦苇不同生长期各器官对氮、磷的需要不同，TN 和 TP 的输入量不同，以及湿地系统对 TN 和 TP 的其他降解机制不同。尽管湿地系统对氮、磷的净化包括吸收、过滤、沉积、挥发，以及微生物的硝化与反硝化等，但是主要贡献来自植物对氮、磷的吸收（张志勇等，2008）。

（3）芦苇收割对湿地系统去除氮、磷的贡献

芦苇不仅能够吸收水中的营养盐供其生长发育，而且其强大的根系能够为微生物提供良好的生活环境，从而促进氮、磷的释放、转化，间接地提高氮、磷的净化率（张鸿和吴振斌，1999）。研究表明，芦苇能够有效地去除湿地水体中氮、磷等营养物质，对整个湿地生态系统的净化功能具有重要的作用（鞠瑾等，2006；金卫红等，2007；翟旭等，2009）。

研究区域芦苇成熟后一般于 12 月前后收割，等同于芦苇地上部分一次性迁出湿地系统。此时芦苇全氮（TN）、全磷（TP）及其生物量如表 3-11 所示。

表 3-11　芦苇生物量及其全氮、全磷含量

品种	湿重（地上） （kg/m^2）	氮含量 （%）	磷含量 （%）	TN （g/m^2）	TP （g/m^2）
芦苇	1.17	0.2	0.009	2.14	0.11

根据表 3-10 各月份净化 TN、TP 的结果，计算芦苇生长期间湿地系统净化 TN、TP 的量分别为 2 357.5 mg/m^2 和 126.4 mg/m^2；芦苇收割从系统中一次性带走的 TN 和 TP 分别为 2 140 mg/m^2 和 110 mg/m^2，分别占其总净化能力的 90.8% 和 87.0%（表 3-12）。由此可见，芦苇吸收氮、磷及一次性收割是本研究系统净化氮、磷的主要方式。

表 3-12　河蟹收获和芦苇收割迁出 TN、TP

项目	TN （mg/m^2）	TP （mg/m^2）	TN （%）	TP （%）
总净化能力	2 357.5	126.4		
河蟹养殖	18.28	−2.78	0.8	—
芦苇收割	2 140	110	90.8	87.0

（4）河蟹养殖对湿地系统去除氮、磷的影响

与芦苇的地上部分相同，河蟹是芦苇湿地系统中最终被迁出的部分，河蟹迁出量以成蟹产出量减去投苗量和投饵量计算，则河蟹收获从系统中迁出 TN 为 18.28 mg/m^2，但是由于投饵中磷过量，向系统中输入 TP 为 2.78 mg/m^2。诸多研究表明，养殖行为改变了营养物质的循环途径和结构，对环境带来负面影响。河蟹养殖和芦苇生长对系统 TN 的净化贡献如表 3-12 所示。需要说明的是，虽然计算结果显示，河蟹养殖从芦苇湿地系统迁出和迁入的量较小，但是并不意味着河蟹养殖对芦苇湿地物质结构影响小，或者对系统净化 TN 起到正面作用。

3.2 重金属的迁移转化

3.2.1 重金属分布特征

健康的湿地生态系统具有重要的生态价值，也是一个巨大的物种基因库。但工业污染和人类活动的加剧，造成了湿地生态系统受损严重。就诸多环境污染来说，重金属污染是一个重要的方面。目前我国重金属污染情况十分令人担忧。湿地作为重金属污染物的一个有效汇集库，积累了许多重金属污染物，这些污染物不易被微生物分解，且在一定的物理、化学和生物作用下可释放到上层水体中，使湿地成为一个非常重要的次生污染源（王宪礼和李秀珍，1997）。因而，重金属作为持久性有毒污染物的重要组成部分已越来越受到国内外学者的重视。

在辽河河口区，存在着大面积的芦苇湿地群落，是辽河入海的最后屏障，探讨重金属在河口湿地生态系统和环境的分布特征，对降低重金属危害、修复和保护湿地生态系统的健康发展具有重要作用。为此，本研究将以辽河入海口的河口湿地为主要研究对象，探讨湿地土壤和植被中重金属分布的特征，探明河口湿地重金属分布状况和特点（杨程程等，2010）。

3.2.1.1 辽河口湿地重金属在土壤中的分布特征

（1）土壤重金属的水平分布

从辽河口湿地的表层土壤的水平分布上看，Cd、Cr、Cu、Pb、Zn 五种重金属之间有一定的规律。如图 3-17 所示，五种重金属浓度由高到低顺序为：油井和农业活动频繁的苇田湿地（D 区）、沿河岸芦苇湿地（E 区）、油井密集的苇田湿地（C 区）、人为活动干扰较少的苇田湿地（B 区）、滨海滩涂（A 区）。D 区重金属含量较高的原因是由于 D 区属油井和农业活动密集的苇田湿地区，人类农业和工业活动最为频繁。E 区相对较高的原因是由于 E 区为沿河岸芦苇湿地区，辽河为湿地主要水源，河流中的重金属会逐渐在土壤中沉积而使得这一区域土壤重金属含量仅次于油井和人类活动密集的苇田湿地区。滨海滩涂（A 区）、人为活动干扰较少的苇田湿地（B 区）、油井密集的苇田湿地（C 区）和油井和农业活动频繁的苇田湿地（D 区）土壤重金属含量依次增高，体现了重金属含量由沿海滩涂向内陆苇田逐渐升高的趋势，其原因一方面是由于湿地植被的屏障作用，在内陆向沿海方向，逐渐吸收水体和土壤中的重金属，减少了重金属在土壤中的累积；另一个重要原因是由沿海向内陆，

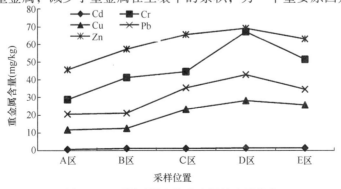

图 3-17　不同区域土壤重金属的水平分布

人类活动也逐渐加强。

由此可见，辽河口湿地重金属的水平分布，体现出人类不同活动程度对土壤重金属分布的影响，即人类活动越密集，干扰越大，土壤中重金属的含量就越多。此外，辽河多年重金属的污染也会造成临近河岸土壤重金属的沉积。

（2）土壤重金属的垂直分布

分析对 A~E 5 个区域获得 0~20 cm、20~40 cm、40~60 cm 的土壤剖面，测定 Cd、Cr、Cu、Pb、Zn 五种重金属，平均值如表 3-13 所示。

表 3-13　不同区域土壤剖面重金属含量

重金属（mg/kg）	点位	A 区	B 区	C 区	D 区
	0~20 cm	0.62	0.86	0.92	1.68
Cd	20~40 cm	0.61	0.87	0.88	1.36
	40~60 cm	0.80	1.16	0.98	1.74
	0~20 cm	25.14	38.35	44.46	68.18
Cr	20~40 cm	27.89	41.56	45.41	76.68
	40~60 cm	21.37	36.62	43.19	50.22
	0~20 cm	10.40	10.87	17.41	28.42
Cu	20~40 cm	11.91	10.82	20.31	15.11
	40~60 cm	10.12	9.92	16.57	26.10
	0~20 cm	20.13	21.57	29.36	42.96
Pb	20~40 cm	19.92	20.58	27.09	40.64
	40~60 cm	18.89	18.64	25.21	33.21
	0~20 cm	40.87	45.02	49.96	68.29
Zn	20~40 cm	42.77	48.41	55.41	75.29
	40~60 cm	39.57	44.00	45.71	71.91

根据重金属 Cd 在滨海滩涂（A 区）、人为活动干扰较少的苇田湿地（B 区）、油井密集的苇田湿地（C 区）、油井和农业活动频繁的苇田湿地（D 区）4 个区域中土壤剖面的含量，可以看出，20~40 cm 土层所含重金属 Cd 的含量（0.61~1.36 mg/kg）均小于 0~20 cm 土层（0.62~1.68 mg/kg）和 40~60 cm 土层（0.8~1.74 mg/kg）；且在 4 个区域中，40~60 cm 土层 Cd 的含量最高。Cd 剖面分布的总体规律为：40~60 cm>0~20 cm>20~40 cm。此外，D 区各剖面 Cd 的含量（1.36~1.74 mg/kg）均高于其他区域剖面 Cd 的含量；B 区、C 区各剖面 Cd 的含量和变化规律相近，而 A 区剖面 Cd 的含量最小（0.61~0.8 mg/kg）。

根据重金属 Cr 在各个区域中土壤剖面的含量发现，20~40 cm 土层 Cr 的含量均高于其他层，为 27.89~76.68 mg/kg。同时，在各层次土壤中，Cr 含量还表现出 0~20 cm 土层到 20~40 cm 土层 Cr 含量逐渐升高、20~40 cm 土层到 40~60 cm 土层时 Cr 含量降低的趋势；且 0~20 cm 层的 Cr 含量高于 40~60 cm 层土壤的 Cr 含量。此外，4 个区域的剖面 Cr 含量表现为，B 区和 C 区相近，B 区略高于 C 区，含量从大到小总体规律为：油井和农业活动频繁的苇田湿地（D 区）、油井密集的苇田湿地（C 区）、人为活动干扰较少的苇田湿地（B 区）、滨海滩涂（A 区）。

Cu 在各区域土壤剖面的测定结果显示出不同的变化特征，对于油井和农业活动频繁的苇田湿地（D 区）来说，各层次土壤 Cu 含量表现在为 0~20 cm 土层到 20~40 cm 土层降低，而 20~40 cm 土层到 40~60 cm 土层 Cu 含量升高的趋势，而其他区域土壤剖面 Cu 的含量表现为由表层向下，0~20 cm 土层到 20~40 cm 土层先升高，20~40 cm 土层到 40~60 cm 土层逐渐降低的趋势，且 A 区和 B 区各剖面 Cu 含量相似。在 20~40 cm 土层 C 区土壤 Cu 含量最高，达到 20.31 mg/kg，而在 0~20 cm 土层和 40~60 cm 土层，其总体规律从大到小为油井和农业活动频繁的苇田湿地（D 区）、油井密集的苇田湿地（C 区）、人为活动干扰较少的苇田湿地（B 区）、滨海滩涂（A 区），为从沿海向内陆逐渐降低趋势。

重金属 Pb 的分布表明，在 4 个区域内 0~20 cm 土壤剖面 Pb 的含量最高，达到 20.13~42.96 mg/kg。40~60 cm 土层 Pb 的含量最低，为 18.64~33.21 mg/kg。滨海滩涂（A 区）和人为活动干扰较少的苇田湿地（B 区）各剖面含量相似，且各剖面 Pb 含量均小于油井密集的苇田湿地（C 区）和油井和农业活动频繁的苇田湿地（D 区）。

重金属 Zn 在 4 个区域内表现出的总体规律为由 0~20 cm 土层到 20~40 cm 土层逐渐上升、20~40 cm 土层到 40~60 cm 土层逐渐降低的趋势，20~40 cm 土层时最高，为 42.77~75.29 mg/kg；且在 4 个区域内，相同剖面 Zn 含量存在如下规律，即从大到小为油井和农业活动频繁的苇田湿地（D 区）、油井密集的苇田湿地（C 区）、人为活动干扰较少的苇田湿地（B 区）、滨海滩涂（A 区）。

综上，由 Cd、Cr、Cu、Pb、Zn 5 种重金属的土壤剖面分析结果表明，5 种重金属在不同的土壤中垂直分布上表现出了各自的规律性。对于 Cd 来说，重金属垂直分布规律为 0~20 cm 到 20~40 cm 时先降低，然后在 20~40 cm 到 40~60 cm 时升高，且 40~60 cm 的 Cd 含量最高，为 0.8~1.74 mg/kg；Cr 表现出 0~20 cm 到 20~40 cm 升高，20~40 cm 土层到 40~60 cm 土层降低的趋势，且土壤 40~60 cm 剖面的 Cr 最低，为 21.37~50.22 mg/kg；Zn 的垂直分布规律与 Cr 相似，也表现出由表层至底部先升高后降低的变化；各剖面 Pb 的垂直分布规律为由表层向底部逐渐降低；Cu 则显示出不同的变化特征，油井和农业活动频繁的苇田湿地（D 区）表现为 0~20 cm 土层到 20~40 cm 土层降低，而 20~40 cm 土层到 40~60 cm 土层升高的趋势，而其他区域土壤剖面 Cu 的含量表现为由表层向下，0~20 cm 土层到 20~40 cm 土层先升高，20~40 cm 土层到 40~60 cm 土层逐渐降低的趋势，在 20~40 cm 土层油井密集的 C 区土壤 Cu 含量最高，达到 20.31 mg/kg，而在 0~20 cm 土层和 40~60 cm 土层，其总体规律从大到小为油井和农业活动频繁的苇田湿地（D 区）、油井密集的苇田湿地（C 区）、人为活动干扰较少的苇田湿地（B 区）、滨海滩涂（A 区），为从沿海向内陆逐渐降低趋势。

在除 Cu 外的 Cd、Cr、Pb、Zn 四种重金属中，D 区各剖面的重金属含量都明显高于其他区域，而 A 区的各剖面重金属含量相对于其他区域均较低。主要是 A 区为滨海滩涂区，受人为活动干扰较少，重金属的累积作用不明显，而 D 区为油井及人类活动频繁的苇田湿地区，人为因素的干扰使土壤重金属含量较高。

（3）土壤重金属的污染评价

辽河口湿地土壤重金属的污染评价，采用土壤环境质量标准中的一级标准（GB 15618—1995），参照中华人民共和国土壤环境背景值图集（1994）对研究区域内 Cd、Cr、Cu、Pb、Zn 5 种重金属进行污染评价。如表 3-14 所示，在 5 种重金属中，Cr、Cu、Zn 3 种重金属在各区域中含量均未达到污染水平，而 Cd 在 5 个区域中，均超过背景值 Cd（≤0.2 mg/kg），因此在此研究区域内，重金属 Cd 已经达到污染水平，其主要是因为靠近辽河，河流中的重金属在土壤中沉积以及人类农业活动中的河水、污水灌溉所造成。Pb 在 D 区，即油井和农业活动频繁的苇田湿地区的含量高于背景值 Pb（≤35 mg/kg），达到污染水平，可能是因为 D 区人类活动频繁，如化肥的使用、油井的开发等都会带来污染源。

表 3-14　不同重金属含量污染评价

区域	Cd（mg/kg）	污染指数 p_i	污染水平	Cr（mg/kg）	污染指数 p_i	污染水平	Cu（mg/kg）	污染指数 p_i	污染水平
背景值	≤0.2	—	—	≤90	—	—	≤35	—	—
A 区	0.84	4.19	重度	28.91	0.32	清洁	11.73	0.34	清洁
B 区	1.38	6.9	重度	39.87	0.44	清洁	12.46	0.36	清洁
C 区	0.71	3.55	重度	37.64	0.42	清洁	12.21	0.35	清洁
D 区	1.5	7.5	重度	67.18	0.75	清洁	26.73	0.76	清洁
E 区	1.43	7.15	重度	46.75	0.52	清洁	22.84	0.65	清洁

区域	Pb（mg/kg）	污染指数 p_i	污染水平	Zn（mg/kg）	污染指数 p_i	污染水平
自然背景值	≤35			≤100		
A 区	20.5	0.59	清洁	45.78	0.46	清洁
B 区	21.36	0.61	清洁	47.65	0.48	清洁
C 区	17.78	0.51	清洁	32.12	0.32	清洁
D 区	39.51	1.13	轻度	65.04	0.65	清洁
E 区	31.81	0.91	清洁	58.29	0.58	清洁

3.2.1.2　辽河口湿地植被重金属的含量

（1）不同区域内植被对不同重金属的吸收积累

研究区中，除滨海滩涂（A 区）植被以翅碱蓬群落为主外，其他区域植被群落主要为芦苇湿地群落。对各区域植被中重金属含量测定分析的平均值进行比较，结果如表 3-15 所示。根据该表可以看出，A 区翅碱蓬群落的植被重金属含量均明显高于其他 4 个区域，这表明翅碱蓬吸收土壤重金属的能力要高于芦苇吸收重金属的能力。对人为活动干扰较少的苇田湿地（B 区）、油井密集的苇田湿地（C 区）、油井和农业活动频繁的苇田湿地（D 区）和沿河岸芦苇湿地（E 区）4 个区域的芦苇重金属含量的对比发现，Cd 在人类干扰较少的芦苇湿地区内（B 区）植被的含量相对较高，为 0.38 mg/kg；其次为油井和农业活动频繁的苇田湿地（D 区）和沿河岸芦苇湿地（E 区）；最低为油井密集的苇田湿地（C 区）。

表 3-15　不同区域植被中重金属平均含量

区域	Cd（mg/kg）	Cr（mg/kg）	Cu（mg/kg）	Pb（mg/kg）	Zn（mg/kg）
A 区	1.45±0.22	17.73±10.81	16.64±8.36	24.06±16.97	82.12±27.96
B 区	0.38±0.03	2.50±1.03	4.76±1.09	6.93±0.57	31.68±14.20
C 区	0.10±0.04	2.94±0.49	5.47±0.71	7.49±0.80	28.26±9.99
D 区	0.15±0.02	3.15±0.28	5.92±1.62	6.02±0.54	35.33±9.42
E 区	0.11±0.04	3.04±0.20	4.86±0.98	5.89±0.85	31.02±9.25

Cr 在 B~E 4 个区域的植被中含量相差不大（2.50~3.15 mg/kg），从人为活动干扰较少的 B 区到油井和农业活动频繁的 D 区有一个微弱的上升趋势，但并不明显。这说明，芦苇对 Cr 的吸收量受土壤 Cr 含量的影响不大。

Cu 在芦苇分布的 4 个区域植被中由高到低的顺序为：D>C>B>E 区，总体含量在 4.76~5.92 mg/kg 之间，差异也较小。重金属 Pb 在芦苇中的含量在油井密集的 C 区相对较高，在沿河岸芦苇湿地的 E 区最小，但总体差异仍然较小。

各区域芦苇中重金属 Zn 的含量在农业活动和油井密集的 D 区芦苇中含量较高，在油井密集的 C 区含量相对较低。

综上，Cd 在人类干扰较少的芦苇湿地区内（B 区）植被的含量相对较高，为 0.38 mg/kg；Cr 在 4 个区域的植被中含量相差不大（2.50~3.15 mg/kg），这说明，芦苇对 Cr 的吸收量受土壤 Cr 含量的影响不大；Cu 在芦苇分布的 4 个区域的总体含量在 4.76~5.92 mg/kg 之间，差异也较小；Pb 的植被含量在油井密集的 C 区相对较高，在沿河岸芦苇湿地区最小，总体差异较小；Zn 的含量在农业活动和油井密集的 D 区芦苇中含量较高，为 35.33 mg/kg。

（2）植被重金属与土壤重金属的相关分析

为进一步说明植物对土壤重金属吸收能力的影响因子，我们对芦苇湿地土壤中与植被中的含量进行相关分析，具体分析结果如表 3-16 所示。

表 3-16　芦苇湿地区土壤重金属与植被重金属的相关性

相关性	Cd	Cr	Cu	Pb	Zn
r	0.292	0.333	0.156	0.313	0.350
P	0.273	0.207	0.565	0.179	0.184
n	36	36	36	36	36

注：r 为相关系数；P 为显著水平，$P<0.01$，极显著，$P<0.05$，显著。

通过表 3-16 可以看出，尽管植被吸收重金属与土壤中的重金属存在一定正相关，但这种相关性非常不明显（$P>0.1$）。这也就说明，土壤中重金属含量高，芦苇植被并不一定吸收得多。

（3）重金属在芦苇茎叶中的分布

除了测定芦苇全株重金属含量外，又对不同区域各样地芦苇植被的茎叶重金属含量分别测定，其重金属在叶与茎中的含量的比值统计如图 3-18 所示。

由图 3-18 可以明显地看出，尽管 Cd、Cr、Cu、Pb、Zn 5 种有毒重金属在不同区域芦苇叶和茎中含量比值不同，但均大于 1。这说明，芦苇叶对重金属的富集能力要高于茎的富集能力。通过图 3-18，还可以发现，除了重金属 Cr 外，其他重金属含量的叶茎比均表现为 D 区较高而其他区域相对较低的规律，这与土壤中重金属含量的规律相似。这也从侧面反映出，芦苇叶和茎对重金属吸收的量，也要受到重金属土壤环境背景的影响。

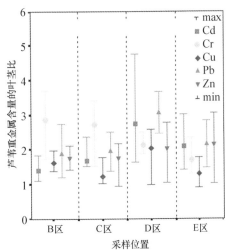

图 3-18　不同区域芦苇重金属含量
在叶和茎中的比值

以往的研究表明，芦苇根组织比茎和叶更容易吸收和累积各种有毒重金属，但是芦苇茎和叶对重金属的吸收和累积情况较为复杂（毕春娟等，2003；董志成等，2008；Fitzgerald et al.，2003；Aksoy et al.，2005）。本研究发现，在辽河口湿地内，芦苇叶对 Cd、Cr、Cu、Pb、Zn 5 种重金属的吸收和累积能力要强于茎。这与前人的研究结果略有不同，原因一方面可能是由于不同研究区芦苇的生理特性不同；另一方面也可能是由于其他研究中芦苇体内含有的有毒重金属已经达到毒性阈值，而本研究区内芦苇植被受重金属的毒害和胁迫作用较轻。

（4）土壤重金属对植被的影响

为了探讨土壤重金属对芦苇湿地植被的影响，将土壤重金属与生物量进行相关分析。图 3-19 为芦苇湿地生物量与重金属 Cd 散点图，得到的结果显示，研究区内芦苇湿地的生物量和重金属 Cd 的相关系数为 0.019，二者没有明显的相关性（$P>0.05$）。研究区域内，Cd 已经超过了辽河口湿地土壤环境背景值，但从芦苇植被生物量状况来看，芦苇的生物量受到重金属 Cd 的影响不大，还不是造成芦苇湿地退化的主导因素。

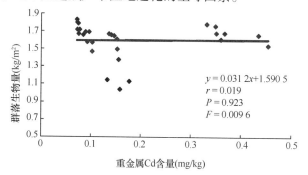

图 3-19　芦苇湿地生物量与重金属 Cd 散点图

芦苇湿地生物量与重金属 Cr 的关系如图 3-20 所示，研究区内芦苇湿地的生物量和重金属 Cr 的相关系数为 -0.541，二者存在极显著的负相关关系（$P<0.01$）。这说明较高的重金属 Cr 含量往往对应着较低的芦苇产量。芦苇的生物量受重金属 Cr 的影响较为明显。

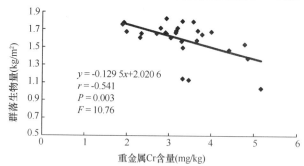

图 3-20　芦苇湿地生物量与重金属 Cr 散点图

图 3-21 为芦苇湿地生物量与重金属 Cu 散点图，结果显示，研究区内芦苇湿地的生物量和重金属 Cu 的相关系数为 -0.516，二者存在显著的相关关系（$P=0.05$）。说明芦苇的生物量在一定程度上也受到重金属 Cu 的影响。

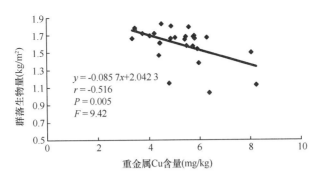

图 3-21　芦苇湿地生物量与重金属 Cu 散点图

图 3-22 为芦苇湿地生物量与重金属 Cd 散点图，芦苇湿地的生物量和重金属 Pb 的相关系数为 -0.331，二者没有明显的相关关系（$P>0.05$）。尽管 Pb 在人类活动密集区域造成了一定污染，但并未影响到芦苇湿地的生物量。说明辽河口湿地区域内，Pb 不是芦苇退化的主要因素。

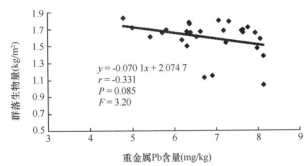

图 3-22　芦苇湿地生物量与重金属 Pb 散点图

如图 3-23 所示，芦苇湿地的生物量和重金属 Zn 的相关系数为 -0.248，二者没有明显的相关关系（$P>0.05$）。说明芦苇的生物量受到重金属 Zn 的影响不明显。

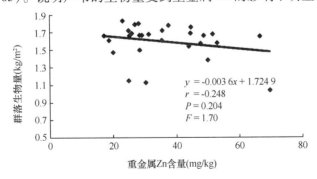

图 3-23　芦苇湿地生物量与重金属 Zn 散点图

综上所述，芦苇生物量与土壤中的重金属 Cr 也存在着显著的负相关，即土壤中重金属含量越高，芦苇生物量越小。这在一定程度上说明了土壤中的重金属 Cr 可能对芦苇产生了毒害作用，而影响到了芦苇的产量。而其他重金属与芦苇生物量的相关性并不明显，说明其他重金属对芦苇的生长并未造成显著影响。

3.2.2 辽河口湿地土壤砷吸附-解吸特性的研究

少量的砷对人体有益，但过量的砷，尤其是其氧化物具有极强的毒性，它所带来的各种环境问题和对人类健康的危害受到人们的广泛关注。被土壤吸附的砷因为复杂的物理化学作用而发生解吸，释放到土壤溶液中，变成活性更强的水溶性砷，引起环境污染。该试验以辽河口湿地土壤为研究对象，就土壤对砷的吸附-解吸行为进行研究（李月瑶等，2010），以期为进一步研究砷在湿地土壤中的迁移规律，并为辽河口湿地的保护和建设提供基础材料和决策依据。供试土壤采自辽河口湿地的滨海滩涂区（1号）、普通芦苇区（2号）、沿河岸芦苇区（3号），土壤的基本性质如表3-17所示，土壤对砷吸附、解吸实验及相关计算方法详见李月瑶等（2010）。

表 3-17　供试土壤基本理化性质

土样编号	pH	有机质（g/kg）	全砷（mg/kg）	全铁（g/kg）	全锰（g/kg）	黏粒（<0.002 mm）（%）
1	8.54	7.65	9.79	8.35	0.51	35.06
2	7.93	29.83	16.99	11.47	0.64	58.31
3	8.40	10.93	10.93	9.65	0.57	50.95

3.2.2.1　砷在湿地土壤中的等温吸附

土壤对重金属的吸附规律可用 Langmuir 和 Freun-dlich 方程拟合（Huang et al.，2000；于颖等，2003）。表3-18表明，3个土样对砷吸附均可用 Langmuir 方程和 Freundlich 方程来描述，相关系数均大于0.9。其中土样1和土样3以 Freundlich 方程拟合最佳，而土样2以 Langmuir 方程拟合最佳。

通过 Langmuir 方程可求得土样1、土样2、土样3对砷的最大吸附量分别为294.12 mg/kg、400.00 mg/kg、303.03 mg/kg，各个土样的最大吸附量大小与土壤中的有机质含量、铁锰含量以及黏粒含量的多少顺序一致，故土壤的最大吸附量可能与土壤中的有机质、无定形铁、铝、锰氧化物和黏粒含量有关。Saada 等（2003）认为有机质（特别是腐殖质）本身存在大量的活性基团，可以为砷的吸附提供吸附点位进而促进砷的吸附。Wanchope（1985）的研究表明，砷酸盐、甲基砷酸二钠、二甲基砷酸钠在冲积土上的吸附量与黏粒含量及铁氧化物显著相关。土壤中无定形铁、铝、锰氧化物越多，其吸附砷的能力越强，一方面能与砷形成难溶性沉淀物；另一方面能大量专性吸附砷，故增加土壤吸附砷的能力。谢正苗（1987）的土壤对砷吸附研究表明，吸附能力从大到小为：合成氧化铝、合成氧化铁、σ-MnO_2、$CaCO_3$、蒙脱石、高岭石、蛭石、青紫泥。Koretsky（2000）指出，无机胶体吸附金属的能力以二氧化锰胶体为首，氧化铁次之 Langmuir 方程中 K 与 X_m 的乘积（MBC＝X_m·K）可以反映土壤对 As 最大缓冲容量，土样1、土样2、土样3对砷的缓冲容量（MBC）分别是25.45 mg/kg、238.10 mg/kg、38.91 mg/kg。

诸多研究表明，Freunklich 方程中的 α 值可以用来衡量土壤对重金属离子吸附作用力的大小，α 值越大，表示土壤对重金属离子的吸附作用力越强（Recep et al.，2004）。故如表

114

3-18 所示，3 个土样对砷的吸附作用力从大到小为：土样 2、土样 3、土样 1。

表 3-18　湿地土壤吸附砷的等温线方程拟合参数

| 采样点 | Langmuir 方程 | | | Freundilich 方程 | | |
| | $1/X = 1/X_m + 1/(X_m \times K_1) \times 1/C$ | | | $X = k \times C^{1/a}$ | | |
	X_m	K_1	r	K_2	α	r
1	294.12	0.087	0.950	24.70	1.46	0.981
2	400.00	0.595	0.996	103.89	1.79	0.962
3	303.03	0.111	0.963	34.91	1.63	0.996

3.2.2.2　湿地土中砷的等温吸附曲线

土壤砷吸附等温线可以直观地反映土壤对砷的吸附特性。图 3-24 为辽河口湿地 3 个典型区域土壤砷吸附等温线。由图 3-24 可见，土壤对砷的吸附随平衡液砷浓度的增加而增加，在平衡液砷浓度较低时，曲线迅速上升，随着平衡液砷浓度的增大，曲线开始平缓延伸，3 个区域的土样 1、土样 2、土样 3 吸附砷的等温线的平台区不太明显，分别当平衡液砷浓度大于 18 mg/L、11 mg/L 和 21 mg/L 时，等温线趋于平缓，但是均有上升趋势。

这说明土壤在吸附中不只存在一个平衡过程，由于吸附形式不同，结合能大小也不相同。当吸附达到一定程度时，随着砷浓度的增加，前一个平衡被打破，新的平衡建立，因而曲线表现出土壤吸砷量经过一段迅速增加后增加强度放缓的现象，随后对砷的吸附强度逐渐减弱，趋于饱和。这种表象与吸附能级划分的理论是相符的（邹强等，2009）。

3.2.2.3　湿地土壤砷的等温解吸曲线

研究土壤中砷的解吸具有重要的生态意义，因为解吸量的多少，标志着土壤在一定条件下对地下水、土壤溶液以及作物吸收的潜在影响。从图 3-25 可知，土壤吸附态砷的解吸量随砷吸附量的增加而增加，两者之间呈显著或极显著的线性正相关，土样 1、土样 2、土样 3 对解吸量和吸附量之间的相关系数分别为 0.999、0.915 和 0.999。在添加低浓度砷时，吸附态砷几乎未发生解吸；但当砷的添加浓度增加到一定值时，砷的解吸量急剧增加。这种现象可能是低添加浓度时，土壤中砷的吸附以专性吸附为主，专性吸附一般都是由于土壤胶体（主要是铁铝锰氧化物）表面的配位基与阴离子交换，交换的结果使阴离子被强烈地吸附在金属离子的配位位置上，并且较难解吸（于天仁，1987），故此时的吸附态砷不易被中性电

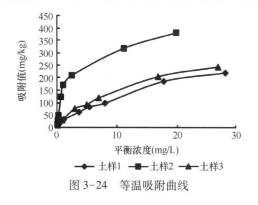

图 3-24　等温吸附曲线

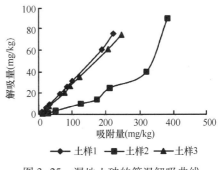

图 3-25　湿地土砷的等温解吸曲线

解质溶液所解吸下来；但是随着土壤对砷的吸附量的增加，砷的专性吸附位逐渐饱和，非专性吸附量逐渐增加，由于非专性吸附态砷易于发生解吸，从而使土壤砷的解吸量显著增加。

结果还发现，被土壤吸附的砷并不是全部被解吸，而是保留部分外源砷，这部分不能解吸的砷可以代表土壤对砷的固定能力，当砷的解吸量为零时，通过解吸量与吸附量的线性方程，可计算出土样1、土样2、土样3的固定量分别为4.24 mg/kg、4.56 mg/kg、48.63 mg/kg。这与前面所说的土壤对砷的吸附作用力、最大吸附量、最大缓冲量的顺序是一致的。

可见，砷在3个土样中的吸附特性相似，等温曲线变化趋势相同，等温吸附均可用Langmurir 和 Freundlich 方程描述。土壤吸附砷的解吸量与相应的吸附量呈显著的指数相关，其相关系数在0.916 0~0.999 5之间，达到极显著水平。随着土壤对砷吸附量的增加，土壤砷的解吸量呈指数性增长。土壤对砷的固定量与土壤的最大吸附量、最大缓冲量以及土壤的吸附作用力的顺序从大到小是一致的，为：土样2、土样3、土样1。

3.2.3 辽河口芦苇湿地对重金属的去除能力

辽河口湿地芦苇生长期内，7种重金属在苇田水体中的变化规律如图3-26所示。监测结果表明，重金属 Pb 和 Zn 逐渐下降，Cd 全部未检出，Hg 整体表现为下降趋势，Cu、Cr 和 As 表现为上升趋势。苇田进水中重金属含量如表3-19所示。根据进水量和积水量以及重金属含量计算单位面积重金属含如表3-20所示。比较进水和积水中重金属含量可知，进水过程未对积水重金属含量造成显著影响。

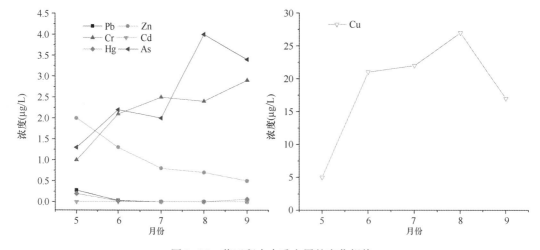

图 3-26　苇田积水中重金属的变化规律

表 3-19　芦苇湿地苇田进水中重金属含量（μg/L）

时间	Cu	Pb	Zn	Cr	Cd	Hg	As
5月初	9.279	0.129	2.091	1.062	0.000	0.285	1.410
6月底	16.090	0.000	0.353	1.945	0.000	0.000	3.889

116

表 3-20　芦苇湿地苇田进水和积水的重金属含量（μg/m²）

时间	Cu	Pb	Zn	Cr	Cd	Hg	As
进水 1	1345.46	0.18	303.20	153.99	0.00	41.34	204.45
5 月 11 日	525.52	0.37	198.24	96.18	0.00	19.27	135.42
6 月 13 日	622.44	0.08	36.99	61.66	0.00	0.61	68.74
进水 2	3 620.25	0.00	79.47	437.63	0.00	0.00	875.03
7 月 16 日	5 306.46	0.00	186.66	620.57	0.00	0.00	496.24
8 月 15 日	7 008.00	0.00	176.59	628.42	0.00	0.00	1 025.87
9 月 8 日	3 989.60	0.00	125.26	667.71	0.00	15.70	791.51

由于条件所限，芦苇湿地对重金属的净化能力计算未考虑降水和河蟹养殖因素，重金属输入包括进水一项，输出包括出水一项，根据监测和计算结果，计算辽河芦苇湿地重金属的输入量、输出量和对其净化能力计算及其结果，如表 3-21 至表 3-24 所示。

表 3-21　芦苇湿地重金属输入量（μg/m²）计算结果

时间	Cu	Pb	Zn	Cr	Cd	Hg	As
5 月 11 日	1 345.46	0.18	303.20	153.99	0.00	41.34	204.45
6 月 13 日	525.52	0.37	198.24	96.18	0.00	19.27	135.42
7 月 16 日	4 242.69	0.08	116.46	499.29	0.00	0.61	943.76
8 月 15 日	5 306.46	0.00	186.66	620.57	0.00	0.00	496.24
9 月 8 日	7 008.00	0.00	176.59	628.42	0.00	0.00	1 025.87

表 3-22　芦苇湿地重金属输出量（μg/m²）计算结果

时间	Cu	Pb	Zn	Cr	Cd	Hg	As
5 月 11 日	525.52	0.37	198.24	96.18	0.00	19.27	135.42
6 月 13 日	622.44	0.08	36.99	61.66	0.00	0.61	68.74
7 月 16 日	5 306.46	0.00	186.66	620.57	0.00	0.00	496.24
8 月 15 日	7 008.00	0.00	176.59	628.42	0.00	0.00	1 025.87
9 月 8 日	3 989.60	0.00	125.26	667.71	0.00	15.70	791.51

表 3-23　芦苇湿地重金属去除量（μg/m²）计算结果

时间	Cu	Pb	Zn	Cr	Cd	Hg	As
5 月 11 日	819.94	-0.19	104.96	57.81	0.00	22.07	69.03
6 月 13 日	-96.93	0.29	161.24	34.52	0.00	18.66	66.68
7 月 16 日	-1 063.77	0.08	-70.20	-121.28	0.00	0.61	447.52
8 月 15 日	-1 701.54	0.00	10.07	-7.85	0.00	0.00	-529.63
9 月 8 日	3 018.4	0.00	51.32	-39.30	0.00	-15.7	234.36
合计	976.1	0.18	257.4	-76.10	0.00	25.64	287.96

表 3-24　芦苇湿地重金属净化能力（%）计算结果

时间	Cu	Pb	Zn	Cr	Cd	Hg	As
5 月 11 日	60.94	−103.83	34.62	37.54	—	53.38	33.77
6 月 13 日	−18.44	79.20	81.34	35.89	—	96.82	49.24
7 月 16 日	−25.07	100	−60.27	−24.29	—	100	47.42
8 月 15 日	−32.07	—	5.40	−1.26	—	—	−106.73
9 月 8 日	43.07	—	29.06	−6.25	—	—	22.84
平均	5.69	25.12	18.03	8.32	—	83.40	9.31

由计算结果可知，研究区域对不同重金属的净化能力存在显著差异，即使同一种重金属在不同时期的表现也不相同，但是总体表现出芦苇湿地系统对重金属元素存在一定净化能力。较大差异结果的出现，除了跟芦苇对重金属的吸收利用过程有关，可能也与土壤的吸收/释放和降水输入有关。

3.3　有机物的转化及生态效应

3.3.1　辽河口湿地对酚类物质的转化与去除

本研究调查发现，芦苇湿地灌溉初期（5 月）（图 3-27），进水渠水体中酚类污染物总浓度为 274 ng/L，其中壬基酚含量最高，平均为 134 ng/L，占酚类总浓度的 50%，其次是双酚 A（100 ng/L），辛基酚和二氯酚浓度较低，分别为 32.8 ng/L 和 6.82 ng/L。辽河口芦苇湿地灌溉水体中的壬基酚还没有达到引起鱼类雄性个体雌性化发育的浓度（1 000 ng/L），但已经超过引起扇贝幼体毒害的临界浓度（100 ng/L），如果灌溉水体直接排放可能会造成潜在的生态风险。

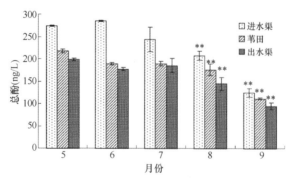

图 3-27　污水灌溉期内酚类污染物总浓度

污水进水过程中，芦苇湿地进水渠、苇田和出水渠中各种酚类污染物的浓度依次降低，表明湿地基质能够截留水体中的酚类污染物，其中辛基酚和壬基酚的截留能力较强，分别达到 36.1% 和 30.1%；双酚 A 的截留能力次之，为 22.9%；二氯酚基本不截留，芦苇湿地对不同酚类污染物的截留效率差异主要与其溶解度有关，二氯酚水溶性最大，因此土壤基质对其截留能力最小。4个月的灌溉期内，芦苇湿地水体中各种酚类物质的浓度逐渐下降，表明芦苇湿地对酚类污染物具有一定的去除能力，其中辛基酚的去除率最高，为84.9%；其次是壬基酚，为76.7%；二氯酚和双酚A的去除率相对较低，为48.4%和44.6%。如果考虑灌溉期前后水量的变化，则灌溉期内芦苇湿地对酚类污染物的去除率可以达到91.4%，其中辛基酚、壬基酚、二氯酚和双酚A的去除率分别为96.3%、94.3%、87.3%和86.3%。

芦苇湿地可以有效去除酚类污染物。经过芦苇湿地4个月的处理后，最后排放渠中的酚类污染物总浓度为95.2 ng/L，其中双酚A残留浓度最高，为55.5 ng/L，壬基酚次之（31.2 ng/L）。由此说明，经过芦苇湿地灌溉处理后，排放水体中的壬基酚浓度显著下降，已经低于引起扇贝幼体毒害的临界浓度，因此极大降低了其生态风险。

芦苇湿地内的水分平衡和酚类物质平衡分析表明，每公顷湿地每天可以去除酚类污染物21.9 mg，其中壬基酚、双酚A、辛基酚和二氯酚的去除量分别为11.0 mg、7.54 mg、2.76 mg和0.520 mg，由此推断，整个辽河口芦苇湿地（按$8×10^4$ hm^2）每天可以去除酚类污染物1.76 kg，在整个灌溉期内（120 d），可以去除酚类污染物211 kg。该结果表明，辽河口芦苇湿地在酚类污染物去除方面具有极大的潜力。

3.3.2 辽河口芦苇湿地对 COD 的去除能力

一年内对两次进水和芦苇生长期内湿地积水中COD含量变化如表3-25所示。苇田进水和积水COD值普遍偏高，进水和积水7—9月COD超过V类地表水水质标准。

表 3-25 芦苇湿地苇田进水和积水的 COD 含量

状况	时间	COD（mg/L）		积水量（mm）	COD（mg/m^2）
		平均值	范围		
进水	5月初	43.41	—	145.0	6.29
	6月底	87.50	—	225.0	19.69
苇田积水	5月11日	32.03	11.24~46.77	98.5	3.15
	6月13日	38.27	14.50~54.59	30.0	1.15
	7月16日	109.61	51.18~148.81	247.6	27.14
	8月15日	86.66	48.64~106.47	255.4	22.13
	9月8日	45.09	25.11~82.18	234.1	10.56

苇田积水中COD的含量变化与营养物质显著不同，从芦苇开始生长的5—7月，COD由32.03增至109.61 mg/L，增长了3倍；从7—9月，COD逐渐降低至45.09 mg/L。这一结果表明，苇田积水中COD在整个芦苇生长期内有COD源输入，并且以7月的输入量最高。

尽管滨海地区雨水组成成分变化很大，但是其中有机质含量与地表水相比非常小。因此降水输入有机质可以忽略不计。

相对于整个湿地来说，河蟹养殖投饵以及排泄比例很小，对湿地的COD贡献有限，因此本研究不予考虑。根据物料平衡计算研究区域对 COD 净化能力如表 3-26 所示，其平均净化能力为 30.78%，合计从系统净化 COD 的能力为 15.42 g/m²。

表 3-26 芦苇湿地 COD 输入量、输出量和净化能力

时间	$Q_{进水}$（g/m²）	$Q_{积水}$（g/m²）	$Q_{总进}$（g/m²）	$Q_{出}$（g/m²）	$W_{去除}$（g/m²）	（%）
5 月 11 日	6.29		6.29	3.15	3.14	49.92
6 月 13 日		3.15	3.15	1.15	2.00	63.49
7 月 16 日	19.69	1.15	20.84	27.14	−6.30	−30.23
8 月 15 日		27.14	27.14	22.13	5.01	18.46
9 月 8 日		22.13	22.13	10.56	11.57	52.28
平均						30.78

3.3.3　辽河口湿地对石油类的降解能力

3.3.3.1　河口湿地对石油类的净化能力

一年内两次进水中和芦苇生长期内湿地积水中石油类含量变化如表 3-27 所示。苇田进水石油类含量较高，超过Ⅴ类地表水水质标准，除了进水初期，其他各月份积水中石油类含量均达到Ⅳ类地表水水质标准。从 5～6 月，苇田湿地积水中石油类含量迅速降低，从 0.86 降至 0.22 mg/L。由于进水石油类含量较高，使得 7 月石油类含量略有上升，但是仅增加了 16.5%，此后石油类逐渐降低，9 月降低为 0.17 mg/L。

表 3-27 芦苇湿地苇田进水和积水的石油类含量

状况	时间	石油类（mg/L）平均值	范围	积水量（mm）	石油类（mg/m²）
进水	5 月初	1.30	—	145	188.81
	6 月底	1.30	—	225	292.76
苇田积水	5 月 11 日	0.86	0.66～1.17	98.5	84.62
	6 月 13 日	0.22	0.09～0.38	30.0	6.64
	7 月 16 日	0.26	0.19～0.38	247.6	63.84
	8 月 15 日	0.20	0.09～0.46	255.4	49.82
	9 月 8 日	0.17	0.14～0.22	234.1	39.66

不考虑降水和养殖对石油类含量的影响，根据物料平衡计算研究区域对石油类净化能力如表 3-28 所示，其平均净化能力为 53.68%，合计从系统净化石油类的能力为 441.91 mg/m²。

表 3-28 芦苇湿地石油类输入量、输出量和净化能力

时间	$Q_{进水}$ (mg/m²)	$Q_{积水}$ (mg/m²)	$Q_{总进}$ (mg/m²)	$Q_{出}$ (mg/m²)	$W_{去除}$ (mg/m²)	(%)
5 月 11 日	188.81		188.81	84.62	104.19	55.18
6 月 13 日		84.62	84.62	6.64	77.99	92.16
7 月 16 日	292.76	6.64	299.40	63.84	235.55	78.68
8 月 15 日		63.84	63.84	49.82	14.02	21.96
9 月 8 日		49.82	49.82	39.66	10.16	20.40
平均						53.68

3.3.3.2 石油降解菌的降解能力

国内外对石油降解菌的研究已有很多报道，但大多针对于海洋石油污染以及油井溢油污染，对低温、高盐碱的滨海湿地区域的石油污染研究较少。辽河口湿地一年中有很长时间处于低温状态，土壤盐碱化严重，而且辽河油田即坐落于此，石油污染在所难免。然而，常见石油降解菌在这种低温、高盐环境下难以发挥理想的作用效果，为此，筛选对石油烃具有高效降解能力的低温耐盐碱微生物用于辽河口湿地石油污染土壤的生物修复具有十分重要的实际意义。在此背景下，研究以辽河口湿地石油污染土壤为菌源，筛选耐盐高效石油降解菌，对菌株的进一步研究成果可为探讨北方河口大型湿地石油污染的生物修复提供理论和技术提供参考。石油污染土壤的取样位置、检测方法以及菌种鉴定等详见张竹圆等（2011）研究。

（1）高效石油降解菌的生物学特性

以辽河湿地土壤为菌源，以柴油为处理对象，分离到 2 株能够降解石油烃类的细菌菌株 lhk-2 和 lhk-10。通过对细菌的 16S rDNA 测序及 RDP 分析，确定两株菌分别为为巴氏葡萄球菌（*Staphylococcus pasteuri*）和嗜麦芽寡养单胞菌（*Stenotrophomonas maltophilia*）。巴氏葡萄球菌属于葡萄糖球菌属（邓先余等，2009），王建华等（2009）申请授权 1 种新的巴氏葡萄球菌 LF-2 及其应用的专利，该菌能有效降解植物毒素，特别是可以降低从冰川棘豆地上部分提取、分离出来的毒性生物碱 2，2，6，6-四甲基哌啶酮（2，2，6，6-tetramethyl-4-piperidone，TMPD）的毒性，能彻底解决冰川棘豆的毒害，在草原毒草的生物学控制和草原生态学研究中起到积极作用。嗜麦芽寡养单胞菌可在 pH 为 11.0 时生长（Tiago et al.，2004），可以分解麦芽糖，可利用葡萄糖、甘露糖、蔗糖、蕈糖、麦芽糖、纤维二糖、乳糖、水杨素、乙酸盐和丙酸盐等 24 种物质，而果糖、异丁酸盐、顺乌头酸盐和正丙醇则仅为部分菌株利用（耿毅，2006）。目前国内尚没有巴氏葡萄球菌和嗜麦芽寡养单胞菌可以对石油进行高效降解的报道。

（2）细菌对石油的降解能力

图 3-28 为 2 株菌的石油降解曲线，第 11 天时 2 株菌的降解率已在 60% 以上，菌株 lhk-2 在第 8 天达到最大降解率，菌株 lhk-10 在第 11 天达到最大降解率。可见，作用 11 天后，2 株菌对石油的降解都已基本平稳。

2 株菌对石油中烷烃降解效果的 MS-GC 图谱见图 3-29。由图中结果可见，菌株 lhk-2 对 C8～C26 的

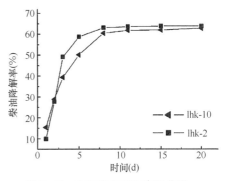

图 3-28 2 株菌的石油降解曲线

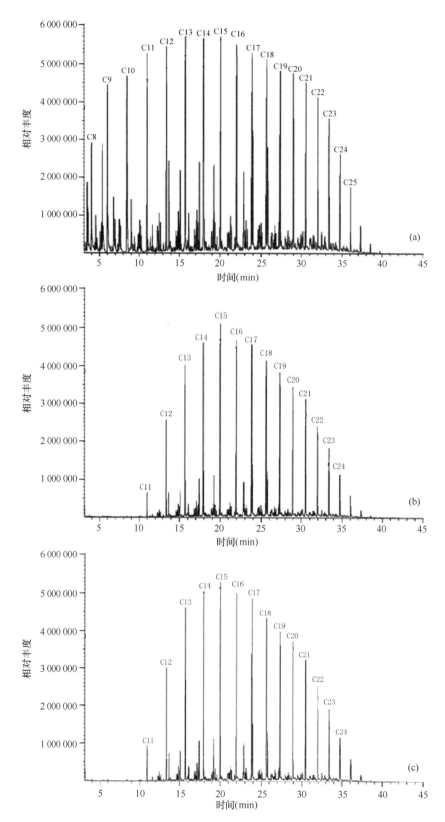

图 3-29　未降解的柴油组分（a）以及经菌株 lhk-2（b）和菌株 lhk-10（c）降解后石油组分图谱

正构烷烃均有很强的降解能力，但对 C13~C15 正构烷烃的去除能力较对其余 C 含量正构烷烃的去除能力略低，菌株 lhk-10 对 C8~C26 范围内的正构烷烃均有较强的去除能力。

图 3-30 为 2 株菌对石油中不同碳链长度正构烷烃的降解效果，2 株菌对石油中几种长度的正构烷烃降解率都在 85%以上。在柴油中正构烷烃的含量占柴油成分的 75%以上（杨新华等，2005），2 株菌对柴油正构烷烃的降解率均在 85%以上，而对总烃类的降解率高于60%，表明 2 株菌对柴油中其他成分，如多环芳烃等的降解情况较差。因此，应进一步筛选对复杂成分，如多环芳烃等有较好去除的菌株，以完善石油降解菌在实际应用中的不足。国内已有学者对该类型降解菌进行了研究，刘磊等研究了 1 株可以降解多环芳烃的石油降解菌，可以以正十六烷、苯、萘、蒽、菲和芘作为唯一碳源生长（刘磊等，2007）。

（3）温度、盐度和 pH 值等对石油降解的影响

不同温度下 2 株石油降解菌对石油的降解率及细菌的生长状况见图 3-31。由图可见，菌株 lhk-2 在 12~32℃ 范围内都可以生长，随着温度的上升，生物量及石油降解率也不断增加。在温度为 12℃ 的条件下，菌株仍能生长，且其石油降解率仍在 20% 以上。菌株 lhk-2的降油效率在 12~32℃ 的范围内随温度的升高而升高，而菌株 lhk-10 的降油效率在 28℃ 时达到最大，高于 28℃ 后反而会下降；菌株 lhk-10 在 12~32℃ 范围内可以生长，在 20~28℃内生长良好，菌株对石油的降解情况与菌的生长状况呈现相同趋势，在温度为 12℃ 的条件下，其石油降解率仍在 20% 左右。可见，2 株菌都呈现出了一定的耐低温性，在我国北方实际环境中土壤温度较低的条件下，2 株菌株都具有较高应用的价值。

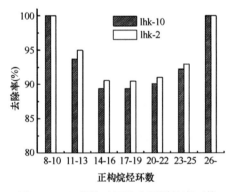

图 3-30　2 菌株对石油中不同长度正构
烷烃的降解率

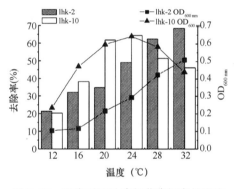

图 3-31　温度对石油降解菌降解率的影响

pH 值对 2 株石油降解菌石油降解能力的影响见图 3-32。菌株 lhk-2 可在 pH 值为 5~9 的条件下生长，在 pH 值为 7 左右时对石油的降解率较高；菌株lhk-10 的 pH 值适应范围为 5~10，pH 值为 7~8 对石油降解率较高。极端的 pH 值会影响细菌酶的活性，在石油降解菌降解烷烃的过程中，会产生烷烃羟化酶（Lu et al.，2005），不同的 pH 值条件下石油降解菌对石油的降解情况会有明显的差异。在 pH 值为 8.0 时，生长速率和石油降解率仍较高；在 pH 值为 10.0 时，依然能生长，呈现了较好的耐碱性，这

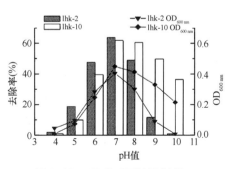

图 3-32　pH 值对石油降解菌
降解率的影响

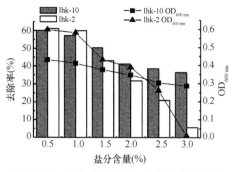

图 3-33 盐度对石油降解菌降解率的影响

也与 Tiago 等 （2004） 报道基本一致。

盐度对 2 株石油降解菌石油降解能力的影响见图 3-33。菌株 lhk-2 在 NaCl 浓度为 2.5% 时，仍然可以生长，对石油的降解率为 20.9%；在 NaCl 浓度为 3% 时，基本停止生长，基本丧失对石油的降解能力；菌株 lhk-10 在 NaCl 浓度 3% 时，可以生长，对石油的降解率为 36.5%。由图 3-33 可见，2 株菌对石油的降解率均随盐度的增大而降低，但均体现出较高的抗盐性。

由以上分析可见，自辽河口湿地分离的 2 株菌都具有较好的耐低温、耐碱性与耐盐性，对石油中正构烷烃的解率达 85% 以上，在我国北方河口湿地的低温高盐环境石油污染物的降解中具有重要应用价值。在自然环境中，温度、盐度、酸碱度是随时间、地域变化的，将 2 株菌联合应用，使不同的菌种在不同的环境条件下发挥作用，更能提高石油降解菌的降油效果，同时也扩大了其应用范围。相关的探讨有待进一步深入研究。

3.3.4 石油污染对湿地土壤微生物群落的影响

滨海湿地处于海陆交错地带，是陆地生态系统和海洋生态系统之间重要的过渡带，由陆源产生的矿物质、营养物质和有机有毒性物质在通过滨海湿地进入海洋时经历了生物、地质及水文等因子的共同作用，经过各种物理、化学过程后得到净化。无论是对地表水和海水，它都起到一定的滞留作用，可以说滨海湿地是保护海洋生态系统免受来自陆源污染的最后一道屏障（张晓龙等，2005；Costanza et al.，1997；Ji et al.，2007）。但作为陆海相互作用的集中地带，滨海湿地生态系统也相对敏感脆弱。近年来，随着外源污染物的不断输入，对湿地生态系统的稳定已经形成潜在危害。尤其是我国一半左右的油田都位于滨海湿地，油田开发强度大，井喷油管破裂、原油泄漏、油井钻探等使滨海湿地普遍存在不同程度的石油污染，严重威胁到湿地生态系统的健康发展。

土壤微生物群落是湿地生态系统的重要组成部分，在湿地净污过程中发挥重要的作用（Kennedy & Smith，1995；Finlay et al.，1997；Groffman & Bohlen，1999）。绝大多数有机物的降解、氮磷硫物质的生物地球化学循环、重金属析出或溶释都是微生物在群落水平，通过各种单一功能的种群依次梯级作用实现的（Bagwell et al.，1998；Cunha et al.，2005），某种或某类微生物的数量或活性的消长都会直接影响到群落功能的完成，最终导致生态系统的失衡甚至破坏。故此，极有必要将外源污染物输入对湿地植物根区微生物群落结构造成的影响展示给人们，以引起警惕，并给环境决策者提供科学依据。目前，已有一些学者致力于石油污染物的输入对微生物群落影响的研究，但这些研究主要是分析石油污染物对农业、林地和草地土壤及植物根际微生物群落的影响，而对滨海湿地微生物群落影响的研究则较少，主要原因一方面是输入滨海湿地的污染物种类繁多，模拟分析设备环境条件控制困难，且在短时间内揭示漫长的污染驯化过程难度很高；另一方面受传统微生物分析方法的限制。因此，本研究以辽东湾辽河滨海湿地为对象，针对辽河河口地区油田生产油井密布的实际情况，以石油污染物为主要污染物，采用湿地模拟试验装置，通过常规监测和 PCR-DGGE 技术分析微生物群落长期暴露于污染物中时逐渐演替、更迭的真实情况（田伟君等，2014），为开发其中的微生物资源和保护滨海湿地提供科学依据。

针对辽河滨海湿地进水的实际情况，结合湿地土壤及湿地植物根系的生长状况，在盘锦市芦苇研究所试验基地内，利用 PVC 及有机玻璃等材料研制 6 组带配水装置（以满足模拟湿地进水的可控性）的湿地模拟试验成套装置，将高约 50 cm 的双台河滨海湿地土壤及湿地植物原位移入湿地模拟装置。

根据芦苇湿地实际进水调查结果，芦苇湿地主要进水分别为每年的 5 月初和 6 月底，其余时间均为适量补水。因此，本研究分别于 2011 年 5 月和 6 月采集主要进水河流和引水泵站的水样，测定的石油类污染物的浓度为 0.27~1.3 mg/L。提水站水样中石油类的浓度明显高于河流中的，说明柴油提水泵的使用增加水中石油类的浓度，由于芦苇湿地用水主要依赖提水泵站的供应，因此本研究实验用水拟用柴油与河水进行配水，且实验期间保持进水中石油类污染浓度为 1.3 mg/L。具体实验期实验用油量及环境条件如表 3-29 所示。

表 3-29　采样条件及实验用水情况

月份	采样温度 （℃）	加油量 （mL）	TN （mg/L）	TP （mg/L）	COD$_{Cr}$ （mg/L）	总石油烃 （mg/L）
6 月	20.5	1.0	8.59	0.67	69.32	0.09
7 月	27.2	0.9	8.41	0.52	57.01	0.11
8 月	26.05	0.56	5.32	0.48	48.19	0.08
9 月	22.7	0.72	6.11	0.44	60.22	0.07
10 月	21.9	0.87	6.75	0.47	53.03	0.10
11 月	15.8	0.9	4.33	0.51	40.74	0.09
累计	—	4.95	—	—	—	—

采用抖根法分别取对照组和实验组-10 cm、-20 cm、-30 cm、-40 cm 处获取芦苇根际土壤样品，用无菌封口袋装好带回实验室，土壤首先通过 2 mm 目筛，去除较大植物组织与石块，然后在冰上手工剔除肉眼可见的细根。土样分成 3 份：第一份保存在 4℃，用于土壤环境参数、酶活性测定和种群数量计数；第二份保存在-20℃，用于变性梯度凝胶电泳（DGGE）研究；第三份置于塑料膜内，低温避光条件下自然风干，粉碎研磨后过 100 目筛子，用于正构烷烃和多环芳烃的分析。所有样品处理在取样后 6 h 内完成。

3.3.4.1　正构烷烃和多环芳烃在芦苇根区土壤的分布

芦苇根区土壤中正构烷烃各组分的浓度及分布情况见图 3-34。湿地芦苇根区土壤中定量检出的正构烷烃系列主要集中在 C10~C33 之间。含油河水灌溉的实验组芦苇根区土壤正构烷烃的分布与对照组明显不同，实验组浓度较高且主要集中在 C13~C26 之间，其中碳数 20 左右的浓度最高，达到了 3.33 μg/g。而对照组各碳数的分布较为平均且浓度均较低，最高值仅为 0.052 μg/g，近于实验组的 1%。从芦苇整个生长期来看，实验组各月份正构烷烃的分布特征较为相似，均为单峰型分布，显示了石油烃的输入特征（韩雪等，2012）。从纵向看，对照组-10 cm 处正构烷烃总浓度为 0.313~0.395 μg/g，-40 cm 处 ∑n-alkanes 浓度为 0.233~0.292 μg/g，在纵向上基本符合-10 cm>-20 cm>-30 cm>-40 cm，但随土层深度的变化幅度较小，分布较为均匀；实验组-10 cm 处 ∑n-alkanes 浓度在 23.69~34.84 μg/g 之间，且随深度变化较大，-40 cm 处 ∑n-alkanes 浓度为 1.19~2.38 μg/g，仅为-10 cm 的 1/20，说明添加的正构烷烃主要集中于湿地土壤的表层。

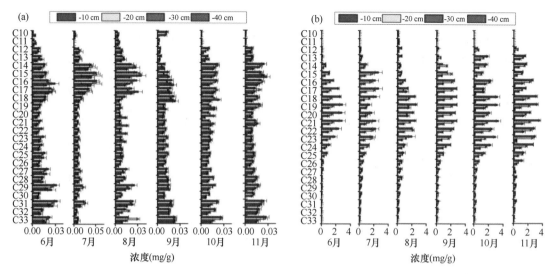

图 3-34　湿地植物根区土壤正构烷烃各组分的浓度及分布

（a）河水灌溉对照组；（b）含油河水灌溉实验组

芦苇根区土壤中多环芳烃各组分的浓度及分布情况见图 3-35，如图所示，实验组和对照组芦苇根区土壤中均检测出 14 种多环芳烃物质，对照组中高分子量（4~6 环）、难生物降解的 PAHs 占 ∑PAHs 的近 50%，且分布在芦苇的整个生长季内无明显变化，土著微生物对 PAHs 的降解能力较弱。实验组 PAHs 各组分分布特征与对照组相似，其中萘、芴、菲、芘占 ∑PAHs 比重较高，约为 37.0%~74.3%。PAHs 各组分浓度最高的也主要集中于 -10 cm 土层中，随着深度的增加迅速减小。实验组 ∑PAHs 浓度在 -10 cm 处的平均值为 963.25 ng/g 约为 -40 cm 处平均值 385.89 ng/g 的 2.5 倍，芦苇根系的存在增大了土壤空隙，促进土壤表层多环芳烃向下迁移。

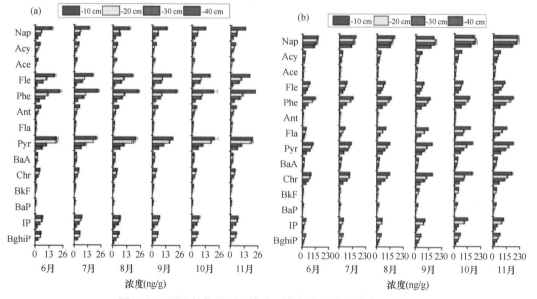

图 3-35　湿地植物根区土壤多环芳烃各组分的浓度及分布

（a）河水灌溉对照组；（b）含油河水灌溉实验组

3.3.4.2 石油污染对芦苇根际土壤微生物数量的影响

细菌、放线菌和真菌是土壤微生物群落的重要组成部分，对有机物的矿化起着重要作用。实验期间芦苇根际的这3种微生物群落数量明显受到石油污染物连续输入的影响（表3-30）。石油污染物的输入减少芦苇根际细菌、放线菌和真菌的数量，但增加了根际土壤的有机质和微量元素的含量，促进了石油烃降解菌的生长和繁殖（Stapleton et al.，2000；Nie et al.，2009）。经过6个月灌溉后，在-20 cm土壤层中，添加石油污染物的细菌、放线菌和真菌的数量仅为未添加的1/4、1/10和1/2。而石油烃降解菌的数量则增加56~230倍。此外，皮尔森相关分析也表明芦苇根际微生物种群数量与正构烷烃和多环芳烃的浓度有明显关系（表3-31），即污染物浓度越高，微生物种群数量越小。其中，细菌对石油最为敏感，根际土壤每一层的细菌数量均与氧化还原电位（ORP）、正构烷烃和多环芳烃浓度呈显著的负相关性。而放线菌和真菌只是在表层土壤受ORP、正构烷烃和多环芳烃浓度的影响比较明显。石烃降解菌的数量与氧化还原电位，正构烷烃和多环芳烃的浓度呈显著正相关性（r= 0.886~0.978，P<0.01）。含水量对芦苇根际种群数量的影响并不明显。

表3-30　灌溉期内芦苇根区微生物种群数量变化

月份	土层深度(cm)	细菌(×10⁵ CFU/g) CP	TP	放线菌(×10⁴ CFU/g) CP	TP	真菌(×10² CFU/g) CP	TP	石油降解菌(×10⁴ MPN/g) CP	TP
6月	-10	55.13±2.45	28.97±1.46	18.68±0.83	12.12±1.01	34.21±3.00	20.89±1.16	1.58±1.04	27.86±1.91
	-20	76.27±5.46	50.54±2.54	22.93±1.04	10.24±0.70	26.67±0.24	24.26±1.22	0.33±0.25	17.52±1.02
	-30	40.27±1.02	35.24±1.45	13.92±0.70	8.51±0.49	22.97±1.16	14.63±0.46	0.10±0.08	15.96±0.80
	-40	26.04±2.26	25.92±0.60	11.01±0.44	7.20±0.36	14.25±0.94	17.02±1.12	0.08±0.04	2.62±0.17
7月	-10	22.79±1.39	14.88±1.11	4.48±0.41	2.92±0.22	26.89±1.82	17.27±1.17	1.66±0.08	39.85±2.66
	-20	58.41±4.36	30.41±2.29	10.89±0.85	4.27±0.18	19.21±1.15	23.39±1.44	0.32±0.02	34.40±1.74
	-30	21.76±1.22	13.53±0.89	3.56±0.16	2.41±0.16	15.83±0.98	9.38±0.56	0.12±0.01	17.42±0.88
	-40	16.74±1.06	13.07±0.83	2.47±0.28	1.75±0.16	9.08±1.01	13.48±1.12	0.08±0.01	3.37±0.27
8月	-10	14.69±0.89	9.52±0.58	3.83±0.33	2.07±0.06	30.86±1.61	7.32±0.44	1.61±0.94	61.00±4.03
	-20	34.89±1.83	14.94±0.91	9.50±0.95	2.68±0.27	25.27±1.53	16.60±1.53	0.36±0.20	38.30±2.29
	-30	11.92±0.48	5.97±0.31	3.41±0.20	2.65±0.10	21.89±1.29	25.22±1.51	0.16±0.13	17.25±0.91
	-40	8.66±0.27	10.64±0.63	3.05±0.18	2.15±0.20	19.51±0.81	25.10±1.69	0.15±0.06	2.39±0.12
9月	-10	52.64±3.54	11.06±0.93	8.39±0.71	2.02±0.13	45.00±2.50	8.09±0.53	2.68±0.12	87.67±5.41
	-20	68.81±4.70	15.72±1.50	11.95±0.78	2.08±0.11	39.00±1.35	24.68±1.32	0.62±0.06	64.95±5.49
	-30	33.46±2.82	14.32±1.14	10.93±0.58	9.15±1.09	32.00±1.55	22.54±1.02	0.26±0.02	26.52±2.16
	-40	19.72±1.07	8.42±0.71	11.05±0.50	7.88±0.78	38.00±1.84	33.96±2.08	0.12±0.01	3.40±0.29
10月	-10	50.18±2.07	11.29±0.44	12.79±0.68	3.04±0.19	40.00±1.65	15.22±1.35	1.58±1.15	88.79±4.70
	-20	63.37±2.94	17.59±1.56	20.58±0.95	2.23±0.17	46.00±2.84	30.19±1.83	0.37±0.35	85.33±2.26
	-30	34.07±1.81	12.51±0.45	15.38±0.90	9.58±0.89	30.00±1.59	23.95±0.86	0.25±0.15	33.26±1.23
	-40	22.39±1.38	7.68±0.31	19.59±0.73	11.31±0.70	38.00±1.76	27.93±1.04	0.15±0.11	4.19±0.21
11月	-10	49.53±3.29	10.78±1.12	12.67±1.01	10.52±1.19	25.08±1.05	24.09±1.93	1.51±0.10	82.41±7.07
	-20	63.97±5.69	17.62±1.41	12.31±0.68	17.21±0.77	44.99±1.52	57.82±3.18	0.32±0.04	68.84±9.01
	-30	36.84±1.06	13.06±0.72	11.89±0.61	10.55±0.28	18.10±1.20	38.24±1.44	0.17±0.02	26.37±2.04
	-40	25.06±0.67	6.55±0.51	14.26±1.27	14.07±0.73	21.33±2.22	29.25±1.61	0.12±0.01	6.96±0.38

表 3-31　微生物种群数量与土壤参数及有机质相关性分析

菌种	深度（cm）	水分	ORP	n-alkanes	PAHs
细菌	-10	0.168	0.881**	-0.664*	-0.832**
	-20	-0.203	0.895**	-0.811**	-0.748**
	-30	-0.287	0.790**	-0.702*	-0.664*
	-40	-0.441	0.811**	-0.669*	-0.776**
放线菌	-10	-0.126	0.769**	-0.769**	-0.797**
	-20	0.021	0.692**	-0.119	-0.105
	-30	-0.238	0.413*	0.035	0.014
	-40	0.301	0.154	0.018	0.196
真菌	-10	-0.189	0.797**	-0.769**	-0.797**
	-20	0.021	0.168	-0.119	-0.105
	-30	-0.287	-0.287	0.035	0.014
	-40	0.189	-0.421	0.018	0.196
石油降解菌	-10	0.096	0.820**	0.896**	0.954**
	-20	0.487	0.313	0.935**	0.941**
	-30	0.446	0.714**	0.968**	0.978**
	-40	0.557	0.657**	0.933**	0.886**

注：* $P<0.05$；** $P<0.01$。

3.3.4.3　石油污染对芦苇根际细菌群落结构的影响

对含油河水灌溉组和对照组各月份-10 cm 土壤样品进行 DGGE 分析，各土壤样品的变性梯度凝胶电泳（DGGE）谱图如图 3-36a 所示。由指纹图谱可以看出，S1~S12 各样品的条带数目、位置和亮度均存在一定的差异性。S1~S6 样品中条带 2 均有出现且较亮，而在 S7~S12 中并不明显，说明条带 2 是石油污染影响下的优势种群。S4 样品中出现了有异于其他样品的条带，且条带数目较多，说明经过长时间的石油输入，微生物适应了石油污染的环境，以烃类作为碳源和能源的石油降解菌菌群数量增加（Bento et al.，2005；Li et al.，2005），与 9 月石油降解菌菌群数量最高相符。其中条带 1 在 S1 出现后，一直到 S5 都存在，说明该菌群为能降解石油的菌群。S7~S12 样品条带数目较 S1~S6 多，表明石油污染一定程度上降低了土壤微生物群落多样性。细菌图谱的聚类分析结果如图 3-36b 所示，群落结构最为相似的是 S10 和 S11，其中 S6 和 S9、S7 和 S8、S1 和 S3 的群落结构分别较相似，S1~S5 与 S6~S12 最后聚在一起，相似性差异较大，进一步说明石油污染对土壤细菌群落结构产生了影响。根据芦苇根际微生物群落 DGGE 图谱中出现的优势和特殊条带进行切胶回收测序，测序后其结果在 GenBank 数据库中用 BLAST 进行检索并进行同源性比较。15 条优势带的基因片段序列与 GenBank 中细菌序列相似性如表 3-32 所示。结果显示，经过 6 个月的含油河水灌溉后，形成了以变形菌门（Proteobacteria）和拟杆菌门（Bacteroidetes）为主要优势菌的群落结构，而厚壁菌门（Firmicutes）、放线菌门（Actinobacteria）和蓝细菌门（Cyanobacteria）则受到不同程度的抑制。

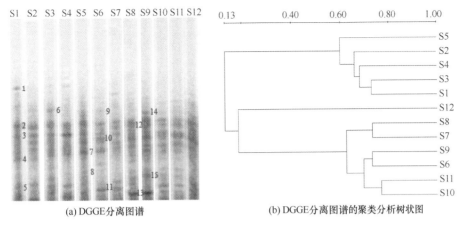

(a) DGGE 分离图谱 (b) DGGE 分离图谱的聚类分析树状图

图 3-36 芦苇湿地-10 cm 深度土壤细菌群落的 DGGE 分离图谱及聚类分析树状图

注：S1~S6，实验组 6—11 月-10 cm 土层微生物群落的谱图；S7~S12，对照组 6—11 月-10 cm 土层微生物群落的谱图

表 3-32 测序比对结果

序列	序列长度	相似菌	相似性（%）	门/纲	登录号
1	190	*Gramella forsetii* KT0803	100	Bacteroidetes/Flavobacteria	CU207366
2	194	*Phaselicystis flava*	92	Proteobacteria/Deltaproteobacteria	AJ233948
3	189	*Fulvivirga* sp. AK7	92	Bacteroidetes/Sphingobacteria	FR687203
4	170	1396 *Solirubrobacter soli*（T）	95	Actinobacteria/Actinobacteria	AB245334
5	171	Clostridia bacterium P221（2）	88	Firmicutes/Clostridia	GU370091
6	169	TM7 phylum sp.	96	Proteobacteria/Betaproteobacteria	JN713402
7	185	*Nitrospira* sp.	98	Nitrospira/Nitrospira	AJ224039
8	170	*Arcobacter* sp. A3b2	89	Proteobacteria/Epsilonproteobacteria	AJ271655
9	194	*Methylophaga muralis*（T）	92	Proteobacteria/Gammaproteobacteria	AY694421
10	170	*Erythrobacter flavus*	99	Proteobacteria/Alphaproteobacteria	EU440989
11	171	*Dehalococcoides* sp. BHI80-52	92	Actinobacteria/Actinobacteria	AJ431247
12	169	Alphaproteobacterium JL991	100	Proteobacteria/Alphaproteobacteria	DQ985050
13	172	*Symploca* sp. CCY0030	99	Cyanobacteria（Chloroplast）/Cyanobacteria	GQ402025
14	186	Anaerobic bacterium glu3	86	Firmicutes/Clostridia	AY756145
15	170	Bacterium Ellin7530	93	Actinobacteria/Actinobacteria	HM748740

3.3.5 辽河口湿地 PAHs 污染的生态风险

分别利用 ERL/ERM 和 TEF 法判断该区域土壤中 PAHs 生态风险。ERL/ERM 结果表明，该区域 PAHs 存在一定生态风险，且土壤中的茚并（1，2，3）芘具有潜在的毒害作用。TEF 法计算结果表明 2008 年 10 月 Bapeq 值范围为 52.1~84.3 ng/g，2009 年 5 月为 8.6~59.2 ng/g，2009 年 10 月为 7.8~80.9 ng/g。3 个季节中苯并芘对 Bap_{eq} 值的贡献率分别为 66.31%、59.48%、50.88%，且 3 个季节中分别有 100%、38.7% 和 22.6% 的土壤中总

Bap$_{eq}$值超过荷兰规定目标值（32.96 ng/g），存在一定的健康风险（图3-37）。

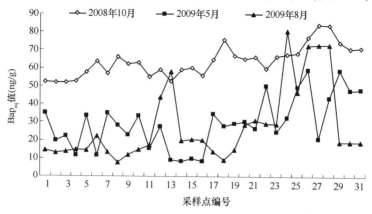

图3-37　辽河口湿地土壤中多环芳烃Bap$_{eq}$值

3.4　污染物来源及入海通量分析

3.4.1　辽河口湿地污染物来源及入海途径

3.4.1.1　河口湿地监测点位的选取方法

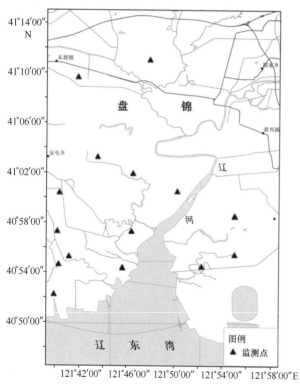

图3-38　河口湿地进、出水质监测点位分布

河口湿地污染物入海通量估算方法由湿地出水水质监测、出水水量估算等技术方法组成。针对辽河口湿地出水节点流量小、分布散、开放时间具有随机性的特点和采取逐点适时监测较为困难的实际情况，基于湿地水利工程结构布局，利用现场调查并结合GPS定位，从所有节点中筛选出流量相对较大、开放时间较长的关键出水节点作为水质监测点，采用定点连续监测手段测定湿地出水水质（图3-38）。基于提水泵站水泵流量、工作时间，计算湿地年提水量，结合年湿地降雨量、生态需水量、蒸发量实测数据，采用水量平衡法估算湿地排水量。依据湿地出水水质监测结果，采用瞬时浓度平均法对出水污染物实施分时段加和计算，估算湿地污染物的入海通量。

3.4.1.2 河口湿地地表水环境空间分布特征

河口湿地地表水中污染物浓度均表现出明显的季节变化和区域分布特征（图3-39）。以地表水环境质量标准衡量，大部分样点COD和TN污染严重，氨氮和重金属（Cd、Pb、Cu、Zn）优于Ⅱ类标准。7月河口湿地水中COD变化在13.6~73.6 mg/L之间，88%的样点超过地表水Ⅲ类标准，70%的样点超出Ⅳ标准，近50%的样点超出Ⅴ类标准。9月COD的浓度

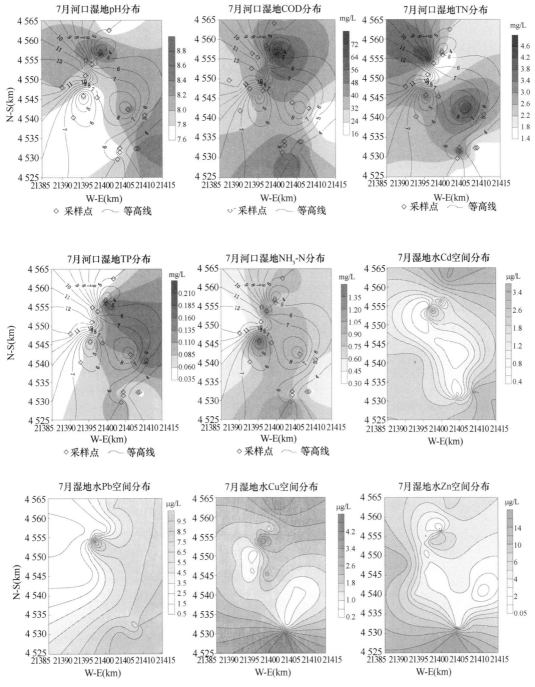

图3-39 河口湿地地表水7月和9月水质空间分布特征（一）

131

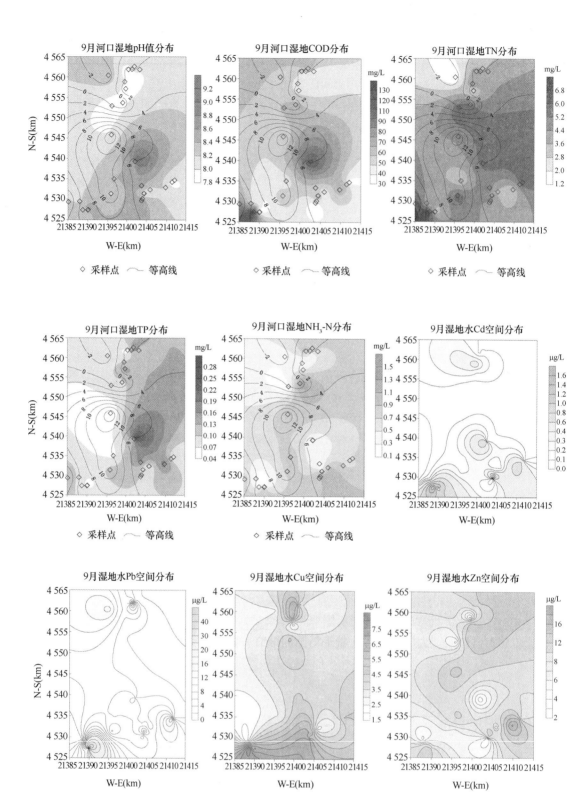

图 3-39　河口湿地地表水 7 月和 9 月水质空间分布特征（二）

变化在 33.2~130.4 mg/L 之间，近 90% 的样点 COD 含量超地表水 V 类标准。7 月河口湿地水中 TN 的浓度变化在 1.389~4.404 mg/L 之间，几乎全部样点超地表水 IV 标准，近 76% 的样点超 V 标准。9 月湿地水中 TN 浓度变化在 1.243~6.866 mg/L 之间，其均值为 4.469 mg/L，是 7 月均值的 2 倍，近 90% 的样点超地表水 V 类标准。

从污染物浓度的空间分布特征上看，感潮河段水质 pH 较高，引农田退水灌溉区水中营养盐类浓度高，引河水灌溉区重金属浓度高，呈现上游污染物输入及湿地水分管理活动对河口湿地污染物浓度升高的影响。随着芦苇湿地的排水落干，湿地污染物质被排放入海，将会加剧对近海环境的污染。因此，选择科学的苇田湿地人工管理措施、减少污染物质的入海通量将会对近海生态系统具有重要意义。

3.4.2　辽河口湿地污染物的入海通量

3.4.2.1　估算方法

基于物质平衡法，综合考虑河口湿地水量的输入和输出途径，建立了河口湿地污染物输入-输出通量估算方法。

$$\text{湿地污染物输入：} F_{\text{Input}} = \sum_{i=1}^{n} C_i \times Q_i \tag{3-5}$$

$$\text{湿地污染物输出：} F_{\text{Output}} = C' \times [Q + A \times (P - E)] \tag{3-6}$$

$$\text{湿地污染物拦截量：} F = \sum_{i=1}^{n} C_i \times Q_i - C' \times [Q + A \times (P - E)] \tag{3-7}$$

其中：C_i 为进水污染物浓度（mg/L）；Q_i 为进水量（m³）；C' 为排水污染物浓度（mg/L）；P 为降雨量（mm）；E 为蒸腾、蒸发量（mm）；A 为湿地面积（hm²）。

3.4.2.2　污染物入海通量估算

（1）辽河口湿地进、排水污染物浓度

表 3-33 是辽河口湿地各提水站 2009 年 3 月提水期的进水水质情况。从测试结果看，各苇场进水中营养类污染物与重金属的浓度有所差异，其中东郭苇场进水中营养类污染物浓度低于羊圈子和赵圈河苇场，而重金属中除 Pb 外，Cd、Cu 和 Zn 的浓度表现出东郭苇场进水高于羊圈子和赵圈河苇场进水。这种差异体现了不同的来水特征，东郭苇场来水为大凌河水与饶阳河水，其上游有比例较大的工业园区；羊圈子和赵圈河来水河流均有大量农田退水汇入，导致其中的营养类物质浓度较高。

表 3-33　辽河口湿地进水水质

所属范围	采样地点	来水	pH 值	COD (mg/L)	TN (mg/L)	NH₄ (mg/L)	TP (mg/L)	Cd (μg/L)	Pb (μg/L)	Cu (μg/L)	Zn (μg/L)
东郭苇场	南井子站	大凌河	6.8	12.24	4.335	0.636	0.027	0.010	1.828	2.976	5.20
	三义站	大凌河	7.2	31.48	4.070	0.484	0.009	1.236	—	1.360	2.88
	红旗站	饶阳河	5.5	14.75	4.745	0.857	0.037	—	0.436	2.676	7.76
	曙光站	饶阳河	5.5	54.29	4.338	0.419	0.041	1.914	—	1.024	15.52
	均值		6.3	28.19	4.372	0.599	0.028	1.053	1.132	2.009	7.84
	标准差		0.9	19.383	0.279	0.195	0.014	0.965	0.984	0.961	5.49

所属范围	采样地点	来水	pH 值	COD (mg/L)	TN (mg/L)	NH₄ (mg/L)	TP (mg/L)	Cd (μg/L)	Pb (μg/L)	Cu (μg/L)	Zn (μg/L)
羊圈子苇场	胜利塘站	绕阳河	6.7	21.65	4.982	0.495	0.081	0.216	—	0.540	0.48
	四湾兴	绕阳河	6.4	9.10	5.674	1.358	0.101	0.445	13.13	2.028	—
	羊圈子干渠	绕阳河	6.5	31.48	5.637	1.232	0.093	—	0.348	2.128	8.48
	均值		6.5	20.75	5.431	1.028	0.092	0.331	6.738	1.565	4.480
	标准差		0.2	11.22	0.389	0.466	0.010	0.162	9.038	0.889	5.657
赵圈河苇场	赵圈河站	赵圈河	6.8	27.09	6.041	1.439	0.225	3.042	0.208	1.224	0.76
	红塔站	东辽河	6.2	27.93	5.126	0.888	0.106	0.053	2.984	2.152	9.76
	双兴站	东辽河	6.5	42.57	3.653	0.449	0.130	0.022	—	1.672	6.28
	向阳站	清水河	7.4	37.34	4.864	0.763	0.028	0.038	3.52	2.928	7.56
	均值		6.7	33.73	4.921	0.885	0.122	0.789	2.237	1.994	6.09
	标准差		0.5	7.50	0.984	0.413	0.081	1.502	1.778	0.729	3.83

表 3-34 是 2009 年 9 月底各苇场排水与湿地水质情况。从测试结果看，排水期各苇场湿地积水与排水水质除 COD 和 Zn 两项指标外，其他各项指标差异不大。这体现出了芦苇湿地对污染物的净化去除效应。

表 3-34　辽河口湿地排水水质

所属范围	pH 值	COD (mg/L)	TN (mg/L)	NH₄ (mg/L)	TP (mg/L)	Cd (μg/L)	Pb (μg/L)	Cu (μg/L)	Zn (μg/L)
东郭苇场	7.98	64	5.545	1.283	0.089	0.049	2.210	4.605	13.75
	8.02	50	4.588	0.887	0.041	0.054	4.17	3.91	13.15
	9.27	120.8	5.766	0.382	0.264	0.171	3.805	4.41	3.75
	8.48	103.2	5.538	0.358	0.125	0.851	8.955	3.835	2.85
	8.22	89.2	6.866	0.864	0.13	—	1.04	1.595	6.35
	8.16	51.2	3.897	0.101	0.09	0.267	0.945	6.76	3.75
	8.56	37.2	2.709	0.322	0.056	1.144	4.492	5.49	7.7
	8.28	44.8	3.347	0.917	0.078	0.475	13.62	3.065	9.95
	8.4	41.6	2.807	0.838	0.063	0.181	6.195	4.43	10.75
	8.17	60	5.754	0.761	0.113	0.181	1.58	2.245	5.35
均值	8.35	66.2	4.682	0.671	0.1049	0.375	4.701	4.035	7.74
标准差	0.37	28.5	1.429	0.363	0.063	0.382	3.801	1.503	3.98
羊圈子苇场	7.95	46.8	2.462	0.540	0.141	0.226	2.905	5.945	13.45
	8.02	46	4.500	0.206	0.102	0.499	4.15	5.99	3.5
	7.82	52.4	4.334	0.856	0.059	0.074	3.84	3.305	10.35
	8.01	40.8	4.062	0.564	0.114	—	2.035	3.44	11.9
	7.98	42.8	3.964	0.425	0.114	0.181	17.23	2.94	10.1
	8.36	57.2	1.243	0.373	0.081	0.370	12.815	4.505	9

所属范围	pH 值	COD（mg/L）	TN（mg/L）	NH₄（mg/L）	TP（mg/L）	Cd（μg/L）	Pb（μg/L）	Cu（μg/L）	Zn（μg/L）
均值	8.02	47.67	3.428	0.494	0.102	0.270	7.163	4.354	9.717
标准差	0.18	6.13	1.294	0.219	0.029	0.166	6.29	1.354	3.42
赵圈河苇场	8	36.8	5.866	0.722	0.067	0.083	3.25	3.325	7.1
	7.91	62.4	5.126	0.503	0.105	0.576	17.855	2.925	14.8
	8.2	68.8	2.905	0.747	0.183	0.722	13.175	2.3	18.5
	8.13	41.2	3.476	0.936	0.067	0.182	4.475	5.23	6
	8.49	53.6	4.831	0.241	0.168	0.108	5.935	4.71	9.45
	8.4	50	5.076	1.442	0.114	1.294	2.785	5.47	9.9
	8.06	58.4	4.183	0.503	0.073	0.373	13.8	4.321	11.15
均值	8.17	53.03	4.495	0.727	0.111	0.477	8.754	4.040	10.99
标准差	0.21	11.39	1.032	0.386	0.048	0.433	6.056	1.209	4.37

（2）辽河口芦苇湿地年进水量及排水量

由于缺乏常年提水量信息资料，仅以 2009 年调查资料数据为例计算。表 3-35 为河口芦苇湿地各提水泵站提水量统计。由表看出，2009 年东郭苇场、羊圈子苇场和赵圈河苇场的提水量分别为 13 737×10⁴ m³、7 439×10⁴ m³ 和 6 239×10⁴ m³，总量为 27 415×10⁴ m³。

表 3-35　河口湿地提水站信息及提水量（2009 年）

提水站	来水河流	提水泵流量（m³/s）	提水天数（d）	提水量（×10⁴ m³）
双兴站	东辽河	7	20	1 210
赵圈河站	赵圈河	10	18	3 629
向阳站	清水河	6	15	933
红塔站	东辽河	3	18	467
赵圈河苇场（小计）				6 239
胜利塘站	绕阳河	24	21	4 355
四湾兴站	绕阳河	21	17	3 084
羊圈子苇场（小计）				7 439
曙光站	绕阳河	5.5	30	1 426
红旗站	绕阳河	17	30	4 406
三义站	大凌河	14.5	30	3 758
南井子站	大凌河	16	30	4 147
东郭苇场（小计）				13 737
合计				27 415

2009 年盘锦降水量为 535.8 mm，芦苇群落年蒸发蒸腾量为 885.7 mm，河口芦苇湿地面积为 6.7×10⁴ hm²。由此折算河口芦苇湿地年降水量输入量为 28 976×10⁴ m³，年蒸散发量为

59 873×10^4 m^3，假定每年芦苇湿地沟渠及残留水量不变，据此估算河口芦苇湿地年排水量为 3 762×10^4 m^3（表3-36）。

表3-36　河口芦苇湿地水量平衡估算

范围	面积（hm^2）	年提水量（×10^4 m^3）	年降雨输入量（×10^4 m^3）	年蒸散发量（×10^4 m^3）	年排水量（×10^4 m^3）
东郭苇场	36 267	13 737	15 545	32 121	1 047
羊圈子苇场	17 533	7 439	7 515	15 529	1 304
赵圈河苇场	13 800	6 239	5 915	12 223	1 410
合计	67 600	27 415	28 975	59 873	3 761

（3）辽河口湿地污染物输入及入海通量估算

依据河口湿地进水污染物浓度和进水量估算出河口湿地污染物年输入量（表3-37）。依据河口湿地排水污染物浓度和排水量估算出河口湿地污染物年排放入海量（表3-38）。由此可见，河口湿地COD、氮、磷、重金属的年入海通量分别为1 724 t、102 t、3.9 t和0.83 t。

表3-37　河口湿地污染物输入量估算　　　　　　　单位：t/a

所属范围	COD	TN	NH$_4$	TP	Cd	Pb	Cu	Zn
东郭	3 872	601	82	3.846	0.145	0.156	0.276	1.077
羊圈子	1 544	404	76	6.844	0.025	0.501	0.116	0.333
赵圈河	2 104	307	55	7.612	0.049	0.140	0.124	0.380
合计	7 520	1 312	213	18.302	0.219	0.797	0.516	1.790

表3-38　河口湿地污染物入海通量估算　　　　　　单位：t/a

所属范围	COD	TN	NH$_4$	TP	Cd	Pb	Cu	Zn
东郭	693.1	49.02	7.03	1.10	0.004	0.049	0.042	0.081
羊圈子	371.6	18.63	4.73	0.82	0.004	0.093	0.057	0.127
赵圈河	659.9	34.71	7.61	1.99	0.007	0.123	0.057	0.155
合计	1 724.6	102.37	19.37	3.91	0.014	0.266	0.156	0.363

（4）芦苇湿地对污染物的截留及吸收效应

污染物在芦苇湿地中的去向一般包括植物吸收、土壤残留、随地表径流损失、地下渗流损失、微生物分解去除等。表3-39为河口湿地芦苇植物体生物量及元素含量。由此计算出芦苇湿地对污染的吸收量为N 914.5 t、P 371.4 t、Cd 0.002 4 t、Pb 0.057 t、Cu 1.271 t、Zn 1.155 t（表3-40）。而湿地对上述污染物的截留量分别为1 154 t、14.33 t、0.205 t、0.489 t、0.36 t、1.439 t，由此可见，植物对N的吸收率占截留量的80%，植物对P和Cu的吸收超出残留在湿地中的P量，重金属Cd和Pb吸收量较小，对Zn的吸收量可达80%。植物吸收是河口湿地营养类污染物去除的主要方式，重金属Cd、Pb和Zn由于其他途径的损失率较小，故在湿地土壤中残留累积。而每年输入到湿地中的污染物约有60%~90%被湿地截留或净化去除（表3-40），显示了芦苇湿地对污染物净化功能的巨大生态效益。

表 3-39　芦苇植物体生物量及元素含量

范围	生物量 （kg/m²）	N （g/kg）	P （g/kg）	Cd （mg/kg）	Pb （mg/kg）	Cu （mg/kg）	Zn （mg/kg）
东郭苇场	1.356 4	8.869	3.900	0.014	0.282	10.504	8.158
羊圈子苇场	1.825 7	5.290	3.168	0.025	0.682	12.644	15.021
赵圈河苇场	1.901 2	11.774	2.977	0.036	0.802	13.337	10.401
均值	1.694	8.644	3.348	0.025	0.589	12.162	11.193

表 3-40　河口湿地芦苇对污染物的吸收移出量　　　　单位：t/a

范围	N	P	Cd	Pb	Cu	Zn
东郭苇场	436.3	191.8	0.000 7	0.014	0.517	0.401
羊圈子苇场	169.3	101.4	0.000 8	0.022	0.405	0.481
赵圈河苇场	308.9	78.1	0.000 9	0.021	0.350	0.273
合计	914.5	371.3	0.002 4	0.057	1.272	1.155
湿地污染物截留量	1 154	14.33	0.205	0.489	0.36	1.439
植物吸收量所占湿地截留量比例（%）	79.2	2 046.5	1.2	11.6	353.2	80.3

第4章 辽河口湿地生态用水调控技术

在全球气候变化和人类活动影响下，辽河口湿地出现生态用水不足、水环境恶化、土壤盐渍化和海水倒灌等问题，导致芦苇湿地、翅碱蓬湿地明显退化。针对辽河口湿地生态缺水产生的芦苇和翅碱蓬湿地生物群落严重退化的重大环境问题，本研究采用湿地生态水文模型和河口数值模型预测的方法，开展对河口区淡水资源调控和优化研究。

本研究构建了辽河口湿地生态水文耦合模型，对1981—2009年辽河口湿地集水区生态水文演变规律进行模拟，结合芦苇湿地原位蒸散发实验，确定了辽河口开放湿地生态需水量、生态补水量。在此基础上，利用感潮河口水量-水质耦合模型，通过模拟辽河口感潮河段水质、水量时空动态分布，预测河口区湿地主要泵站适宜调水的时间窗口、调水路径和调水量，建立辽河口湿地水资源综合调控方案，以达到芦苇湿地生态需水量的调控目标。

本研究解决了开放的湿地系统湿地尺度、边界范围、降水径流量、湿地水文过程难以确定的技术难点，充分考虑了感潮河段河-海相互作用的复杂性，将芦苇湿地的生态需水和河网供水特征相结合，将微咸水作为一种重要的湿地生态用水来源，开拓了河口湿地生态需水综合利用的新途径，该方案有效地解决了枯水期芦苇湿地生态用水短缺问题。

4.1 辽河口湿地的水文格局

4.1.1 辽河口湿地水资源与水文特征

通过收集辽河河口区经济社会、水文气象、水资源及其开发利用等资料，分析流域水资源总体特征和时空分布规律和流域供、用、耗、排水基本情况，以及流域水资源短缺分区特征与影响因素。

4.1.1.1 降水及水资源利用

研究区属暖温带大陆性半湿润季风气候区。盘锦市1955—2009年年降水量的变化见图4-1。多年平均降水量为623.2 mm，降雨量年际分配不均，降水量在900 mm以上为丰水年，600 mm左右为平水年，500 mm以下为枯水年。降雨量的年内分布也十分不均，比如2008年全市降水量613.9 mm，5—9月降水量占全年降水量的83.5%，降水量年内分布情况见图4-2。

2008年，辽河口湿地供水总量$13.63×10^8$ m³。其中地表水供水量$12.03×10^8$ m³，占总供水量的88.2%；地下水供水量$1.25×10^8$ m³，占总供水量的9.2%；其他水源供水量$0.35×10^8$ m³，占总供水量的2.6%。

2008年，辽河口湿地年用水总量$13.63×10^8$ m³，各行业用水比例见图4-3。其中农业灌溉用水量$10.66×10^8$ m³，占总用水量的78.2%；林、牧、渔、畜用水量$1.62×10^8$ m³，占总

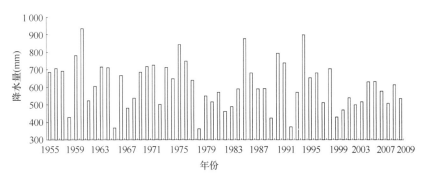

图 4-1 1955—2009 年盘锦地区降水量柱状图

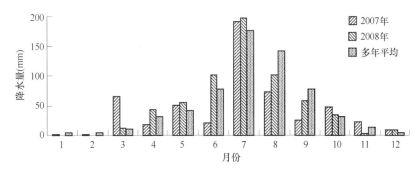

图 4-2 降水量在一年内各月分布情况

用水量的 11.9%；工业用水量 $0.81×10^8$ m^3，占总用水量的 5.9%；城镇公共用水量 $0.08×10^8$ m^3，占总用水量的 0.6%；居民生活用水量 $0.46×10^8$ m^3，占总用水量的 3.4%。

盘锦市 2008 年耗水总量 $9.80×10^8$ m^3，综合耗水率 71.9%。农田灌溉耗水量 $8.28×10^8$ m^3，耗水率 77.7%；林、牧、渔、畜耗水量 $0.81×10^8$ m^3，耗水率 50.0%；工业耗水量 $0.52×10^8$ m^3，耗水率 64.2%；城镇公共耗水量 $0.02×10^8$ m^3，耗水率 25.0%；居民生活耗水量 $0.18×10^8$ m^3，耗水率 39.1%。

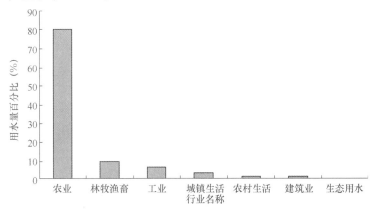

图 4-3 2008 年盘锦市各行业用水比例

4.1.1.2 河口潮汐潮流特征

盘锦市境内的辽河系感潮河段，枯水期潮水上溯，洪水期间，随流量增大，潮汐影响逐渐减小，当上游来水超过 2 000 m³/s 时，无明显潮差变化。辽河用水期间河闸关闭时，潮水止于河闸。1958 年以前，辽河枯水期海水上溯，河水含盐浓度剧增。1958 年以后，靠上游水库放流压潮，降低河水含盐量。境内辽河承受上游及海潮双向泥沙影响，河道严重淤积。

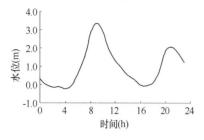

图 4-4 2009 年 8 月三道沟站实测潮位

潮汐类型是根据潮汐调和常数中主要日分潮和主要半日分潮振幅的比值来划分的。当比值小于等于 0.5 时，为正规半日潮型；当比值大于 0.5、小于等于 2.0 时，为不正规半日潮型；当比值大于 4.0 时为正规日潮型。根据 2002 年 10 月 4 日至 11 月 3 日对老陀子潮汐观测资料进行分析，发现老陀子的比值为 0.59，属不正规半日潮型。每日涨潮两次，落潮两次，涨落潮历时 12 h 24 min。正常情况下，农历每月初一满潮为 4 点 50 分，潮时每日向后推迟约 48 min，平均潮差 2.7 m，最大潮差可达 5.5 m，是全国潮差最大的海区之一。潮流的主流方向：涨潮东北向，落潮西南向。表层余流春季多为西北或北偏西向，夏季为西北向。正常年份潮汐变化是 7—9 月潮位较高，12 月至翌年 2 月潮位较低。图 4-4 为 2009 年 8 月三道沟站连续 25 h 的潮位实测曲线，由潮位曲线可见，辽河口区潮汐类型属于非正规半日潮，即 24 h 经历两次涨潮和落潮，由于受径流影响，落潮比涨潮历时时间长。

4.1.1.3 河口盐度变化特征

辽河口近海盐度为 32，小道子一带盐度为 5.3~14，三道沟一带为 9~11，枯水年份盐度较高。荣兴乡至二界沟镇一带盐度较稳定，图 4-5 和图 4-6 分别为 2009 年河口小道子连续站（40°56′39.65″N，121°48′29.19″E）5 月、8 月的盐度 25 h 的连续实测曲线。可见，辽河河口区的盐度随着潮周期的涨落明显变化，涨潮时盐度较大，落潮较小；同时，5 月丰水期比 8 月平水期盐度小。

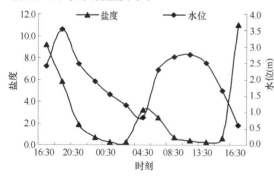

图 4-5 2009 年 5 月河口连续站盐度-潮位曲线

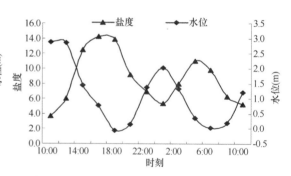

图 4-6 2009 年 8 月河口连续站盐度-潮位曲线

4.1.1.4 河口水污染特征

于 2008 年 10 月和 2009 年 5 月及 8 月，在辽河、绕阳河、六里河、螃蟹沟等河段进行了 3 次野外调查，分别监测了 pH 值、COD、石油类、悬浮物等水质指标，以 COD 为例，分析结果如下。

（1）2008 年 10 月是枯水季节，监测结果发现，水中 COD 含量普遍较高，为劣 V 类水质，远超地表水环境质量标准（GB 3838—2002）规定的 30 mg/L（IV 类），下游曙光桥处更是达到 51.89 mg/L。总的来看，绕阳河流域水质比辽河水质好，但部分监测点水质较差。另外，监测指标中悬浮物浓度较高，范围为 1.2~334.0 mg/L，表明部分监测点的水质受到人为活动的影响较大。

（2）2009 年 5 月是汛前枯水期，辽河河道中 COD 浓度普遍较高，大部分监测点处 COD 值超过国家规定的 IV 类水质标准。辽河监测值为 17.29~60.24 mg/L，绕阳河的部分河段水超过国家规定的 IV 类水质标准。螃蟹沟的于岗子排水站监测值为 60.24 mg/L，水质较差，为劣 V 类水质。河口水质连续监测资料表明，COD 值为 8.12~64.38 mg/L，水质受上游淡水和海水的双重影响。

（3）2009 年 8 月是汛期，水流较大，现场监测发现，COD 值在丰水期的监测值比枯水期稍好，范围在 1.63~51.68 mg/L，大部分采样点水质稍好，部分监测点 COD 值超标，可能是由于人为污染物排放的影响。

3 次不同季节的监测表明，辽河及支流绕阳河和城区河道螃蟹沟的水质变化较大，受生活和工业废水排放影响较大。

4.1.2 辽河口湿地生态水文格局演变规律

4.1.2.1 河口区生态水文耦合模拟平台构建

定量分析河口湿地生态水文相互作用关系，确定湿地合理生态水文格局，是进行河口湿地生态水文调控的基础；同时，科学识别气候变化和人类活动下的河口湿地生态水文响应，是保障河口湿地生态环境永续健康的关键。上述两大实践需求的关键支撑技术就是要在水文、生态观测的基础上，从生态水文物理过程研究出发，开发具有统一物理机制的生态水文耦合模拟平台。该模型需具备历史仿真模拟功能、驱动机制识别功能以及演变态势预测功能。

（1）建模策略

国内外开发出了大量的生态模型和水文模型，且大多数模型均采用了模块化建模策略，基于本研究的模型需求分析，需要从机制出发进行模型的开发工作，提取不同模型中有关生态过程、能量过程以及水文过程的模拟模块，建立基于统一物理机制的生态水文耦合模型。

①模型原型及模块选取

生态过程模拟：陆面群落模型-全球植被动力学模型（CLM-DGVM）是美国国家大气研究中心于 2004 年研发的，是基于陆地植被动力和陆面-大气碳与水交换的一个非静力平衡的生物地理学和生物地球化学模型，其优点主要有：模拟植被生长和衰老等正常的生理过程中的物质循环，即生物地球化学过程，保证能量和质量的守恒；应用了一种向下尺度化方法（Top-Down）的动态全球植被模块，并引入平均个体的概念来增加计算效率；为了概括植被功能，DGVMS 将植被描述为各种植被功能类型（PFTS），从而取代物种的概念。

本研究提取要素过程模块主要包括净初级生产力产生、繁殖、物质更新、由于消耗净初

141

级生产力导致的死亡、物质的分配、自然/胁迫死亡、物种入侵和发展以及土壤有机质分解
8个部分。

水循环过程模拟：WEP模型（Water and Energy transfer Process model），即水分与能量
过程模型，由中国水利水电科学研究院自主开发，该模型综合了分布式流域水文模型和陆面
地表过程模型的各自优势，具备明确的物理机制，并且可以模拟水文循环的各要素过程，在
国内外许多流域都得到了较好的实践应用。本研究重点提取水文要素过程包括：地表水过
程、土壤过程、地下水过程3个部分。

能量过程模拟：采用Sellers、Randall、Collatz（NASA/GSFC）等研发的A simple Bio-
sphere Model Ver. 2（SiB2）简单生物圈模型中的能量过程进行模拟，考虑了植被覆盖度和叶
面积指数对于能量过程的影响。本研究中的能量过程模拟即考虑利用该模型来建立能量过程
和陆面过程之间的联系，重点提取长波辐射、短波辐射、潜热通量、感热通量以及土壤冠层
热通量5个部分。

②各模块间相互作用关系

准确和全面识别各生态、水文、能量过程间的相互作用关系是建立基于统一物理机制下
的生态水文耦合模拟平台的基础，也是实现各过程无缝双向式嵌套的关键，更是演变驱动因
素分析的重要依据，因此，在各模块选取后，要找出其内在相互作用关系，使水分、碳在各
模块中及模块间实现动态循环，为进一步实现要素过程嵌套提供依据。各生态水文过程及相
互作用关系如图4-7所示。

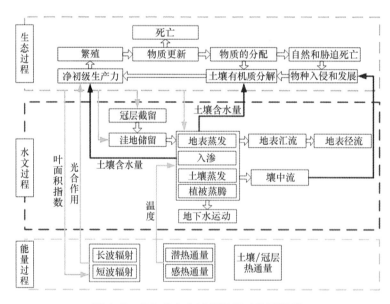

图 4-7　各生态水文过程及相互作用关系

③各模块时空尺度嵌套

在生态模式中，往往以次小时、小时尺度模拟；在水文模式中，往往以小时或日尺度模
拟；在能量过程中，多以分钟为单位进行模拟。3种模式在耦合时也存在空间尺度不统一问
题，因此在进行各模块整合调用前，需要从各过程的物理机理出发，优化各过程时空计算单
元，对不同过程进行时间尺度耦合嵌套（图4-8）。

如图 4-8 所示，模拟生态水文能量要素过程时间尺度主要涉及次小时、日和年 3 个尺度，空间尺度包括单元格和流域 2 个尺度，完成每一尺度模拟后进行统计，将结果代入下一尺度继续模拟，总体完成日、月和年的统计。

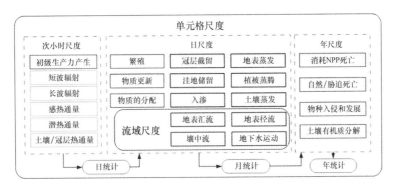

图 4-8　生态水文时空尺度耦合嵌套

④模块整合处理

整体模型的建立需要五大模块，除生态、水文、能量三大模块外，还需要添加前处理模块和后处理模块。前处理模块主要完成公共参数定义、文件开设、数据输入和参数初始化等准备工作，后处理模块主要进行各循环数据统计，以及统计结果的输出的工作，具体又分为水热收支模块、径流统计模块、植被统计模块以及气象统计模块。

（2）模型结构

①水平结构

模型的空间计算单元为正方形网格，大小 500 m×500 m，见图 4-9。

考虑网格内土地利用的不均匀性，采用"马赛克"法，即把网格内的土地利用分为数类，再分别计算各种土地利用类型的地表面的水热通量，取其平均值作为网格单元的地表面水热通量。土地利用首先分为水域、裸地-植被域、不透水域 3 类，裸地-植被域又可分为裸地、草地与耕地、林地 3 类，不透水域可分为地面与都市建筑物。另外，根据流域数字高程和数字化实际河道等，确定网格单元的汇流方向来进行由上游至下游的追迹计算。

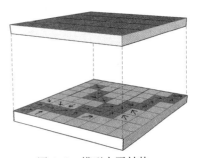

图 4-9　模型水平结构

②垂直结构

模型的空间单元格在垂直方向分层结构（图 4-10）自上而下依次是大气层、植被截留层、洼地储留层、土壤层、过渡带层、浅层地下水层和深层地下水层等。

（3）要素过程模拟

生态水文模型的主要过程有：净初级生产力的生成、物质分配、物种死亡、土壤有机物分解、水域和土壤的蒸散发、地表产流、地下水运动、潜热和感热通量等过程。具体模块计算公式如表 4-1 所示。

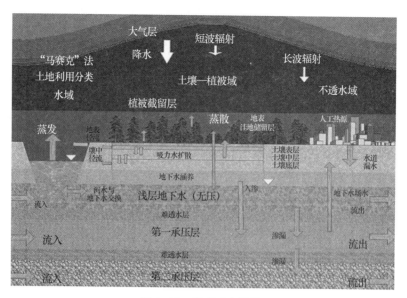

图 4-10　模型垂向结构

表 4-1　生态水文过程主要模块计算公式

过程	主要模块		公式	备注
生态	净初级生产		$\Delta_m = 28.5\ (A - R_a)$	A 为植被生长过程的光合作用，$\mu mol\ CO_2/\ (m^2 \cdot s)$；$R_a$ 为植被生长过程的呼吸作用，$\mu mol\ CO_2/\ (m^2 \cdot s)$；28.5 为 CO_2 与生物量的换算系数
	异速生长	根	$\Delta C_{root} = C_{root} - \dfrac{C_{root} \cdot \Delta C_{leaf}}{C_{leaf}}$	ΔC_{root} 为根碳量的改变；ΔC_{leaf} 为叶碳量的改变；FPC 为植被覆盖度；FPC_{excess} 为植被覆盖度超出的部分；SLA 为特殊叶面积
		叶	$\Delta C_{leaf} = C_{leaf} - \dfrac{-2lg\ [\ 1 - \ (FPC - FPC_{excess})\ ]}{SLA}$	
	死亡（自然）		$mort_{greff} = \dfrac{k_{mort1}}{1 + k_{mort2} \cdot greff}$	k_{mort1} 是依赖于 PFT 的最大死亡率；K_{mort2} 是生长率系数；$greff$ 为每年单位叶面积的碳含量
	土壤有机质分解		$delta\_c = c_0 - c_0 \times exp\ (-k \times t)$	$delta\_c$ 为分解量；c_0 为初始量；k 为分解系数；t 为时间
水文	地表蒸发	水域	$Ew = \dfrac{(RN - G)\ \Delta + \rho_a C_p \delta_e / r_a}{\lambda\ (\Delta + \gamma)}$	RN 为净辐射量；G 为传入水中的热通量；Δ 为饱和水蒸气压对温度的导数；δ_e 为水蒸气压与饱和水蒸气压的差；r_a 为蒸发表面的空气动力学阻抗；ρ_a 为空气的密度；C_p 为空气的定压比热；λ 为水的气化潜热；γ 为 C_p / λ
		植被截留	$Ei = Veg \cdot \delta \cdot E_p$	Veg 为裸地-植被域的植被面积率；δ 为湿润叶面的面积率；E_p 为可能蒸发量
		土壤蒸发	$Es = \dfrac{(RN - G)\ \Delta + \rho_a C_p \delta e / r_a}{\lambda\ (\Delta + \gamma / \beta)}$	β 为土壤湿润函数或蒸发效率

过程	主要模块		公式	备注
水文	地表产流	超渗产流	$\dfrac{\partial H_{sv}}{\partial t}=P-E_{sv}-f_{sv}-R1_{ie}$	P 为降水量；E_{sv} 为蒸散发量；f_{sv} 为通过 Green-Ampt 模型算出的土壤入渗能力；$R1_{ie}$ 为超渗产流
		蓄满产流	$\dfrac{\partial H_s}{\partial}=P\left(1-Veg_1-Veg_2\right)+Veg_1\cdot Rr_1$ $+Veg_2\cdot Rr_2-E_0-Q_0-R1_{ie}$	Veg_1、Veg_2 为裸地-植被域的高植生和低植生的面积率；Rr_1、Rr_2 为从高植生和低植生的叶面流向地表面的水量；Q_0 为重力排水；E_0 为洼地储蓄蒸发；$R1_{ie}$ 为蓄满产流
	地下水运动	无压层	$C_u\dfrac{\partial h_u}{\partial t}=\dfrac{\partial}{\partial x}\left[k\left(h_u-z_u\right)\dfrac{\partial h_u}{\partial x}\right]+\dfrac{\partial}{\partial y}\times$ $\left[k(h_u-z_u)\dfrac{\partial h_u}{\partial y}\right]+(Q_3+WUL-RG-E-P_{er}-GWP)$	H 为地下水水位（无压层）或水头（承压层）；C 为储留系数；k 为导水系数；z 为含水层底部标高；D 为含水层厚度；Q_3 为来自不饱和土壤层的涵养量；WUL 为上水道漏水；RG 为地下水流出；E 为蒸发蒸腾；P_{er} 为深层渗漏；GWP 为地下水扬水。下标 u 和 l 分别表示无压层和承压层
		承压层	$C_1\dfrac{\partial h_1}{\partial t}=\dfrac{\partial}{\partial x}\left(k_1D_1\dfrac{\partial h_1}{\partial x}\right)+\dfrac{\partial}{\partial y}\left(k_1D_1\dfrac{\partial h_1}{\partial y}\right)$ $+\left(P_{er}-RG_1-P_{er1}-GWP_1\right)$	
能量	潜热		$\lambda E_c+\lambda E_g=\left(e_a-e_m\right)\rho C_\rho/\left(\gamma\times r_a\right)$	e_a 为冠层空气区域（CAS）蒸汽压（kPa）；ρ 为空气密度（$kg\cdot m^{-3}$）；C_ρ 为空气比热（$J\cdot kg^{-1}\cdot K^{-1}$）；$\gamma$ 为湿度常数（$Pa\cdot K^{-1}$）；e_m 为大气边界层蒸汽压（kPa）；r_a 为冠层空气区域和相对高度之间的空气动力阻抗（$s\cdot m^{-1}$）
	感热		$H_c+H_g=\left(T_a-T_m\right)\rho C_\rho/r_a$	Ta 为空气温度；Tm 为大气边界层温度；ρ 为空气密度（$kg\cdot m^{-3}$）；C_ρ 为空气比热（$J\cdot kg^{-1}\cdot K^{-1}$）；$r_a$ 为冠层空气区域和相对高度之间的空气动力阻抗（$s\cdot m^{-1}$）

4.1.2.2　辽河口区生态水文过程模拟

（1）流域范围界定

本研究采用流域生态水文调控模式分析辽河口湿地问题，是基于如下因素。

第一，湿地范围的划定存在诸多难点，主要原因是湿地并非相对独立的封闭系统，无法监测湿地内部的降水径流形成量，其水文过程研究也存在不确定性，将湿地纳入流域范围进行分析，可以很好地解决这一问题。

第二，在气候变化的大背景下，流域水土资源开发利用是造成辽河口湿地生态环境问题的根本原因，从问题导向原则出发，明晰流域人类活动对河口湿地的影响，分析湿地所在流域范围内的生态水文演变规律，是进行湿地生态水文调控的基础保障。

辽河口湿地所在流域为柳河口以下流域（图4-11），属于三级流域，流域面积为13 292 km²，其中，山丘区面积为4 661 km²，平原区面积为8 631 km²，包括淡水面积6 688 km² 和咸水面积1 943 km²。

（2）数据来源及数据采集

本研究的数据库主要由基础地理信息、遥感数据、统计数据、相关规划资料三大部分组成。基础地理信息主要包括地形高程、河流水系、行政区域、水文地质、土壤植被以及土地

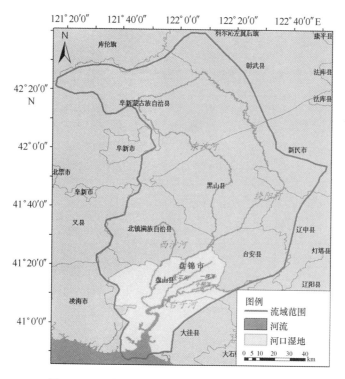

图 4-11　生态水文模拟区域（柳河口以下流域）

利用六部分，来自国家地理信息系统；遥感数据来自水利部遥感中心；统计数据有气象、水文资料，分别从国家气象数据共享网和国家水文年鉴中获得；相关规划资料从盘锦市芦苇科学研究所、辽宁省环境科学研究院以及当地市县政府部门获得。具体数据时空尺度范围如下。

高程数据：流域 1：25 万数据。

河流水系与行政分区图：包括了研究区三级到五级河流的实际河网资料，涵盖省界、县界以及地市级以上居民地的行政分区资料。

土壤植被数据：1：100 万中国土壤分类图和中国植被分布图。植被生物量、植被密度以及植被含水量等野外实测数据。此外，本研究中尚有一部分植被数据来源于 NDVI 遥感资料。

土地利用数据：1986 年、1996 年、2000 年和 2005 年四期全国土地利用分类图件资料。

气象资料：流域范围内 7 个典型测站，1956—2008 年间的降水、气温、相对湿度、日照、风速 5 个指标的数据。

水文数据：主要水文站和水位站，1970—1983 年间的天然径流量、水位资料。

（3）模型输入及参数化处理

将所收集到的高程数据、河网水系数据、土壤植被数据、土地利用数据等，利用地理信息系统进行处理，生成空间化信息，经整理后，得到模型输入数据库。

（4）模型验证

结合野外原型观测结果，对饱和土壤导水率、土壤含水量以及土壤体积含水率等敏感参数进行了校正（图 4-12）。模型校验期模拟结果的相对误差均控制在 10% 以内，相关系数达到 0.76 以上，Nash 系数除东白城子站验证期为 0.57 外，其余校验期均达到 0.7 以上，水文站径流量校验结果如表 4-2 所示。模型精度基本能够满足模拟要求。

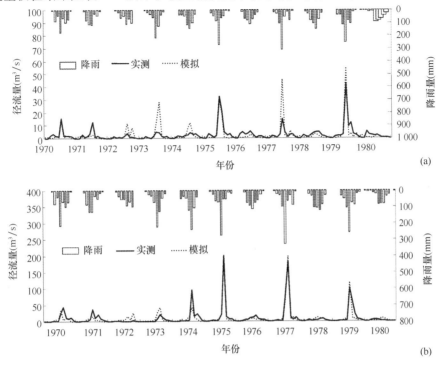

图 4-12 东白城子（a）和王回窝堡（b）水文站径流量模拟与计算结果对比

表 4-2 径流模拟过程精度校验

校验结果	校正期		验证期	
	东白城子	王回窝堡	东白城子	王回窝堡
实测流量（m³/s）	2.52	9.57	3.05	10.60
模拟流量（m³/s）	2.63	8.63	2.76	9.84
相对误差（%）	4.37	-9.74	-9.32	-7.18
相关系数	0.76	0.92	0.87	0.96
纳什系数	0.57	0.81	0.71	0.92

（5）湿地水文与生态要素演变特征

基于生态水文耦合模拟平台，对辽河口湿地集水区水量收支情况进行分析。引起湿地集水区水量变化的水文过程主要涉及降水、湿地蒸散发（包括湿地土壤、植被以及水域）、湿地入流和出流（入流数据是通过 3 条主要河流：西沙河、绕阳河和辽河进入湿地集水区入口处单元格流量进行的加和计算得到的，出流数据则是提取了湿地集水区出口处单元格的流量数据）以及湿地土壤渗漏，如图 4-13 所示。

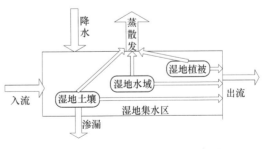

图 4-13 湿地集水区水量收支示意图

利用所构建的生态-水文耦合模型，对1981—2009年辽河口湿地集水区生态水文演变规律进行模拟，得到了湿地集水区降水、蒸散发、渗漏、径流深、叶面积指数（LAI）以及天然蓄水量等生态水文要素演变特征（图4-14）。

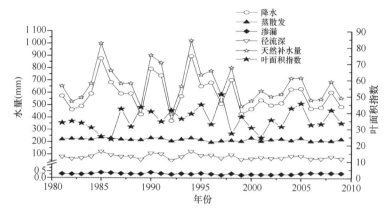

图4-14　辽河口湿地生态水文要素演变特征

① 降水演变特征。在所构建的生态水文模型中，湿地集水区降雨数据是通过空间差值的方法获得，因而需要较多站点的长系列数据支持，本研究采用的是1956—2009年全国统一气象数据包中的辽河口区及其附近气象观测点数据，另外还添加了辽河流域水文年鉴中有关的雨量站数据，以提高空间差值的可靠性，时间尺度为日尺度。

1981—2005年的25年间，辽河口湿地集水区年降水量在373.8～897.8 mm的范围内，多年平均降水量为597.4 mm，年际变化呈现出下降趋势，但下降趋势并不明显（图4-15）。

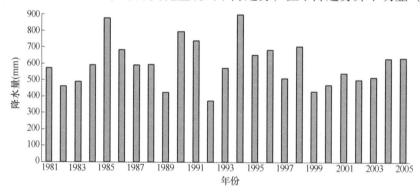

图4-15　1981—2005年辽河口湿地集水区年降水量

对25年降水量进行频率分析，通过绘制降水量频率曲线，确定不同水平年。丰水年主要有1985年、1986年、1990年、1991年、1994年以及1998年；枯水年包括1982年、1983年、1989年、1992年、1999年以及2000年，其余年份为平水年。

从降水的年内变化来看，呈现单峰曲线，降水主要集中7月和8月，约占全年降水的52%，7月降水量最大，达到161 mm，如图4-16（a）所示。从蒸散发的年内变化来看，蒸散主要集中5—9月，约占全年蒸散发的86%，这与湿地芦苇生长周期有关，其中7月蒸散发量最大，达到49 mm，如图4-16（b）所示。从蓄变量的年内变化来看，蓄变量主要集中在 7 月和 8 月两个月，约占全年蓄变量的 60%，如图 4-16（c）所示。

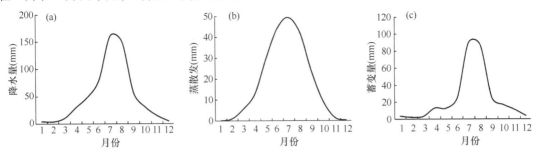

图 4-16　1981—2005 年辽河口湿地集水区月平均降水量（a）、蒸散量（b）、蓄变量（c）

② 蒸发演变特征。本研究将土地利用分为 31 种类型输入模型后，经模型再分类得到 6 种土地利用类型，分别为水域、高植被域、低植被域、裸地域、不透水域和城市建筑物，在模拟蒸发过程中，对不同土地利用类型进行不同计算，对于水域主要采用 Penman 公式进行计算，裸地土壤的蒸发采用修正的 Penman 公式，植被截留蒸发采用 Noilhan-Planton 公式，而植被蒸腾涉及土壤、植被和大气连续体，采用 Penman-Monteith 公式进行计算，不透水域的蒸发根据降水量、地表（洼地）储留能力和潜在蒸发能力进行求解。

将 1976—1980 年作为模型预热期，对 1981—2005 年进行模拟，得到逐日的湿地集水区的蒸散量。经统计，1981—2005 年辽河口湿地集水区年平均蒸散量在 197.8～232.7 mm 的范围内，多年平均蒸散发量为 218.7 mm，呈减小趋势，但减小趋势并不明显，如图 4-17 所示。

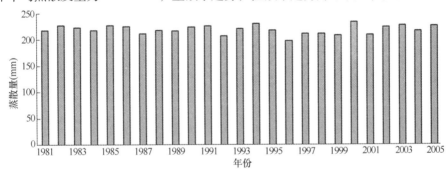

图 4-17　1981—2005 年辽河口湿地集水区蒸散量

③ 湿地土壤渗漏。湿地渗漏主要考虑湿地集水区内土壤的入渗情况，模型中依据雨强大小与实际土壤入渗能力间的关系，分别采用不同入渗过程方程，主要涉及蓄满产流和超渗产流，对 1981—2005 年辽河口湿地入渗过程进行模拟的结果如图 4-18 所示，年均入渗量为 0.307 mm。各月入渗量在 0.02 mm 左右，由于辽河三角洲湿地土壤以黏土为主，因此，入渗量较小，此处仅考虑渗漏量的年际变化。湿地集水区土壤渗漏量呈逐渐减小的趋势，如图 4-18 所示。

④ 入流与出流。湿地集水区是一非封闭流域，水量主要来自两条入流河流：辽河和绕阳河，不适宜采用流量变化对径流深进行换算，选取辽河径流系数对湿地集水区径流深进行分析，公式为（詹道江和叶守泽，2000）：

$$R = P \times \alpha \tag{4-1}$$

式中：R 为径流深；P 为相应时段内流域平均降雨深度；α 为径流系数，本研究选取辽河流域径流深为 0.14（包伟民和张建云，2009），得到 1981—1991 年湿地集水区年均径流深为

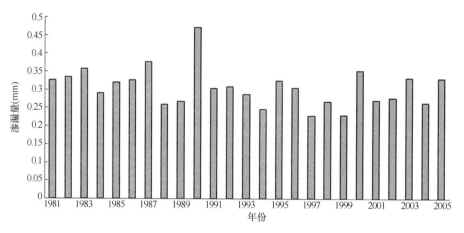

图 4-18　1981—2005 年辽河口湿地集水区渗漏量

83.6 mm，变化趋势与降水一致。

　　⑤ 湿地集水区蓄变量。辽河口湿地集水区水量变化主要考虑了湿地降水、蒸散发、入流与出流以及湿地渗漏等过程。通过对 1981—2005 年蓄变量进行统计（蓄变量＝降水－蒸发－渗漏－径流深），得到辽河口湿地集水区年蓄变量在 113.9～541.9 mm，年均蓄变量为 294.8 mm，呈现逐渐减小的趋势，如图 4-19 所示。

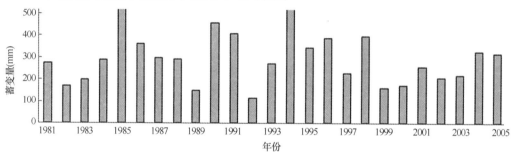

图 4-19　1981—2005 年辽河口湿地集水区蓄变量

　　根据表 4-3，丰水年年均降水量为 782.3 mm，枯水年为 441.9 mm，平水年为 583.9 mm；丰水年年均蒸散量为 223.5 mm，枯水年为 219.1 mm，平水年为 216.3 mm；丰水年年均渗漏量达 0.323 mm，枯水年为 0.308 mm，平水年为 0.298 mm；丰水年年均径流深为 109.5 mm，枯水年为 61.9 mm，平水年为 81.7 mm；丰水年年均蓄变量为 448.9 mm，枯水年为 160.6 mm，平水年为 285.5 mm。

表 4-3　不同水平年各要素过程水量变化　　　　　　　　　　　　单位：mm/a

水平年	降水量	蒸散发	渗漏	径流深	年份
枯水年	455.91	217.96	0.30	63.83	1982、1983、1989、1992、1999、2000、2006、2007、2009
平水年	578.14	218.35	0.30	80.94	1981、1984、1987、1988、1993、1995、1997、2001、2002、2003、2004、2005、2008
丰水年	767.99	225.39	0.35	107.52	1985、1986、1990、1991、1994、1996、1998

4.2 辽河口湿地生态需水量

4.2.1 辽河口湿地生态需水研究的关键问题

4.2.1.1 河口湿地生态需水研究的基本框架

河口湿地生态需水为在特定的生态保护目标下，维持河口湿地生态水文相互作用关系的淡水补给量。基于这一概念，构建了河口湿地生态需水研究的框架体系（图4-20），该框架主要包括三个方面的研究：一是生态环境保护目标的确定，确定生态环境保护目标是进行河口湿地生态需水量研究的基础；二是水文与生态相互作用关系的研究，内容包括湿地生态水文演变规律、湿地生态水文格局及湿地生态水文相互响应，明确湿地水文与生态相互作用关系是进行河口湿地生态需水量研究的核心；三是水资源配置方案的优选，是在满足变化环境下的河口湿地生态需水要求的基础上选取最优水资源配置方案，是湿地生态需水研究的目的（张蕊，2009；张蕊等，2010）。

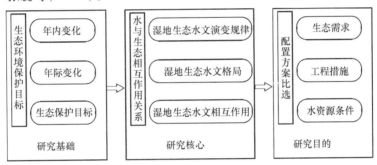

图4-20 河口湿地生态需水研究基础框架

（1）研究基础

河口湿地生态环境保护目标是河口湿地生态需水研究的基础，需要确定合理的河口湿地生态用地和生态用水阈值范围。生态用地范围的确定需结合河口湿地现状调查结果、历史区域范围资料以及未来期望范围进行综合分析，生态用地范围过小，不利于湿地生态系统的保护，过大则影响区域经济发展，因此，要对现状与历史、自然与社会、生态与经济、理论与现实等多方矛盾进行协调处理，力求使生态服务发挥最大价值。不同的生态环境保护目标对应的生态需水量不同，因为生态需水的年际变化、年内变化以及不同生态目标所对应的生态需水量是不同的。生态需水的年际变化与径流量有关，丰水年的生态需水量应参考理想生态需水量，而枯水年的生态需水应参考最小需水量。生态需水的年内变化是对于汛期而言的，不同生态目标是对于生态环境管理目标而言。因此，确定生态需水的生态环境保护目标要针对特定生态目标、特定水平年以及特定年内季节进行综合考虑。

（2）研究核心

河口湿地生态需水量研究的核心是河口湿地水与生态相互作用关系，水分作为湿地生态系统最敏感的因子，其动态平衡使湿地形成了有别于陆地和水生生态系统的水文特征。湿地水文过程（降水、蒸发、渗漏、地下水补给、入流和出流）通过湿地水文要素，包括水位、淹水周期和淹水频率来调节湿地植被、营养物质进出而影响着湿地微地貌的发育和演化，改变并决定了湿地下垫面性质和特定的生态系统响应。同时，湿地的植被群落特征、下垫面性质和微地貌形态也影响着湿地的水文过程。湿地植被通过冠层截留、植被蒸腾蒸散等作用影响着湿地的水文过程要素，特别是降水的再分配过程，进而影响湿地功能。湿地生态需水的研究正是基于水分与生态相互作用关系，分析维持生态系统的正常水文情势所需要的水量。水分与生态相互作用的研究主要可以分为定性研究和定量研究，前者是对湿地生态需水机理层次的把握，后者则是湿地生态需水量计算的依据。

（3）研究目的

河口湿地生态需水配置与调度湿地生态需水研究的目的是确定合理的生态需水阈值，从而为流域水资源配置、保障湿地生态安全和补水方案确定服务，因此，湿地生态需水理论体系的根本目标就是确立合理的补水方案。河口湿地生态需水补水方案需要在统筹水资源条件、水资源配置工程设施以及湿地生态保护需求的基础上，建立河口湿地水资源反馈机制，对多种补水方案的可行性进行分析、比较，从而筛选出最佳的补水量和补水途径。

4.2.1.2 河口湿地生态需水研究的关键问题

湿地生态系统的复杂性和多样性增加了湿地生态需水量计算的难度，目前尚缺乏河口湿地生态需水量计算的专门研究，大多数学者是根据不同河口湿地具体情况运用一般湿地生态需水常规方法（表4-4）计算湿地生态需水量。对河口湿地而言，目前多采用生态功能法或是模型模拟法进行生态需水量的研究。采用生态功能法计算河口湿地生态需水量时，增加了河口湿地防止岸线侵蚀及河口生态环境需水。张长春等结合遥感技术采用生态功能法对黄河三角洲自然保护区的生态环境需水量进行了计算（张长春等，2005）。赵欣胜等运用科克兰（Cocnran）Q 检验法，将黄河流域湿地分为河道型、河滨型、河口型三类，利用生态功能法对河口型湿地（黄河三角洲湿地）的生态需水进行了计算，提出了"湿地生态环境需水量计算时应主要关注湿地消耗水量"的观点（赵欣胜等，2005）。刘蕾（2006）在对东北地区典型湿地生态需水研究中提出了基于水循环的湿地生态需水研究方法，利用所构建的水文模型对流域水循环过程进行模拟，计算研究区生态需水量。无论采用功能法还是模拟法，都缺少湿地生态水文相互作用机理方面的研究，难以为不同补水措施方案的优选提供理论依据。河口湿地生态水文法是基于水循环原理，探讨生态水文相互作用关系，通过构建生态水文模型，经过模拟得到生态水文格局和演变规律的一种动态演绎方法，该方法不仅能再现历史生态水文演变过程，同时还可以进行不同情景条件下的生态水文响应预测，可以为变化环境下河口湿地生态补水措施的优选提供理论依据和技术支撑。该方法的关键问题主要涉及河口湿地生态需水量的整合计算、河口湿地生态水文模型的构建、变化环境下河口湿地生态水文响应，以及河口湿地生态水文指标的选取4个方面。

表 4-4　湿地生态需水常规计算方法

方法	原理	不足
水力-生态法	将水力学数据和生物学信息结合，来确定适合水生生物生长的水量	耗资大，需要长时间观测和实验数据
生态功能法	一种基于生态学的计算方法，主要从湿地生态系统功能的角度研究生态环境需水，将各生态功能所需要的水量进行加和，得到总生态环境需水量	生态标准确定难度大，存在重复计算问题
水文法	分析湿地历史水文条件，通过与生态环境状况进行对照，得到多年平均水位标准（适宜、理想、最小），再根据水量和水位关系转化为需水量	需要长序列的水文资料和生态数据
水量平衡法	根据水量平衡原理，通过研究入流量，对实际消耗水量进行估算	只能进行粗略估算，且不能反映湿地生态需水的时空变化特征
模拟法	以水文模型为工具，设定多种水资源利用方案，模拟湿地在各种方案下的水文响应，根据生态水文关系确定湿地生态需水量	对于生态系统各个组分需水的研究不足

（1）河口湿地生态需水整合计算

河口湿地生态需水计算具体步骤见图 4-21，首先基于生态法和水文法对河口湿地生态水文状况进行调查，收集相关资料，包括水文资料（降水、蒸发、径流等）和生态资料（优势物种、生物量等），并结合现场观测来确定河口湿地生态环境保护目标，采用生态水文法定性分析河口湿地生态水文相互作用关系，为进一步模型构建提供依据。然后，通过生态水文模型模拟，定量研究河口湿地生态水文相互作用关系，确定河口湿地生态水文格局及其演变规律，并根据生态功能法进行河口湿地生态需水量的计算。最后，依据变化环境下的河口水资源条件和水资源配置工程措施状况，提出多种补水措施方案，利用模型进行不同的情景模拟，以生态服务功能为指标，评价不同补水方案下的生态效应，筛选出最佳补水方案，完成生态需水的计算，进入水资源配置阶段。该方法涉及水文法、生态功能法、水量平衡法以及模拟法等多种方法，是普通湿地生态需水计算方法的集成，发挥各方法优点的同时弥补不足，对于生态需水配置与调度方案的验证以及多种情景条件的分析都很有帮助。

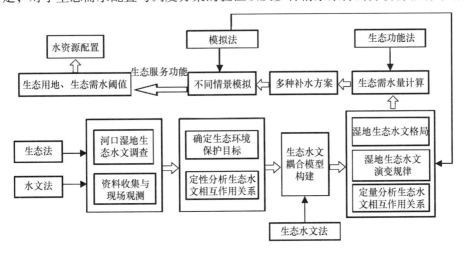

图 4-21　河口湿地生态需水量整合计算步骤

（2）构建河口湿地生态水文模型

目前，用于河口生态水文研究的模型有很多，如用于分析河口水动力变化对生物影响的珊瑚礁模型，分析河口动植物间捕食关系的食物网模型，以及河口富营养化过程中溶解氧消耗的工程模型和潮汐模型等，大多基于海洋水动力和生物间相互作用关系而建立，侧重于海洋动力方面，并不适用于研究水分与植被相互作用关系，故不能用于河口湿地生态需水的研究，因此必须建立针对河口湿地生态需水研究的生态水文模型。然而，构建河口湿地生态水文模型存在诸多难点：首先是湿地范围的确定问题，由于湿地并不像流域是一相对独立的封闭系统，因此无法去监测湿地内部的降水径流形成量，如何确定合适的湿地边界是当前的研究热点问题；其次是生态水文耦合模型构建问题，当前湿地生态水文模拟研究尚处于初级阶段，一方面对于湿地生态水文过程的相互作用深层次的机理把握不足；另一方面湿地生态水文耦合模型的建模多处于分离模拟、松散耦合阶段，而要针对更加复杂的河口湿地系统来建立这样的模型，难度更大；再次是模型数据不足问题，模型输入数据不但需要长序列的水文历史资料，还需要大范围高精度的土地利用、植被覆盖、人口、工业和其他社会发展信息，高精度数据库的建立对于模型模拟结果的准确度至关重要。

① 流域尺度下的河口湿地生态需水研究。河口湿地同时受陆域河流和海洋潮汐双重作用影响，流域范围的人类生产生活用水挤占生态用水，直接导致河流径流量降低，当海洋咸潮上涌时，感潮河段延长，加重湿地土壤盐渍化。流域范围的人类活动是造成河口湿地生态用水不足、湿地土壤盐渍化的直接原因，海洋潮汐作用间接加重了这种影响的程度，因此，从问题导向的角度出发，优先考虑陆域水资源变化对河口湿地生态需水的影响，重点研究流域水资源优化配置方案，是保障河口湿地生态需水、维持湿地生态环境安全的关键。针对流域水资源问题，考虑将河口湿地纳入整个流域范围加以研究，一方面有助于合理确定河口湿地的生态用地范围，解决湿地边界不易划分的问题；另一方面有助于流域水资源配置管理方案的设定，通过运用当前发展相对成熟的流域生态水文的相关研究成果，分析河口湿地生态水文问题，为探究河口湿地生态水文演变过程和规律，确定合理生态需水量阈值提供新途径。

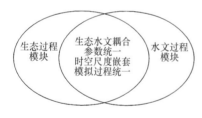

图 4-22　生态水文耦合概念模型

② 河口湿地生态水文耦合模型的构建。目前湿地生态水文模型构建尚处于初级阶段，耦合模型多属单项传递，松散耦合，对于生态水文机理研究明显不足，难以满足研究需求。要建立具有统一物理机制的河口湿地生态水文耦合模拟模型，一方面需要将湿地纳入流域尺度的研究范围，充分发挥流域分布式水文模型对于水文过程的物理性研究优势；另一方面基于各生态、水文模型多采用模块化处理方法，可以从湿地生态水文学的角度出发，依据湿地生态水文相互作用关系，选取不同生态、水文模块，进行合理的时空尺度嵌套，输入参数和模拟过程要素双统一，实现湿地生态水文基于过程机理性描述的双向紧密式耦合模拟平台的建立，如图 4-22 所示。

③ 基于 3S 的模型输入数据库的建立。湿地研究工作的关键在于定量化获取和分析湿地时空信息，以 3S 技术为代表的现代测绘技术的发展，为湿地生态需水研究提供了新的方法和手段。利用 3S 技术进行湿地资源调查可以克服传统的野外采样覆盖范围小、耗时长、对湿地有破坏性等缺点，因此在区域资源环境研究方面具有巨大潜力。张长春等为了得到三角洲保护区内植被不再恶化的最小需水量，利用遥感技术重点对黄河三角洲 1990—1997 年区

域生态系统需水量中的蒸散量进行了计算。河口湿地研究数据具有多测点、多时相和动态变化的特点，因此，要针对其特点，充分利用 3S 技术，建立滨海湿地信息系统，将 GIS 数据库中的信息用于湿地生态水文模拟平台基础数据库的构建，能够更好地为探索河口湿地生态水文格局、研究生态需水量服务。

（3）变化环境下的河口湿地生态需水响应

在自然和人为因素影响下，河口湿地生态需水也随之发生变化，考虑变化环境下（包括全球气候变化和人类活动影响）河口湿地生态需水变化，可以为河口地区水资源合理配置提供现实依据，这一命题也将成为河口湿地生态需水研究前沿问题。

① 全球气候变化下的河口湿地生态水文响应。全球气候变化下，海平面上升、降水量发生改变，影响河口湿地生态系统水循环过程，水盐平衡被打破，造成湿地水量供需不平衡，湿地生物物种演替，湿地面积萎缩；气候变暖通过减少水供应和增加水需求改变水分的收支平衡；降水是维持水量补给和水位环境的关键因素，降水量增加或减少都会影响湿地生态系统水量平衡过程，改变湿地水文周期。根据不同气候要素改变值，利用模型进行不同情景模拟，可以充分展示全球气候变化下湿地生态水文的动态演变规律，预测未来气候变化对河口湿地生态需水的影响，确定湿地在气候变化下的生态需水阈值，为河口湿地水资源配置提供理论依据。

② 人类活动影响下的河口湿地生态水文响应。人类活动对湿地生态水文的影响主要表现在水利工程（水库、堤坝、排水渠）修建、湿地围垦、城市化进程以及水资源开发利用等方面。水利工程的修建会隔断湿地与周围环境之间的水力联系，影响湿地水文格局，减少湿地入流量，降低湿地水位，延长湿地淹水周期；湿地围垦侵占大片湿地，造成湿地面积萎缩，影响河口湿地水质，引起近海水域的富营养化；城市化进程改变径流、水文周期和水质等要素，从而影响湿地生态系统的结构和功能。如美国科罗拉多河上修建的大型水库群，使入海径流减少 90%，造成沼泽地干枯、水质恶化、珍稀海洋物种濒临死亡。水资源开发利用一方面减少了湿地补水源；另一方面降低了地下水水位，易形成地下水漏斗，影响地下水对湿地的补给，从而影响湿地水文过程，造成湿地退化。对变化环境下的河口湿地生态需水响应的研究，需要从两者相互作用关系的机理出发，通过不同情景模拟，进行定量的预测和分析，以检验不同补水措施下的生态水文演变趋势和格局变化情况，从而为河口湿地生态需水量计算提供理论基础。

4.2.2　辽河口芦苇湿地蒸散试验

植被蒸散耗水是土壤-植物-大气系统（SPAC）水分循环的重要组成部分，主要是由植被蒸腾和棵间蒸发两部分构成。国内对农田、草地及森林等生态系统耗水规律的研究，主要集中于干旱与半干旱缺水地（韩松俊等，2010；贺康宁等，2003；张志山等，2006；王幼奇等，2010），而对水分较充足地区（特别是湿地区）的研究较少（许士国和王昊，2007；孙丽和宋长春，2008），针对辽河口湿地区芦苇群落的研究则更少（Yu et al.，2008）。芦苇群落湿地是辽河口湿地自然生态演替过程中生产力最高的阶段，关系到研究区湿地生物的生存及湿地生态系统的可持续发展。湿地植被蒸散的研究一直是科学界的热点问题，而湿地植被对湿地蒸散量的影响效应还尚无定论。目前，研究植被实际蒸散变化规律的方法包括水量平衡法、蒸渗仪法、能量平衡法和植物生理学法等（刘京涛和刘世荣，2006），它们在实际应用中各有优势，但也存在一些问题。例如，有的只能测定或计算植被群落的总蒸散量，无法将叶面蒸腾和棵间蒸发两部分分开；而有的其监测结果的代表性较差。因此，许多研究者从中选择两种或多种方法联合使用，试图将叶面蒸腾与棵间蒸发两部分分开，实验结果比较精确，是一种合理可行的研究方法。

辽河口湿地蒸发强度是降水量的 2.8 倍，故湿地中水分主要来源于河水的滞留和潮水的补给。该区地貌类型以冲积平原和潮滩为主，芦苇湿地按类型可分为芦苇沼泽和芦苇草甸。无论从自然条件，还是芦苇分布情况，研究区在滨海芦苇湿地研究中都极具代表性。由于近年来水资源的过度开发及不合理利用，致使芦苇产量大幅度降低，甚至芦苇成片死亡，并被杂草替代，导致芦苇湿地面积不断萎缩。因此，研究芦苇群落的蒸散耗水规律，对提高研究区水资源的利用效率、修复芦苇湿地生态系统具有重要意义。本节采用野外模拟试验，将水量平衡法与生理学方法相结合，研究不同水深条件下芦苇群落的蒸散变化规律（张颖等，2011），以期为研究区合理制定灌溉指标和确定湿地植被生态需水量提供科学依据。

4.2.2.1 试验材料与方法

根据测量地下水补给和蒸发的非称重式地中渗透仪的工作原理，用聚丙烯不透水材料设

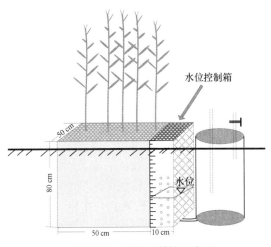

图 4-23 芦苇培养箱示意图

计（长×宽×高＝60 cm×50 cm×80 cm）的培养箱 10 个，在沿培养箱长度方向用一垂直隔板分成 50 cm 和 10 cm 两个部分，分别称为主箱和副箱（图 4-23），主箱内装土，用于培育芦苇，而副箱用于控制水位。另外，隔板上打有很多个小孔，并粘一层细筛网，可以让副箱中的水自由通过隔板进入主箱中，而主箱的土不能通过小孔进入副箱。为防止阳光直射培养箱体，影响试验中的水分蒸散，将培养箱全部埋入地面以下。同时，搭建可拆卸式防雨篷，防止天然降雨进入培养箱中，无降雨时，可移走雨篷，保持培养箱中的植被和土壤接受正常光照。

培养箱中的土样取自辽河口芦苇湿地，取样深度为 0～80 cm。在培养箱装箱以前，使土样过 10 mm 筛，以筛除大的石块及植物根系等。然后，在主箱中装土，将土样以 5 cm 为一层，分层装入培养箱，控制培养箱中的土壤干容重为 1.24 g/cm³。土样质地为粉黏土，机械组成如表 4-5 所示。

表 4-5 供试土样的机械组成

粒径（mm）	比例（%）
0.5～1.0	0.4
0.25～0.5	0.5
0.075～0.25	2.4
0.01～0.075	71.7
0.001～0.01	15.0
＜0.001	10.0

2009 年 5 月，从盘锦市东郭苇场采集生长良好的芦苇苗，栽植于培养箱中。经 1 个月左右的缓苗期，每箱中留取生长健壮与高度、粗度相近的秧苗 40 株。控制试验共采用 10 个培养箱，在 5 个培养箱（分别记为 1 号、2 号、3 号、4 号、5 号箱）种植芦苇，其中有 4 个裸地对照培养箱（分别记为 6 号、7 号、8 号、9 号箱），另有 1 个为无植被栽植的自由水面对照培养箱（10 号箱）。蒸散量监测试验从 2009 年 8 月 9 日开始，至 2009 年 10 月 1 日结束，历时 54 d。

在实验前，用自来水使 1~9 号培养箱中的土样饱和，自然蒸发 1 d 后，控制副箱中的水位如下：1 号和 6 号箱的水位为 -5 cm（水位在地表以下为负值，地表以上为正值）、2 号和 7 号箱的水位为 -20 cm、3 号和 8 号箱的水位为 -40 cm、4 号和 9 号箱的水位为 -60 cm、5 号和 10 号箱的水位为 10 cm。对所有副箱加盖、密封，以防止落入杂物和蒸发损失。补给水取自当地的地下水，用马氏瓶控制水位并观测耗水量。用负压计测定培养箱内非饱和土壤的含水量。实验前在培养箱侧壁每隔 10 cm 打一小孔，将负压计的陶土头从小孔插入箱中非饱和土壤层内，每天下午读取负压计上的读数。

叶面积测定采用量测法，每 6 d 测定一次芦苇叶片的面积。在每个培养箱中选取 4 棵标准株，测定标准株各叶片的长度和最大宽度，以长×宽×高折算系数得出叶面面积（钟玉书和王国生，1989）。结合叶面积仪（Laser Area Meter，CI-203，CID，美国）测定的结果，最终确定各单叶的叶面积。

单叶蒸腾速率测定，在典型日选取标准株植株上部第 3 片叶作为测定对象，利用稳态气孔计（PMR-5 型，英国），测定芦苇的蒸腾速率，每个叶片重复 3 次，稳态气孔计叶室夹取的叶片面积为 1.25 cm^2。监测实验从上午 8：00 左右开始，至下午 18：00 左右结束，每隔 2 h 测定一次。在测定蒸腾速率的同时，利用 PM-5 稳态气孔计测定光合有效辐射（PAR）、空气相对湿度（RH）、空气温度（T）等气象因素。由于气孔计测定的蒸腾速率一般高于自然蒸腾值，因此每次试验过程中用快称法校正（刘奉觉等，1987）。

4.2.2.2 不同水位条件下芦苇群落的蒸散量（ET）特征

由每日测得的地下水蒸发量减去土壤含水量的变化量得出芦苇群落的蒸散量（ET）。在整个观测阶段，各芦苇培养箱的 ET 总体变化趋势相似，图 4-24 列出了控制水位 10 cm、-5 cm 和 -40 cm 芦苇的日 ET 和累积 ET 变化曲线。可以看出，随时间的推移，日 ET 不断减小，明显分成两个阶段，8 月中旬至 9 月上旬，芦苇处于生长中期，温度和光合有效辐射都很高，因此不同水位芦苇群落的 ET 都较大，当控制水位为 10 cm、-5 cm、-20 cm、-40 cm 和 -60 cm 时，日平均 ET 分别为 8.4 mm、7.6 mm、6.8 mm、6.0 mm、4.8 mm；到 9 月中旬以后，芦苇由生长中期过渡到生长末期，蒸腾作用减弱，气温和光合有效辐射也越来越低，土壤蒸发能力也变弱，因此日 ET 总体趋势为不断变小，日平均 ET 分别为 4.8 mm、4.0 mm、3.8 mm、3.6 mm、3.2 mm。

水深对 ET 的影响明显，当控制水位在地表以上 10 cm 时，芦苇群落的日蒸散量与累积蒸散量都最大，芦苇群落日 ET 与累积 ET 随水位降低而减小：ET（+10 cm）>ET（-5 cm）>ET（-20 cm）>ET（-40 cm）>ET（-60 cm）。

4.2.2.3 芦苇群落蒸散各分量变化特征

（1）蒸腾速率变化特征

选择晴朗无风的 8 月 11 日、8 月 29 日和 9 月 16 日芦苇生长中期至末期的 3 个典型日，

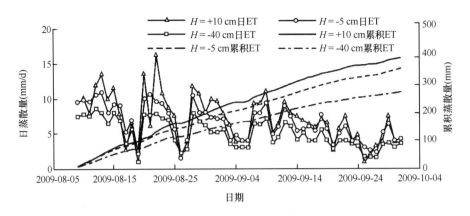

图 4-24　不同水深的芦苇群落的日蒸散量与累积蒸散量

分析芦苇的光合有效辐射、空气相对湿度、大气温度、叶片温度、气孔导度和蒸腾速率日变化过程的关系（图 4-25）。芦苇蒸腾速率在不同的典型天日变化曲线形状不相同，总体上，芦苇 1 d 内蒸腾作用变化规律为早晚蒸腾速率低，随着气温升高，辐射逐渐增强，蒸腾速率随之增大。

在实验开始的前 10 d 内，当控制水位在地表以上 10 cm 时，芦苇蒸腾速率曲线在所有处理中达最高，曲线呈"单峰"型，峰值出现在 14：00 左右；当控制水位在地表以下时，芦苇蒸腾速率变化曲线呈明显的"双峰"型，两峰值分别出现在上午的 10：00 左右与下午的 14：00 左右，这与植被的蒸腾作用日变化、植物内部生理机制和外部环境因素都有关。气孔导度变化曲线与蒸腾速率变化曲线非常相似，例如，当控制水位在地表以下时，在气温不太高、水分损失不是很大且最有利于 CO_2 快速同化的 8：00—10：00 之间，气孔导度值最高，蒸腾速率也达到峰值；之后，随着光合有效辐射的升高，水分损失越来越高，气孔趋向关闭，以抑制蒸腾减少植物体内水分损失，蒸腾出现"午休"现象。随着时间的推移，日照时数减小，大气温度降低，芦苇进入生长末季，其监测时间需随日出日落时间的缩短不断调整，芦苇蒸腾速率也越来越小。由于 8 月下旬至 9 月上旬期间，研究区处于降温天气，因此在典型日 8 月 29 日芦苇的蒸腾速率并不比典型日 9 月 16 日的高，且蒸腾速率没有出现明显的"午休"现象。随试验时间的延长，控制水位在地表以上 10 cm 的芦苇的蒸腾速率明显降低，说明长期渍水状态抑制芦苇的蒸腾作用。当控制水位在地表以下时，芦苇群落的蒸腾速率依次为：TG2（-20 cm）>TG3（-40 cm）>TG1（-5 cm）>TG4（-60 cm），其蒸腾速率最高值在典型日的变化范围分别为：2.60～2.22 mmol/（m^2·s）、2.45～2.05 mmol/（m^2·s）、2.11～1.83 mmol/（m^2·s）、2.16～1.60 mmol/（m^2·s）。地下水位 -20 cm 和 -40 cm 的芦苇群落的蒸腾速率明显高于地下水位 -5 cm 和 -60 cm 的芦苇群落，因此可以认为，当控制水位在地表以下时，芦苇群落蒸腾作用最理想的水位在 -20～-40 cm 之间。

（2）棵间蒸发与蒸散的比值（E/ET）

芦苇单株蒸腾耗水量可用单位叶面积日蒸腾量与单株总叶面积之积得到，而单位叶面积日蒸腾量是蒸腾速率日变化曲线图中蒸腾速率曲线和时间横轴围合的面积，具体计算方法见下式：

$$T_s = 18S \sum_{i=1}^{j} \left[(Tr_i + Tr_{i+1})/2(t_{i+1} - t_i) \cdot 3\ 600/1\ 000 \right] = 64.8S \sum_{i=1}^{j} (Tr_i + Tr_{i+1}) \quad (4-2)$$

158

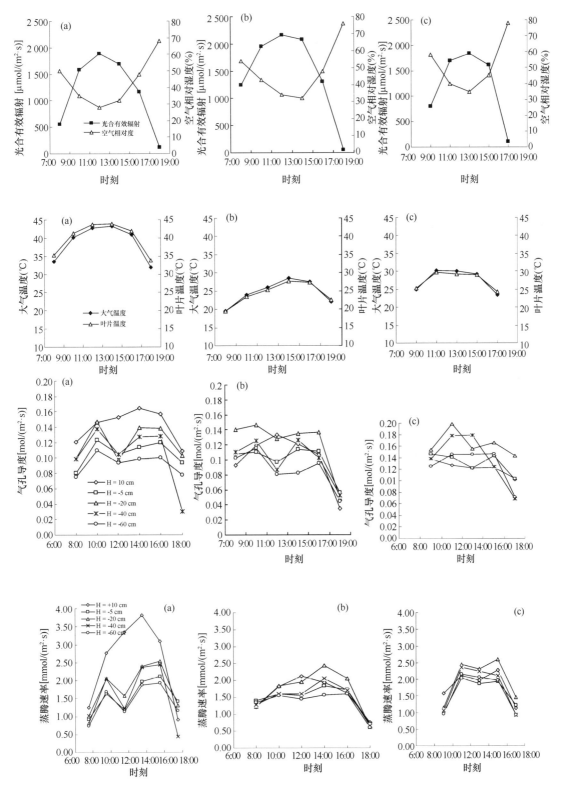

图 4-25　环境因子、芦苇气孔导度与蒸腾速率日变化

（a）2009 年 8 月 11 日；（b）2009 年 8 月 29 日；（c）2009 年 9 月 16 日

式中：T_s 为测定日全天标准株的蒸腾耗水量，g；Tr_i 为初测点的瞬时蒸腾速率，mmol/（m^2·s）；Tr_{i+1} 指下一测点的瞬时蒸腾速率，mmol/（m^2·s）；S 指植株的总叶面积，m^2；t_i 指初测点的测定时间，t_{i+1} 为下一测点的测定时间；j 为测定次数。

由于夜间温度降低、光合有效辐射不足，芦苇群落由蒸腾作用消耗的水分很少，可以忽略，根据白天观测的芦苇群落的日蒸腾数据，由式（4-2）得出标准株日蒸腾量。培养箱内芦苇群落的日蒸腾量（T）由标准株日蒸腾量（T_s）乘以芦苇植株数算得。由 T 和 ET，进而可以得出棵间蒸发量（$E=ET-T$）及蒸散发比值（E/ET）。

点绘不同埋深不同实验阶段的 E/ET 曲线，见图4-26。在8月（实验历时为1~18 d），芦苇处于旺盛的生殖生长期，叶面积指数达最大，需水强度大，棵间蒸发量占蒸散量的比例明显减小，占时段耗水量的比例在23.7%~31.5%之间，蒸散量主要由芦苇的蒸腾作用决定，特别是在晴朗的天气，蒸腾作用对芦苇群落的蒸散量贡献率更大。到9月中旬后，芦苇转入生长末季，大气温度下降，光照时间缩短，蒸腾作用降低，此时芦苇群落的棵间蒸发占阶段蒸散量的比例增大，在27.8%~44.5%之间。

对植物生态系统而言，棵间蒸发是一种无效的水分消耗，在保证植被需水的条件下，减少棵间蒸发部分是提高水分利用效率的关键。蒸腾作用主要受根层水分影响，根层水分充足，蒸腾作用强，相应的植被叶面积指数也会增大，而棵间蒸发还受表层土壤水分及叶面积指数的影响，因此，水深对 E/ET 的影响比较复杂。

在本实验研究范围内，水深与 E/ET 的关系并非线性，当控制水位在地表以上10 cm时，芦苇群落的 E/ET 值为40.0%；当控制水位在地表以下时，在整个实验阶段 E/ET 值在25.9%~32.1%。水深-5 cm的 E/ET 值，占蒸散量的32.1%；水深-20 cm的 E/ET 值最低，占蒸散量的25.9%。芦苇群落的 E/ET 有一个极小值埋深，在-20~-40 cm。

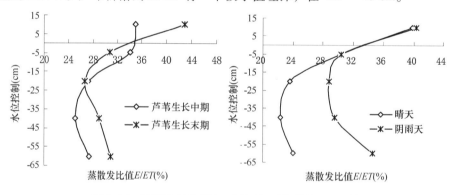

图4-26　不同生长阶段与不同天气下芦苇的 E/ET 值

（3）芦苇群落蒸散量与裸地和水面蒸发量的关系

芦苇群落蒸散量与裸地及自由水面蒸发的变化过程曲线见图4-27，通过比较可以看出，在实验阶段，无论是地表有积水的芦苇群落，还是地下水埋深处的芦苇群落，其蒸散量明显大于没有栽植芦苇的水面和裸地蒸发量。在整个试验阶段，地表有积水的芦苇群落（5号箱）的蒸散量为392.9 mm，自由水面的蒸发量（10号箱）为181.7 mm，前者是后者的2倍左右；当水位控制在-5 cm、-20 cm、-40 cm和-60 cm时，芦苇群落蒸散量分别为354.3 mm（1号箱）、331.4 mm（2号箱）、272.1 mm（3号箱）和235.6 mm（4号箱），对应的裸地蒸发量分别为127.8 mm（6号箱）、102.0 mm（7号箱）、84.0 mm（8号箱）和73.0 mm

（9号箱），不同地下水位控制的芦苇群落蒸散量是裸地蒸发量的 3~3.5 倍。裸土蒸发量最小，且地下水位越深，蒸发量越小。

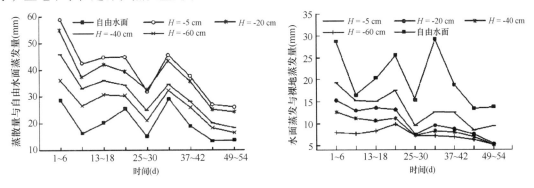

图 4-27　芦苇群落蒸散与裸地蒸发及自由水面蒸发变化过程

芦苇一方面通过自身对土壤或水面的遮荫减少了下垫面的蒸发；另一方面由于芦苇的蒸腾作用，根系从土壤层或水面吸收水分，又增加了土面或自由水面的蒸发，两种作用相互影响、相互交叠共同决定着土面或自由水面的蒸发。因此，芦苇的存在增加还是减少湿地蒸散，即芦苇群落的蒸散是否增强了水分的损失，在目前的研究中还没有统一的结论。在实验研究阶段，可以认为，在研究区芦苇生长期内，芦苇群落蒸散量大于无植物的水面蒸发量和裸地蒸发量，芦苇能够增加湿地下垫面的蒸散量，即由于芦苇的存在而增加的水分蒸腾量远大于芦苇棵间土面或水面蒸发的减少量。

从图 4-27 还可以看出，栽植芦苇的培养箱的蒸散曲线随天气的变化波动非常明显，而裸土培养箱，其蒸发曲线变化非常平缓，仅随水深不同而有较大变化，说明了其芦苇群落的蒸散过程比裸地蒸发过程受气象因素等的影响更显著，且在试验水深范围内，其变化规律非常相似。

因此进一步将芦苇群落蒸散量与在不同天气条件下同一水深的裸地蒸发量进行比较。把有芦苇的培养箱的蒸散量减去同期同埋深的裸地培养箱的蒸发量，就是芦苇生长导致多蒸散掉的水量（本书称其为芦苇蒸散影响量 ET_e），变化曲线如图 4-28 所示，关系式为公式（4-3）。

$$ET_e = ET - E_L \qquad (4-3)$$

式中：ET_e 为芦苇蒸散影响量（mm）；E_L 为裸地蒸发量（mm）。

在湿地区，水分相对充足，不同地下水埋深条件下，ET_e 曲线变化规律非常相似，且与天气变化的关系有良好的规律性。当

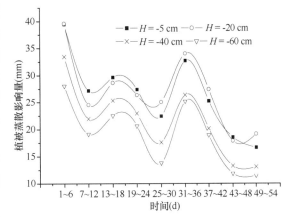

图 4-28　芦苇蒸散影响量的变化曲线

然，ET_e 值与芦苇生育期有关，由于本试验进行时间处于芦苇生长中后期，与芦苇蒸散过程相关的生育指标（如叶面积、株高等）较稳定，因此将 ET_e 与实验期间各阶段对蒸散发，特别是对蒸腾有影响的气象因子做相关分析，其中日均光合有效辐射、日均大气温度和日均相

161

对湿度与ET_e值的相关系数均达到显著相关（相关系数分别为$r_1 = 0.732$，$P_1 = 0.05$，$r_2 = 0.804$，$P_2 = 0.01$，$r_3 = -0.841$，$P_3 = 0.01$）。裸地蒸发的研究已比较深入，而且裸地蒸发数据相对容易获得，因此，在以后的研究中，当无实测芦苇蒸散量数据时，可以建立ET_e与气象因素的相关关系式。通过ET_e和裸地蒸发量得到芦苇的蒸散量值是一种可行的方法。

基于以上实验，得出以下结论：①湿地芦苇的蒸散量受天气状况、生育阶段以及水深的影响非常明显。在整个观测阶段各芦苇培养箱的蒸散量总体变化趋势相似，随着季节的变化，芦苇由生长中期过渡到生长末期，日ET不断变小；日ET与累积ET均随水位的降低而减小。②并不是水位越高，芦苇的蒸腾速率越大，而且长期渍水的状态能抑制芦苇的蒸腾作用；芦苇群落的E/ET有一个极小值埋深，大约在$-20 \sim -40$ cm。③在研究区湿地芦苇的蒸腾作用明显增强了水分的损失。本书根据实测实验数据得出地下水浅埋深条件下的植被蒸散影响量与日均光合有效辐射、日均气温、日均相对湿度相关性显著，在无芦苇蒸散量实测数据的情况下，可以建立与气象因素的相关关系式，根据裸地蒸发量来确定其蒸散量值。

4.2.3 辽河口湿地生态需水量

湿地生态需水量和补水量是湿地生态用水调控的直接依据，本书在野外芦苇湿地蒸散发参数原位观测的基础上，并结合湿地理论的生态需水阈值，确定了不同水平年和不同湿地保护目标下湿地的补水量，为辽河口湿地生态用水调控提供依据。

4.2.3.1 湿地生态用地构成

确定辽河口湿地用地构成需要首先了解功能区的生态和经济发展定位情况，本研究区位于辽河三角洲的核心部位，有国家级自然保护区——双台河口自然保护区，始建于1985年，总面积8×10^4 hm^2，于1992年被列入《国际重要湿地保护区名录》，主要保护丹顶鹤、黑嘴鸥等世界珍稀濒危水禽及辽河口芦苇沼泽和碱蓬滩涂湿地生态环境，是综合性自然保护区。依据其"世界重要湿地之一，打造北方湿地休闲度假之都"发展定位，应保障保护区结构、规模和布局的稳定性，故将双台河口自然保护区建设初期，1986年的土地利用规模（面积为9.25×10^4 hm^2）设定为本研究的生态用地适宜区，其中芦苇沼泽7.79×10^4 hm^2，碱蓬滩涂1.46×10^4 hm^2。事实上，依据研究区生态演变特征，受湿地退化影响，保护区并非稳定不变，1986年研究区湿地面积为9.25×10^4 hm^2，尚可满足保护区规模要求，但到2000年，湿地面积比保护区建设初期减少1.32×10^4 hm^2，湿地退化严重。基于湿地生态用地演变特征，曾经有过湿地的区域，即满足湿地生态水文演变规律，适宜湿地留存的部分，整合规划区面积为9.33×10^4 hm^2，其中芦苇沼泽7.87×10^4 hm^2，碱蓬滩涂1.46×10^4 hm^2。湿地最小区、适宜区、规划区结构布局如图4-29所示，面积如表4-6所示。

表4-6　生态用地构成　　　　　　　　　　　　　　　　单位：$\times 10^4$ hm^2

生态用地	最小区	适宜区	规划区
湿地总面积	7.72	9.25	9.33
芦苇沼泽	7.07	7.79	7.87
碱蓬滩涂	0.65	1.46	1.46

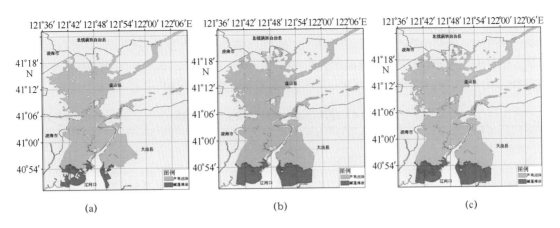

图 4-29　辽河口湿地生态用地

(a) 最小区；(b) 适宜区；(c) 规划区

4.2.3.2　辽河口湿地生态需水量

（1）计算方法

研究区生态环境的主要问题包括湿地面积减少、湿地生态淡水补给不足、水环境污染等，对湿地规模和布局进行合理规划是湿地保护的前提，如果淡水补给得不到应有的满足，湿地规模也难以维持，因此，需要对湿地不同面积区进行生态需水核算，以保障湿地淡水补给，改善湿地生态环境。湿地生态需水核算应包括补充生态系统蒸散发消耗的水分，维持水生生态环境的空间——水生生物栖息地的水分，以及补给地下水（渗漏）需水、稀释净化污染物需水等，具体各类型生态需水计算公式见表 4-7。

表 4-7　湿地生态需水量计算公式

过程	公式	参数
湿地植物需水量	$dW_p/dt = A(t)ET_mt$	dW_p 为植物需水量（m^3），$A(t)$ 为湿地植被面积（m^2），ET_m 为蒸散发量（mm），t 为时间（a）
湿地土壤需水量	$Q_t = \alpha H_t A_t$	Q_t 为年土壤需水量（m^3），α 为田间持水量或饱和持水量体积百分比（%），H 为土壤厚度（m），A 为湿地土壤面积（m^2）
动物栖息地需水量	$W_h = \varepsilon A_j H_j$	W_h 为生物栖息地需水量（m^3），ε 为水面面积占湿地面积百分比（%），A_j 为湿地面积（m^2），H_j 为水深（m）
补给地下水需水量	$W_b = kIAt$	W_b 为湿地通过自然渗透补给地下水量（m^3），k 为渗透系数（m/d），I 为水利坡度，A 为渗流剖面面积（m^2），T 为计算时段长度（d）
稀释净化污染物需水量	$dW_j/dt = \alpha Q_d(t) + \beta Q_f(t)$	dW_j 湿地净化需水量（m^3），t 为时间（a），$Q_d(t)$ 为湿地可容纳、可承载点源污水排放量（m^3），Q_f 为非点源污染进入湿地总量（m^3），α、β 分别为点源污水和非点源污水的稀释倍数

（2）河口湿地生态需水量计算

重点考虑湿地植物需水、湿地土壤需水、动物栖息地需水、补给地下需水以及稀释净化污

163

染物需水等，经计算得到单位面积最低、适中以及最高生态需水，与多数学者研究结果相近，如表4-8所示。依据不同湿地生态用地构成，得到芦苇沼泽和碱蓬滩涂不同需水等级的生态需水量，见表4-9。最小区生态需水围为$3.46\times10^8\sim18.77\times10^8$ m³/a，适宜区的生态需水范围为$3.89\times10^8\sim21.13\times10^8$ m³/a，规划区的生态需水范围为$3.92\times10^8\sim21.34\times10^8$ m³/a。

表4-8　辽河口湿地单位面积生态需水量　　　　　单位：$\times10^8$ m³/km²

需水程度	最小需水量		适中需水量		最大需水量	
	芦苇沼泽	碱蓬滩涂	芦苇沼泽	碱蓬滩涂	芦苇沼泽	碱蓬滩涂
本研究	0.0048~0.008	0.001~0.003	0.008~0.010	0.003~0.005	0.010~0.026	0.005~0.006
芦晓峰等（2008）	0.008~0.012	0.003~0.004	0.013~0.018	0.004	0.025~0.030	0.004~0.005
李加林等（2006）	0.008~0.013	0.001~0.002	0.011~0.019	0.001~0.002	0.014~0.02	0.001~0.002
赵博等（2007）	0.012~0.019	0.001~0.004	0.021~0.031	0.004~0.007	0.040~0.048	0.007~0.008

表4-9　辽河口湿地不同生态用地需水量

需水等级	用地构成	湿地生态用地面积（$\times10^4$ hm²）		湿地生态需水量（$\times10^8$ m³）		总生态需水量（$\times10^8$ m³）
		芦苇沼泽	碱蓬滩涂	芦苇沼泽	碱蓬滩涂	
最低	最小区	7.07	0.65	3.39~5.66	0.06~0.20	3.46~5.85
	适宜区	7.79	1.46	3.74~6.23	0.15~0.44	3.89~6.67
	规划区	7.87	1.46	3.78~6.30	0.15~0.44	3.92~6.73
适宜	最小区	7.07	0.65	5.66~7.07	0.20~0.32	5.85~7.40
	适宜区	7.79	1.46	6.23~7.79	0.44~0.73	6.67~8.52
	规划区	7.87	1.46	6.30~7.87	0.44~0.73	6.73~8.60
最高	最小区	7.07	0.65	7.07~18.4	0.20~0.32	7.40~18.77
	适宜区	7.79	1.46	7.79~20.3	0.44~0.73	8.52~21.13
	规划区	7.87	1.46	7.87~20.5	0.44~0.73	8.60~21.34

（3）河口湿地生态补水量

湿地集水区多年平均蓄水量为6.35×10^8 m³/a，其中丰水年为8.32×10^8 m³/a，平水年为6.21×10^8 m³/a，枯水年为4.70×10^8 m³/a。湿地生态需水供需分析结果表明（表4-10），丰水年水量较充足，生态缺水量大多为0，且小于0.3×10^8 m³/a，基本可以满足生态需水要求；平水年尚可满足最小区的最低生态需水要求，难以满足其他生态需水要求，总体缺水范围为$1.19\times10^8\sim2.39\times10^8$ m³/a；枯水年生态缺水严重，难以满足最小区最低生态需水要求，缺水范围为$1.15\times10^8\sim3.90\times10^8$ m³/a。因此，需要重点对枯水年水量进行合理调控，以保障河口湿地生态用水安全。

表 4-10 辽河口湿地生态补给量　　　　单位：×10⁸ m³/a

需水等级	用地构成	湿地生态需水量		总生态需水量	湿地生态补给量		
		芦苇沼泽	碱蓬滩涂		丰水年	平水年	枯水年
最低	最小区	3.39~5.66	0.06~0.20	3.46~5.85	0	0	0~1.15
	适宜区	3.74~6.23	0.15~0.44	3.89~6.67	0	0~0.46	0~1.97
	规划区	3.78~6.30	0.15~0.44	3.92~6.73	0	0~0.52	0~2.03
适中	最小区	5.66~7.07	0.20~0.32	5.85~7.40	0	0~1.19	1.15~2.70
	适宜区	6.23~7.79	0.44~0.73	6.67~8.52	0~0.20	0.46~2.31	1.97~3.82
	规划区	6.30~7.87	0.44~0.73	6.73~8.60	0~0.28	0.52~2.39	2.03~3.90
最高	最小区	7.07~18.38	0.20~0.32	7.40~18.77	0~10.45	1.19~12.56	2.70~14.07
	适宜区	7.79~20.25	0.44~0.73	8.52~21.13	0.20~12.81	2.31~14.92	3.82~16.43
	规划区	7.87~20.46	0.44~0.73	8.60~21.34	0.28~13.02	2.38~15.13	3.90~16.64

4.3　辽河口生态用水河网调控

4.3.1　辽河口感潮段数学模型

辽河为弯曲型河道，盘锦境内河床比降为 1/12 000，其支流绕阳河在曙光桥下 7 km 左右处汇入辽河，绕阳河境内河床比降为 1/10 000。辽河口区潮汐类型属于不正规半日潮，每日涨潮两次，落潮两次，涨潮历时 3 h 14 min，落潮历时 9 h 05 min，共历时 12 h 24 min。河口呈明显的喇叭形，大潮潮差可达 4 m，平均潮差 2.7 m，属于强潮河口。1968 年修建拦河闸后，阻截了外海潮流上溯，现状潮区界在盘山闸处，闸下河段同时受河道径流和浅海潮流双重影响，水情复杂（潘桂娥，2005；刘爱江等，2009）。

辽河年径流量 27.5×10⁸ m³，径流年分配极不均匀。该区降雨量主要集中在 6—9 月，流域内年径流有 50% 以上集中在 7—8 月的主汛期，75% 集中在 6—9 月（汤金顶等，2003；宋云香和战秀文，1997）。每年 5 月中旬至 6 月初，降雨量逐渐增多，水位增大，流量增加；7—8 月进入汛期，流量也最大；9 月后降雨减少，河流进入枯水期；至 11 月河流进入结冰期，水量日益减少；12 月至翌年 2 月流量最小；3 月河流开始解冻并形成桃花汛，河流量逐渐增加（王玉广和鲍永恩，1996）。

4.3.1.1　模型控制方程

Mike11 河流水动力模型基于一维明渠非恒定流方程，即 Saint-Venant 方程组（王领元，2007；徐祖信等，2006）：

$$\frac{\partial A}{\partial t} + \frac{\partial Q}{\partial x} = q \tag{4-4}$$

$$\frac{\partial Q}{\partial t} + \frac{\partial}{\partial x}\left(\frac{Q^2}{A}\right) + gA\frac{\partial h}{\partial x} + g\frac{Q|Q|}{C^2 AR} = 0 \tag{4-5}$$

式（4-4）和式（4-5）中：A 为过水断面面积（㎡）；Q 为流量（m³/s）；x 为距离坐

标（m）；t 为时间坐标（s）；h 为水位（m）；q 为旁侧入流流量（m³/s）；n 为河床糙率系数（s/m$^{1/3}$）；C 为谢才系数（m$^{1/2}$/s）；R 为水力半径（m）；g 为重力加速度。

　　AD 模型的控制方程为一维对流扩散方程。其基本假定是：物质在断面上完全混合；物质守恒或符合一级反应动力学；符合 Fick 扩散定律，即扩散与浓度梯度成正比。方程为（徐祖信和卢士强，2003）：

$$\frac{\partial AC}{\partial t} + \frac{\partial QC}{\partial x} - \frac{\partial}{\partial x}\left(AD\frac{\partial C}{\partial x}\right) = -AKC + C_2 q \tag{4-6}$$

式中：x 为距离坐标（m）；t 为时间坐标（s）；C 为物质浓度（mg/L）；D 为纵向扩散系数（m/s）；A 为横断面面积（m²）；q 为旁侧入流流量（m³/s）；C_2 为源/汇浓度（mg/L）；K 为线性衰减系数（d^{-1}）。

　　水动力方程的离散采用 Abbott 六点隐式差分格式，该离散格式无条件稳定，可以在相当大的 Courant 数下保持稳定。计算网格由流量点和水位点交互组成，在边界水位或流量一致的情况下，运用消元法直接求解汊点方程组，得到河网所有汊点的水位，再回代可以求出河道各断面在各个时刻的水位或流量（徐祖信和卢士强，2003）。Mike11 AD 根据 HD 计算获得的水动力条件，应用对流扩散方程计算盐度在水流和浓度梯度的作用下在时间和空间上的分布。

4.3.1.2　河网概化

　　河网概化的基本原则是突出主干河道，保留需重点研究的河道支流，且概化的河网要反映天然河网的基本水力特性，河网在输水能力和调蓄能力上必须与实际河网基本一致（严文武和邹长国，2007）。河长根据现状调查确定，断面采用 2006 年实测数据。在掌握河网水文资料的基础上，以辽河为主干河道，绕阳河作为支流。主河道从盘山闸至河口三道沟，总长 61.87 km，支流至绕阳河口段，长 31.46 km，共 67 个水位计算点和 64 个流量计算点。盘山闸至张明甲处河段长 31.4 km，张明甲至三道沟长 30.47 km。根据 2009 年实测水文数据，设置张明甲站作为水位校正点。研究区河系见图 4-30。

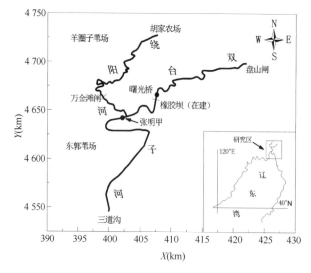

图 4-30　辽河口区河网分布（横/纵坐标以高斯投影法表示）

166

4.3.1.3 初始条件和边界条件

调查发现，因绕阳河上游在胡家农场处被阻断，模型中设置成零通量边界。绕阳河上游初始水位按河床比降由张明甲处的实测水位推出，辽河下边界初始水位采用实测潮位值。水动力模拟辽河上边界盘山闸处采用实测流量数据，下边界三道沟处采用同期实测潮位资料（以黄海基准面为准），模型中的设置见图4-31。AD模块中辽河、绕阳河各段初始盐度值采用实测值。辽河上游拦河闸处盐度及下边界三道沟处采用实测盐度资料。

	Boundary Description	Boundary Type	Branch Name	Chainage	Chainage	Gate ID	Boundary ID
1	Open	Inflow	双台子河	0	0		
2	Open	Water Level	双台子河	61870.61	0		
3	Closed		绕阳河	0	0		
4	Point Source	Inflow	绕阳河	17178.94	0		
5	Point Source	Inflow	绕阳河	22527.47	0		
6	Point Source	Inflow	绕阳河	24533.724	0		
7	Point Source	Inflow	绕阳河	8429	0		

图4-31　河道边界条件输入界面

4.3.1.4 参数率定和验证

（1）糙率系数的率定和验证

参数率定主要考虑的是河道糙率。糙率是衡量河床边壁粗糙程度对水流影响以及进行水文分析的一个重要参数系数，影响着河道的水力条件，其取值是河道一维数值模拟的关键。考虑到模型计算稳定和计算时间的要求，设定计算时间步长3 min，空间步长50~200 m，共计82个水位计算点，79个流量点。率定时间从2009年7月2日8时至7日0时，共计112 h，53 760步。先假定一个糙率值计算水位，然后通过不断调整河道各段糙率值，使监测点的水位计算值与实测值差值逐渐缩小，水位过程线充分吻合。各河段初始水位设置情况见表4-11。

表4-11　初始水位设置

河段	长度（m）	初始水位（m）
盘山闸	0	3
张明甲	31 223.99	0.24
辽河口	61 870.61	−0.322
绕阳河上游	0	0.9
绕阳河口	31 459.253	0.245

图4-32给出了张明甲断面处的水位率定结果，可以看出整个模拟期内计算水位与实测水位符合得较好，相关系数 R^2 为0.964，水位误差为4.2%。模拟计算时段内观测流量与模拟流量分别为369 343.5 m^3、382 224.7 m^3，计算误差为3.488%。

表4-12给出了经模型率定后的河道各段起始点糙率值。结果表明，主河道的糙率从盘山闸的0.025 $s/m^{1/3}$ 至河口的0.008 $s/m^{1/3}$

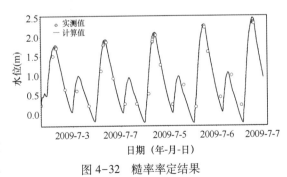

图4-32　糙率率定结果

逐渐减小。原因在于辽河上游弯道多，河床变化较大；下游地势平坦，河道宽阔，糙率从上游

167

到下游逐渐降低。结果表明绕阳河的糙率变化规律与辽河一致。

表 4-12　率定的糙率系数

河段	糙率 n（s/m$^{1/3}$）
盘山闸	0.025
张明甲	0.015
辽河口	0.008
绕阳河上游	0.013
绕阳河口	0.010

　　辽河闸在汛期开闸泄水，旱季则关闸蓄水。依据河闸 2009 年径流排泄情况和研究区气象条件，利用张明甲站的实测水文资料对模型进行验证。验证共分 4 种水文条件，即非汛期有汇流（2009 年 5 月 1—10 日）；非汛期无汇流（2009 年 5 月 20—31 日）；汛期有汇流（2009 年 6 月 19—22 日）；汛期无汇流（2009 年 7 月 25—31 日）。结果如图 4-33 所示，从图可以看出，4 种水位条件验证中大部分水位实测点与计算水位曲线吻合，平均误差在 15% 以内。丰水期河闸泄水时，上游径流与下游浅海潮流相遇。由于下泄径流受到上溯潮水的顶托作用，水情变化大，较为复杂，导致有径流时模型计算精度降低。少数监测点与计算值偏离较大可能是受人为观测的影响，或者由于河口区属强潮河口，风大浪高造成观测误差等自然因素所致。整体来讲，模型计算成果比较令人满意，大部分实测点与计算值较为吻合。验证结果表明所建水动力模型具有良好的重现性，基本能复演感潮河段的水流运动情况。

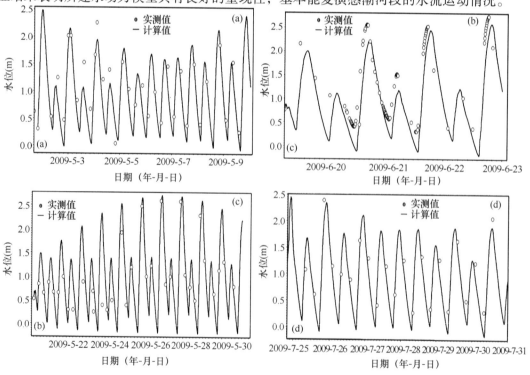

图 4-33　水位验证结果

a. 非汛期有汇流；b. 非汛期无汇流；c. 汛期有汇流；d. 汛期无汇流

（2）纵向离散系数 E_x 的率定和验证

纵向离散系数是十分重要的水动力学参数，反映了污染物在河流中的纵向混合特性，其量值大小决定了污染物浓度随时间和空间的分布结果。平原河网地区河流众多，水系复杂，河道受上游径流和河口潮流的双重影响。E_x 随水流条件而定，确定河口区河道纵向离散系数对构造水质模型至关重要。根据河道自身特点，选取与河流特性相近的经验公式估算河段纵向离散系数（顾莉和华祖林，2007；黄溪水和王国生，1981；Tayfur G & Singh，2005）：

$$E_x = 5.915 \left(\frac{W}{h} \right)^{0.62} \left(\frac{u}{u_*} \right)^{1.428} h u_* \tag{4-7}$$

式中：E_x 为纵向离散系数（m^2/s）；W 为河宽（m）；h 为水深（m）；u 为断面平均流速（m/s）；u_* 为主流方向切应力流速（m/s）。

模拟时间步长设定为 1 min，数据采集频率为 1 min。纵向离散系数 E_x 率定和验证分别采用曙光桥处 2009 年 5 月 7—8 日 25 h，8 月 5 日 10：00—6 日 12：00 计 26 h 实测盐度数据。计算时先根据式（4-7）计算河道各段的纵向离散系数，然后不断调整，使盐度实测值与计算值充分吻合。辽河干流纵向离散系数 E_x 从上至下为 $10\sim450$ m^2/s，绕阳河为 $10\sim150$ m^2/s。图 4-34 和图 4-35 给出了纵向离散系数的率定和验证结果，从图中可以看出，盐度实测值和计算值吻合较好，模拟曲线与实测值变化规律一致。表明采用的纵向离散系数符合河口区河道盐度的变化特征，可以应用于河道盐度模拟。

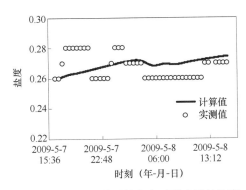

图 4-34　纵向离散系数率定时曙光桥处盐度
计算值与实测值对比

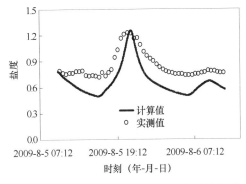

图 4-35　纵向离散系数验证时曙光桥处盐度
计算值与实测值

（3）糙率灵敏度分析

水流运动除受到径流作用和潮流作用外，还与河道本身特性相关，比如河流中的障碍物、河床粗糙度、河道断面、河床比降等，这些因素都影响着河道糙率值。

① 糙率对潮差和传播周期的影响。假定河道走势在短期内保持不变，固定其他条件，采用单因素分析法研究不同河段糙率对水位和潮水传播周期的影响（俞集辉等，2009）。计算结果表明，改变支流糙率对监测点水位和流量影响微乎其微，而改变下游糙率较改变上游和中游糙率导致的监测点水位变化较为明显。主河道糙率不仅影响监测点处的计算水位，对潮水周期也有影响。为便于分析，以下游河口为例，设定糙率 n（$\text{s}/\text{m}^{1/3}$）分别为 0.004、0.01、0.015、0.02 和 0.025 时，分析糙率对潮差和传播周期的影响。

从图 4-36 可以看出，当河道糙率从 $0.004\sim0.025$ $\text{s}/\text{m}^{1/3}$ 渐增时，张明甲监测点处计算水位涨幅逐渐减小，潮差递减。在模拟 5 000 min 时，糙率为 0.004 $\text{s}/\text{m}^{1/3}$ 时的计算水位比糙率为

0.025 s/m$^{1/3}$时高 0.6 m。原因可能是随着下游糙率的增加，河道对水流的阻力增大，使潮水运动的能量消耗变大。当潮水上溯至张明甲时，因水能损耗过大，水位回落，潮差减小。

同时，计算表明糙率系数改变影响潮水传播周期。糙率增大时，由于水流受阻力增大而导致能量损失增大，速度放缓，周期延滞。当糙率为 0.004 s/m$^{1/3}$时，监测点最大潮位出现的时间为 2009 年 7 月 6 日 18：54，最小潮位出现的时间为 2009 年 7 月 5 日 12：45；当 n 为 0.025 s/m$^{1/3}$时，最大潮位出现时间为 2009 年 7 月 6 日 19：48，最小潮位在 2009 年 7 月 5 日 13：21 出现。最大潮位出现时间延迟 54 min，最小潮位延迟 36 min，表明糙率对潮水传播周期影响显著。

② 糙率灵敏度分析。为分析河道糙率系数对张明甲监测点水位敏感程度，保持模型边界条件、初始条件等其他因素不变，仅分别改变干流上、中、下三段的糙率系数，比较张明甲站模拟水位。取 2009 年 7 月 6 日 19 时涨潮时的计算结果为例分析糙率对张明甲处水位的影响。

由图 4-37 看出计算水位随河段中、下游糙率系数的改变而线性增加，随上游河道糙率增加而逐渐减小，相关系数均在 0.97 以上。上游、中游、下游河道糙率改变时，对应的水位标准偏差分别为：0.030 84、0.173 67、0.247 44，可知河道下游糙率对水位影响最显著，中游次之，上游糙率改变对水位影响最小。河道糙率对水流运动较为敏感，但对不同河段影响不同。因此，进行河口区水资源优化配置以调控芦苇湿地生态用水时，应考虑河道糙率改变对潮水上溯的影响。

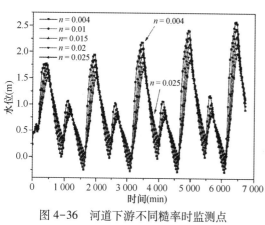

图 4-36 河道下游不同糙率时监测点
水位变化过程线

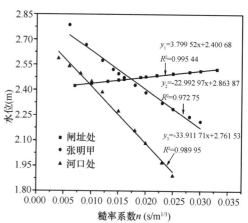

图 4-37 河段糙率对监测点计算
水位的影响

4.3.2 辽河口水动力数学模型

根据研究区域地形特点，河口采用三角形网格的 FVCOM 模型模拟河口的水流盐度动态变化。非结构有限体积海洋模型（FVCOM）是由美国麻州大学海洋科技学院陈长胜教授的科研组建立的，在河口近岸海域数值模拟上具有一定的优势。

4.3.2.1 模型控制方程组

连续方程

$$\frac{\partial u}{\partial x} + \frac{\partial v}{\partial y} + \frac{\partial w}{\partial z} = 0$$

动量方程

$$\frac{\partial u}{\partial t} + u\frac{\partial u}{\partial x} + v\frac{\partial u}{\partial y} + w\frac{\partial u}{\partial z} - fv = -\frac{1}{\rho}\frac{\partial P}{\partial x} + \frac{\partial}{\partial z}\left(K_m\frac{\partial u}{\partial z}\right) + F_u$$

$$\frac{\partial v}{\partial t} + u\frac{\partial v}{\partial x} + v\frac{\partial v}{\partial y} + w\frac{\partial v}{\partial z} + fu = -\frac{1}{\rho}\frac{\partial P}{\partial y} + \frac{\partial}{\partial z}\left(K_m\frac{\partial v}{\partial z}\right) + F_v$$

$$\frac{\partial P}{\partial z} = -\rho g$$

温度方程

$$\frac{\partial \theta}{\partial t} + u\frac{\partial \theta}{\partial x} + v\frac{\partial \theta}{\partial y} + w\frac{\partial \theta}{\partial z} = \frac{\partial}{\partial z}\left(K_h\frac{\partial \theta}{\partial z}\right) + F_\theta$$

盐度方程

$$\frac{\partial S}{\partial t} + u\frac{\partial S}{\partial x} + v\frac{\partial S}{\partial y} + w\frac{\partial S}{\partial z} = \frac{\partial}{\partial z}\left(K_h\frac{\partial S}{\partial z}\right) + F_S$$

密度方程

$$\rho = \rho(T, S, P)$$

其中：x、y、z 分别为笛卡尔坐标系中东、北和垂直方向的坐标；u、v、w 是 x、y、z 3 个方向上的速度分量；θ 是位温；S 为盐度；ρ 为海水密度；P 为压力；f 为科氏参数；g 为重力加速度；K_m 为垂向涡动黏性系数；K_h 为热力垂向涡动摩擦系数。F_u、F_v、F_θ、F_S 分别代表水平动量、温度和盐度扩散项。

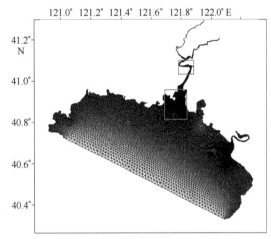

图 4-38　计算区域网格示意图

4.3.2.2　计算区域岸线

包括辽河口口外海滨和辽河河道内部，其计算范围为 40.30°—41.28° N、120.92°—122.28°E 的海域，即西至葫芦岛、东至鲅鱼圈连线北侧的海域，同时将辽河口门上游约 60 km 的河道纳入计算范围，其北端位于盘锦市盘山县的盘山闸（图 4-38）。

模型采用无结构化的三角形网格，可对近岸地形复杂区域进行了局部加密。计算区域包含 16 542 个网格节点，30 957 个三角形单元，最大网格步长约为 2 000 m，位于开边界附近，最小网格步长约为 50 m，位于辽河道内。

4.3.2.3　水深处理

辽东湾水深资料取自 11500 号海图，辽河河道水深取自辽宁省水利水电勘测设计研究院测定的 50 个河流横断面水深值，在此基础上结合岸线地形，通过内插求得整个计算区域内各计算节点的水深。由于采用动边界模型，因此以最高潮时刻的 0 m 等深线作为计算区域的岸边界。

4.3.2.4　模型参数配置

（1）海洋边界条件

通过葫芦岛和鲅鱼圈站半日分潮（M_2、S_2）和全日分潮（K_1、O_1）4 个分潮的调和常数进行线性插值，得到开边界节点的调和常数，并以此预报出具体计算时间内大模型开边界节点的水位过程线。水位预报的公式为：

$$\zeta(t) = A_0 + \sum_{j=1}^{m} f_j H_j \cos[\sigma_j t + (V_0 + u)j - g_j] \tag{4-8}$$

式中：ζ 为水位，t 为时间，m 为分潮的个数（取 $m=4$），H 和 g 是分潮的调和常数，f 是分潮的节点因子；σ 是分潮的圆频率；$(V_0 + u)$ 是分潮的格林威治时初相角；A_0 是多年平均海平面的高度。

（2）河流边界条件

小模型的河流边界位于辽河口门上游约 60 km 的盘山闸处，径流量通过盘山闸泄水量多年月平均资料给出。大模型不考虑河流边界条件。

（3）岸边界条件

岸边界法向流速为 0，即 $V_n = 0$；盐度法向梯度为 0，即 $\dfrac{\partial S}{\partial n} = 0$。

（4）初始条件设置

假使模型计算的初始时刻海洋处于静止状态，所有计算节点上的水位与三角形中心点上的初始流速均设为 0。

辽河口冬季冰期较长，因此本书对其盐度的研究主要集中于春夏两季。辽东湾海区夏季盐度平均值为 32.0 左右，并由南向北递减，河口区盐度值在 30.0 以下。以此确定模型的盐度初始值为 32.0，整个计算区域取均一值。海洋开边界的盐度分为流入和流出两种情况处理：流入计算区域的盐度采用开边界外侧海域恒定盐度值，为 32.0；流出计算区域的盐度通过盐度方程给出。径流输入的盐度始终为 0。

本研究模型不考虑初始温度的影响，模型各计算节点的初始温度均取 18℃，不考虑蒸发、降水和地下水注入等因素的影响。模型着重关注潮汐与径流的作用，不考虑风的影响。

4.3.2.5 模型验证

（1）水位验证

水位验证资料取 2009 年 5 月小台子和曙光大桥周日观测资料。从实测资料与计算结果的对比情况来看（图 4-39），小台子水位平均误差为 0.12 m，曙光大桥水位平均误差为 0.09 m。模型较准确地模拟了涨落潮过程以及高（低）潮发生的时刻和潮高，反映了辽河口潮位变化情况。

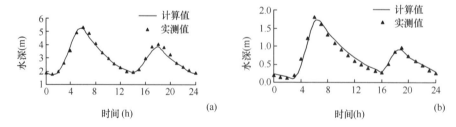

图 4-39　小台子站（a）和曙光大桥站（b）计算水位与实测水位的比较

（2）潮流验证

潮流验证取自盖州滩附近 2 处测流站的周日观测资料。辽河口附近最大流速为 158 cm/s，流速计算值和实测值平均误差为 9 cm/s，位相平均误差为 19°，基本反映了辽河口潮流变化情况，验证结果如图 4-40 所示。

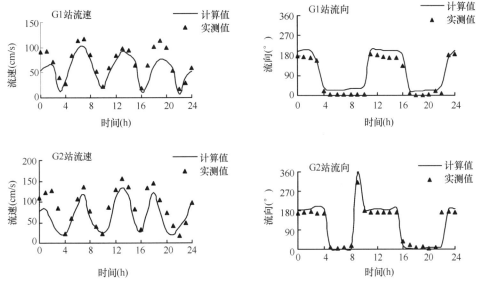

图 4-40　盖州滩验潮站计算结果与实测结果的比较

（3）盐度结果验证

盐度验证取 2009 年 5 月小台子周日观测资料，从实测资料与计算结果的对比情况来看（图 4-41），两者基本一致，盐度值平均误差为 0.83，模拟结果较好地反映了辽河口盐度变化情况。

综上所述，河口潮汐模型基本复演了感潮河口潮汐、潮流及盐度变化过程，模型水位和盐度模拟结果的相对误差小于 10%，河网模型水位和盐度模拟的误差小于 15%，模型可以用来进行调水方案的应用研究。

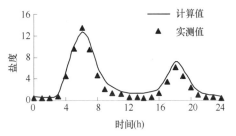

图 4-41　小台子站计算盐度与实测
盐度的比较（2009 年 5 月）

4.3.3　辽河口潮汐潮流变化规律

4.3.3.1　绕阳河纳潮量分析

盘锦市芦苇湿地实行"三灌三排"的灌溉制度。每年 3 月下旬第一次灌水，4 月中旬至 5 月上旬第二次灌水，6 月中旬至 8 月上旬第三次灌水。3 月芦苇出芽，需保持水深 10 cm；5—8 月芦苇进入快速生长期，保持水深 20 cm；9 月芦苇进入抽穗期，灌水深度 20 cm，保证苇田充足供水对芦苇生长十分必要。由于近年来降雨量减少，淡水短缺，苇田灌水使用绕阳河淡水与河口上溯潮水的混合水灌溉，以缓解用水不足。根据 1955—2009 年盘锦地区 55 年降雨资料分析可知，1972 年盘锦地区降雨量 502.3 mm，比多年平均降雨量 623.2 mm 少

120.9 mm；1994 年降雨量 897.82 mm，比多年平均降雨量多 274.62 mm；2008 年降水量 613.9 mm，接近多年平均降雨量。分别选取 1972 年、1994 年和 2008 年作为枯水年、丰水年和平水年代表。使用建立的水动力模型分析苇田在丰水年、平水年、枯水年下芦苇灌溉期上溯至绕阳河的潮水量。辽河上游流量边界使用拦河闸实测流量数据，下游给定潮位数据，其他设置不变，结果见表 4-13。从表 4-13 可以看出，丰水年苇田 3 次灌溉期内绕阳河纳潮量分别为 $1.09×10^7$ m³、$1.17×10^7$ m³、$1.61×10^7$ m³；平水年为 $1.35×10^7$ m³、$1.3×10^7$ m³、$2.54×10^7$ m³；枯水年为 $0.98×10^7$ m³、$1.24×10^7$ m³、$1.999×10^7$ m³。各灌溉期绕阳河纳潮量占苇田总需水量的比例大部分在 30%以下，说明苇田灌溉所需水主要来自河道本身蓄水或引自辽河上游蓄水，而绕阳河纳潮可补充苇田灌溉需水量的不足。第一次灌溉期纳潮量所占比例较其他灌溉期高，原因可能是灌溉期内上游无径流下泄，使潮水上溯的阻力减小，纳潮量也就增大。2008 年绕阳河纳潮量较 1972 年（枯水年）和 1994 年（丰水年）大，原因是 2008 年河口实测潮位较 1972 年、1994 年大，潮水上溯的能量大，因而绕阳河纳潮量也相应增多。分析表明，绕阳河纳潮量多少受辽河上游径流下泄量的影响，并与河口潮位有关。通过实地调查和监测发现，近些年绕阳河河水盐度为 0.1 左右，低于苇田灌溉进水的盐度限值 5。这表明进入绕阳河的咸水与淡水经混合后，可直接用于苇田灌溉，以缓解干旱年份大片苇田灌溉用水得不到满足的局面。

表 4-13　苇田灌溉期绕阳河纳潮量

灌溉期	历时 (d)	需水量 (×10⁷ m³)	丰水年		平水年		枯水年	
			纳潮量 (×10⁷ m³)	百分比 (%)	纳潮量 (×10⁷ m³)	百分比 (%)	纳潮量 (×10⁷ m³)	百分比 (%)
3 月 20 日至 30 日	11	4.29	1.09	25.49	1.35	31.56	0.98	22.89
4 月 25 日至 5 月 6 日	12	6.44	1.17	18.13	1.3	20.12	1.24	19.24
7 月 20 日至 8 月 9 日	20	8.58	1.61	18.77	2.54	29.6	1.999	23.3

4.3.3.2　橡胶坝对支流绕阳河纳潮的影响

针对河口区苇田灌溉情况和辽河拦河橡胶坝的蓄水特点，设计两种径流情景，即上游有汇流和无汇流。分析在 5 月（枯水期）拦河橡胶坝对支流绕阳河万金滩闸纳潮流量和盐度的影响。各河道采用实测水位、流量数据，初始盐度采用同期实测数据，河口断面采用 2009 年 5 月和 2010 年 5 月实测盐度时间序列数据。

（1）上游有径流条件

① 纳潮流量。从图 4-42 可以看出，拦河橡胶坝建造后，阻断了浅海潮流沿辽河上溯的通道，潮水沿绕阳河上溯量增多 $22.9×10^4$ m³，比建坝前增加 18.3%。表明橡胶坝的建造有利于万金滩纳潮。建坝前上溯潮水的最大流量为 116 m³/s，建坝后最大流量达到了 154 m³/s，增大了 32.7%。

② 盐度。从模拟的结果（图 4-43）可以看出，建造橡胶坝对万金滩处盐度的变化幅度影响不大，计算盐度都在 0.4 以下，满足苇田灌溉对盐度的要求。表明上游来水阻碍河口下游潮水的上溯，降低了万金滩闸的盐度。从 5 月 8 日 6：30—9：00，有一个盐度小高峰，可能是由于下游潮水受上游来水和橡胶坝的阻拦，潮水往辽河上溯受阻转而涌向绕阳河，导致支流盐度值增加。

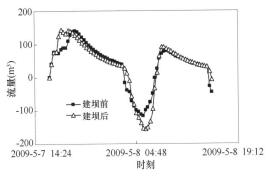

图 4-42　辽河有汇流时橡胶坝对纳潮流量的影响

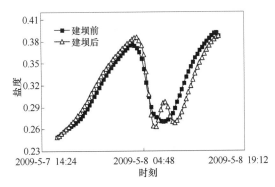

图 4-43　辽河有汇流时橡胶坝对纳潮盐度的影响

（2）上游无径流条件

① 纳潮流量。上游无径流下泄时，绕阳河纳潮主要受到下游潮水上溯的影响。拦河橡胶坝建造后，模拟期内绕阳河的纳潮量比建坝前增多 $18.32×10^4$ m^3，增加了 16.85%。万金滩最大上溯潮流量为 93.65 m^3/s，比建坝前最大潮流量 71.37 m^3/s 增大了 31.2%，如图 4-44 所示。潮水上溯量的增加，使得绕阳河可利用水量增多，利于苇田灌溉。

② 盐度。从图 4-45 中可以看出，在上游无汇流的情景下，拦河橡胶坝的建造后，潮水沿辽河上溯受阻，转而涌向绕阳河，导致万金滩处盐度增大。模拟期内，建坝后盐度计算最大值为 0.91，比建坝前最大盐度 0.52 增大了 75%。

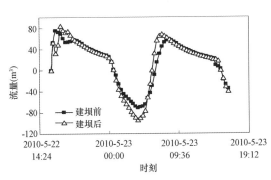

图 4-44　辽河无汇流时橡胶坝对纳潮流量的影响

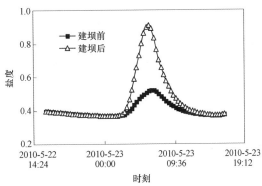

图 4-45　辽河无汇流时橡胶坝对纳潮盐度的影响

上述两种水文条件下，拦河橡胶坝会增大绕阳河万金滩闸处的过流量，相比建坝前最大潮流量，建坝后纳潮量分别增加了 18.3% 和 16.9%，最大流量分别增加了 32.7% 和 31.2%。这说明在影响绕阳河纳潮量的因素中，橡胶坝较上游径流影响更为显著。两种情景下，盐度受上游径流影响较大。上游无汇流时，建坝后比建坝前盐度最大值增加了 75%。盘锦地区苇田 5 月芦苇进入快速生长期，耐盐性不断增强，建造橡胶坝前河水盐度不大，小于芦苇生长耐盐限值为 5（黄溪水和王国生，1981），表明万金滩所纳潮水都可以直接用于苇田灌溉。

4.3.4 辽河口盐度变化规律

盐度是河口生态系统中的重要因子，也是分析水团、跃层、锋面等物理现象的基本参数。河口盐度的研究是河口、海岸科学中的一个重要课题，对合理利用河口淡水资源、揭示河海相互作用的机制以及阐明河口水环境对人类活动响应过程等方面具有重要的意义。

河口盐度分布与径流量大小、河口潮汐作用的强弱、异重流、汊道特性、科氏力、风、浪等多种因素有关，其中径流与潮汐是影响河口盐度分布的两个最主要因素。在径流和潮汐的作用下，上游下泄的淡水与口外海水此消彼长，使得河口盐度表现出较为复杂的时空分布特征。研究河口盐度变化规律的主要手段包括河口调查、数值模拟和物理模拟等。其中数值模拟由于经济高效和便于方案调整等优点，近年来在河口盐度变化过程研究方面得到广泛应用。Mao 等（2008）根据三维斜压陆架海模式 HAMSOM（Hamburg Shelf Ocean Model），对黄河径流对渤海盐度变化的影响进行数值模拟，指出对流对盐度分布作用较强，盐度呈现季节性变化，且蒸发和降水对盐度的长期模拟影响较大。Guo 和 Valle-Levinson（2007）利用 Princeton Ocean Model（POM）模型，讨论了在河流径流、沿岸环流、潮汐强迫各自及其联合作用下切萨皮克湾盐度的分布情况。包芸和任杰（2005）采用 Backhaus 的三维斜压模式，研究了伶仃洋盐度锋面，给出了盐度高度层化现象的整体分布。朱建荣和胡松（2003）基于 ECOM 模式建立理想河口三维盐度数值模型，讨论了河口形状、径流量变化和海平面上升对河口盐度的影响。目前河口盐度的数值研究主要集中于大的河口，对于辽河口盐度分布的数值模拟研究相对较少。

本研究根据辽河口的特点，利用有限体积方法的海洋数值模式（FVCOM）对辽河口的水盐分布进行模拟，研究潮汐、径流共同作用下辽河口水盐分布特征（刘晓敏等，2011），为辽河口淡水资源合理利用提供参考。

4.3.4.1 计算模型

采用美国麻州大学海洋科技学院陈长胜教授科研组建立的非结构有限体积海洋模型（FVCOM）。其主要特点是（Chen et al.，2006）：水平方向上采用不规则三角形网格，可对地形较复杂的区域进行局部加密；采用有限体积方法，将有限元方法处理复杂边界的优点和有限差分方法高计算效率的优点结合起来；垂直方向上采用坐标系，有助于处理水深变化显著的情况；采用时间分裂算法，可节省计算时间；边界条件采用干湿网格运动边界条件。

计算区域为葫芦岛—鲅鱼圈连线以北的海域，上边界到距河口约 60 km 处的盘山闸。模型采用三角形网格，最大网格步长为 2 000 m，辽东湾顶部网格步长为 200~500 m，河道内网格步长为 50~200 m。共有 16 542 个网格节点，垂向分为 5 个层。计算区域与网格设置如图 4-46 所示。

辽东湾水深资料来自11500 号海图，河道水深来自辽宁省水勘院测定的 50 个河流横断面水深值，在此基础上结合海岸和河道地形，通过内插求得整个计算区域内各计算节点的水深。

动力学模型外部强迫条件，包括开边界水位、上游径流量、海面风场等。本书忽略风对动力场的影响，海洋开边界输入预报水位，预报方法采用开边界上陆上测点葫芦岛和鲅鱼圈长期验潮站的调和常数进行预报，开边界上其他点的水位由两个测点水位进行线性插值，结合计算域内潮位验证点的计算值和实测值对比结果进行调整。模型上边界位于距河口约60 km的盘山闸处，河口径流量通过盘山闸泄水量月平均资料得出。选取三道沟、北岗和张明甲三处计算点位进行分析，辽河口地形及选取点位如图4-47所示。

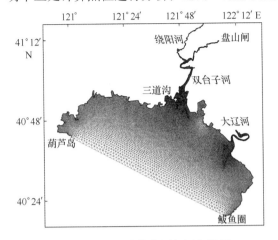

图4-46　模式计算范围与网格设置

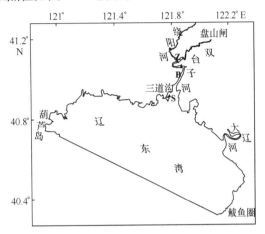

图4-47　辽河口地形及三道沟（S）、北岗（B）、
张明甲（Z）计算点位置示意图

葫芦岛—鲅鱼圈连线附近夏季盐度平均值为32.0左右，并以此向北递减，河口区盐度在30.0以下（宋有强，1990），以此确定模型的盐度初始值为32.0，整个计算区域取均一值；径流盐度为0。

4.3.4.2　结果验证

本研究以2009年5月（枯水期）为例讨论盐度的分布情况。

水位验证资料取2009年5月小台子（X）和曙光大桥（S）周日观测资料。从实测资料与计算结果的对比情况来看（图4-48），两者基本吻合，小台子水位平均误差为0.12 m，曙光大桥水位平均误差为0.09 m。模型较准确地模拟了涨落潮过程以及高（低）潮发生的时刻和潮高，结果较好地反映了辽河口潮位变化情况。

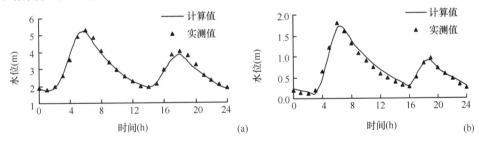

图4-48　小台子站（a）和曙光大桥站（b）计算水位与实测水位比较

盐度验证资料取2009年5月小台子（X）周日观测资料，从实测资料与计算结果的对比情况来看（图4-49），两者基本一致，盐度值平均误差为0.83，模型对盐度值的模拟较为准确，结果较好地反映了辽河口盐度变化情况。

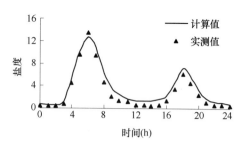

图 4-49　小台子站计算盐度与实测盐度的比较（2009 年 5 月）

4.3.4.3　辽河口盐度随水位的变化

本书以 5 月径流下大潮期间盐度与水位计算结果为例，分析辽河口盐度随潮位的变化情况。

图 4-50（a）给出了三道沟盐度随水位的变化，从三道沟盐度过程曲线与水位过程曲线的变化趋势来看，两者具有很强的一致性。三道沟盐度值在 24 h 内出现两高两低的变化，且两次峰值表现出明显的不等，与海区的不正规半日潮潮汐性质相对应，其中较高一次盐度峰值约为 22，较低一次盐度峰值约为 20，低潮时刻盐度值为 12，盐度在一个潮周期内的变化跨度达 10，随潮变化非常明显。此外，盐度过程线与水位过程线之间存在一定的相位差，盐度最高（低）值出现的时刻比水位高（低）潮时刻滞后约 0.5 h。

图 4-50（b）给出了北岗盐度随水位的变化。盐度过程曲线的变化趋势亦与水位过程曲线较为一致，盐度值在 24 h 内同样出现两高两低的变化，较高一次盐度峰值为约 1.07，较低一次盐度峰值约为 0.78，低潮时盐度值约为 0.63。可以看出，北岗盐度值在 0.6~1.1 之间，变化值相对较小，且与较低一次高潮相对应的盐度峰值也较小，说明潮位对盐度的影响已经大为减弱。此外，与三道沟类似，北岗的盐度过程线与水位过程线之间也存在一定的相位差，盐度最高（低）值出现的时刻比水位高（低）潮时刻滞后约 1.0 h。

图 4-50（c）给出了张明甲盐度随水位的变化，可以看出盐度过程曲线的变化趋势与水位过程曲线存在明显的不同。张明甲盐度值在 0.2~0.8 之间，最大值出现的时刻比水位高潮时刻滞后约 1.3 h，且迅速回落，其他时刻盐度值始终为 0.3 左右，几乎没有任何变化。可见尽管张明甲处水位过程线在 24 h 内仍体现出两涨两落，但盐度过程线已经表现出明显的单峰特征，且一天之内大部分时刻盐度为定值。这说明张明甲处潮汐对盐度的影响已非常微弱。

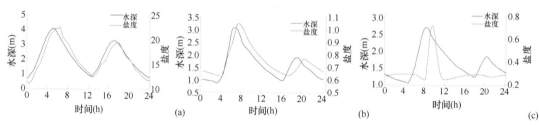

图 4-50　三道沟（a）、北岗（b）、张明甲（c）盐度随潮位的变化

综合本节分析，辽河口的盐度与潮位之间存在很好的相关性，盐度的变化趋势与潮位变化趋势基本一致，且在越接近口门的地方，这种一致性表现得越明显。但在接近上游的河道内，盐度与潮位之间并没有很好的相关性，潮波对盐度变化的影响大为减弱，这是由于河道摩擦和径流顶托的作用所致。

4.3.4.4 辽河口盐度的沿程变化

仍以5月径流下大潮期间盐度计算结果为例，分析河口盐度的沿程分布情况。计算结果显示三道沟附近盐度变化最为剧烈，图4-51给出高、低潮时刻三道沟上、下游各10 km内盐度垂直分布的沿程变化。

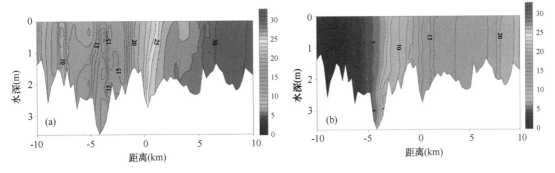

图4-51　河口盐度在高潮（a）和低潮（b）时垂直分布的沿程变化

横坐标0点处为三道沟，负为上游，正为下游

从计算结果可以看出，河口高、低潮时刻辽河口盐度分布存在明显的不同，三道沟附近高潮时刻盐度值约为22，低潮时刻盐度值约为12。盐度梯度以三道沟上游2 km至下游2 km范围内最大，高潮时刻三道沟上游2 km处盐度值为16，下游2 km处增大至26；低潮时刻三道沟上游2 km处盐度值为10，下游2 km处增大至16。这说明辽河口淡盐水混合非常剧烈，冲淡水主体边界锋（羽状锋）位于三道沟附近。三道沟下游5 km至口外海滨段等盐线相对稀疏，盐度变化较为平缓。高潮期间三道沟下游10 km左右处盐度值在31左右，已接近口外海水盐度。从垂向来看，高潮期间河口底层盐度值略大于表层，等盐线呈现倾斜分布，但倾斜度较小；低潮期间等盐线基本垂直，盐度垂向变化不明显。

4.3.4.5 潮差对盐度分布的影响

本研究通过计算相同径流条件下大、小潮期间的河口盐度分布，分析潮差变化对河口盐度分布的影响。以5月为例：大潮期间，高潮时刻口外均被盐度达30以上的高盐海水所占据，三道沟附近盐度值为21~22，外海入侵盐水与河口冲淡水在三道沟附近剧烈混合，河口盐度变化剧烈，冲淡水主体边界锋位于三道沟处，河口盐水入侵程度最甚；小潮期间，三道沟附近盐度值为15~16，河口盐度变化相对平缓，冲淡水主体边界锋位于三道沟下游口门处，口门处盐度值约为23，盐度值小于30的低盐水流出口门后向西南方向扩展，河口盐水入侵程度相对较弱。

由此可见，潮差对河口的盐度分布具有重要影响。在潮差增大的情况下，河口涨潮流增强，外海入侵盐水与河口冲淡水混合加剧，盐水入侵程度也加剧，河口盐度升高，冲淡水主体锋向口内上移。

4.3.4.6 径流量对盐度分布的影响

本研究通过计算5月、7月、8月径流条件下的河口盐度分布，分析径流量变化对河口盐度分布的影响。其中5月为枯水期，7月、8月为丰水期，根据盘山闸统计资料，5月、7月、8月多年平均径流量分别为101 m³/s、285 m³/s、450 m³/s。

图4-52给出了3种径流条件下高潮时刻的盐度分布，可以看出5月径流条件下河口盐度明显大于7月、8月两月。5月径流条件下三道沟附近盐度值为21~22左右，盐度值为30的水体与三道沟的距离约为7 km；7月径流条件下三道沟盐度值降为18~19，盐度值为30的水体与三道沟的距离约为13 km；8月径流条件下三道沟盐度值仅为15~16，盐度值为30的水体与三道沟的距离约为17 km。可见辽河径流量对河口水盐分布有较为显著的影响，在其他条件不变的情况下，径流量增大，河口的盐度值降低，河口冲淡水在径流的推动下向口外方向移动。

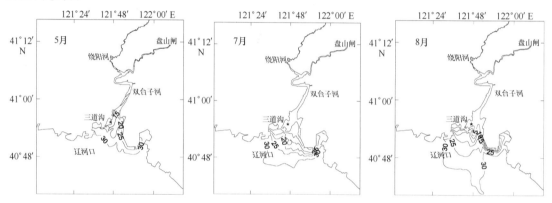

图4-52 径流条件下河口高潮时刻盐度分布

综合分析，辽河径流量对河口盐度分布有着十分显著的影响，两者呈现很高的负相关性。

通过数值计算讨论不同河海条件下的辽河口盐度变化规律。辽河口盐度在一个潮周期内的变化趋势与潮位基本一致，潮波对盐度分布存在显著影响，且在口门附近影响最强，越接近上游影响越弱。辽河口淡盐水混合非常剧烈，冲淡水主体边界锋位于三道沟附近，三道沟下游5 km外等盐线相对稀疏。高潮时刻河口底层盐度值略大于表层，低潮时刻盐度垂向变化不明显。在相同径流条件下，潮差增大，河口涨潮流增强，河口盐度升高，盐水入侵程度加剧，冲淡水主体边界锋向口内上移；在相同潮汐条件下，径流增大，河口盐度降低，冲淡水向口外扩展范围增大。

4.3.5 辽河口芦苇湿地生态调水方案

4.3.5.1 芦苇湿地生态需水分析

按照《盘锦营口地区水利规划》，该区域的实际苇田灌溉面积为429 km²，计划采用50%灌溉保证率。

根据芦苇的生长特点，盘锦地区苇田灌溉实行的是"三灌三排"的灌溉制度。苇田灌水时间与灌水量见表4-14。

表 4-14　灌水时间与水量

顺序	灌溉时间	水层深度（cm）	需水量（×10⁴ m³）
第一次灌水	3 月下旬至 4 月下旬	10	4 290
第二次灌水	5 月中旬至 6 月下旬	15	6 435
第三次灌水	7 月上旬至 9 月下旬	20	8 580

4.3.5.2　河口区湿地现行补水现状

　　规划区内现有苇田面积 429 km²，灌溉用水引自辽河闸，经双绕总干渠到五棵站，沿盘锦监狱北侧龙家铺进绕阳河，经西大湾、胜利塘、万金滩提水后，灌溉苇田；东郭苇场现有苇田面积 279 km²，传统以小道子河为界，以南为南塘，以北为北塘。南塘供水由南井子站和三义站负担（大凌河水系），北塘由红旗站和曙光站负担（绕阳河水系）。羊圈子苇场苇田面积 150 km²，由胜利塘站负担（绕阳河水系）。每年 3 月中下旬，双绕干渠向苇田输水，胜利塘、曙光站和红旗站抽水站从上游依次抽水，其灌溉间隔时间不确定（图 4-53）。

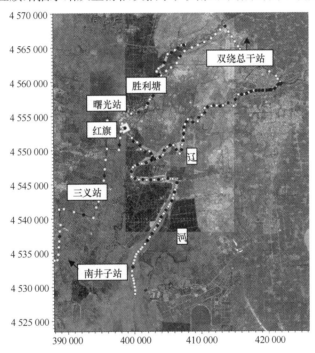

图 4-53　河口湿地河网及提水泵站点位示意图

　　大凌河上游白石水库建成后，由于拦河蓄水，河道径流减少，相应引水流量减少，其调水量需要苇场和白石水库协商购买解决。由于近年来连续干旱，绕阳河水源严重不足，正常年份，绕阳河水量就很少，且绕阳河上游杜家台建有红旗闸，水田灌溉期间 3—9 月需拦河蓄水灌溉水田，基本不能开启。红旗闸下有胡家农场水田拦河取水，同时注入绕阳河系的各河中、小支流也被层层拦截，因此，绕阳河水系无论正常年份还是干旱年份，均不能为下游的苇场供水。辽河流域近年来由于上游来水明显不足，历史上经常出现供水不足、各大水库无水可放的局面，其水系只能维持盘山县的部分农业用水，上游来水在枯水年基本无水灌溉苇田。

4.3.5.3 苇田灌溉调水方案设计

降水量是选择丰（25%）、平（50%）、枯水年（75%）的标准，根据每年的降水量情况来划分，降水量在 900 mm 以上为丰水年、600 mm 左右为平水年、500 mm 以下为枯水年。根据年降水量成果图选择 1972 年为枯水年、1994 年为丰水年、2008 年为平水年进行典型年分析计算。

（1）设计原则与初步方案

① 芦苇灌溉时间。根据芦苇三灌三排的需水量和抽水站实际运行情况，3 次灌溉的抽水时间应分别不少于 9 d、13 d 和 18 d。根据以上情况设计方案的抽水日期为 3 月 20 日至 4 月 7 日、5 月 20 日至 6 月 14 日和 7 月 10 日至 8 月 14 日。

② 现状开发利用情况和加大水资源利用量。目前胜利塘抽水站的抽水量为 21.6 m³/s，负责羊圈子苇场的供水，尚能满足要求。红旗二站和曙光抽水站共同负责东郭和北塘苇场的供水，抽水量分别为 11.6 m³/s 和 6 m³/s，供水明显不足，尚缺 10.7 m³/s。因此要进一步满足苇场用水的话，根据《盘锦营口地区水利水规划》，建议将两个抽水站的抽水量分别增加到 18.7 m³/s 和 9.6 m³/s。

基于以上三点考虑，初步设计调水方案如表 4-15 所示。另外由于河道蓄水量有限，所以在方案中胜利塘抽水站单独运行，曙光和红旗二站同时运行，在满足抽水时间的前提下尽可能错开，减小河道的水量负荷。

表 4-15 调水方案初步设计

水平年		抽水时间	抽水量（m³/s）		
			胜利塘	曙光	红旗二站
基于现状条件下的水利调度	A（1972）	03-20—03-29	21.6	0	0
	A（1994）	03-29—04-07	0	6	11.6
	A（2008）	03-29—04-07	0	6	11.6
	B（1972）	05-20—06-02	21.6	0	0
	B（1994）	06-02—06-14	0	6	11.6
	B（2008）	06-02—06-14	0	6	11.6
	C（1972）	07-10—07-28	21.6	0	0
	C（1994）	07-28—08-14	0	6	11.6
	C（2008）	07-28—08-14	0	6	11.6
扩建水利设施后的调度	D（1972）	03-20—03-29	21.6	0	0
	D（1994）	03-29—04-07	0	9.6	18.7
	D（2008）	03-29—04-07	0	9.6	18.7
	E（1972）	05-20—06-02	21.6	0	0
	E（1994）	06-02—06-14	0	9.6	18.7
	E（2008）	06-02—06-14	0	9.6	18.7
	F（1972）	07-10—07-28	21.6	0	0
	F（1994）	07-28—08-14	0	9.6	18.7
	F（2008）	07-28—08-14	0	9.6	18.7

分析表4-16可以看出，按照现有的水利工程情况调水所有方案都能达到50%的灌溉保证率，枯水年的第一次和第二次灌溉缺水程度相对较高，丰水年的时候由于上半年辽河上游进水量较少，缺水程度都在30%以上，三灌的时候由于汛期上游来水过大，可以停止泵站抽水以避免数值振荡。平水年的时候供水相对较充裕，缺水程度在30%左右；加大各泵站的抽水量之后，枯水年的缺水量有所下降，但是相对丰水年和平水年来说仍较高，丰水年的上半年缺水程度也降到20%以下，平水年则降到了10%左右。从表4-16中还可以看出，一般在第二次灌溉的时候缺水程度最高，第一次灌溉的时候有桃花汛的淡水注入，第三次灌溉的时候处于汛期，上游来水都相对较多，水量较为充裕。

表4-16 初步方案运行结果

水平年	理论抽水量 (×10⁴ m³)	模拟修正水量 (×10⁴ m³)	实际抽水量 (×10⁴ m³)	缺水量 (×10⁴ m³)	缺水程度 (%)
A（1972）	3 048	21	3 027	1 263	29.4
A（1994）	3 048	161	2 887	1 403	32.7
A（2008）	3 048	0	3 048	1 242	29.0
B（1972）	4 402	591	3 811	2 624	40.8
B（1994）	4 402	609	3 793	2 642	41.1
B（2008）	4 402	0	4 402	2 033	31.6
C（1972）	6 435	476	5 959	2 621	30.5
C（1994）	汛期泵站不抽水			0	0.0
C（2008）	6 435	0	6 435	2 145	25.0
D（1972）	3 880	168	3 712	57	13.5
D（1994）	3 880	109	3 771	519	12.1
D（2008）	3 880	0	3 880	410	9.6
E（1972）	5 604	658	4 946	1 489	23.1
E（1994）	5 604	394	5 210	1 225	19.0
E（2008）	5 604	0	5 604	831	12.9
F（1972）	8 191	603	7 588	992	11.6
F（1994）	汛期泵站不抽水			0	0.0
F（2008）	8 191	0	8 191	389	4.5

（2）调水方案优化

上述方案的模拟结果中只考虑了抽水量，而在实际应用中，当上溯潮水与河道淡水混合之后的盐度超过5后，所抽取的水就不能再用于苇田灌溉，因此实际的可利用水量远小于表4-16中的结果。模拟中发现混合水盐度的变化与抽水时间以及泵站的抽水顺序有关，针对以上问题对调水方案进一步优化。

①抽水时间间隔。曙光站和红旗抽水泵站负责绕阳河下游苇场的供水，胜利塘泵站负责绕阳河上游羊圈子苇场的供水。上述表4-16中的方案中为了减少河道的水力负荷，将两个苇场的抽水时间错开，但缺水程度仍然很大。在进一步的方案设计中，时间间隔可做不同的设置来研究如何更好地利用河道水资源。根据苇田的灌溉时间，将抽水时间间隔设置为0 d、3 d、6 d、8 d等一系列不同的天数。以时间间隔3 d为例：胜利塘泵站先抽水，3 d后

曙光和红旗泵站开始抽水，之后 3 个泵站同时抽水。或者曙光和红旗泵站先抽，3 d 之后胜利泵站再开始一同抽水。

② 抽水顺序。抽水顺序简单分为抽水顺序错开时上游先抽水和下游先抽水两种。上游先抽水即负责羊圈子苇场供水的胜利塘泵站先抽水，下游先抽水即曙光和红旗泵站先抽水。抽水顺序影响了河道中上溯潮水与河道淡水的混合时间与程度，进而影响到了所抽河水的盐度和可利用水量的多少。

③ 生态需水量的分配。研究区内现有长苇苇田面积 429 km²，其中东郭苇场 279 km²，羊圈子苇场 151 km²。借鉴盘锦芦苇研究所有关芦苇不同生育期水分管理的最新研究成果，同时兼顾多年来抽水站的实际运行状况，将前面提出的生态补水量以 3 次灌溉补水的方式进行时空分配，3 次灌溉分别对应芦苇发芽期、营养期和生殖生长期。

枯水年第一次灌溉运行结果和平水年前两次运行结果分别如表 4-17 和表 4-18 所示。

表 4-17　枯水年运行结果

水平年	方案	泵站	抽水日期	泵站流量（m³/s）	可利用水量（×10⁴ m³）	生态需水量（×10⁴ m³）	缺水量（×10⁴ m³）	间隔时间	泵站抽水顺序
枯水年第一次抽水	1	胜利	03-20—04-03	21.6	1 507	1 507	712	间隔 0 d	上游先抽
		曙光	03-20—03-30	6	279	1 691			
		红旗	03-20—03-29	11.6	700				
	2	胜利	03-20—03-30	21.6	1 507	1 507	1 015	间隔 3 d	上游先抽
		曙光	03-23—04-10	6	215	1 691			
		红旗	03-23—04-10	11.6	461				
	3	胜利	03-20—03-30	21.6	1 508	1 507	587	间隔 6 d	上游先抽
		曙光	03-26—04-10	6	394	1 691			
		红旗	03-26—04-10	11.6	710				
	4	胜利	03-20—03-28	21.6	1 504	1 507	481	间隔 8 d	上游先抽
		曙光	03-28—04-10	6	457	1 691			
		红旗	03-28—04-10	11.6	753				
	5	胜利	03-23—04-02	21.6	1 507	1 507	760	间隔 3 d	下游先抽
		曙光	03-20—04-07	6	314	1 691			
		红旗	03-20—04-07	11.6	617				
	6	胜利	03-26—04-10	21.6	1 760	1 507	438	间隔 6 d	下游先抽
		曙光	03-20—03-29	6	426	1 691			
		红旗	03-20—03-29	11.6	827				
	7	胜利	03-29—04-10	21.6	1 397	1 507	287	间隔 9 d	下游先抽
		曙光	03-20—03-30	6	519	1 691			
		红旗	03-20—03-30	11.6	995				
	8	胜利	04-01—04-10	21.6	989	1 507	418	间隔 12 d	下游先抽
		曙光	03-20—04-01	6	608	1 691			
		红旗	03-20—04-01	11.6	1 183				

分析表4-17可知，枯水年芦苇湿地的生态用水在目前传统灌溉模式下不能得到保证。泵站抽水顺序和间隔时间对可利用水量都有影响：抽水间隔时间相同的情况下，方案中为下游泵站先抽水的可利用水量明显多于上游先抽水的方案；抽水顺序相同的前提下，上游和下游泵站抽水间隔时间以6~9 d为宜。间隔时间太短会导致河道水量不足，间隔时间太长会导致苇田的灌溉时间不足从而影响芦苇的生长。

表4-18　平水年运行结果

水平年	方案	泵站	抽水日期	泵站流量（m³/s）	可利用水量（×10⁴ m³）	生态需水量（×10⁴ m³）	缺水量（×10⁴ m³）	间隔时间	泵站抽水
平水年第一次抽水	9	胜利	03-23—04-01	21.6	1 679	1 507	0	间隔3 d	下游先抽
		曙光	03-20—04-01	6	1 825	1 691	0		
		红旗	03-20—04-01	11.6					
	10	胜利	03-20—03-29	21.6	1 679	1 507	0	间隔5 d	上游先抽
		曙光	03-25—04-06	6	1 766	1 691	0		
		红旗	03-25—04-06	11.6					
	11	胜利	03-26—04-04	21.6	1 597	1 507	0	间隔6 d	下游先抽
		曙光	03-20—04-01	6	1 825	1 691	0		
		红旗	03-20—04-01	11.6					
	12	胜利	03-29—04-07	21.6	1 600	1 507	0	间隔9 d	下游先抽
		曙光	03-20—04-07	6	2 687	1 691	0		
		红旗	03-20—04-07	11.6					
平水年第二次抽水	13	胜利	5.15~5.28	21.6	2 384	2 261	0	间隔5 d	上游先抽
		曙光	5.20~6.8	6	2 566	2 537	0		
		红旗	5.20~6.8	11.6					
	14	胜利	5.20~6.4	21.6	2 338	2 261	0	间隔5 d	下游先抽
		曙光	5.15~6.4	6	2 718	2 537	0		
		红旗	5.15~6.4	11.6					
	15	胜利	5.15~5.28	21.6	2 384	2 261	0	间隔6 d	上游先抽
		曙光	5.21~6.8	6	2 566	2 537	0		
		红旗	5.21~6.8	11.6					
	16	胜利	5.21~6.5	21.6	2 338	2 261	0	间隔6 d	下游先抽
		曙光	5.15~6.5	6	2 870	2 537	0		
		红旗	5.15~6.5	11.6					
	17	胜利	5.18~6.1	21.6	2 272	2 261	0	间隔3 d	下游先抽
		曙光	5.15~6.5	6	2 848	2 537	0		
		红旗	5.15~6.5	11.6					
	18	胜利	5.24~6.8	21.6	2 338	2 261	0	间隔9 d	下游先抽
		曙光	5.15~6.5	6	2 870	2 537	0		
		红旗	5.15~6.5	11.6					

比较表 4-17 和表 4-18 可以发现，通过一系列的优化措施，可以有效解决平水年苇田用水不足的问题。同时，下游曙光和红旗二站先于上游胜利塘站抽水，可以最大限度地利用河道混合水，抽水最佳时间间隔为 6~9 d。

（3）最终建议方案

① 枯水年调水方案。以 1972 年为例，取其上游来水量、灌溉时间、河口潮位和盐度时空分布资料为初始条件和边界条件，通过改变上、下游泵站的提水时间间隔和先后次序，以河道控制水位和盐度为控制目标。结果表明，枯水年芦苇湿地的生态用水在目前传统灌溉模式下不能得到保证。最优抽水方案下，第一次灌水羊圈子苇场的缺水量为 0，而东郭北塘仍生态缺水 $438 \times 10^4 \text{ m}^3$。通过进一步模拟可以看出修建胜利干渠后，从辽河上游调水到绕阳河能够完全保证苇田的用水，建议将此项工程纳入水利建设规划。

② 平水年调水方案。以 2008 年为例，取其上游来水量、灌溉时间、河口潮位和盐度时空分布资料为初始条件和边界条件，通过改变上、下游泵站的提水时间间隔和先后次序，以河道控制水位和盐度为控制目标。模拟结果（表 4-18）表明，多种方案都能保证平水年有足够的水资源保证羊圈子苇场和东郭苇场实际长苇地区第一次灌水和第二次灌水的水量需求。建议可以适当减少泵站的抽水量，将剩余水量用于其他工农业生产中，达到水资源优化配置的目的。

③ 丰水年调水方案。丰水年在当前水利工程措施下，三灌水量、水质完全满足生态需水的要求，其调水时间主要集中在 3 月 20 日至 4 月 7 日和 5 月 20 日至 6 月 2 日两个时间段内，进入 7 月后的雨季湿地无需调水即能满足芦苇生长需求。

通过对研究结果的分析与总结，枯水年和平水年的部分抽水可按照表 4-19 中的最优方案进行。

表 4-19　最优调水方案

水平年	方案	泵站	抽水日期	泵站流量 （m³/s）	间隔时间	泵站抽水顺序
枯水年	1	胜利	03-26—04-10	21.6		
		曙光	03-20—03-29	6		
		红旗	03-20—03-29	11.6		
平水年	2	胜利	03-26—04-04	21.6	间隔 6 d	下游先抽
		曙光	03-20—04-01	6		
		红旗	03-20—04-01	11.6		
	3	胜利	05-21—06-05	21.6		
		曙光	05-15—06-05	6		
		红旗	05-15—06-05	11.6		

第5章　辽河口湿地生态修复及环境效应

辽河口湿地是以芦苇沼泽及潮间带滩涂为主的自然湿地，也是我国辽河油田主要采油场的分布区和稻田、虾蟹田重要分布区。生物种群单一、生态系统脆弱和生态功能衰退等问题日益突出，芦苇湿地面积逐年减少、种质明显退化、翅碱蓬湿地面积迅速萎缩、覆盖度降低、生态系统净化功能显著下降是目前辽河口湿地的显著特征。

辽河口湿地生物群落的修复是保证其对上游和自身污染物有效净化的前提，是辽河流域污染治理的重要内容，也将是流域污染治理效果的最后体现。为此，研究通过盐度梯度驯化高抗逆植株，获取适于退化河口湿地栽植的高抗盐植株。综合应用水力调控、碱蓬-芦苇间植除盐和高抗盐植株移植，结合土壤基质改良等措施，建立了辽河口芦苇湿地生态修复技术。2008—2010 年监测显示，芦苇群落生物量了增加 48.6%。该研究成果将为我国北方湿地生态系统的修复提供理论基础和技术支撑。

5.1　河口湿地生物群落修复机制

5.1.1　河口湿地生态系统的修复

河口湿地生态系统是世界上生产力最大的生态系统之一。它不但能为一些经济鱼类和野生动物提供良好的生存环境，而且具有防洪、净化水质、提供休闲娱乐场所和景观美学等价值。湿地退化是自然生态系统退化的重要组成部分，其主要是指由于自然环境的变化，或人类对湿地自然资源不合理地利用而造成的湿地生态系统结构破坏、功能衰退、生物多样性减少、生物生产力下降以及湿地生产潜力衰退、湿地资源逐渐丧失等一系列生态环境恶化的现象。我国河口地区是人类活动最为频繁、人口最为集中、经济最为活跃的地带，属于典型生态敏感区。人类不可持续的开发利用活动已导致河口湿地出现大范围的生态退化和环境污染，威胁到区域生态安全和人体健康，河口湿地已成为国际关注的重点区域（宋晓林和吕宪国，2009）。

湿地的退化是一个复杂的过程，它不仅包括了湿地生物群落的退化、土壤的退化、水域的退化，还包括了湿地环境各个要素在内的整个生境的退化。我国的湿地修复研究主要在湖泊和滩涂，对河口湿地的研究比较少。气候对海岸和河口生态系统的功能、分布、规模以及构成都有影响，全球气候变化，加速了海平面上升，影响海岸和河口湿地的降雨分布和淡水的输入，使世界上多数河口湿地生态系统面临着严重威胁。我国河口湿地主要分布东部地区，是国家改革开放政策实施的前沿阵地，但目前正面临着由于周边地区快速城市化、大面积农田开垦、工业的飞速发展而导致湿地面积缩小、生态环境退化的尴尬境地（黄桂林等，2006）。

5.1.1.1 河口湿地的退化现状

中国总的地势是西高东低，由于众多的外流水系和东南部漫长的海岸线，形成了滨海区域大量的河口湿地系统（中国海湾志编纂委员会，1998）。我国的河口湿地大多分布在东部沿海，自北向南面积较大的有鸭绿江、辽河、滦河、海河、黄河、长江、钱塘江、欧江、闽江、韩江、珠江和南渡江等河口湿地（王丽荣和赵焕庭，2000）。据不完全统计，中国主要河口湿地面积超过 $1.2×10^6$ hm^2，具有代表性的包括长江口湿地、黄河口湿地、辽河口湿地和珠江口湿地等（戴祥等，2001）。

近年来，我国在湿地保护与合理利用方面投入大量人力和物力进行研究，取得了大量研究成果。但由于我国人口众多，资源相对匮乏，湿地破坏严重，湿地功能和效益不断下降。据不完全统计，自 20 世纪 50 年代以来，全国滨海湿地丧失约 200 多万公顷，相当于滨海湿地总面积的 50%，例如滥垦乱伐使天然红树林面积已由 50 年代初的约 $5×10^4$ hm^2 下降到目前的 $1.4×10^4$ hm^2，过度开采使约 80% 的珊瑚礁资源遭破坏（国家林业局等，2000）。

辽河三角洲位于辽河平原南部，是由辽河、大辽河、大凌河、小凌河、大清河等河流作用形成的冲海积平原，总体上呈弯状的三角洲。辽河三角洲湿地的退化主要是由于区域的开发引起的，特别是 20 世纪 80 年代，开发规模越来越大，原有湿地面貌发生很大变化，天然湿地面积大量减少，人工湿地逐渐增加。1977—1986 年，天然湿地面积每年以 0.43% 的速度减少；1986—2000 年，该区湿地面积由 92 219 hm^2 下降到 80 755 hm^2（罗宏宇等，2003）。

5.1.1.2 河口湿地退化的原因

（1）自然干扰

海平面上升作为自然干扰的重要因素，对河口湿地的潜在影响较大。河口湿地是河口区土地中与人类经济活动较密切的部分，海平面稳定时，无论是海岸湿地生态系统还是河口湿地生态系统，由于潮滩的自然加积，各种湿地类型之间会发生自下而上、由低级向高级的演替；在海平面上升引起的河口湿地损失中，湿地面积减小和质量退化将是最严重的后果（刘岳峰等，1998；罗宏宇等，2003）。辽河三角洲就因为受到降水减少、海平面上升等自然因素干扰，打破了原有的水盐平衡和水沙平衡，湿地面积减少，生物栖息地环境发生变化，生物多样性减少（徐玲玲等，2009）。黄镇国等（2000）在对珠江口滩涂湿地受海平面上升影响的程度做了定量研究，研究发现：海平面上升 30 cm，珠江口滩涂 2030 年本来可增长 $1 003×10^6$ m^2，反而可能减少 $65×10^6$ m^2。

台风暴潮对河口湿地带来影响，特别是台风暴潮带来的大量盐水沉积物和部分有机物进入河口湿地将给湿地植被群落带来影响，进而会影响到鸟类食物的获取，还有淡水的影响（王树功等，2005）。中国三大三角洲都是受台风影响较大、风暴潮危害严重的地区，以后应加强这方面的研究，做到及时预防，把灾害降到最低。

（2）人类干扰

河口湿地普遍受到人类活动的影响，围垦湿地用于农业、工业、交通、城镇用地、干流水利工程建设、红树林砍伐及海岸带挖砂等都对河口湿地产生直接或间接的不利影响，甚至造成毁灭性的破坏（戴祥等，2001）。

①围垦对河口湿地的影响。长江口、黄河口、辽河口在一定时期都出现过不同程度的无序、无度围垦情况。人类的围垦活动，改变了湿地景观格局，湿地景观破碎化程度加深，使

得湿地生物多样性下降，同时使得湿地的生境质量变差，生态功能发生退化，从而大大干扰了湿地的演化过程。围垦湿地还对水产、交通产生影响，特别是对航道产生影响。

②大型建设型工程对河口湿地的影响。水文因素是沼泽湿地和滨海湿地形成和发育的重要环境因素。上游建坝蓄水以后，洪水的消除或洪泛次数减少削弱了河流与湿地之间的联系，造成湿地逐渐萎缩，甚至大面积丧失，生物食物链中断，生物多样性和生产力下降，水利工程对河口生态环境的影响是长期的、缓慢的、潜在的和极其复杂的，而且往往是上游各水利工程的叠加作用（姜翠玲和严以新，2003）。以三峡工程为例，工程建成后，使长江口的径流、输沙量和泥沙结构发生变化，盐水入侵提前，影响长江口和邻近海域的环境、水资源、生态系统和泥沙冲淤，从而使长江口的湿地大大减少。黄河近年来断流频繁、下游生态环境条件恶化主要由于在黄河干流建坝拦蓄及黄河的梯级开发所致。

③环境污染对河口湿地的影响。由于大多数河口湿地处于东部沿海，这里经济发展迅速，人口密集，必然产生许多生活污水及工业废水，因此河口湿地成为了工业污水、生活污水和农用废水的容纳区。这可引起湿地生物死亡，破坏湿地的原有生物群落结构，有害物质通过食物链逐级富集进而影响其他物种的生存，严重干预了湿地生态平衡（白军红和王庆改，2003）。贾文泽等（2003）对黄河三角洲地区污染对鸟类的影响做了研究，研究认为：油田开采遍布浅海滩涂，使滩涂大气二氧化硫的污染最为突出，对鸟类的种群组成和数量造成一定影响。

此外，过度砍伐、燃烧或啃食湿地植物，过度开发湿地内的水生生物资源，废弃物的堆积也会对河口湿地带来很大影响（彭少麟等，2003）。如黄河口湿地耐盐生的杞柳、柽柳等木本植物和白草、篙草和狗尾草等草本植物被砍伐后辟为农垦用地，不仅使可供农用的土地逐年减少，那些被毁的耐盐植物也很难在短期内得以修复，而且土壤盐碱化日益严重（王丽荣和赵焕庭，2000）。

5.1.1.3 河口湿地修复策略

湿地修复的目标、策略不同，拟采用的关键技术也不同。湿地的生态修复是针对退化的湿地生态系统而进行的，因而取决于湿地生态特征的变化，即湿地生态过程及功能的削弱或失衡。它可概括为：湿地生境修复、湿地生物修复和湿地生态系统结构与功能修复三个部分。相应地，湿地的生态修复技术也可以划分为以下三大类。

（1）湿地生境修复技术

湿地生境修复的目标是通过采取各类技术措施，提高生境的异质性和稳定性。湿地生境修复包括湿地基地修复、湿地水状况修复和湿地土壤修复等。其中针对滨海湿地的溢油污染，现场燃烧被认为一种很有效的修复措施。Lin等（2002）研究指出现场燃烧技术能够有效地防止溢油向周边地区扩散，但是对已经渗透到土壤里的溢油污染效果不明显，并且土壤表层水的深度是影响该技术生态修复效果的重要因素。而Lin等（2002）认为在因油污染而退化的湿地，土壤表层水达到足够深（10 cm），便适合现场燃烧技术的应用。

生态修复工程模式也是湿地生境修复技术的有效措施之一。王世岩（2004）研究发现不同退化程度的湿地土壤具有不同的物理性质，在对退化湿地土壤的各物理特征在空间距离上的退化过程进行模型模拟的过程中发现，指数增加（或分解）模型能够较好地模拟出湿地土壤物理特征的空间退化过程。在云南洱海湖滨带的生态修复研究中，叶春等（1999）基于物理基底设计、生态修复设计和景观结构设计等原则，采用生境和生物对策，提出了滩地模式、河口模式、陡岸模式、生态鱼塘模式、农田模式、堤防模式、湖滨景区模式和其他专用模式 8 种湖滨带生态修复工程模式，归纳了湖滨湿地工程技术、水生植被修复工程技术、人工浮岛工程技术、仿自然型堤坝工程技术、人工介质岸边生态净化工程技术、防护林或草林复合系统工程技术、河流廊道水边生物修复技术、湖滨带截污及污水处理工程技术、林基鱼塘系统工程技术 9 项湖滨带生态修复技术。

肖笃宁（1994）在对辽河三角洲动植物资源调查的基础上，对主要动物的生境进行分类提取，绘制了辽河三角洲河口湿地主要水禽的空间分布图，以便于更好地保护这些水禽；孙立汉等（2005）以滦河口湿地为研究区探讨了滦河口湿地环境因子对黑嘴鸥繁殖条件的影响，并得出结论：要把滦河口湿地修复为原黑嘴鸥的繁殖地的生态环境，最重要的就是修复滦河口湿地植被群落特征，从而为修复滦河口湿地自然生态系统和黑嘴鸥原繁殖地的生态环境提供一定的科学依据；高明（2003）详细调查了鸭绿江河口湿地鸟类的分布现状，分析了鸭绿江河口湿地目前所面临的威胁：生境被蚕食、湿地生态系统受破坏和干扰等，并提出了退耕还草、还湿，建造防护林带等几条生境修复措施。

梁士楚等（2004）对北仑河口红树植物群落进行了研究，文章指出：北仑河口国家级自然保护区红树植物群落的演替动态与潮滩的生态演替进程和红树植物生物生态学性质密切相关，受土壤基质条件、养分状况、环境盐度、波浪和潮汐的冲击、潮淹程度等环境因子综合影响。随着群落土壤理化性质的改善，地表高度的逐渐抬升，红树植物群落具有向陆生植物群落方向演化的趋势；范航清和何斌源（2001）针对北仑河口湿地严重的滩涂侵蚀、红树林生境的破碎和土壤养分的明显缺乏现状，提出了一些生态修复原则，指出要应用工程的方法提高北仑河口湿地滩涂的高度，引入红树林新品种。

（2）湿地生物修复技术

微生物在修复受污染湿地上发挥了重要作用。Oudot 等（1998）在对潮间带原油进行微生物降解实验中发现，总油、脂肪烃、环烷烃和芳烃的降解率分别是 40%、83%、49% 和 5%。同时许多学者认为添加化学营养物质可以提高生物修复的效果和时间。Shin 等（2001）研究发现在利用生物修复原油污染的滨海湿地时，最佳的氮肥添加量为 28.3~56.6 g/m^2。叶淑红等（2005）通过向受污染的湿地土样中添加菌株，实验发现，混合菌能够充分发挥各菌种之间的协同作用，比单菌降解更为有效。适量的表面活性剂和 H_2O_2 有助于细菌分解油，提高油的降解率。庄铁诚等（2000）通过连续 3 年的试验结果表明：红树林土壤微生物对农药甲胺磷有较强的降解能力，其降解率是同潮带无红树林土壤微生物的 2~3 倍，并从中筛选得 1 株高效降解菌，其降解率可达 70% 以上（12 d 后）。同时土壤中还存在着对柴油烃类的有效降解菌，柴油在红树林土壤中 7 d 后大部分被降解（微生物降解 50%），14 d 后 80% 被降解（微生物降解 65%），1 个月后 90% 被降解（微生物降解 70% 以上）。

植物在湿地修复中同样发挥了重大作用。Lin 和 Mendelssohn（2009）在研究滨海湿地植物 *Juncus roemerianus* 对柴油污染的降解时指出，土壤油污染浓度是影响植物修复效果的重要因素，高浓度油污染的土壤会影响 *J. roemerianus* 的立木度、发芽高度以及生物量等，*J. roemerianus* 对柴油的耐受限度在 160~320 mg/g 之间。Salt 等（1995）报道，印度芥菜在含 Cd 为 0.9 mmol/kg 和 EDTA 为 1 mmol/kg 的土壤中生长 4 周后植物干重的 Cd 含量为 875 μg/g，而在不含 EDTA 的土壤中含量只有 164 μg/g。Blaylock 等（1997）的试验表明，DTPA 和 EDTA 在增加植物吸收 Pb 方面最有效，而 EDTA 则对 Cd 最有效，效果最佳时螯合物的使用量为 5 mmol/kg 或更高。陆健健等（2006）在对崇明东滩湿地生态系统的研究

190

中发现，滩涂植物芦苇和海三棱草对 Zn、Cd、Pb、Mn、Cu 五种重金属有不同程度的富集，而且地下部分中的重金属含量都显著高于地上部分。

目前很多学者也开始关注植物-微生物联合修复技术。Mattina 等（2006）将三种根际细菌应用于锌的超累积植物中，通过根际细菌的分泌转化使得重金属得到明显的活化，促进了植物对锌的吸收。微生物活化比添加化学螯合物的活化要好得多，基本上不会造成土壤中的金属过于活化渗滤淋失带来的水污染。Orlando（2003）发现 VA 菌根真菌尤其能促进植物对磷的吸收，并能显著提高对重金属、农药等污染物的耐受性，菌根植物的痕量金属提取量大大高于非菌根植物。李春荣等（2007）研究了节细菌（DX-9）与玉米和向日葵对石油污染土壤的协同修复作用，发现 150 d 后节细菌的添加使玉米和向日葵的降解率分别提高了72.8%和76.4%。

张帆等（2008）通过对黄河口湿地调查，发现互花米草盐沼枯萎死亡，并且盐沼湿地中堆积有大量贝壳，提出贝壳沉积导致互花米草的死亡对盐沼湿地具有明显的破坏作用的假设。为了验证贝壳沉积是互花米草死亡的主要影响因素，对不同样区进行了 0.5 m× 0.5 m 的挖槽调查。调查结果表明，在全部死亡的草区中贝壳的密度最大为 334.59 kg/m，部分死亡的草区和裸露滩涂依次递减，在健康互花米草滩中，贝壳的含量接近于 0。这进一步证明，贝壳沉积引起互花米草的死亡，从而为黄河口北部滨海湿地退化机制提供了最新证据，对退化湿地修复在理论和思路上给予了很大的启发；李经建（2006）通过分析泉州湾湿地所面临的威胁，如环境污染、围垦开发、台风灾害、水资源的不合理利用等，提出了一系列保护与发展对策；邢尚军等（2005）就黄河三角洲湿地的生态功能及生态修复进行研究，并提出了几项生态修复措施：保障水源补给、保护原生植被、进行人工辅助繁育更新、引种和选育耐盐植物、增加植被种类、提高植被覆盖率等。

（3）生态系统结构与功能修复技术

其主要包括生态系统总体设计技术、生态系统构建与集成技术等（孙毅等，2007）。目前已有学者尝试对该修复技术进行了研究。王克林（1998）提出了洞庭湖的湿地景观结构和生态工程模式，设计了浅水水体农业、过水洲滩和渍水低湖田等不同类型湿地的生态工程模式，建设了一个高效复合的生态系统。通过入湖河流上游的生态建设，减少入湖泥沙量，并通过生物物种的合理配置，减缓湖泊淤塞过程，稳定湿地面积，保障湖泊的调蓄功能。吕佳和李俊清（2008）在研究海南东寨红树林湿地生态修复模式时，提出了该区域在禁伐和控污减排的同时应该充分利用红树林资源发展各产业的可持续经营模式。

我国河口湿地的生态修复起步较晚，主要存在的问题包括：①对河口湿地修复的研究还多处于理论阶段，人们对河口湿地的退化机制、退化程度的评价还认识得不够清楚，并且在湿地修复的过程中还存在着许多技术难题；②缺乏对河口退化湿地生态系统修复的研究，较难考量河口地区物质和能量的交换，难以使河口湿地的生态系统达到和谐状态；③需要加强对河口湿地修复技术、工程及示范研究，通过借鉴国外的先进技术并结合我国的实际情况，提出科学合理的湿地修复措施和手段，并在实践中进行检验。

5.1.2 典型退化生物群落修复措施

根据前期研究，分别剖析芦苇和翅碱蓬群落的退化原因，优化相应的修复措施和方案。

土壤含盐量，尤其是地表含盐量的增加是导致翅碱蓬退化的一个重要原因，但进一步研究表明，翅碱蓬群落退化还可能是由于翅碱蓬群落浸水时间持续减少，导致土壤返盐，并且翅碱蓬无法脱除叶面的泌盐，最终导致翅碱蓬死亡。据此，通过选育高抗盐的翅碱蓬新品系以扩大翅碱蓬群落的分布范围；通过调配水利，引入海水或半咸水，间断地浸泽翅碱蓬群落，以达到消除叶表面排出的盐分，从而使退化翅碱蓬群落最终得以修复。

本研究表明，土壤盐分增加、营养不均衡是导致芦苇群落退化的重要原因。水盐平衡失调导致盐分向芦苇根系分布层聚集，进而使芦苇生长受到抑制而被更加耐盐植物品种所替代，而芦苇长期收割，带走大量的氮磷，芦苇可获得的速效氮磷减少。基于此，采用相应的淡水压盐、边沟排盐、翅碱蓬-芦苇间植除盐等措施以降低土壤中可溶性盐分，并栽植高抗盐芦苇品系，平衡土壤营养盐含量，进而实现芦苇群落的生态修复。

5.1.2.1 退化翅碱蓬群落修复措施

碱蓬群落在辽河口湿地中退化最为严重。根据植被生态特征并结合当地的实际情况，翅碱蓬群落修复时，建议采用以下修复技术和修复方案进行修复工作。

由于翅碱蓬植物群落的主要限制因子是水分和盐度，因此可采用适当的工程措施进行湿地修复。如在滩涂布设喷灌系统，低潮位期间人工喷水淋洗翅碱蓬，阻止叶片表面形成盐鞘。另外，由于近10年来，潮汐携带大量的泥沙，使滩涂高出堤内1 m，造成了翅碱蓬的死亡。因此降低滩涂的高度，创造翅碱蓬最佳生长环境是一项低成本、投资少、行之有效的修复方法。春季干旱少雨，水分大量蒸发，土壤含盐量增加，超过翅碱蓬生长的耐盐极限，也是造成翅碱蓬死亡的主要原因。可采取的有效措施是人工修建"红海滩"条田或方格，进行淡咸水淋溶，降低土壤含盐量，提高翅碱蓬的润湿度，创造一个适应翅碱蓬生长的最佳生态环境。

5.1.2.2 芦苇群落修复方案

在河口湿地地区，由于土壤水分含量、盐分条件及微地貌形态的差异，通常导致发育不同的植被群落。当某些环境条件发生改变时，通常将导致植被群落发生相应的演替过程。在典型的退化芦苇湿地中，发育了芦苇群落、碱蓬群落及裸露滩涂。芦苇-碱蓬-裸露滩涂演替系列中，土壤中盐分含量逐渐升高，而土壤中有机质含量逐渐降低。从芦苇群落演替至碱蓬群落最后至裸露滩涂，表明了环境由低盐演变为高盐环境，相应的植被类型也由低耐盐的芦苇转变为高耐盐的碱蓬，最后演替为裸露滩涂。本研究发现，当土壤盐分大于2.3%时，该土壤已经不适宜碱蓬生长。

土壤有机质主要来源于植物残体分解释放，相比于碱蓬，芦苇的生物量要大得多。生物量的差异及植物残体对土壤的归还不同，导致土壤中有机质含量呈现以下规律：裸露滩涂低于翅碱蓬湿地低于芦苇湿地。土壤中的总氮含量也具有相同的规律，由于土壤中总氮主要来源于植物对土壤及大气中氮的吸收固定，其中大气中的氮素对植物体内氮素的贡献较大。植物死亡之后，氮素主要赋存在植物死亡残体之中，经过微生物的分解之后，释放到大气及土壤中。植物生物量的差异也是导致土壤中氮素差异的主要因素。在裸露滩涂、翅碱蓬与芦苇湿地土壤中，总钾含量差异不大。而速效钾与速效氮在芦苇、翅碱蓬、裸露滩涂序列中略有降低。

芦苇群落生长的主要限制因子是水分和盐度，研究区内芦苇湿地的生物量和土壤盐分的相关系数为-0.796，二者存在极显著的负相关关系（$P<0.01$），这说明较大的土壤盐分往往对应着较低的芦苇产量。芦苇的生物量受到土壤盐分的影响较为明显，盐分是制约芦苇生长的重要因子。

而河水和海水的彼此消长决定着河口湿地的水分盐度。盐分过高则会限制芦苇群落的生长或导致芦苇群落的死亡。因此在芦苇生长过程中，淡水水量和浓度对芦苇群落的稳定性起到了非常重要的作用。

针对芦苇群落的退化原因，设计以下修复方案：

（1）灌溉方案

采用"三排三灌"的人工辅助修复方式。

第一次灌溉：解冻水。一般在 3 月下旬，即 3 月 20 日以后，上水 20 d 以后，排出。该阶段灌水一是对上冻的土壤进行解冻；二是对地表进行洗盐。水层深一般为 100 mm 左右。灌溉 10 d 后，开始排水，一般在 20 d 以后全部排完。盐度控制在 3~5 较为理想。

第二次灌溉：营养水。一般在每年的 5 月 1 日左右，在芦苇发芽时期，对其进行营养供水，水深一般追着苗高，以不淹没苇苗为宜，一方面满足芦苇生长需要，另一方面起到了稀释苇田盐分、对苇田进行压碱处理，然后排出。盐度控制在不超过 2。

第三次灌溉：生长水。一般在 6 月中旬，在芦苇生长季节，对苇田进行正常供水，到 8 月末，进行苇田排水。第三次灌溉水深一般不超过 200 mm。若是超过了这个高度，将会使芦苇营养过剩，苇子根多，出弯，不利于造纸用苇。盐度最好在 3 以上，但不要超过 5。

（2）水量控制方案

历史上曾经采用抽取浅层地下水进行苇田灌溉的经历，经验表明，抽取地下水灌溉后，将会导致土壤表层含盐量激增，使土壤盐碱化，致使芦苇大面积死亡，而且可以持续地影响许多年。研究发现，由于本地苇田靠近海岸，浅层地下水（20~40 m）中含有大量盐分，不利于苇子的生长；另外，抽取地下水的成本比较高，主要有电费、人工费等，会加重芦苇种植的成本；再者，芦苇生长需要一定的水分条件，适宜的水位有利于芦苇群落的生长，但是太高的水位也容易导致芦苇生长缓慢或容易出现被淹死的情况。因此，对芦苇生产而言，不建议采取抽取地下水来进行淡水补给的方式。

由于苇田周边地区已经开垦了一定数量的水稻田，为了能够更好地提高水资源利用率，建议利用农田退水资源，对苇田进行淡水补给。农业灌溉的稻田退水主要为两个季节：一是插秧季节后的灌溉退水，另外一个是其他时段的灌溉退水。

目前苇田一个格田的基本规模为 500 m × 500 m。排水与进水的方式采用总干渠与枝干渠相衔接连通后进入田间，通过引入农田退水并在供、排水方式进行人工控制化管理后，可对补给的外来水源进行人工调控，本地苇田排水后，排出的水体排入东郭苇场，可供东郭苇场进行水资源的再生利用。

正常情况下，苇田用水量为 3 000~6 000 m^3/hm^2，经过集约化的经营后，每公顷苇田的用水量可以减少至 3 000 m^3。

（3）其他措施

针对大面积的杂草，建议可采用飞机喷撒农药或者盐水控草，盐水可以很容易地控制杂草，但盐度大，也不利于芦苇的生长。从平衡土壤营养角度来看，施用一定的氮肥有利于芦苇的生长，当年可以增产 30%，第二年也可增产 30%，而且可能实现持续增产。

5.2　高抗逆生物品系的选育

目前，受全球气候变化、人口增长、工业污染加剧、灌溉农业的发展和化肥使用不当等因素影响，土壤盐碱化日趋严重。预计未来 25 年内，全世界将有 30% 的耕地盐渍化，到 2050 年将达到 50%。盐胁迫已经成为影响植物生长、导致粮食和经济作物减产的主要限制因素。

现代分子生物学理论和基因工程技术的飞速发展为植物抗盐研究提供了新思路和新方法。研究植物的耐盐机理和相关基因及其调控、培育耐盐植物品种已成为当今植物遗传资源与品种改良研究的热点之一。转基因技术可以打破物种间的生殖隔离障碍，定向创造更多的特异资源、拓宽植物资源的遗传背景，被更多的科学家所青睐。通过植物抗盐转基因研究，已将抗盐基因整合进目标植物中，从而开辟了耐盐植物品种选育的新途径（李彬等，2005；刘小京和刘孟雨，2002）。

5.2.1 植物耐盐途径与机理

土壤中高浓度的盐分会造成植物体内离子失衡、氧化伤害、水分亏缺、营养缺乏并导致生物大分子破坏、生长迟缓，甚至植株死亡，从而导致作物的减产或绝收（罗秋香等，2006）。盐胁迫会影响几乎植物所有的重要生命过程，如生长、光合、蛋白合成、能量和脂类代谢（郑国琦等，2002）等。然而一些植物仍然能够生长在盐分环境中，说明它们在长期的进化过程中对盐分胁迫有了相应的应对措施，植物会通过各种途径调节自身的生理反应以适应高盐环境。

5.2.1.1 耐盐或避盐的主要途径

根据对不同植物的研究，耐盐或避盐的主要途径有：①排盐。植物吸收盐分后，向特定的部位或器官如盐腺运输、积累，再通过该器官把盐分排出体外（张建锋等，2003）。②稀盐。植物通过叶片或者茎部不断的肉质化吸收盐离子，由于薄壁组织含有大量的水分，使得进入植物体内的盐分被稀释，植物体内的盐浓度始终保持在较低浓度水平。③拒盐。有些植物可通过细胞质膜的调节降低根细胞对某些离子的透性而"拒绝"一部分离子进入细胞（袁玉欣等，2006）。④隔盐。盐分进入植物细胞后，通过某种机制，让盐分在液泡内集中，并实行细胞区隔化，阻止盐分向其他细胞器扩散。⑤泌盐。植物吸收了盐分而主动地排泄到茎叶表面，而后通过雨水冲刷、风吹、昆虫粘附等方式脱落，从而降低植物体内的盐分。

5.2.1.2 植物耐盐机理

（1）限制盐分的吸收

植物限制体内盐分的方法有 3 种：①低蒸腾速率以减少多余盐分的被动吸收；②减少蒸腾流动，降低盐分浓度；③加快生长以降低茎部的盐分浓度。

（2）合成积累有机溶质

渗透胁迫诱导植物产生胁变主要表现为细胞脱水。植物细胞避免脱水主要是靠增加细胞中的溶质含量进行渗透调节（陈洁和林栖凤，2003）。在盐渍条件下，植物细胞通过积累在渗透上有活性而对细胞无毒的有机物来进行渗透调节。部分盐生植物和非盐生植物在盐渍环境中可以合成大量的渗透调节物质，如脯氨酸、甜菜碱和可溶性糖等。

植物在盐胁迫下，由于合成过程增强而氧化速率下降造成脯氨酸含量的变化。一般认为，脯氨酸的作用是平衡液泡中的高浓度盐分，避免细胞质脱水，但关于脯氨酸与盐胁迫之间的关系迄今仍有争议。然而，更多的研究者认为，脯氨酸积累是植物为了对抗盐胁迫而采取的一种保护性措施（Sanada et al.，1995）。甜菜碱的积累有利于提高植物耐盐性，它具有

194

保持细胞与外界环境渗透平衡的稳定复合蛋白 4 级结构。有人报道（Santa-Cruz et al.，1999）在盐胁迫条件下，甜菜碱有利于稳定 Rubisco 的构象并保持酶处于有功能的状态，从而部分抵消了高盐浓度对植株的有害影响。

可溶性糖也是一种渗透调节剂，同时也是合成别的有机溶质的碳架和能量来源，对细胞膜和原生质胶体亦有稳定作用，还可在细胞内无机离子浓度高时起保护酶类的作用。在盐胁迫初期，植物中可溶性糖含量增加，但到盐胁后期其含量却降低，这可能是呼吸作用的增强和光合作用的衰竭所致（陈洁和林栖凤，2003）。

（3）维持膜系统的完整性

在盐分胁迫条件下，导致细胞质膜透性增大，使细胞的营养离子大量外渗，外界的 Na^+、Cl^- 等盐离子进入细胞，对细胞产生一系列伤害。这种情况下，植物对这种质膜的胁变具有一定的耐性。膜结构和功能的完整性是控制离子运输和分配的主导因素，同时膜系统也是植物盐害的主要部位。高盐分浓度能增加细胞膜的透性，加强膜质过氧化作用，并最后导致膜系统的破坏。盐胁迫诱导产生的活性氧若不能被及时清除，就会导致氧化损伤及其损伤的转移。许多报道认为：水分胁迫下植物体内的超氧化物歧化酶（SOD）活性与植物抗氧化胁迫能力呈正相关（陈景明，2006；Adams & Vernon，1992）。

（4）离子区域化

离子区域化是指在盐渍条件下，由于耐盐植物细胞中储存大部分 Na^+ 使得植物渗透势降低而吸收水分，同时在细胞质中合成代谢可兼容的溶质来补偿液泡和细胞质之间的渗透差异，从而可以避免过量的无机离子对代谢造成的伤害。在植物体内积累过多的盐离子就会给细胞内的酶类造成伤害，干扰细胞的正常代谢。当植物受到盐胁迫时，细胞膨压下降，诱导质子泵活性增加，从而激活系列渗透调节过程。

（5）活性氧

当植物体内的氧被活化时，能够形成对细胞有害的活性氧（超氧物阴离子自由基、羟自由基），它们对细胞有很强的氧化能力，从而对许多生物功能具有破坏作用。人们对植物体内的抗盐分氧化防御系统进行研究，确定了一些能清除活性氧的酶系和抗氧化物质组成：如超氧化物歧化酶（SOD）、过氧化物酶（POD）、过氧化氢酶（CAT）、抗坏血酸（AsA）和液泡膜 ATP 酶，它们协同起作用共同抵抗盐分胁迫诱导的氧化伤害（袁玉欣等，2006）。

5.2.2　耐盐植物选育

5.2.2.1　常规的选育方法

传统的常规选育方法包括选、引、育三种方式。通过这些选育方法，各地已经选育出许多适应性强，有一定耐盐能力的树种或品种，如绒毛白蜡、白榆、刺槐、柽柳、沙棘、白刺等。常规方法的特点是以表现性状作为选择标准，不考虑遗传物质是如何变化的，因而新的树种或品种表现稳定，不足之处是选育周期长。

5.2.2.2　杂交育种

杂交育种是培育新品种的普通方法，在提高植物抗盐性中，培育出来的品种抗盐性远远超过母本。杂交育种研究中的先决条件，要在性状上有足够的遗传变异以及能使遗传信息转变成一种稳定形式的手段。能够产生有生命的后代，个体之间必须存在明显的差异，因而才能证明稳定的耐盐性的传递。杂交育种分为品种内杂交、种间杂交、无性系杂交等。种内变化是影响树种耐盐性的一个重要的因素，通过最少 3 代的生长繁殖对外界环境刺激具有更高的抗性，无性系的相似代之间耐盐性不同。耐盐树种的选择不仅基于种内的变化，大多数的变化可以受苗木处理和树种的影响。

5.2.2.3　利用基因工程选育耐盐植物

基因工程是指运用分子生物学技术，将目的基因或 DNA 片段通过载体或直接导入受体细胞，使受体细胞遗传物质重新组合。经细胞复制增殖，新的基因在受体细胞中表达，最后从转化细胞中筛选有价值的新类型，继而它再生为工程植株，从而创造新品种的一种定向育种技术植物耐盐基因工程的研究。

20 世纪 80 年代以来，随着基因分离、基因载体构建、植物遗传转化和外源基因在高等植物细胞中表达等方面的深入研究，特别是利用真核基因启动子构建融合基因的研究解决了外源基因在植物转化细胞中的表达问题，进一步加速了植物基因工程的发展。到目前为止，已在抗性（抗除草剂、抗虫、抗病）和耐性（盐碱、高温、干旱及冻害）以及改良品种形状的方面取得了可喜成果。现在一些耐盐基因的分离克隆已经成为实验室常规性的操作。有的基因已经转入高等植物中。

（1）小分子渗透调节物质合成相关基因克隆及基因工程

在盐胁迫下，由于外界渗透势较低，植物细胞会发生水分亏缺现象，即渗透胁迫。植物为了避免这种伤害，在逆境情况下必须产生一种适应机制，多数植物能够通过积累大量的代谢物质如糖类（果糖、蔗糖、海藻糖等）、氨基酸（脯氨酸）等来调节植物细胞内渗透压与外界平衡，维持高的细胞质渗透压，保证细胞的正常生理功能（杜金友等，2006）。近年来，动物、植物、微生物中编码合成甘氨酸甜菜碱的酶的基因相继克隆，如甜菜碱醛脱氢酶（BADH）基因等。2006 年付光明等利用花粉管通道技术将甜菜碱醛脱氢酶（BADH）基因导入玉米，在同样的盐胁迫条件下，转基因植株所受到的盐伤害明显较对照植株轻，说明转入的 BADH 基因可以提高玉米的耐盐能力（付光明等，2006）。

（2）与盐胁迫信号传导有关的基因

①SOS 途径。植物在盐胁迫下，体内发生一系列生理生化变化过程。在这些过程中，胁迫信号的感知和传导是所有植物的一种十分重要的生理功能。其中 SOS（salt overly sensitive）信号传导途径是与植物耐盐性相关的信号传导途径之一。Liu 等（2000）发现 SOS3 基因编码带有 3 个 EF2 臂的钙结合蛋白，在 N-端含有一个豆蔻酰化（Myristoylation）序列，初步认为其在 Na^+ 胁迫下钙信号的传导过程中起重要作用。

②钙信号途径。盐胁迫可以导致植物细胞液中游离钙离子（钙信号）的快速积累。它的作用有感受盐胁迫等逆境胁迫的信号，激活依赖钙的蛋白激酶的表达等。实际上，许多环境因素如光照、生物和非生物胁迫都能引起植物体细胞内浓度的变化。最近的研究表明：Ca^{2+} 信号的表达不仅与浓度有关，而且与 Ca^{2+} 在细胞内的时空状态有关（Sheen，1996）。

③与耐盐性相关的调控元件和因子。植物在生长过程中，对各种环境胁迫会做出一系列反应，特异表达一些基因，以适应不利的环境条件。这就要求对各种功能的基因进行精确的调控。通过研究这些基因的表达，发现很多基因的表达受到其启动子附近的顺式作用元件（cis-acting elements）以及与之相结合的反式作用因子（trans-acting protein factor）的调控。

对于植物耐盐基因工程来讲，获得关键耐盐基因尤为重要，随着功能基因组学的开展，以及表达序列标签（EST）及 cDNA 微阵列、基于转座子标签和 T-DNA 标签的反求遗传学

196

技术等新技术的运用，使得关键的耐盐基因的分离及其功能鉴定变得更容易。

5.2.2.4 利用突变体选育耐盐植物

20世纪70年代初，Binding等（1970）分别用组织培养法在葵草及矮牵牛的培养细胞中首次成功地筛选出了营养缺陷型和抗性突变体。到1972年，Melcher第一次专门讨论了组织培养技术用于筛选耐盐突变体的优越性，认为这一方法可以在细胞水平上识别与耐盐性有关的过程，减少整体植株的形态变异和各种组织间高度分化状态所带来的复杂性，与整体植株水平的育种作相比，具有无法比拟的优势。

生物工程中经常利用组织或细胞培养过程中常常发生突变的特点，在选择培养基上进行多世代培养，选择出所期望的突变细胞系，再对该细胞系进行诱导分化培养，直至长出整株植物，这样的植物具有稳定的遗传特性。以利用突变体培育耐盐植物为例，基本过程是：选择该植物的种子或腋芽作为外植体，在含盐培养基上进行培养，获得经过初步盐胁迫锻炼的芽尖或细胞；它们在含盐培养基上继续培养，每一世代盐分浓度逐渐提高，直至选出高度盐胁迫下表现良好的细胞系，再经分化培养，最终获得耐盐植株。在突变体研究中，愈伤组织经常被用来作为诱导突变的材料，因为愈伤组织容易获得，没有复杂的结构，经长期培养后会出现遗传不稳定性和变异，使得由此而再生的植株也相应地出现与原亲本遗传上的不一致性。愈伤组织培养的不稳定性表现在同一培养体系中不同细胞之间表型上的差异，这种差异可由遗传变异引起，也可由培养过程中的环境因素引起。遗传变异主要涉及细胞核组成的变化，如染色体的畸变、细胞核破碎，或由于胞内复制引起的染色体多倍性等，所以是不可逆转的。植物在长期进化过程中，对盐渍环境从结构到功能都有了一定的适应性。

国外在水稻、高粱、亚麻上已得到对NaCL抗性稳定的再生植株。同时国内在水稻、小黑麦、芦苇等植物上也已获得抗盐的再生植株，并且表现了一定程度的抗性稳定性（黄学林等，1995）。在林木突变体育种研究中，张绮纹等（1995）以群众杨的嫩茎为外植体进行耐盐培养，已获得耐盐的杨树再生植株。然而耐盐突变体筛选中也存在诸多问题，如：大部分植株的愈伤组织或细胞系的耐盐性和再生植株的耐盐性并非一致或只有部分相关；耐盐系难以分化形成再生植株；耐盐突变体与产量、品质的矛盾等（陶晶等，2000）。

土壤盐渍化是影响农业生产和生态环境的一个重要的非生物胁迫因素。生物学家和育种家通过传统的育种方法培育耐盐品种，提高植物的耐盐水平，是盐害防治的途径之一。自20世纪90年代以来，通过基因工程来培育耐盐的农作物新品种为有效解决这个问题提供了一个新的思路。同时植物耐盐研究也取得了很大进展，许多在植物耐盐过程中具有重要作用的基因先后得到克隆和鉴定，其中一些已被用于转基因研究，并不同程度地使转基因植物的耐性得到了提高。通过研究盐分对植物的伤害和对耐盐机理的探讨，深化了人们对植物耐盐机理的认识。随着植物耐盐生理和机理研究的不断深入以及转基因技术和其他技术手段的结合，已分离和克隆了一些与耐盐相关的基因，并转化获得了一批高耐盐性的转基因植物，展示出诱人的前景。相信随着人们对植物耐盐机理的深入研究和生物技术的进一步发展，定将会选育出高品质的转基因耐盐植物，并应用于耐盐环境中。

5.3 辽河口退化翅碱蓬湿地生态修复技术

5.3.1 优良植株的筛选与培育

高抗盐翅碱蓬品系的选育。以抗盐性较强的翅碱蓬植株为实验材料，通过耐盐梯度驯化，获得了具有不同品性的、高抗盐性的翅碱蓬植株品系。

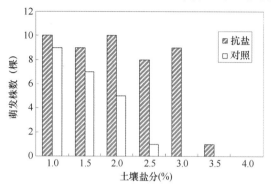

图 5-1 抗盐翅碱蓬种子萌发实验

取抗盐翅碱蓬种子 10 粒在不同盐分梯度培养基中进行种子萌发实验。同对照相比，发现 90% 抗性翅碱蓬种子可在最大盐分为 3.0% 的培养基中萌发生长，而对照则仅在 2.5% 盐分条件下有 1 株萌发，在 3.0% 及以上盐分条件下均未见萌发（图 5-1），表明抗盐翅碱蓬种子对盐分的耐受极限可达 3.0%。

将选育的抗盐翅碱蓬在室外不同盐分土壤中进行萌发和盆栽实验，随机播撒 1 000 粒种子，发现 82% 左右的种子均可以在 2.5% 盐分土壤中萌发定植，约 55% 的种子可在 3.0% 盐分的土壤中萌发和生长，更高盐分土壤中无法萌发。

5.3.2 翅碱蓬湿地的生态修复

以抗盐性较强的翅碱蓬植株为供试材料，经室内盆栽实验和野外试验，可将高盐滩涂退化翅碱蓬生物量提高 10% 以上。该技术极大地提高了翅碱蓬的适应范围，为裸露盐碱滩涂的生态修复提供了经验。

5.3.2.1 翅碱蓬湿地的生态修复

在辽河口翅碱蓬严重退化区划出边长为 50 m 的正方形，面积 2 500 m² 作为翅碱蓬湿地的生态修复区。在翅碱蓬退化区，分别选择翅碱蓬生长地点的不同深度（3 号站点，3-1、3-2、3-3 分别取自该点 20~30 cm、10~20 cm、0~10 cm 深度土壤样品）、斑秃点（1 号，2 号，取样深度同上），分别检测土壤的含水率、盐分、pH 值、有机质等理化参数，结果如图 5-2 所示。有植被覆盖采样点土壤的可溶性盐分为 1.0%~1.3%，明显低于斑秃滩涂，斑秃滩涂土壤中盐分最高可达 2.0%。这说明，土著翅碱蓬能够耐受的土壤盐分在 2.0% 以下，无法通过土著植株的外衍式扩植修复裸露滩涂。另外，翅碱蓬生长后能够明显改良土壤性质，降低土壤含盐率，减轻土壤盐化程度。

5.3.2.2 碱蓬退化区土壤基质改良

根据对退化翅碱蓬湿地土壤化演化的自然规律和机理的研究，采用淡水压盐技术改良土壤基质，使之适合翅碱蓬生长。具体是应用盐度小于 5 的淡咸水对修复区进行漫灌，并在四周边沟收集浓缩咸水，通过处理，降低土壤表层盐分，并冲掉碱蓬叶片泌出的盐分。处理后裸滩土壤盐分降低至 1.5% 左右（图 5-3）。

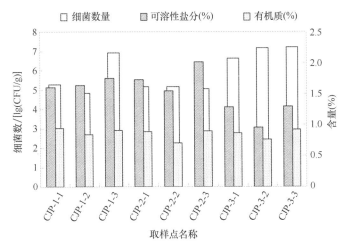

图 5-2　翅碱蓬退化修复实验区土壤的理化特征

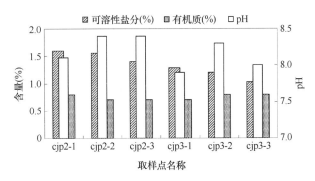

图 5-3　翅碱蓬修复区土壤基质改良后的理化特征

5.3.2.3　高成活率培植技术

通过种子萌发实验和直播育苗栽培是可以提高翅碱蓬种子萌发率和幼苗成活率的栽培方法。通过播种时期、灌溉方法、施肥方法的对比试验，提出适宜的播种时间、灌溉方法、施肥方法，显著提高出苗率和成活率。样方调查表明，经过近一年时间的修复，单位面积内翅碱蓬数量由原来的每平方米 20~30 株，提高至每平方米 35~40 株，碱蓬的生物增长量已经达到 10% 以上。

5.4　辽河口退化芦苇湿地生态修复技术

5.4.1　滨海湿地植被修复机制

5.4.1.1　湿地植被修复的方法

目前，国际上关于湿地植被修复方法主要是从两个方面来考虑的：一是本地物种的复原及邻近区域物种的自然扩张；二是人工播种或营养体（苗、芽和根茎）的移植。根据以上考虑可以将湿地植被修复的具体方法分为自我修复法、人工播种法和移植法。

（1）自我修复法

自我修复法是指通过改善已退化的滨海湿地的环境条件（如建设正常的水文通道、改良土壤环境等），使湿地植被自然修复的方法。Hinkle 和 Mitsch（2005）报道了美国特拉华湾滨海湿地利用 3 年时间建设正常的水文通道后，经过 8 年时间（1996—2003 年），位于该湾的 Dennis Township 盐沼修复区和 Maurice River Township 盐沼修复区的湿地植被均按原定计划修复，其中在 Dennis Township 盐沼植被修复区，湿地植被的盖度达到了 65%；Maurice River Township 修复区盐沼植被的盖度则达到了 77%。该修复方法花费小，但植被自然修复的时间一般比较长，并且对环境条件的要求较高，失败的风险也较大。

（2）人工播种法

人工播种是充分利用本地物种建立的种子库，采用人工撒种的方式使植被修复的方法。该方法操作简单，成本也较低，易于大面积作业。但事实上丰富的种子库在许多严重退化湿地不能保证，而播种后种子的发芽率由于受多种因素控制也无从保证，失败的风险较大。Yoshioka 等（1975）发现播种方式、覆土厚度对泥炭土种子发芽、成活有较大影响，而地表径流冲刷和野鸟食害对种子发芽的影响也很大。此外，种子的活性对于种子的萌发也起到重要作用。因此，许多学者通过研究如何保持种子活性，从而保证发芽率方面进行了探讨。如 Clevering（1995）研究了扁藻属和草豌豆属植物种子的萌发过程，指出冷湿储藏和播种前预先浸泡在次氯酸钠溶液中均会提高种子的活性，此外，他还探讨了储藏时间与发芽率的关系；Budelsky 和 Galatowitsch（1999）也探讨了 5 种苔草种子的储藏、萌发条件与发芽率的关系，同时也指出冷湿储藏可使种子保持高活性。

（3）移植法

移植法是将退化湿地移植相邻区域生长状况良好的湿地植物的苗、芽和根茎等营养体或成片植物移植于退化裸地，或利用种子在温室萌发后再移植的方法。对退化严重的湿地而言，移植法是一种成功率较高的方法，但是从相邻区域直接移植，还是温室培养后再移植是影响移植后成活率的重要考虑因素。Nelson（1994）、Burchett 和 Pulkownik（1995）、Burchett 等（1998）和 Seliskar（1998）分别研究了盐生植物 Sporobolus virginicus 和 Sarcocornia quinqueflora 的修复方法，结果发现无论是通过温室培养后移植或从周围场地直接移植，Sporobolus virginicus 和 Sarcocornia quinqueflora 均成活，差别在于 Sporobolus virginicus 的直接移植还出现了扩张的现象，而 Sarcocornia quinqueflora 是经温室培养后再移植出现扩张现象，但二者直接播种均没有出芽。此外，盐生植物的种植密度也是影响植物存活的重要参数，Schafer 和 Wichtmann（1998）确定了芦苇的种植密度为每平方米 1 枝；O'Brien 和 Zedler（2006）研究了 Tijuana 河口湿地 5 种盐生植物和互花米草的种植密度，其中 5 种盐生植物是将在河口湿地收集的种子置于温室中待其发芽长成 5~10 cm 高的苗再进行盐度驯化后移植，结果显示每 10 cm 1 簇的种植密度要比每 90 cm 1 簇的成活率高出 18%。同时，他们还发现增加潮汐通道和利用海带堆肥改善土壤结构，可以进一步提高盐生植物移植的成活性。我国南京大学的 Zhou 等（2003）也针对可直接用于移植的营养体缺乏的实际情况，开展了滨海湿地植被育苗及移植的相关研究，并将研究成果应用到我国盐城和塘沽两个滨海城市滨海湿地植被修复上，取得了良好的修复效果。但该方法工程量大，成本也较高，如直接移植还会对邻近的自然植被造成二次破坏。

5.4.1.2 滨海湿地植被修复效果评价

滨海湿地植被修复是一个系统工程，涉及湿地生态系统的结构与功能的修复、生物多样性变化等多个方面。因此，要对修复的湿地植被进行长期监测以评价其修复效果。但当前关于湿地修复的评价标准还没有统一的意见。大多数的评价均是利用修复区周围的自然湿地与修复湿地进行结构和功能上的对比分析，进而确定湿地植被的修复效果。评价的内容包括生境以及用来判断湿地植被修复后繁殖及扩张情况的植物种类、生物量等。

（1）生境

湿地植被的生境在本文中主要指土壤环境，而土壤的理化性状则是综合反映土壤子系统生态环境质量的重要组成部分。土壤作为植物生存的重要环境条件之一，一方面，对植物群落结构和功能产生重要影响，土壤环境的差异会导致群落演替过程中物种多样性的变化；另一方面，植被也是导致土壤理化性质改变的最普遍、最直接、最深刻的因素。Craft 等（1988）在南卡罗来纳州北部滨海带通过对比处于不同修复时段（1~15 年）的植被修复区和邻近自然湿地土壤的总氮、磷和总有机碳含量，发现植被修复后土壤中的总氮、磷和总有机碳含量均明显增加，而营养物质的含量也与修复时间成正比关系，但要修复至自然湿地的含量还需要更长的时间。我国厦门大学的曹知勉等（2004）研究了不同林龄的再植红树林对海岸湿地土壤理化性质的影响时，发现红树林修复对深层土壤（20~25 cm）的影响强于表层（0~5 cm），与裸露滩涂相比，深土层氧化性增强；随着红树林修复时间的延长（林龄增加），深土层的 pH 值显著下降，SO_4^{2-} 含量则明显高于裸露滩涂。

（2）湿地植被

湿地植被修复效果可以通过反映植被生长状况、植被繁殖及扩张情况的植物种类、生物量、盖度等指标来进行判断。Gutrich 等（2008）经过多年监测，对比了美国俄亥俄州、科罗拉多州两个不同地理区域 17 个湿地植被修复区（植被修复后 5~19 年）与邻近自然湿地在植物物种丰度、本地种数量、水生植物数量及植被盖度方面的差异，结果显示，俄亥俄州 10 年之内植被修复区的植物物种丰富度、本土植物品种、水生植物数量、植被盖度均与邻近自然湿地相近，但非本地物种的数量为邻近自然湿地的 2 倍；在科罗拉多州，湿地植被修复不太理想，没有实现和邻近自然湿地相同的植物物种丰富度、本土植物品种、水生植物及植被盖度，同时土壤化学的数据也显示，修复区土壤中有机质、碳交换能力及溶解态的磷的含量均低于自然湿地，要获得与自然湿地土壤中相同的营养物质还需要较长时间（超过 14年）。我国由于开展滨海湿地植被修复的时间较短，还未见关于湿地植被修复后长期监测的报道。

5.4.2 辽河口芦苇湿地生态修复技术

在进行高抗逆芦苇品系筛选、土壤基质改良和水利调配、抗性植株人工移栽和植物群落维护等技术手段研究的基础上，在盘锦市东郭苇场高盐碱湿地建立了面积为 3.1 km² 的河口湿地生态修复示范工程，生态修复示范区内生物量平均增长 48.57%。

5.4.2.1 辽河口芦苇湿地生态状况识别

监测、分析土壤的含水量、盐分和有机质等理化性质；调查、分析芦苇湿地内的生物量、生产力与环境因素之间的关系，筛选芦苇群落的主控因素。研究表明，土壤盐分是限制芦苇生长的最为重要因子，是芦苇湿地退化的主因；而翅碱蓬湿地上，土壤盐分含量并未超过翅碱蓬植株生长的阈值，并不是翅碱蓬湿地退化的主因，最可能的原因是退化区翅碱蓬无法及时地得到潮水的淋洗，盐分积聚在叶片或茎的表面，结晶形成盐鞘，堵塞植物的气孔而造成翅碱蓬无法泌盐，使翅碱蓬遭受盐害死亡。

根据芦苇斑块的面积、芦苇的群落特征和植株的形态特征、湿地内土壤的理化性质及湿地内生物调查，识别芦苇湿地的生态状况，并将芦苇湿地划分为未退化区、正在退化区和已退化区。本研究以未退化区和已退化区为对照，对部分退化的芦苇湿地进行生态修复。

5.4.2.2 高抗逆芦苇品系的筛选

以当地盐碱滩涂生长的芦苇植株及其种子为供试材料，应用梯级盐分组织培养和田间高盐胁迫筛选等手段，从被选的当地普通芦苇品种中筛选出抗盐能力强、生物量相对较高、遗传稳定的优良芦苇品系。

通过对该品系耐盐性检测，结果表明，在盐分为 1.5% 土壤中生长的芦苇植株，其生物量、生长速度与 0.5% 和 1.0% 盐分条件下生长的同种芦苇并无明显差异，表现出较强的抗盐能力。

5.4.2.3 抗盐芦苇的室外耐盐性模拟试验

对筛选出的耐盐芦苇植株，通过盆栽试验，探讨在不同盐分浓度控制淹水条件下的生态指标以及生物量。结果表明处理盐分浓度在 0.02 ~ 1.0% 的范围内芦苇的生物量逐渐增加，随后逐渐下降，但盐分低于 1.6% 的情况下，其生物量并不低于淡水环境下生物量，最大生物量出现的盐度明显高于非抗盐种对照（图 5-4），可见，筛选出的抗性芦苇植株在淹水条件下，能够在盐分范围为 0.02% ~ 1.6% 的土壤中正常生长。

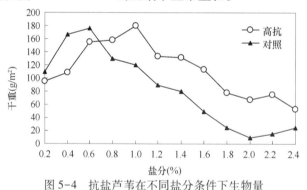

图 5-4 抗盐芦苇在不同盐分条件下生物量

5.4.2.4 河口区芦苇湿地阻盐调控及物理基质改良技术

应用土壤基质改良与水利调配技术将裸滩土壤中可溶性盐由 3.0% 降至 2.0% 以下，进而适合翅碱蓬生长，以利于通过翅碱蓬-芦苇间植过程除盐。

采用土地整平、水利调配、淡水压盐和边沟排盐技术改良土壤基质，使土壤中盐分含量降至 2.0% 以下。基于河口湿地生态需水量，结合当地水利设施，以大凌河作为淡水来源，修复小河泵站的提水功能，利用地势重构修复区的淡水通道。根据最适宜生态需水量要求，并分 3 次进行灌排，第一、第二次灌溉后 10 余天后全部排掉，以消除高盐对芦苇的抑制，第三次保持水量至年末芦苇收割。在淡水压盐中，结合芦苇和翅碱蓬耐盐生态阈值研究数据，获得最佳土壤基质降盐效果。

5.4.2.5 野外碱蓬-芦苇间植除盐试验

应用碱蓬-芦苇间植除盐技术将土壤中盐分进一步降至1.0%以下，实现芦苇的定植修复。

针对芦苇湿地生态修复研究过程中出现的退化芦苇湿地土壤盐度高、芦苇根茎移植成活率低的实际情况，于芦苇退化斑块区内收集芦苇种子和翅碱蓬种子，通过盆栽试验，研究了退化芦苇湿地的芦苇-翅碱蓬间种技术。在试验中，以修复区采集的土壤为种植基质，利用海水调为0.9%、1.2%和1.6%三个盐分梯度，设置两组平行；一组仅种植芦苇；另一组为芦苇和翅碱蓬间种。结果表明，翅碱蓬种子种植1 d后就出苗，芦苇的出苗时间较翅碱蓬滞后1~2 d。具体出苗数及种植30 d后的土壤盐度变化如表5-1和图5-5所示。

表5-1　不同种植方式下芦苇的出苗情况

盐分（%）	芦苇单种（株）	芦苇与翅碱蓬间种（株）
0.9	59	26（芦苇）+11（翅碱蓬）
1.2	62	40（芦苇）+21（翅碱蓬）
1.6	32	32（芦苇）+12（翅碱蓬）

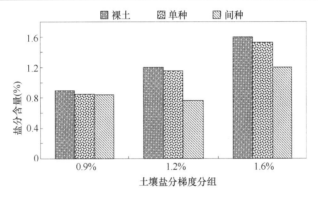

图5-5　种植30 d后的土壤盐分变化

从表中可以看出盐分在1.2%以下时，芦苇单种的出苗没有受到明显影响（出苗率保持在60%左右），而芦苇、翅碱蓬间种时在0.9%的盐分条件下，芦苇和翅碱蓬的出苗率均较低（芦苇的出苗率为52%，翅碱蓬的出苗率为22%），说明在低盐度条件下芦苇、翅碱蓬间种，一方面由于盐度低，不适于翅碱蓬生长，另一方面由于翅碱蓬出苗快也抑制了芦苇的出苗。芦苇、翅碱蓬间种时在1.2%的盐分条件下，尽管总的出苗率与芦苇单种的出苗率基本相同，但芦苇的出苗率明显提高，达到了80%，翅碱蓬的出苗率也有所增加，增加到了42%。当土壤盐分为1.6%时，芦苇单种的出苗明显受到抑制，出苗率仅为32%，而采用芦苇、翅碱蓬间种可使芦苇的出苗率达到64%。同时可以看出，在高盐条件采用芦苇、翅碱蓬间种可以有效降低土壤的含盐量，即在建成水力通道压盐的基础上，利用植物吸盐进一步降低土壤的含盐量。

试验中得到的高抗盐性芦苇植株可在盐分为1.5%的土壤中定植生长，而经过常规的淡水压盐、边沟排盐过程，短期内仅能够使土壤盐度降至2.0%左右，芦苇仍然难以定植生长。而翅碱蓬则可在此条件下正常生长。根据翅碱蓬在生长过程中能够通过叶片排盐的机理，应用间隔半咸水冲洗的方式去除植物/土壤中盐分，从而可将土壤中盐分降至1.0%以下。

基于此，在进行了基质改良和水利调配的土壤中，采用翅碱蓬和芦苇间植技术，同时修复芦苇和翅碱蓬群落，碱蓬群落由于可以逐渐排除土壤中盐分而有利于芦苇植株的生长。

5.4.2.6　辽河口退化芦苇群落修复工程示范

将前期研究的水利通道重建、生物降盐、土著苇根扩植、水力调控等技术集中在辽河湿地高盐裸滩进行芦苇修复工程的示范，建立了 3.1 km² 的河口湿地生态修复示范工程。根据芦苇生长周期生理过程及对环境变化的响应机制研究，及其与环境因素和生物因素之间的相互关系研究，通过重构水力通道，采取淡水调控、边沟保水、生物脱盐等工程技术措施，降低裸滩盐度，改良土壤基质，使生态修复示范区内生物量平均增长 48.57%。

退化芦苇湿地生态修复区位于盘锦市东郭苇场，芦苇由于退化，形成了明显的斑块。2009 年 3—6 月间，建立了约 2 km² 的芦苇湿地生态修复示范工程，通过重构水力通道，水力调控（年度调水量共计 600 t，分两次完成），重整土地，实施保水措施，降低了裸滩盐度，为芦苇重植后的生长奠定了良好的基础。当年芦苇修复效果显著，通过当年 6—10 月的跟踪调查，不同区域生物增长量为 5%~30%，平均达到 10% 以上（图 5-6）。2010 年 3—6月进一步扩大示范面积至 3.1 km²，通过对前期芦苇修复技术的总结，对未成活部分芦苇重新栽植，并对示范工程区中的土壤、芦苇、水质等状况进行了 2 个生长周期的监测。到2010 年 8 月，不同区域生物增长量为 10%~30%。

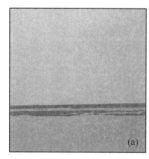

图 5-6　芦苇湿地生态修复前（a）、中（b）、后（c）的变化

示范区生物量年度变化情况是以植物生长最旺盛的 8 月所获取的 TM 影像资料并结合现场样方调查数据获得。通过样方调查，3.1 km² 的修复区内，芦苇、翅碱蓬复合群落的成活面积为 2.3 km²，成活区域内植物覆盖率达到了 60%~80%。同时经过 2 年管理，成活区域内芦苇修复区单位面积生物量也由 2008 年的 324.2 g/m²（干重）增加到了 2010 年的 547.4g/m²（干重），见表 5-2。

表 5-2　2008—2010 年示范区生物量变化情况

项目	2008 年	2009 年	2010 年
示范区面积（m²）	3 105 000	3 105 000	3 105 000
芦苇面积（m²）	1 722 600	2 186 100	2 246 400
芦苇生物量最低（g/m²）	62.5	170.8	215.9
芦苇生物量最高（g/m²）	493.5	653.2	897.8
芦苇生物量平均（g/m²）	324.2	393.6	547.4
示范区总生物量（g）	558 466 920	860 448 960	1 229 679 360
示范区总生物量（t）	558	860	1 230
示范区总生物量增长量（%）	—	54.1	43.0

在东郭苇场逐年减产的情况下，示范区内的生物量逐年增加（表5-3）。根据遥感影响结果显示（图5-7~图5-8），2008—2010年，生态修复示范区内生物覆盖度明显增加，生物量平均增长48.57%。该研究成果将为我国北方湿地生态系统的修复提供理论基础和技术支撑，为河口湿地生态修复工程的进一步示范奠定基础。

表5-3　2008—2010年东郭苇场、示范工程区生物量比较

区域	面积（km²）	年单产产量（t/km²）			年总产量（×10⁴ t/a）		
		2008年	2009年	2010年	2008年	2009年	2010年
东郭苇场	273	563.96	519.97	472.37	15.4	14.7	12.9
示范区	3.1	119.90	184.70	263.70	5.58×10⁻²	8.60×10⁻²	12.30×10⁻²

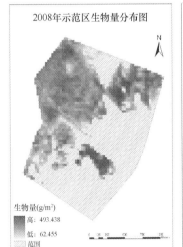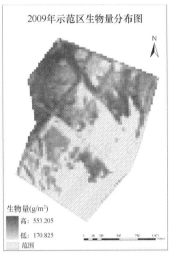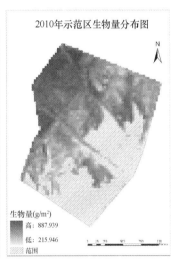

图5-7　2008年、2009年和2010年示范区生物量分布

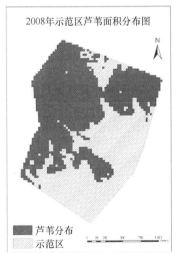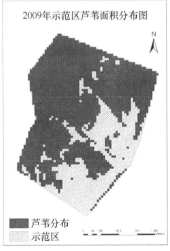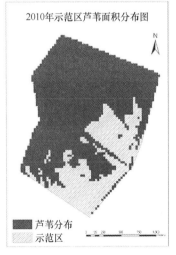

图5-8　2008年、2009年和2010年示范区芦苇面积分布

5.5 生态修复对辽河口湿地微生物群落的影响

土壤是自然界中微生物的最佳生存场所，土壤微生物也是辽河口湿地生态系统的重要组成部分，它们与植物联合对石油类、农药、有机质、氮磷有机污染物以及重金属等进行降解、消除或固定，参与碳、氮、磷有生源要素的化学循环，通过分泌激素、与植物共生等方式促进退化湿地的生态修复进程，因此，研究生态修复对辽河口湿地微生物群落和生态功能的影响，对深入探讨生态修复对辽河口湿地退化生物群落的恢复机制与生态效应具有重要意义。

5.5.1 生态修复对辽河口湿地异养菌分布的影响

辽河油田历经 40 多年的开发活动，虽然采取大量保护措施，但依然对该区域造成比较严重的石油污染（张欣等，2010）；近年来在湿地中发展河蟹养殖，由于管理不科学致使湿地水质及底泥富营养化（于长斌，2008）。自然及人为干扰的多重因素导致了辽河口湿地生物栖息地环境发生变化，生物多样性减少（王西琴和李力，2006）。

异养菌的数量是土壤理化因子和生物因子共同决定的，直接或间接影响着土壤的肥力和物质转化能力，因此测定土壤中异养菌数量对深入了解湿地土壤肥力的变化和土壤生态系统的能量流动和物质转化具有重要作用（中国标准出版社总编室，1999）。赵先丽等（2006）对盘锦芦苇湿地土壤微生物的三大菌群分布情况做了研究，但对辽河口湿地生态退化与修复中异养细菌变化规律的研究较少。

本研究通过野外调查及现场培养实验，研究了植被退化与生态修复对辽河口湿地土壤异养菌的变化规律的影响及与盐分、碳氮比、石油等主要环境因素的关系，以期为河口湿地微生物生态作用与功能研究和修复效果评估提供重要依据（白洁等，2011b）。

5.5.1.1 分析方法

分别选取芦苇长势良好区、长势一般但有人为修复区、长势较差区和无植被生长区的 4个站位，研究辽河口湿地异养菌的时空变化。调查站位及其环境特征见表 5-4。

表 5-4 辽河口湿地采样站位

站位	经度（E）	纬度（N）	环境特征
S1	41°09′34.3″	121°47′29.5″	芦苇沼泽地，芦苇长势很好
S2	40°52′06.9″	121°36′32.9″	有芦苇斑块，同时进行人工栽植，长势一般
S3	40°52′10.2″	121°36′12.4″	有芦苇斑块，无人工栽植，长势较差
S4	40°51′11.7″	121°35′15.8″	几乎无芦苇生长的裸滩

分别于 2009 年的 6 月、7 月、8 月和 9 月，在各调查站位无菌采集表层土样，带回实验室用于异养细菌计数和盐分、有机质、总氮和石油类含量等土壤理化因子的测定。

鉴于目前辽河口湿地存在植被退化明显，有些区域已退化为无任何植被生长的裸露滩涂，以及石油污染较为严重等现象，本研究选择有代表性的芦苇生长茂盛区（A 区，41°09′34.3″N，121°47′29.5″E）和无植被生长的裸滩（B 区，40°51′11.7″N，121°35′15.8″E）作为研究区域，分别无扰动采集两个区域土壤进行现场模拟培养，用于研究有无植被、土壤盐分含量、C/N 比和石油类对河口湿地异养菌的影响。按土壤来源分为 A、B 两组，A 组采自有植被的 A 区土壤后，种植取自现场的芦苇，B 组取自无植被的 B 区土壤，不种植任何植物。两组实验分别设置盐分（S）、C/N 比（C）和石油类（O）3 个影响因子组，A 组中 AS（10、15、20）、AC（5、10、15）和 AO（5）分别为不同梯度的盐分（1.0%、1.5%、2.0%）、C/N 比（5∶1、10∶1、15∶1）和石油含量（5 g/kg）组。B 组中 BS（10、15、20）、BC（5、10、15）、BO（5、10）的因子梯度与 A 组相同，两组均设未做任何处理的对照组 AN 和 BN 组，具体分组见表 5-5。模拟培养于 2010 年 5 月 19 日至 2010 年 10 月 1 日进行，培养期间各实验组水量保持一致，土壤表层始终有上覆水。自 6 月 3 日开始施加影响因素，实验一次性分别向不同受试组土壤添加定量的氯化钠、葡萄糖及石油，并同时测定其含量使其达到设定浓度。

表 5-5　采样站位及实验分组

植被状况	采样站位 坐标	组别（因子水平）		
		盐度	C/N 比（C∶N）	石油
有植被	A： 41°09′34.3″N 121°47′29.5″E	AN（对照） AS10（1.0%） AS15（1.5%） AS20（2.0%）	AN（对照） AC5（5∶1） AC10（10∶1） AC15（15∶1）	AN（对照） AO5（5 g/kg） — —
无植被	B： 40°51′11.7″N 121°35′15.8″E	BN（对照） BS10（1.0%） BS15（1.5%） BS20（2.0%）	BN（对照） BC5（5∶1） BC10（10∶1） BC15（15∶1）	BN（对照） BO5（5 g/kg） BO10（10 g/kg） —

分别在施加影响因素后的第 0 d、第 7 d、第 14 d、第 30 d、第 60 d、第 90 d 及第 120 d 无菌采集各组土壤样品，冷藏保存立即带回实验室进行异养细菌数量测定；同时采集部分土壤样品用于盐分、有机质、总氮和石油类含量等环境因子的测定。

5.5.1.2　辽河口湿地修复区土壤异养菌的时空变化

辽河口湿地不同区域异养菌数量分布与季节变化见图 5-9。由图中可见，按时间序列来看，各站位异养菌数量均表现出先递减后增加的趋势，即 6 月最多（平均值为 17.90×10⁹ CFU/g）、8 月最少（平均值为 13.02×10⁹ CFU/g）。通过相关性分析可知（见表 5-6），异养细菌数量与盐分、有机质、总氮有相关性，但三种环境因子季节差异性不大，气温、含水率则变化显著。可知异养细菌数量变化主要与气温、含水率有关。6 月气温开始上升，细菌数量上升；7 月以后，气温也升高，但雨水增多，湿地的积水层加深，土壤通气状况不良，好氧微生物的活性受到抑制，细菌数量减少；但是随着水分的蒸发，9

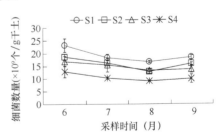

图 5-9　辽河口湿地不同区域异养
细菌数量变化

月积水下降，所以适合细菌繁殖的环境条件有所改善，细菌数量又开始上升（徐惠风等，2004）。由此可见，含水率、盐分、植被是辽河口湿地异养细菌数量最重要的影响因素，其次是有机质、总氮含量和气温，石油的污染对异养细菌总数的影响相对较少。

表5-6　异养细菌与环境因子的关系

参数	气温	含水率	含盐量	有机质	总氮	石油浓度
	0.628	-0.813	-0.860	0.615	0.554	0.246
P	<0.05	<0.01	<0.01	<0.05	<0.05	>0.05

根据图5-9发现，不同区域异养细菌数量差别较大。芦苇长势良好区的S1站异养细菌数量最多（平均值为19.17×10⁹ CFU/g），裸滩区的S4站异养细菌数量最少（平均值为10.62×10⁹ CFU/g），长势一般的S2、S4站居中（平均值分别为7.67×10⁹ CFU/g、7.62×10⁹ CFU/g）。由此可以看出，植被为细菌的生长提供了良好的生存条件，植被长势越好，异养细菌数量越多，也说明植被生长良好区有利于异养细菌各种生态功能的发挥。

5.5.1.3　土壤盐分对异养细菌数量的影响

盐分对有植被组异养细菌数量的影响见图5-10a。土壤含盐量分别为1.0%、1.5%、2.0%时，异养细菌数量分别为10.27×10⁹～31.92×10⁹、6.37×10⁹～33.12×10⁹、3.4×10⁹～32.58×10⁹ CFU/g，平均值分别为20.74×10⁹ CFU/g、17.08×10⁹ CFU/g、14.88×10⁹ CFU/g。不同土壤盐分下，异养细菌数量变化规律基本一致，表现为从6月到10月逐渐递减的趋势，盐分越大，异养细菌数量越少，且在培养刚开始的前两周变化最为明显，迅速降为对照组的50%左右。其原因主要是随着土壤盐分的增加，渗透压也会变大，很多异养细菌不能够耐受高盐环境，其生命活动和活性受到抑制，而且盐分还会影响葡萄糖等营养物质的降解和硝化作用，影响了细菌对营养物质的有效吸收和利用，从而使得高盐环境下的异养细菌数量平均较低（Hunter & Gaston，1988；Rietz & Haynes，2003）。

盐分分别为1.0%、1.5%、2.0%时，无植被组异养细菌数量分别在11.88×10⁹～19.78×10⁹ CFU/g、1.18×10⁹～14.63×10⁹ CFU/g、0.44×10⁹～12.43×10⁹ CFU/g之间，平均值分别为8.15×10⁹ CFU/g、5.73×10⁹ CFU/g、4.43×10⁹ CFU/g，具体变化趋势见图5-10b。从图中可看出，无植被组异养细菌数量随盐分增加的变化规律与有植被组的基本一致，在培养期间呈逐渐下降的趋势，但各含盐量梯度组无植被组的异养细菌数量约为有植被组的50%。

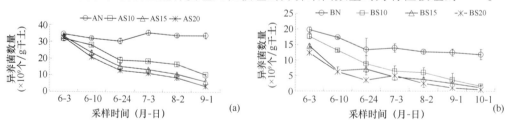

图5-10　不同盐度下有植被组（a）和无植被组（b）异养细菌数量的变化

通过相关性分析可知，各组异养细菌数量与盐度呈显著的负相关关系（$r=-0.83$，$p<0.01$），可见，土壤盐度是抑制异养细菌生长的重要因素之一。近年来，辽河口湿地由于连

年的干旱缺水和国家用水政策的调整，导致芦苇湿地水资源日益紧张，用水短缺现象不断加剧，芦苇湿地灌溉只能用含盐量较高的混合水，土壤含盐量达 0.8%～3.0%（于长斌，2008）。土壤含盐量增加，异养细菌数量的减少会显著影响湿地土壤的物质转化能力，从而影响湿地生态系统污染净化等生态功能，特别是在裸滩区，植被不再生长后盐分的增加会更显著地影响异养细菌的数量，导致其生态功能进一步下降。因此，需要加强对退化湿地的植被修复和补充水分等排盐措施，以保证湿地正常的生态结构与功能。

5.5.1.4 C/N 对异养细菌数量的影响

不同 C/N 对有植被组异养细菌数量变化的影响见图 5-11a。C/N 比值分别为 5∶1、10∶1、15∶1 时，土壤异养细菌数量在 $26.81×10^9$～$50.30×10^9$ CFU/g、$34.28×10^9$～$72.58×10^9$ CFU/g、$21.32×10^9$～$83.69×10^9$ CFU/g 之间，平均值分别为 $40.06×10^9$ CFU/g、$59.5×10^9$ CFU/g、$37.49×10^9$ CFU/g。可见，增加 C/N 的实验组异养细菌数量明显高于不施加任何因素的对照组，表明 C/N 比值的增加可促进异养细菌的生长。由图 5-11b 可见，不同 C/N 比值组土壤异养细菌数量的变动趋势基本一致，在 6 月（培养初期）最少，在 7 月（培养 30 d）达到最大，以后逐渐降低；但 C/N 比值为 10∶1 组的土壤异养细菌数量增加量显著高于其他两组。

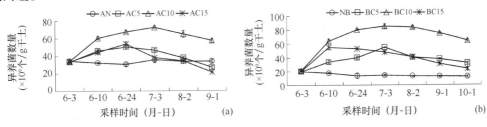

图 5-11　不同 C/N 下有植被组（a）和无植被组（b）异养细菌变化

不同 C/N 比值对无植被湿地土壤异养细菌数量变化的影响见图 5-11b。C/N 为 5∶1、10∶1、15∶1 时，土壤异养细菌数量分别在 $20.14×10^9$～$54.69×10^9$ CFU/g、$21.48×10^9$～$85.29×10^9$ CFU/g、$20.19×10^9$～$54.53×10^9$ CFU/g 之间，平均值分别为 $36.91×10^9$ CFU/g、$67.62×10^9$ CFU/g、$38.60×10^9$ CFU/g。C/N 比值增加后，土壤中异养细菌数量明显高于对照组，而且都呈现先增加后减少的趋势，也是在 C/N 比值为 10∶1 时数量最多，但除 C/N 比值为 10∶1 组外，其他 C/N 比值组的细菌数量明显低于有植被组。

异养细菌的生长繁殖需要一定的碳源和氮源，一般土壤中异养细菌的数量受碳源的限制，碳源加入，增加 C/N 后，可以刺激异养细菌的生长，直到可利用的氮缺乏（Garten et al.，2000；Martin et al.，1995）。但是若土壤中碳氮比过高，会导致异养细菌氮素营养缺乏，从而抑制土壤异养细菌的活动，造成土壤异养细菌多样性及丰度降低（王其兵和贺金生，1997）。本结果也表明，当 C/N 为 10∶1 时异养细菌数量明显高于其他两个比例组。可见，异养细菌的生长繁殖需要适宜的碳氮比，C/N 比值为 10∶1 左右可能是辽河口湿地土壤异养细菌生长的最佳 C/N 比值。

辽河口湿地自 1997 年以来，部分苇场就开始尝试在芦苇湿地内推出"一育三养"（即育苇、养鱼、养蟹、养禽）立体生态养殖模式的试验，使芦苇湿地真正达到了"一水多用、一地多收"的目的。但是随着养殖规模的发展，连年循环高密度养殖，有机质的累积，必然导致了养殖水体污染的逐年加剧，水质和底泥富营养化（于长斌，2008）。同时，来源于芦苇植被残体（地上部的枯枝落叶、地下部的死亡根系及根的分泌物）及动物残体等湿地土壤有机质在微生物分解过程中，气态碳素不断消失，但氮素仍保持在凋落物残体中，使氮的相对含量逐渐增高（刘树和梁漱玉，2008）。多种因素导致湿地氮素累积，碳/氮比值日趋减少，导致异养细菌的生长受到抑制，本研究异养细菌在7月和8月数量增加不明显也可能与湿地自身的碳氮比值有关，其结果将显著影响细菌在河口湿地物质循环中的作用，进而影响湿地的各种生态功能。因此，要加强湿地的生态修复与科学管理，加快植被对氮素的吸收与转化。合理发展养殖业，减少氮源污染，充分利用资源，使湿地土壤的C/N在合理的范围内，确保湿地系统的健康。

5.5.1.5 植被修复与石油污染对异养细菌数量的影响

不同石油浓度对有、无植被组异养细菌数量变化的影响见图5-12。有植被组添加5 g/kg的石油和无植被组分别添加5 g/kg、10 g/kg石油时，土壤异养细菌数量分别为 $5.36 \times 10^9 \sim 34.72 \times 10^9$ CFU/g、$9.08 \times 10^9 \sim 16.33 \times 10^9$ CFU/g、$3.23 \times 10^9 \sim 15.09 \times 10^9$ CFU/g 之间，平均值分别为 15.40×10^9 CFU/g、11.72×10^9 CFU/g、7.49×10^9 CFU/g。从图中可以看出，有、无植被的5 g/kg石油浓度组和无植被的10 g/kg石油浓度组，异养细菌数量均比对照组少，石油浓度越大，异养细菌数量越少；且都在6月（前14 d）下降最为明显，以后开始缓慢下降或有所回升。原因主要是石油浓度较大，对异养细菌产生了毒害作用（任磊和黄廷林，2000）。Franco等（2004）发现原油污染造成土壤异养细菌群落适应能力降低（张晶等，2008），相应的数量也会随之减少。而到了后期，异养细菌的数量又有所上升，主要是石油污染基本被消除，石油对细菌的毒性作用减弱，生态系统趋于修复正常。但在6月有植被的5 g/kg石油浓度组比无植被的同浓度组细菌数量下降更为明显，可能是石油覆盖在土壤表面，破坏了土壤—植物—水分之间的关系，对空气的排斥，引起厌氧条件的发生，使根不能正常呼吸和吸收水分（韩言柱等，2000），好氧异养细菌的生长繁殖也受到抑制；而随后异养细菌数量又比无植被组上升得快，主要是植物根系的吸收、转化及分解作用（李云辉等，2007），加速了石油的降解，石油的毒害作用减弱。

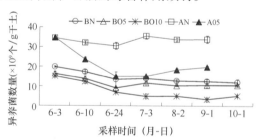

图5-12 不同石油浓度下有、无植被土壤异养细菌的变化

辽河口湿地有辽河油田，该地区高强度的石油开发引发的井喷油管破裂、原油泄漏以及输油气管线的敷设等都会对湿地表层土壤产生一定程度的破坏（周广胜等，2006）。本研究结果表明，在自然状态下，石油对微生物产生的毒害作用使异养细菌数量明显减少，石油的降解需要较长的时间。因此，在控制石油污染物排放的同时，要进一步加强管理、遏制植被退化、加强植被修复，增加湿地净化能力，且有必要筛选、培育适于高盐湿地土壤的高效石

油降解菌，减少石油污染对河口湿地生态系统产生的影响。

细菌多生活于中性、弱碱性土壤中，对环境因子的变化反应比较敏感。通过比较可以看出，有植被的土壤异养细菌数量与无植被的季节变化趋势基本一致，但是数量明显多于无植被组。异养细菌数量的增加有利促进土壤中有机残体的分解和潜在养分的转化，提高土壤的供肥能力；细菌代谢产生的多种有机酸还能提高土壤养分的有效性（孙淑荣等，2004；邓欣等，2005；范君华和刘明，2005）；同时，植被覆盖使得土壤湿度条件更适合于异养细菌的生长，植物根系的生长活动同样也可以改变土壤的物理环境，从而更有利于异养细菌的生长。因而，要尽快修复辽河口区裸滩植被，充分发挥河口湿地植物与微生物的联合生态作用。

5.5.2 植被状态对芦苇湿地土壤氨氧化菌的影响

硝化作用是氮素生物地球化学过程的重要环节，是生态系统中氮素损失的潜在途径（Vitousek & Howarth，1991），深入理解该过程对于探讨湿地氮源污染的去除、湿地生态系统生产力以及氮素界面过程具有重要意义（孙志高和刘景双，2007）。氨氧化菌（AOB）参与氨氮到亚硝酸盐的好氧氧化过程，是硝化作用的起始阶段，也是硝化作用的限速步骤。因此，在湿地土壤环境中，氨氧化菌生产的亚硝酸盐将会立即被亚硝酸盐氧化菌氧化，使这些区域的亚硝酸盐浓度保持较低水平（Bock & Wagner，2006）。运用分子生物学变性梯度凝胶电泳技术（DGGE）不仅能对可培养的微生物进行分析，还可以对不可培养的微生物进行研究，能更真实地反映系统中微生物种群的构成和分布（Regan et al.，2002；马鸣超等，2008）。

目前，人们对辽河河口湿地的相关研究主要集中在植物、动物特别是鸟类研究方面，但对该地区土壤微生物方面的研究工作很少，缺乏相应的研究和资料（王凌等，2003），尤其是硝化细菌群落结构方面目前尚未见报道。本研究采用 PCR-DGGE 法研究了辽河口湿地土壤中 AOB 在不同退化、修复区域和不同月份的分布特征和变化规律，分析了 AOB 数量与土壤环境因素之间的关系（白洁等，2011a），以期为进一步修复退化湿地、合理开发辽河口湿地的微生物资源，保障河口湿地的生态健康提供理论依据。

2009 年 6 月、8 月和 10 月，在辽河河口芦苇湿地设置 5 个采样点，分别选取芦苇长势良好的未退化区（W1）、完全退化后进行人工修复且芦苇生长较好区（W2）、完全退化后进行人工修复但芦苇长势较差区（W3）、退化严重但无人为修复区（W4）、已完全退化为无植被生长区（W5）为采样站点（站位坐标见表5-7）。

表 5-7 辽河口芦苇湿地采样站位

站位	W1	W2	W3	W4	W5
纬度（N）	41°09′34.7″	40°52′06.7″	40°52′11.9″	40°52′10.2″	40°51′53.4″
经度（E）	121°47′30.5″	121°36′32.7″	121°36′22.4″	121°36′12.4″	121°36′08.0″
植被状况	未退化	人工修复较好	人工修复较差	退化严重	完全退化

5.5.2.1 AOB 数量的分布特征

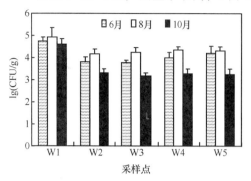

图 5-13 芦苇湿地土壤 AOB 数量分布

由图 5-13 可见，调查季节内，6 月 AOB 的数量在 6.80×10³~5.61×10⁴ CFU/g 之间，平均（1.92±2.10）×10⁴ CFU/g；8 月 1.44×10⁴~8.37×10⁴ CFU/g 之间，平均值为（3.20±2.92）×10⁴ CFU/g；10 月 1.47×10³~4.04×10⁴ CFU/g 之间，平均值为（9.52±1.72）×10³ CFU/g。AOB 数量的季节变化较大，主要表现为 8 月较高、6 月次之、10 月较低（图 5-13）。8 月其平均值分别比 6 月和 10 月高出几倍和一个数量级，主要与气温和其他环境因素有关。8 月环境温度较高，且降雨量较大致使土壤含水率较高，有利于 AOB 的生长和繁殖（Lutz et al. , 2002）。

从不同植被状态来看，芦苇长势良好的未退化区 AOB 数量明显多于其他区域，主要与芦苇的根际效应有关（张虎成等，2004）；严重退化区、无植被区与人工修复区之间没有明显差异，可能与人工修复时间较短、生态功能还未趋于稳定或完全修复有关，也表明河口湿地生态功能的完全修复滞后于生态结构的修复。

5.5.2.2 土壤 AOB 数量与环境因子之间的关系

由表 5-8 可见，土壤总氮含量平均值为（1.117±0.015）g/kg，各月平均值分布中，8 月最低，10 月最高，6 月次之，与 AOB 数量的分布相反；这可能因为 8 月较高的温度增强了硝化反硝化微生物的活性（赵化德等，2007），土壤硝化反硝化速率较高，总氮去除率增大；并且 8 月降雨增加，一部分总氮随径流流失，相关性分析结果显示土壤总氮与 AOB 数量呈极显著相关性（r=0.745＊＊）。有机质通过对总氮的影响间接影响 AOB 分布，对二者进行相关性分析，两者呈极显著相关性（r=0.848＊＊），这与吕国红（2006）、袁可能（1983）对湿地土壤的研究结果一致。

本研究区域各站位土壤可溶性盐分平均值在 0.89% 左右，属于盐土。相关性分析结果显示，AOB 数量与可溶性盐分呈显著负相关，说明盐分能够影响微生物的活性。退化湿地土壤盐分高、植被稀少、土壤容重较大、孔隙度小，可能导致微生物活性受到抑制，数量较少（黄明勇等，2007）。高盐环境造成土壤渗透压较高，细胞酶活性以及生命活动受到抑制，也会导致其数量较低。

表 5-8 辽河口湿地各站位主要环境因子

月份	总氮 （mg/kg）		有机质 （g/kg）		可溶性盐分 （%）	
	范围	平均值	范围	平均值	范围	平均值
6 月	450~2 270	1 120	9.43~58.17	26.27	0.24~1.17	0.76
8 月	500~1 970	1 010	11.79~49.58	22.66	0.52~1.03	0.89
10 月	450~2 580	1 220	5.67~56.31	20.87	0.78~1.23	1.02

AOB 数量与总氮及有机质呈极显著相关性（r>0.7，P<0.01）；与可溶性盐分呈显著负相关性（r=−0.637，P<0.05）；石油是辽河口湿地一种典型的污染物质，对于 AOB 的数量

分布有一定影响，但相关性不很显著（r=0.552，P>0.05）（表5-9）。

表5-9　AOB数量与土壤理化因子之间的关系

环境因子	总氮	有机质	石油浓度	可溶性盐分
相关系数 r	0.745**	0.848**	0.552	-0.637*

＊＊表示高度显著性相关，P<0.01；＊表示显著性相关，P<0.05。

5.5.2.3　植被修复对芦苇湿地土壤 AOB 群落结构的影响

将辽河口湿地不同退化、修复区域土壤样品提取的 DNA 经过巢式 PCR 扩增后，获得约500 bp 的 AOB 目的条带，土壤 DGGE 图谱见图5-14，聚类分析结果见图5-15。

DNA 扩增条带的多少可反映细菌群落的多样性，条带信号的强弱反映菌群的相对数量，因此可以根据指纹信息确定不同样品所含有的菌群分类单元（OTU）和数量关系，即细菌的多样性信息（赵兴青等，2006）。由图5-14结果可见，随着采样时间和地点的不同，AOB 数量呈现明显的差异。

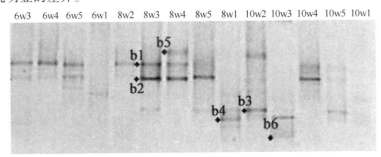

图5-14　16S rDNA 片段 DGGE 指纹图谱

注：6W1~6W5、8W1~8W5、10W1~10W5 分别为6月、8月和10月各样点采集的样品

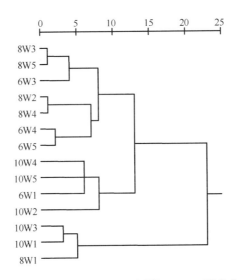

图5-15　AOB 菌群的 DGGE 图谱 UPGMA 聚类分析

AOB 群落结构和种类数表现出明显的时间和空间差异。不同站位在同一季节细菌种类数表现出差异，并且条带信号强弱明显，说明 AOB 的相对数量也不相同；同一站位不同月份的种数也不相同，既有某些种群的消失，也有新种群的出现。b1、b2 为本区域的优势菌群，除 10 月 W3、W1 站点外，其他皆有 b1、b2 的分布；10 月除 W2 站点外，其余条带数明显少于 8 月，这可能与气温降低、土壤湿度减小及营养物质氨氮的减少等因素有关；8 月各站位条带亮度明显较强，显示 AOB 相对数量较 6 月和 10 月多，与 MPN 法测得的 AOB 数量分布基本一致，主要与夏季气温升高等因素有关；在 8 月 W4 站点出现了新的种群 b5，W1 站点的 b3、b4 条带亮度明显大于其他月份，表明辽河口湿地的硝化细菌群落结构随时间和空间的不同存在明显差异（图 5-14）。

不同站位、不同月份的 AOB 种群相似性有所不同，总体分为三大族，同一地理区域不同时间的 AOB 菌群的相似性值较低，而同一月份不同地理空间的菌群的相似性较高，其中，8 月的 W3 和 W5 站位，W2 和 W4 站点之间具有很高的相似性，相似度接近 98%；6 月的 W4 和 W5 站位之间也几乎达到 95%（图 5-15），这与 Cébron 等（2004）的研究结果不同，Cébron 对塞纳河的水体进行研究，指出即使温度在不同的季节间变化剧烈，AOB 群落结构仍保持时间的稳定性；Roey 等（2010）对一个沙漠中季节性河流研究也发现，以时间为尺度，AOB 种群多样性类型在大部分情况下是稳定的，只是在不同季节间检测到很小的变化；这说明不同纬度带不同介质中 AOB 种群变化规律不同。辽河口湿地不仅气温变化剧烈，而且土壤含水率、营养状况等土壤理化性质随季节也在剧烈地变化，导致同一区域 AOB 种群相似性随季节发生较大变化；可见，不同植被状态土壤中 AOB 相似性有较大差别，在含盐量较高的辽河口湿地，其植被的不同生长期环境条件变化很大，对 AOB 群落结构的影响也较大，表明 AOB 在不同季节的生态作用有所不同。

图 5-16 为各站位 DGGE 图谱的 Shannon-Weiner 指数 H'，由下式计算：

$$H' = - \sum (n_i/N) \log_2(n_i/N) \tag{5-1}$$

式中：H' 为多样性指数；n_i 为第 i 个 OTU 的个数；n_i/N 为第 i 个 OTU 的个数占文库序列的百分数。

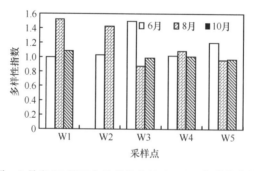

图 5-16　6 月、8 月和 10 月三个月份各个站点 AOB 菌群的多样性指数分布

从图 5-16 中可以看出，其多样性指数在不同月份存在明显变化，可见植被生长状态对 AOB 种群的多样性有明显影响。8 月，芦苇未退化区以及人工恢复较好区的 AOB 多样性指数均大于其他区域，原因可能与植物根际分泌物对微生物种群多样性产生的影响有关。有研究发现，根际微生物种群多样性减少是普遍现象，植物根系分泌物的不同成分控制了微生物种群数量（贺永华等，2006）。除此可能跟土壤中氧气的受限有关，实地调查发现，8 月芦

苇湿地处于淹水状态，上覆水阻断了空气中氧向沉积物的扩散，致使无植被生长区和植被生长较差区域的好氧性 AOB 种群多样性和数量都大大下降，而植被生长较好区域则通过植被的光合作用泌氧并传导到土壤中，而 8 月中旬以后，此区域降雨量减少，W1 点芦苇湿地上覆水逐渐退去，土壤通气状况的改善及总氮含量的修复，为 AOB 种群多样性的增加提供可能。芦苇生长较好的 W1、W2 样点，6 月 AOB 种群多样均小于 8 月，与硝化菌群最适宜在 25~30℃生长繁殖有关（马俊等，2006），且 6 月总氮含量普遍高于 8 月，不同月份土壤含水率也有较大差别，这对于 AOB 种群多样性都有一定影响。可见，植被修复有利于 AOB 的多样性的增加，对辽河口湿地生态环境的稳定和生态功能的发挥具有明显的促进作用。

5.5.3 生态修复对硝化细菌分布和功能的影响

硝化作用（nitrification）是指在硝化细菌（nitrobacteria）作用下把氨（或铵）转化为硝酸盐的过程，在湿地氮素生物地球化学循环中具有重要意义（Niels et al.，2005）。硝化细菌是硝化作用发生的功能微生物，一般分为氨氧化细菌（ammonia-oxidizing bacteria，AOB）和亚硝酸盐氧化细菌（nitrite-oxidizing bacteria，NOB）两类微生物类群，AOB 和 NOB 有自养和异养之分，在不同的环境条件下，它们所占的比率不同（Henning et al.，1999），其中 AOB 主导的氨氧化作用被认为是硝化作用的限制性步骤，因此对硝化作用的研究往往针对 AOB 和氨氧化作用进行（Jenkins & Kemp，1984）。

硝化作用对河口湿地生态环境的影响很大，一方面能够减轻环境中 NH_4^+-N 的毒性，另一方面生成的硝酸盐或通过反硝化作用形成 N_2，从而造成 N 素的流失（Watts & Seitzinger，2000），或流入海洋污染海水，或渗入到地下造成地下水的污染（Dise & Write，1995）；同时，较高的硝化作用速率也会导致土壤酸化、缓冲能力降低和释放温室气体 N_2O 等环境效应（Abeliovich，1992；Ryuhei et al.，2008），因此对河口湿地硝化作用的研究具有重要价值。由于硝化细菌种群差异和环境条件（如上覆水温盐、溶解氧、沉积物理化性质和植被情况等）的不同，沉积物的硝化速率通常变化很大（Jenkins & Kemp，1984；吕艳华，2007）。不同环境条件下硝化作用的差异将对环境产生不同的影响，因而受到国内外学者越来越多的关注（Ryuhei et al.，2008；吕艳华，2007；Sherry et al.，2005）。

目前国内外对硝化作用的研究主要集中在海洋、农田、森林等生态系统中（Jenkins & Kemp，1984；徐继荣等，2007；Agna et al.，2002），对河口湿地生态系统中的研究则相对较少，已有研究报道了黄河口湿地和美国 Savannah 河口盐沼湿地 AOB 数量和硝化速率的研究（吕艳华，2007；Sherry et al.，2005），但对辽河口湿地不同植被状态对硝化作用的影响研究尚未见报道。本研究采用现场培养与实验室培养相结合的方法研究了辽河口湿地硝化细菌、硝化速率的分布特征及影响因素（白洁等，2010），研究成果可为北方河口湿地硝化作用的环境效应及氮循环机制研究提供重要参考。

5.5.3.1 分析方法

于 2009 年 6 月和 8 月，在辽河口湿地（121°30′—122°00′E，40°45′—41°10′N）共设 4 个站位，详见表 5-10。采集无扰动表层沉积物于培养柱中，同时采集底层水体，用 0.22 μm 滤膜过滤，立即缓慢注入培养柱中，用干净硝化速率测定的现场培养。另采集部分表层沉积物（0~5 cm）用于潜在硝化速率、AOB 数量和其他环境因子的测定。

表 5-10　辽河口湿地采样站位

站位	纬　度（N）	经　度（E）	植被特征
S1	41°09′34.3″	121°47′29.5″	芦苇长势良好
S2	40°52′11.6″	121°36′22.4″	几乎无芦苇生长
S3	40°57′54.9″	121°36′18.0″	有少量芦苇斑块生长
S4	40°51′53.8″	121°36′09.9″	有大量芦苇斑块生长

净硝化速率测定采用改进的抑制剂法（徐继荣等，2007），用烯丙基硫脲（allylthiourea，ATU）作为氨氧化作用的抑制剂。培养实验设 ATU 抑制实验组和非 ATU 抑制对照组，抑制剂 ATU 现场添加（终浓度为 10 mg/L）（Grahame，1984），在现场环境条件下培养，每次培养进行 4 h。在实验开始和结束时，分别采集培养柱内水样，用 0.22 μm 滤膜过滤于预先处理的聚乙烯瓶中，冷冻保存带回实验室测定样品中的 NH_4^+-N 浓度，培养结束时测量培养水柱高度。每次均做三个平行实验。根据对照组和实验组中 NH_4^+-N 浓度变化计算净硝化作用速率，计算方法如下（李佳霖，2009）：

$$v_n = \frac{V_t(c_0 - c_t)}{1\,000AT} \tag{5-2}$$

式中：v_n 为培养柱中沉积物的硝化反应速率 [mmol/（$m^2 \cdot h$）]；V_t 为培养柱内上覆水的体积（L）；c_0、c_t 分别为培养实验开始 0 时刻和 t 时刻培养水体中的 NH_4^+-N 浓度（μmol/L）；A 为培养柱横截面积（m^2）；T 为培养时间（h）。

潜在硝化作用速率（potential nitrification rate，PNR）采用液体培养法（Sherry et al.，2005；李佳霖，2009），取过滤后的现场水样 1 000 mL 置于培养瓶中，再加入浓度为 10 mmol/L 的 NH_4Cl 溶液 30 mL 和 6 mmol/L 的 KH_2PO_4 溶液 10 mL，混匀后将现场采集的表层沉积物样 50.0 g 置于其中，充分混合，以无菌方式分别移取上述混合液 100 mL，分别加入 6 个 250 mL 的无菌锥形瓶中，其中 3 瓶为实验组，另 3 瓶为空白对照组。在实验组中分别加入 1 mL 浓度为 2 g/L 的 ATU 作为氨氧化过程抑制剂，空白对照组不做任何处理。将所有锥形瓶置于 25℃ 的震荡培养箱中暗培养 24 h，分别在 0 h、6 h、12 h、18 h、24 h 取培养水样，经 0.22 μm 滤膜过滤后置于预先处理的聚乙烯管中，测定样品中的 NH_4^+-N 含量。根据对照组和实验组中 NH_4^+-N 浓度变化计算潜在硝化反应速率，计算方法如下（李佳霖，2009）：

$$v_p = \frac{\rho h V(k_1 - k_0)}{1\,000W} \tag{5-3}$$

式中：v_p 为潜在硝化反应速率 [mmol/（$m^2 \cdot h$）]；ρ 为沉积物的体积密度（kg/m^3）；h 为沉积物取样深度（m）；V 为培养液体积（L）；k_1、k_0 为实验组和对照组样品中 NH_4^+-N 浓度随时间的变化量 [μmol/（$L \cdot h$）]；W 为沉积物的重量（kg）。

5.5.3.2　辽河口湿地 AOB 数量

辽河口湿地表层沉积物 6 月和 8 月的 AOB 数量分布见图 5-17。研究区域 AOB 数量 6 月在 $0.54 \times 10^4 \sim 5.69 \times 10^4$ 个/g 之间，平均（2.21 ± 2.32）$\times 10^4$ 个/g，变异系数为 105%；8 月在 $1.90 \times 10^4 \sim 7.90 \times 10^4$ 个/g 之间，平均（3.61 ± 2.87）$\times 10^4$ 个/g，变异系数为 79%。可见 6 月和 8 月沉积物 AOB 数量的变异系数都很高，且 6 月高于 8 月。沉积物 AOB 数量高度的

空间变异主要与沉积物环境条件和植被有关；AOB 数量 8 月明显高于 6 月，可能与辽河口湿地 8 月较高的环境温度（表 5-11）更有利于 AOB 的生长和繁殖有关。

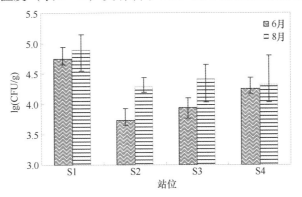

图 5-17 湿地沉积物 AOB 数量分布

辽河口湿地表层沉积物中 AOB 数量水平分布特征 6 月为：S1>S4>S3>S2，8 月为：S1>S3>S4>S2，且 S1 站位的 AOB 数量明显高于其他站位。这种不同站位之间的分布差异主要与沉积物 NH_4^+-N 含量（表 5-11）和植被状况（表 5-10）等影响 AOB 的生长和活性有关。NH_4^+-N 作为 AOB 生长的营养物质直接影响着其生长，而芦苇的根际效应导致沉积物中氧气含量增高、根际分泌物增加，也促进了 AOB 的生长。

表 5-11 辽河口湿地各采样站位的主要环境因子

月份	站位	温度（℃）	盐度	沉积物含水率（%）	沉积物 NH_4^+-N（mg/kg）
6 月	S1	22.3	2.3	44.78	12.91
	S2	23.3	5.1	33.47	7.83
	S3	27.1	4.1	37.57	8.82
	S4	22.4	8.7	33.72	6.02
	标准偏差	2.3	2.7	5.28	2.92
	变异系数（%）	10	53	14	33
8 月	S1	28.8	3.1	51.05	15.98
	S2	31.7	7.6	19.20	8.31
	S3	34.8	11.0	40.63	10.26
	S4	31.3	12.6	31.26	10.69
	标准偏差	2.5	4.2	13.56	3.28
	变异系数（%）	8	49	38	29

5.5.3.3 植被状态对硝化速率的影响

辽河口湿地表层沉积物潜在硝化速率分布特征见图 5-18。由图可见，其潜在硝化速率 6 月在 9.72~16.45 mmol/（m² · h）之间，平均（12.54±3.14）mmol/（m² · h），变异系数为 25%；8 月在 14.66~24.62 mmol/（m² · h）之间，平均（18.71±4.21）mmol/（m² · h），

变异系数为 22%。可见辽河口湿地 6 月和 8 月潜在硝化速率的空间变异程度相近，且都相对较低；辽河口湿地表层沉积物潜在硝化速率 8 月明显高于 6 月，水平分布特征 6 月为：S1>S4>S3>S2，8 月为：S1>S3>S4>S2。6 月和 8 月芦苇生长旺盛的 S1 站潜在硝化速率均明显高于其他站位，主要与不同站位环境状况的差异有关：S1 站位芦苇植株密度较大，沉积物含水率和 NH_4^+-N 含量较其他站位高，这种环境条件更有利于硝化细菌的生长，从而促进硝化作用的进行，而 S2、S3、S4 站地处植被生长较差或无植被湿地区域，盐渍化较重，NH_4^+-N 等营养物质含量相对较低（表 5-11），表明芦苇生长良好的湿地沉积物更适合硝化作用的发生，这可能与芦苇等湿地植物的根际效应和对 NH_4^+-N 及氧气的输送作用促进了硝化作用的发生（张虎成等，2004；Martin & Reddy，1997）有关。

辽河口湿地沉积物的净硝化作用速率研究只在 6 月的 S1 站和 8 月的 S1、S2 和 S3 站进行，分布特征见图 5-19。辽河口湿地净硝化速率 6 月（S1 站）为 0.41 mmol/（$m^2 \cdot h$）；8 月净硝化速率范围在 0.20～0.53 mmol/（$m^2 \cdot h$）之间，平均值为（0.35±0.16）mmol/（$m^2 \cdot h$），变异系数为 47%，空间变化较大。8 月水平分布特征为：S1>S3>S2，这可能与 8 月 S1 站的沉积物含水率、芦苇植株密度和 NH_4^+-N 含量都明显高于 S2 和 S3 站有关，这些环境条件都有利于硝化作用的发生。由图 5-19 还可以看出，在 S1 站位，其净硝化速率 8 月高于 6 月，这是因为 S1 站位 8 月的气温、沉积物含水率和 NH_4^+-N 含量都明显高于 6 月，这些条件都适合硝化细菌的生长。可见，植被修复有利于辽河口湿地硝化作用的进行和氮素的转化与去除。

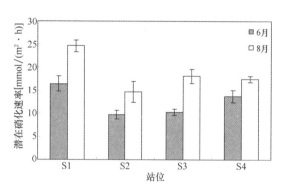

图 5-18　辽河口湿地沉积物潜在硝化作用速率

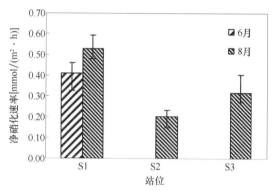

图 5-19　辽河口湿地沉积物净硝化速率

5.5.3.4　AOB 数量与环境因子的关系

沉积物 AOB 数量与沉积物环境因素的相关分析结果见表 5-12，可以看出 AOB 数量与沉积物 pH 和 NH_4^+-N 含量呈高度显著性相关关系（$P<0.01$），与沉积物含水率和总氮含量呈显著性相关关系（$P<0.05$）。表明研究区域 AOB 的生长主要受沉积物 pH 值、NH_4^+-N 和总氮含量的影响。

表 5-12　AOB 数量与沉积理化性质的关系[1][2]

环境因子	含水率	pH	有机质	总氮（TN）	总磷（TP）	NH_4^+-N	NO_3^--N
相关系数 r	0.725*	-0.894**	0.628	0.880*	0.515	0.907**	0.435

① **表示高度显著性相关，$P<0.01$；② *表示显著性相关，$P<0.05$；2) $n=8$；下同。

218

5.5.3.5 硝化速率与环境因子的关系

运用 SPSS13.0 软件中的两个变量相关分析对辽河口湿地潜在硝化作用速率与主要的环境因子进行相关性分析，结果见表5-13。由表可见，潜在硝化作用速率与上覆水 NH_4^+-N 含量、沉积物 pH 值、总磷（TP）含量和 AOB 数量呈高度显著性相关关系（$P<0.01$），与沉积物有机质、总氮（TN）和 NH_4^+-N 含量呈显著性相关关系（$P<0.05$），与上覆水温度、DO、NO_2^--N 含量和沉积物含水率也有一定相关性，但不显著（$P>0.05$）。

表 5-13　潜在硝化速率与环境因子之间的相关关系

环境因子（上覆水）	相关系数 r	环境因子（沉积物）	相关系数 r
温度	0.412	含水率	0.539
盐度	−0.033	pH	−0.896**
pH	−0.383	有机质	0.813*
DO	0.478	可溶性盐分	0.297
NH_4^+-N	0.895**	TN	0.813*
NO_2^--N	0.633	TP	0.840**
NO_3^--N	−0.173	NH_4^+-N	0.823*
$PO_4^{3-}-P$	−0.440	NO_3^--N	0.189
		AOB	0.859**

为确定辽河口湿地各个环境因子对硝化作用的影响程度，对硝化作用与几个主要环境因子之间的关系进行偏相关分析（表5-14），结果表明，上覆水 NH_4^+-N 含量、沉积物总磷和 NH_4^+-N 含量对硝化作用的影响较大，是辽河口湿地沉积物中硝化作用的关键影响因素。

表 5-14　硝化作用与主要环境因子的偏相关分析

影响因素	偏相关系数	显著性水平
上覆水 NH_4^+-N	0.956	0.189
沉积物 pH	−0.126	0.920
沉积物总氮（TN）	−0.706	0.501
沉积物总磷（TP）	0.949	0.205
沉积物有机质	0.509	0.660
沉积物 NH_4^+-N	0.768	0.443

5.5.3.6 辽河口湿地 AOB 的影响因素

辽河口湿地沉积物中 AOB 数量与沉积物 NH_4^+-N 和总氮含量有关，主要是因为 NH_4^+-N 是 AOB 生长所必需的营养物质，对硝化细菌的生长有直接的影响；NH_4^+-N 是总氮的重要组成，因此，沉积物中 AOB 与总氮含量之间的显著性相关关系主要与 NH_4^+-N 含量的变化间接影响总氮含量有关；沉积物中不同的 pH 值会改变 AOB 生长的环境，进一步影响其细胞内的电解质平衡而影响到其活性与数量，本研究沉积物 pH 值与 AOB 数量密切相关的结果可能与此有关。

5.5.3.7 辽河口湿地硝化作用的影响因素

沉积物的硝化作用过程很复杂，受到诸多环境因素的影响，如上覆水环境条件、沉积物 AOB 含量、理化性质和植被情况等（Agna et al.，2002；Lutz et al.，2002；刘义等，2006）。

在硝化作用过程中，AOB 是主要的参与者，其数量的多少会直接影响硝化作用速率（吕艳华，2007；Sherry et al.，2005；李奕林等，2006），而在不同的环境条件下，不同的 pH 值又可以通过改变 AOB 的生长环境（Boer et al.，1992），如影响沉积物中 AOB 生长所需的游离氨的浓度（陈旭良等，2005）影响其数量，从而影响沉积物的硝化作用速率；AOB 具有生长缓慢的生理特性，氨氧化过程又是硝化作用过程中的限制性步骤（Oved et al.，2001），因此，环境条件的变化会直接或间接地影响 AOB 的种群结构和数量，从而影响硝化作用速率（Abeliovich，1992；Agna et al.，2002；刘义等，2006）。本研究辽河口湿地沉积物潜在硝化作用速率与 AOB 数量呈高度显著性相关关系的结果与此有关。

本研究结果表明，辽河口湿地沉积物潜在硝化作用速率与 NH_4^+-N 和总氮（TN）含量高度相关，主要是因为 NH_4^+-N 是硝化作用的间接底物（陈旭良等，2005），上覆水中 NH_4^+-N 又可以通过土壤孔隙进入到沉积物中而影响沉积物中 NH_4^+-N 含量，进一步影响硝化作用；而沉积物中的氮主要以有机氮的形式存在，湿地植物所吸收的氮几乎都是无机形式，所以沉积物中氮库中的无机氮必须不断地通过微生物的作用将有机氮转化为无机氮供植物利用（周才平和欧阳华，2001），因此总氮对硝化作用的影响主要是改变 NH_4^+-N 含量；磷元素是微生物生长所必需的另一营养元素，沉积物中磷的存在有利于 AOB 的生长，而且磷酸盐的存在也能够形成磷酸盐缓冲体系，可暂时性延缓沉积物因硝化作用造成的 pH 值下降，有利于硝化作用的发生（代惠萍等，2009），因此辽河口湿地沉积物中磷含量的变化对硝化作用也有明显影响。

有研究表明，有机质的存在有利于某些异养硝化微生物的生长，促进硝化作用的发生。本研究有机质含量与硝化速率呈显著性相关关系与此有关。水不仅是许多生物学过程所必需的重要成分，它还有传输和稀释的作用。由于硝化作用是在好氧条件下进行的，而沉积物含水率又会影响氧气和营养物质在沉积物中的传输，因此沉积物含水率对硝化作用的影响与氧气和营养物质的可获得性紧密相关。有研究表明，在一定的温度和盐度范围内，硝化速率与温度、盐度呈线性相关（吕艳华，2007；Lutz et al.，2002）。而本研究中上覆水温度和盐度与硝化速率相关性不显著，可能与不同调查站位植被等其他环境条件差异较大而温度和盐度的变化幅度较小，以及调查站位偏少有关。

5.5.3.8 与其他区域硝化速率的比较

国内关于河口湿地潜在硝化速率的研究还未见报道，美国 Savannah 河口盐沼湿地沉积物潜在硝化速率为 0.051~1.486 mmol/（$m^2 \cdot h$）（Sherry et al.，2005），英国 Colne 河口沉积物潜在硝化速率为 3.33~8.89 mmol/（$m^2 \cdot h$）（李佳霖，2009），本研究辽河口湿地沉积物的潜在硝化速率为 9.72~24.62 mmol/（$m^2 \cdot h$），表明辽河口湿地沉积物的潜在硝化速率明显高于 Savannah 河口，略高于英国 Colne 河口。

国内外不同研究区域沉积物的净硝化速率比较见表 5-15。可见，辽河口湿地沉积物净硝化作用速率明显高于黄河口，但与长江口、珠江口等海域以及国外的 Ringfield Marsh 和 Newport River Estuary 湿地区域相接近。一般情况下，河口湿地区域植被丰富，较海水含盐量低，且富含各种营养物质，对硝化细菌的生长而言，河口海域沉积物环境条件均不及河口湿地，其硝化作用强度也低于河口湿地，但长江口和珠江口由于常年气温较高，且河口水携带大量的 NH_4^+-N 等营养物质（李佳霖，2009），为硝化作用提供了良好的环境，因而净硝化速率高于辽河口湿地。

表 5-15　不同区域沉积物的净硝化作用速率

研究区域	净硝化速率 ［μmol/（m²·h）］	文献
辽河口湿地	202.61~528.31	本研究
长江口	100.3~514.3	李佳霖，2009
黄河口	30.3~76.5	李佳霖，2009
珠江口	320~2430	徐继荣等，2005
Ringfield Marsh, Virginia, USA	370~2160	Tobias et al., 2001
Newport River Estuary, North Carolina	0~700	Thompson et al., 1995

5.5.3.9　硝化作用对辽河口湿地生态环境的影响

潜在硝化反应是向环境样品中加入足够的 NH_4^+-N 和适量的磷元素后在最适温度（一般取 25℃）条件下测定的硝化作用速率，通过测定潜在硝化反应速率，可以比较不同环境条件下的样品中硝化细菌将 NH_4^+-N 转化为 NO_3^--N 的速率即硝化细菌的能力。由于实际环境中硝化反应速率的限制因子很多，因此潜在硝化速率往往会高于环境中的净硝化速率（Agna et al., 2002）。净硝化反应速率是模拟现场条件测定的硝化作用速率，它反映的是湿地沉积物中硝化细菌实际将 NH_4^+-N 转化为 NO_3^--N 的速率，可以用来估算硝化作用在氮循环中的贡献（李佳霖，2009）。辽河口湿地研究区域的面积约为 $8×10^4$ hm²，根据本研究测得的净硝化速率值和各站位代表区域所占比例估算，硝化作用每天可以将 $1.14×10^5$ kg NH_4^+-N 转化为 NO_3^--N，相当于辽河流域 NH_4^+-N 和 NO_3^--N 日入海通量的 45.8% 和 12.1%。尽管本研究调查站位较少，计算氮通量结果不够准确，但由此也可看出，硝化作用对辽河口湿地氮循环的影响不容忽视。硝化作用所产生的 NO_3^--N，除供植物吸收外，其余部分或随水流进入海洋污染水体，或经反硝化作用还原为 N_2 或 N_2O 进入大气，导致大气温室效应的增加。此外，硝化作用需要消耗沉积物中大量溶解氧，每减少 1 mol NH_4^+，就会消耗 1.815 mol 氧分子，在硝化作用强烈的区域会造成沉积物缺氧而影响其他湿地生物的生长。因此，辽河口湿地表层沉积物硝化作用对湿地氮循环和生态环境演变具有重要意义。

第6章 辽河口湿地生态价值与生态功能评估

生态系统服务功能是指生态系统及其物种所提供的能够满足和维持人类生存需要的条件和过程（杨慧玲等，2009）。它不仅包括生态系统为人类所直接提供的食物、医药及其他工农业生产的原材料，更重要的是它支持了整个地球上的生命系统。由于人类对生态系统服务功能及其重要性了解过少，生态环境被无限制的破坏，从而严重损坏了生态系统的服务功能。随着可持续发展观念的提出和完善，人们发现维持与保护生态系统服务功能是实现可持续发展的重要基础，分析与评价生态系统服务功能的价值已经成为生态学和生态经济学研究的前沿与热点。Costanza 等（1997）首先提出，全球生态系统每年能够产生的服务总价值为 16 万亿至 54 万亿美元，且主要来源于海岸生态系统。这一研究结论在国际生态学、生态经济学和社会学领域受到了普遍关注，并引发了对生态系统服务功能价值研究的高潮。

2001 年由联合国发起的千年生态系统评估（MA）提出了评估生态系统与人类福祉之间相互关系的框架，并建立了多尺度、综合评估各个组分之间相互关系的方法。基于此框架，江波等（2011）将海河流域湿地生态系统服务功能划分为提供产品功能、调节功能、支持功能及文化服务功能四大类，对海河流域湿地生态系统服务总价值进行评价；敖长林等（2010）基于条件价值评估法（CVM）对三江平原湿地的非使用价值进行了探究，为湿地管理提供了基础信息。

在对国内外相关领域研究进展、评价方法以及研究区自然地理环境和社会经济条件进行综合分析的基础上，本研究参考 Costanza 等（1997）的研究成果，依据 2006 年双台子河口生态监控区海洋经济专项调查报告，对辽河口湿地生态系统的服务功能进行分析并估算其价值。

6.1 生态服务价值与变化趋势

6.1.1 湿地物质生产价值

根据辽河口湿地特点，辽河口地区主要农业产品产量见表 6-1。研究主要采用市场价值法得出辽河口地区这些年的农产品总产值，市场价值法适用于没有费用支出，但具有市场价值的环境效应价值核算。通过计算所得湿地物质生产价值如表 6-2 所示。

表 6-1　1986—2004 年辽河口地区主要农业产品产量

表 6-1　1986—2004 年辽河口地区主要农业产品产量

农产品类别	1986 年	1998 年	2000 年	2004 年
粮食（t）	643 804	871 020	778 268	950 991
油料（t）	147	—	119	360
蔬菜（t）	87 974	563 286	741 104	939 735
水果（t）	4 010	12 984	13 772	14 735
大牲畜年底头数（万头）	4.55	2.77	2.22	3.08
肉类（t）	14 845	31 536	48 541	80 171
奶类（t）	2 680	5 559	6 890	13 604
水产品（t）	14 880	150 800	170 234	206 250

表 6-2　1986—2004 年辽河口地区主要农产品产值（亿元）

农产品产值	1986 年	1998 年	2000 年	2004 年
农业	3.98	29.21	29.80	38.71
林业	0.02	0.25	0.24	0.37
牧业	0.78	5.93	6.11	9.56
渔业	0.36	17.99	22.31	27.43
总产值	5.49	53.38	58.46	77.92

从近 20 年辽河口湿地主要农产品产值趋势可看出，近 20 年农产品产值一直处于上升趋势，主要原因有：①科学技术的发展，生产方式的改变，高效肥料及农药的广泛施用。人们不再是之前的刀耕火种，而是采用更先进的生产工具，极大地提高了生产效率，创造出了更大的财富；②人口的增加。开垦了闲置的荒地，将资源充分利用，创造了更多的产值；③管理方式的改变。人们能更合理地利用资源，充分挖掘利用湿地的功能。

6.1.2　大气调节价值

固碳功能是辽河口湿地最重要的大气调节服务功能，课题以野外调查和资料收集为基础，确定了不同湿地植被类型固碳特征（翅碱蓬滩涂 5.84 t/hm²、芦苇 9.23 t/hm²、水稻田 8.24 t/hm²）。并结合光合作用方程得到该地区固定的二氧化碳总量。根据造林成本法（造林成本为 250 CNY/t），得出固碳总价值。参考徐玲玲等（2009）统计辽河口各种类型湿地面积如表 6-3 所示，不同植被固定的有机质量如表 6-4 所示，折合固碳价值如表 6-5 所示。

表 6-3　1986—2004 年辽河口湿地类型构成

湿地类型	面积（km²）			
	1986 年	1998 年	2000 年	2004 年
水体	449.5	185.2	156.0	156.3
沼泽	1 385.1	1 201.7	1 448.9	1 450.7
滩涂	123.1	441.9	148.6	149.1
自然湿地总面积	1 957.7	1 828.8	1 753.5	1 756.1
人工湿地（水田）	1 166.8	1 167.2	1 399.5	1 400.7

表 6-4　1986—2004 年辽河口地区植被固定的有机质量

湿地类型	有机质（t）			
	1986 年	1998 年	2000 年	2004 年
沼泽	1 278 447	1 109 169	1 337 334	1 338 996
滩涂	71 832	258 069	86 782	87 074
人工湿地（水田）	961 443	961 772	1 153 188	1 154 176
总计	2 311 722	2 329 010	2 577 304	2 580 546

表 6-5　1986—2004 年植被固碳价值（亿元）

价值类型	1986 年	1998 年	2000 年	2004 年
折合固碳价值	5.77	5.82	6.44	6.45

温室气体 CH_4 和 N_2O 的排放是河口湿地大气调节价值的负面因素，其中芦苇湿地 CH_4 排放的平均通量为 2.43 g/m^2，N_2O 平均排放通量为 0.13 g/m^2。水稻田 CH_4 的排放通量比南方小，平均日排放通量和生长季节排放通量分别为 0.07 g/m^2 和 7.4 g/m^2；稻田淹水期几乎没有 N_2O 的排放，但是在泡田前和水稻成熟、稻田落干后的非淹水期内却有大量 N_2O 排放，平均排放通量为 0.16 g/m^2。

在对气候变化的经济学分析中提出的 CH_4 和 N_2O 的散放值，来对这两项气体的经济价值进行评估，分别采用了 0.11 USD/kg 和 2.94 USD/kg，将上述排放通量和这两个指标相乘，并转化为人民币，得到这两项气体排放造成的经济损失。

结合辽河口湿地类型构成表计算 CH_4 和 N_2O 排放量，结果如表 6-6 所示，折合为经济损失见表 6-7，计算辽河口地区大气调节总价值见表 6-8。

表 6-6　1986—2004 年湿地 CH_4 和 N_2O 排放量（t）

排放类型	排放量			
	1986 年	1998 年	2000 年	2004 年
CH_4	12 000.1	11 790.8	14 109.1	13 890.4
N_2O	366.8	343.0	412.4	412.7

表 6-7　1986—2004 年湿地排放 CH_4 和 N_2O 经济损失表（亿元）

价值类型	1986 年	1998 年	2000 年	2004 年
经济损失	0.16	0.16	0.19	0.20

表 6-8　1986—2004 年湿地大气调节总价值（亿元）

价值类型	1986 年	1998 年	2000 年	2004 年
折合固碳价值	5.77	5.82	6.44	6.45
经济损失	0.16	0.16	0.19	0.20
实际调节价值	5.61	5.66	6.25	6.25

从大气调节价值趋势可看出，在 1998—2000 年，大气调节价值上升最明显，是由于人们大量开垦荒地、毁水造田、人工湿地面积扩大速度加快引起的。

6.1.3 水文调节价值评价

湿地涵养水源的价值计算采用影子工程法。影子工程法是修复费用法的一种特殊形式，是假设当环境破坏后，用人工方法建造一新工程来替代原来生态环境系统的功能，然后用建造新工程所需的费用来估计环境破坏造成经济损失的一种计量方法。单位蓄水量的库容以 1988—1991 年全国水库建设投资成本计算，以每年新增投资量除每年新增库容量，计算出每年建设 1 m^3 库容需年投入成本 0.67 元，国内目前这方面研究多采用这一数据。

湿地中水体类型的平均水深为 2.5 m，沼泽、自然湿地以及水田的积水深度按 0.2 m 计算，得出辽河口湿地蓄水量（见表 6-9）。水文调节趋势显示，水体面积急剧缩小，致使湿地汇水能力下降，水文调节价值出现急剧下降的趋势。

表 6-9　1986—2004 年湿地水文调节总价值

统计类别	1986 年	1998 年	2000 年	2004 年
湿地蓄水量（×10^8 m^3）	16.3	9.4	9.6	9.6
折合价值（亿元）	10.9	6.3	6.4	6.4

6.1.4 污染净化价值

盘锦市拥有辽河油田和 10 家以上造纸企业，是该地区污水的主要来源，同时上游河流也会带来大量的污染物质。盘锦地区的苇场每年都利用在生产过程中产生的污水进行灌溉。当用这些污水进行湿地灌溉时，污染物质中部分被降解或者被吸收，湿地也就实现了对污水的净化功能。

灌溉污水主要包括造纸污水、钻井污水和虾蟹田污水。盘锦地区每年运用污水进行灌溉，共分 11 个灌区，灌溉污水总量为 6.1×10^8 t/a，由于对混合污水没有数据来源，因此假设它们以等比例混合计算湿地净化污染物价值。另外，非污水灌溉的苇田同样具有净化功能。还有一些小型造纸厂和虾蟹田，污水直接排放到芦苇湿地中，并不通过泵站，因此盘锦地区苇田总的净化功能价值应该包括所有苇田面积在内的净化功能。本研究计算辽河口湿地净化污染物价值见表 6-10。由于人们近 20 年毁水造田、毁苇造地，致使湿地水体面积缩小、自然湿地面积萎缩、水体对污染物稀释能力下降、纳污苇田面积减少，导致净化污染价值出现逐年下降的趋势。

表 6-10　1986—2004 年湿地净化污染总价值（亿元）

价值类型	1986 年	1998 年	2000 年	2004 年
净化污染价值	2.84	2.65	2.53	2.54

6.1.5 土壤侵蚀控制价值

湿地的侵蚀控制功能主要体现在两个方面：一是减少了水土流失保护土壤；二是减少了

水土流失造成的土壤肥力损失。首先求得辽河口湿地减少土壤侵蚀的总量。其计算公式为式（6-1）：

$$V = S \times P_i \times \frac{1}{r} \times \frac{1}{h} \times m \qquad (6-1)$$

式中：V 为物质产品价值；S 为湿地面积；P_i 为第 i 类物质市场价格；r 为土壤容重；h 为土壤表层平均厚度；m 为土壤侵蚀差异量。用湿地区与湿地破坏区的土壤侵蚀差异平均值乘以湿地面积，即得辽河口湿地减少侵蚀差异总量。

根据周晓峰和蒋敏元（1999）关于森林地与无林地土壤侵蚀量差异的研究，无森林地较有林地每年侵蚀量大约差 36.85 t/hm²。湿地减少土壤侵蚀总量为湿地面积×侵蚀差异量÷土壤容重。保护土壤的价值用土地废弃的机会价值来代替，即认为湿地完全破坏后这些土地将退化乃至废弃。辽河口湿地土壤表层平均厚度为 0.3 m，因此，年废弃土地面积为年减少土壤侵蚀总量÷土壤表土平均厚度。减少土壤侵蚀价值为相当的废弃土地面积×土地交易价格。湿地减少土壤养分流失的价值公式为：

$$V = f \times S \times P_i \times m \qquad (6-2)$$

式中：V 为物质产品价值；f 为土壤中的氮、磷、钾含量；S 为湿地面积；P_i 为第 i 类物质市场价格；m 为土壤侵蚀差异量。

用土壤中氮、磷、钾养分的价值代替。实际调查中，辽河口湿地土壤的全氮、磷、钾含量为：全氮含量为 0.56~1.16 g/kg，全磷含量 0.36~0.54 g/kg，全钾含量为 21.80~22.90 g/kg，化肥的平均价格为 2 400 CNY/t。减少土壤肥力流失价值为每年废弃土地面积×土壤层厚度×土壤容重×单位质量土壤中氮、磷、钾养分总含量×氮、磷、钾化肥平均价格。辽河口湿地侵蚀控制价值为减少土壤侵蚀价值与土壤肥力流失价值的和。计算出辽河口湿地侵蚀控制价值如表 6-11 所示。从侵蚀控制趋势可以看出，湿地侵蚀控制呈现出逐年下降的趋势。主要是由于自然湿地面积较少、滩涂开发面积扩大，导致湿地土壤侵蚀现象严重，出现肥力流失、湿地土壤质量下降，对湿地的健康产生重大危害。

表6-11　1986—2004 年湿地侵蚀土壤控制总价值（亿元）

价值类型	1986 年	1998 年	2000 年	2004 年
减少土壤侵蚀	0.15	0.14	0.13	0.13
减少肥力流失	4.3	4.0	3.87	3.87
侵蚀控制价值	4.45	4.14	4.00	4.00

6.1.6　湿地公益服务价值

采用 Costanza 等（1997）的研究成果，即采用全球湿地生态系统中单位面积上的湿地功能和自然资本价值来推算，其价值公式为

$$V = 8.3 \times S \times Q_i \qquad (6-3)$$

式中：V 为物质产品价值；S 为湿地面积；Q_i 为第 i 类物质单位面积价值。

6.1.6.1　科研文化价值

辽河口湿地内文物古迹众多、年代久远，属红山文化，包括烽火台、古边道、古碑、墓

葬等，这些文物古迹 80%在稻田里。盘山县革命烈士公墓、明代的镇武堡遗址、辽金时代的北沙岗遗址、明代的大堡子城遗址这 4 处属市级文物保护单位。辽河口湿地岸滩的淤进演变过程就是辽河三角洲乃至下辽河平原形成过程的缩影，这一岸滩类型在全国具有广泛的代表性。湿地植被由低到高、红绿分明的带状植物分布是我国沿海少见的，具有极高的观赏价值和重要的科研价值。同时，该区又是我国海域的"北极"，受地理位置与气候影响，冬季冰情最为典型，冰期长达 130 d 左右，固定冰宽可超过 16 km，最大冰厚 60 cm，流冰范围50~60 km，河口湾海域几乎全部被海冰所覆盖，因此，是从事海冰研究的重要基地。

由于科研文化价值是一种潜在的服务价值，不会随着时间的推移而改变，本研究对近 20 年辽河口湿地科研文化价值采用固定的价值进行了计算。辽河口湿地科研文化价值为湿地面积×单位面积价值×8.3 = 302 200×881×8.3 = 2.21×10^{9}元。

6.1.6.2　旅游价值评价

旅游价值的计算方法采用费用支出法。①旅行费用支出：自双台河口自然保护区建成以来，特别是在被发现是国家级保护珍禽黑嘴鸥的栖息地以来，吸引了大量的游客及国外的鸟类科学研究者。国外的旅游者多来自日本和澳大利亚，主要费用用于交通、住宿、饮食和门票。将上述各项汇总，得到游客的旅游费用。②旅游时间价值：由于进行旅游活动而不能正常工作损失的价值也是对旅游收入的一部分。③其他花费：这部分花费主要用于购买旅游宣传资料、纪念品、摄影等方面。

6.1.6.3　栖息地价值

辽河口湿地于 1988 年建立了国家级自然保护区"辽宁双台河口国家级自然保护区"，主要目的是保护丹顶鹤等珍稀水禽及赖以生存的湿地生态环境。法定面积为 8×10^4 hm^2，主要包括芦苇、滩涂和少量的灌丛；保护区内分布有 40 余种国家和国际重点保护物种。保护区内鸟类共有 236 种，其中水禽 100 种，在所有的鸟类中，国家一级保护鸟类 4 种，二级 28 种，有《中日候鸟保护协定》规定保护鸟类 145 种，《中澳候鸟保护协定》规定保护鸟类 46 种。

计算栖息地价值的计算方法采用替代法（根据保护区的直接投资和湿地国际提供的保护建设费用两个方面进行替代）。湿地的栖息地价值也是一种潜在的固定价值，本研究中对近 20 年湿地总价值变化采用固定的价值来体现湿地的栖息地方面。双台河口自然保护区的基本建设始于 1991 年，到 1996 年共投资 392.58 万元，一期工程各项的基本建设全部竣工，使保护区初见规模。但就目前保护区的工作来看，有些方面还有待于进一步完善和提高，如减少对野生动物栖息地的干扰，修复退化的芦苇湿地和滩涂生境，补充种源，增加种群数量，为野生动物提供更好的生存、栖息、繁衍的环境等。保护区 2000—2010 年总投资 2 724.3 万元，其中保护规划占总投资的 51.25%，共计 1 396.2 万元；科研监测工程投资 218.9 万元，占总投资的 8.04%；宣传教育培训工程投资 406.2 万元，占总投资的 14.91%；生态旅游工程投资 274 万元，其他方面投资 8.59 万元。在一期工程的 392.58 万元中，并没有具体用于各方面的统计，从开展的工作来看，用于旅游和宣传方面的投资很少，多用于保护和科研。假设有 70%的投资用于保护，20%用于科研，科研的开展不但能为基础研究提供依据，提高人类对自然的利用效率，同时也对物种的保护起到积极作用。科研经费中有 50%用于物种及其栖息地的保护。宣传教育投资主要目的是促进旅游的发展，但同时也会提高公众对保护野生动物的认识，这方面带来的间接保护价值约占总宣传投资的 20%，因此根据替代法得到提供栖息地价值为 1 900.1 万元。

根据湿地国际提供的指标，运用替代法，得到的结果如表 6-12 所示。

表 6-12　不同保护级别效益指标

级别	面积（km²）	珍稀物种（种）	设施与机构控制成本（USD）	权变估值法（USD）
1	$>1\times10^5$	>10	$>1\times10^8$	$>1\times10^8$
2	$>1\times10^4$	>8	$>1\times10^7$	$>1\times10^7$
3	$>1\times10^3$	>4	$>1\times10^6$	$>1\times10^6$
4	$>1\times10^2$	>2	$>1\times10^5$	$>1\times10^5$
5	$<1\times10^2$	<2	$<1\times10^5$	$<1\times10^5$

双台河口自然保护区的面积为 800 km²，保护的主要珍稀物种为丹顶鹤、白鹤、白鹳和黑嘴鸥，保护区的级别应处在 3 级和 4 级之间，那么设施与机构成本应在 10 万~100 万元之间，根据面积比例，取 8 万元为保护区的设施与机构成本，约合人民币 689 万元。根据替代法得到的栖息地价值为 2 589.1 万元。而 Costanza 等（1997）对全球生态系统评估时得到的湿地作为避难所的价值 304 USD/hm²，如果按照这一数据，辽河口湿地作为栖息地功能价值就为 2.1 亿元人民币。由此可见，这方面的偏差较大。由于栖息地的价值评估大都采用 CVM 方法，因此主观因素对评价结构影响较大，在恩格尔系数较低的发达国家，人们对自然的关注程度较高，对各种温饱之外的支付就较多。本研究中的结果是根据保护区的规划来估算的，是建立在我国对保护区的重视程度和支付能力的基础之上的，因此，会导致低于世界平均水平。

6.1.7　湿地生态价值变化趋势

辽河口湿地总价值为湿地物质生产价值、大气调节、净化污染物、水文调节、土壤侵蚀、栖息地、观光旅游和科研价值之和。分析这 20 年辽河口湿地生态服务价值（表 6-13），从表中可以看出，虽然总价值呈现逐年上升趋势，但其中包含的生态问题却亟须引起人们的注意。

表 6-13　1986—2004 年辽河口湿地生态服务价值（亿元）

价值类型	1986 年	1998 年	2000 年	2004 年
湿地总价值	31.8	74.8	80.6	100.5

（1）在辽河口湿地各项价值中，物质生产价值、大气调节价值、旅游价值都逐渐上升，但是水文调节价值、净化污染价值、侵蚀控制价值都出现了逐年下降的趋势。

（2）物质生产价值是湿地潜在生产能力的体现。随着科学技术的发展、生产方式的改变，人们能更充分地利用湿地的资源，发挥湿地的物质生产功能。大气调节价值增长趋势是人们改变湿地的类型、片面地追求经济利益的增长才出现的。

（3）水文调节价值、净化污染价值、侵蚀控制价值是湿地重要的生态服务价值。对湿地的健康有着举足轻重的影响。在近 20 年中，三项服务功能均出现了连续下降的趋势，这意味着湿地的健康已经出现了危机，生态系统不再平衡，湿地功能弱化，湿地生态系统有向退化演变的趋势，亟待引起人们的注意。

（4）湿地科研价值和栖息地价值在湿地生态服务总价值动态变化的过程中采用了固定值的计算，对湿地生态服务总价值趋势的变化有一定的影响，需要深入研究。

6.2 生态功能评估

6.2.1 辽河口湿地污染物净化功能评估

6.2.1.1 污染防治成本法

针对辽河口湿地的特点以及定量指标的可获取性,力求全面地确定评价指标。通过河口湿地进水与出水水质的改变,计算得到各净化指标的去除总量。通过查阅文献和咨询专家确定不同指标的处理成本,计算得到各单一指标的净化价值。对单一指标净化成本进行集合,得到总处理成本,作为净化功能总价值。

(1)水质监测指标体系

为研究辽河口湿地水质的时空变化,从 2009 年 5 月进水到 9 月排水每月均进行水样监测分析,为使数据具有较好的可对比性,每个月的采样点几乎位于相同的 22 个点位,监测指标包括 3 类共 20 项,分别为营养物质类:NH_4^+、NO_2^-、NO_3^-、PO_4^{3-}、DTN、DTP;重金属类:Zn、Cr、Pb、Cu、Cd、Hg、As;有机污染物类:石油类、COD、壬基酚、辛基酚、二氯酚、双酚 A、酚类总浓度。

(2)污染物净化功能评价指标体系

①营养盐类评价指标。利用 SPSS 数理统计模型,对 2008 年 10 月至 2009 年 9 月的 NH_4^+、NO_2^-、NO_3^-、PO_4^{3-}、DTN、DTP 六项指标、共 108 组数据进行相关分析,得到的分析结果见表 6-14。由表中的相关性显示,营养盐类评价指标可以为 PO_4^{3-}、DTN 和 DTP,考虑到 PO_4^{3-} 和 DTP 的包含关系,最终确定营养盐类评价指标为 DTN 和 DTP。

表 6-14 营养盐类指标自相关分析结果

	项目	NH_4^+	NO_2^-	NO_3^-	PO_4^{3-}	DTN	DTP
NH_4^+	Pearson Correlation	1	0.345**	0.0297**	0.279**	0.492**	−0.031
	Sig.(2-tailed)		0.000	0.002	0.003	0.000	0.752
	N	108	108	108	108	108	108
NO_2^-	Pearson Correlation	0.345**	1	0.968**	−0.017	0.796**	−0.107
	Sig.(2-tailed)	0.000		0.000	0.865	0.000	0.271
	N	108	108	108	108	108	108
NO_3^-	Pearson Correlation	0.297**	0.968**	1	−0.066	0.801**	−0.124
	Sig.(2-tailed)	0.002	0.000		0.498	0.000	0.201
	N	108	108	108	108	108	108
PO_4^{3-}	Pearson Correlation	0.279**	−0.017	−0.066	1	−0.165	−0.115
	Sig.(2-tailed)	0.003	0.865	0.498		0.088	0.236
	N	108	108	108	108	108	108
DTN	Pearson Correlation	0.492**	0.796**	0.801**	−0.165	1	−0.027
	Sig.(2-tailed)	0.000	0.000	0.000	0.088		0.783
	N	108	108	108	108	108	108
DTP	Pearson Correlation	−0.031	−0.107	−0.124	−0.115	−0.027	1
	Sig.(2-tailed)	0.752	0.271	0.201	0.236	0.783	
	N	108	108	108	108	108	108

②重金属类评价指标。利用 SPSS 数理统计模型，对 2008 年 10 月至 2009 年 9 月的 Zn、Cr、Pb、Cu、Cd、Hg、As 七项指标、共 136 组数据进行相关分析，得到的分析结果见表 6-15。由表中的相关性显示，除 Hg 以外的其他指标相关性较显著。而由监测结果可知，各指标的监测值较低，同时由于不同重金属指标的单独治理成本很难确定，因此重金属类评价指标为各指标之和。

表 6-15　重金属类指标自相关分析结果

	项目	Zn	Cr	Pb	Cu	Cd	Hg	As
Zn	Pearson Correlation	1	0.981**	0.995**	0.419**	0.819**	−0.025	0.472**
	Sig.（2−tailed）		0.000	0.000	0.000	0.000	0.769	0.000
	N	136	136	128	136	136	136	136
Cr	Pearson Correlation	0.981**	1	0.981**	0.463**	0.736**	−0.039	0.524**
	Sig.（2−tailed）	0.000		0.000	0.000	0.000	0.652	0.000
	N	136	136	128	136	136	136	136
Pb	Pearson Correlation	0.995**	0.981**	1	0.485**	0.801**	−0.038	0.502**
	Sig.（2−tailed）	0.000	0.000		0.000	0.000	0.670	0.000
	N	128	128	128	128	128	128	128
Cu	Pearson Correlation	0.419**	0.463**	0.485**	1	0.242**	−0.229**	0.470**
	Sig.（2−tailed）	0.000	0.000	0.000		0.004	0.007	0.000
	N	136	136	128	136	136	136	136
Cd	Pearson Correlation	0.819**	0.736**	0.801**	0.242**	1	−0.007	0.151
	Sig.（2−tailed）	0.000	0.000	0.000	0.004		0.940	0.080
	N	136	136	136	136	136	136	136
Hg	Pearson Correlation	−0.025	−0.039	−0.038	−0.229**	−0.007	1	−0.042
	Sig.（2−tailed）	0.769	0.652	0.670	0.007	0.940		0.629
	N	136	136	128	136	136	136	136
As	Pearson Correlation	0.472**	0.524**	0.502**	0.470**	0.151	−0.042	1
	Sig.（2−tailed）	0.000	0.000	0.000	0.000	0.080	0.629	
	N	136	128	128	136	136	136	136

③有机污染物类评价指标。利用 SPSS 数理统计模型，对 2008 年 10 月至 2009 年 9 月的石油类和 COD 两项指标共 108 组数据进行相关分析，得到的分析结果见表 6-16。由表中的相关性显示，石油类和 COD 之间的相关性不显著，因此均选定为有机污染类评价指标，而二者分别为辽河口湿地的特征污染物和控制污染物，符合指标选取原则的要求。

表 6-16　石油类和 COD 自相关分析结果

	项目	石油类	COD
石油类	Pearson Correlation	1	−0.148
	Sig.（2−tailed）		0.127
	N	107	107
COD	Pearson Correlation	−0.148	1
	Sig.（2−tailed）	0.127	
	N	107	107

综上所述，辽河口湿地污染物净化功能评价指标选定为 DTN、DTP、重金属、石油类和 COD 共 5 项。

（3）计算过程及结果

利用污染防治成本法计算辽河口湿地的污染物净化功能价值时，须利用式（6-4）进行计算，具体为：

$$V = \sum_{i=1}^{n} A_i \cdot R_i \tag{6-4}$$

式中：V 为污染物净化功能总价值，CNY/a；A_i 为第 i 种污染物的单位处理成本，CNY/kg，通过查阅文献和咨询专家确定，具体见表 6-24；R_i 为第 i 种污染物的处理量，kg，根据式（6-5）进行计算。

$$R = Q_{in} \times C_{in} - Q_{out} \times C_{out} \tag{6-5}$$

式中：Q_{in} 为进水量，m^3/a；本研究区域 5 月为进水期，进水量为 $7.29 \times 10^6 \ m^3/a$；C_{in} 为污染物进水实测浓度，mg/L；Q_{out} 为出水量，m^3/a；本研究区域 9 月为出水期，出水量为 $1.80 \times 10^6 \ m^3/a$；C_{out} 为污染物出水实测浓度，mg/L，具体见表 6-17。

表 6-17　2009 年辽河口湿地水质监测结果　　　　　　　单位：mg/L

评价因子	进水浓度	出水浓度
DTN	6.225	0.401
DTP	0.121	0.101
重金属	9.925	20.543
石油类	1.730	0.205
COD	28.700	43.854

由表 6-18 可知，辽河口湿地的污染物净化功能总价值，即处理污水中各污染指标的总处理成本为 706 087 CNY/a，而研究区面积大小为 695 hm^2，经计算，辽河口湿地单位面积的净污价值为 1 016 CNY/（a·hm^2）。

表 6-18　辽河口湿地各污染指标处理成本

污染因子	DTN	DTP	重金属	石油类	COD
单位处理成本（CNY/kg）	1.5	2.5	2.5	2.8	3.95
污染物处理量（kg）	44 658	700	35 376	12 243	130 286
处理成本（CNY/a）	66 987	1 750	88 440	34 280	514 630

6.2.1.2　模糊数学法计算结果

所谓模糊数学法，就是应用模糊变换原理和最大隶属度原则，考虑与评价事物相关的事物的各个因素对其所作的综合评价（尹发能，2004）。用于计算湿地的净化功能时通常是根据灌溉污水中各污染物质浓度变化和国家水质评价标准，将各因子进行模糊评价，得到各因子的评价向量，结合人口、用水量、国民收入的评价向量，确定权重系数，得出灌溉前后由于水中污染物质浓度变化产生的价格之差，结合净化水量，得出净化价值。

（1）建立评价空间，确定评价因子与评价集

根据研究区域特征污染物为石油类，控制污染物为 COD，参考《地表水环境质量标准》中的水质指标，同时考虑到应用模糊数学法计算时为避免权重过小而评价因子不宜选择过多的要求，最终确定 DTN、DTN、Hg、石油类和 COD 五个污染因子作为评价指标，其在进水期与出水期的监测结果见表 6-19。

表 6-19　辽河口湿地水质监测结果　　　　　　　　　　单位：mg/L

评价因子	DTN	DTP	Hg	石油类	COD
进水浓度	6.225	0.121	0.000 05	1.730	28.700
出水浓度	0.401	0.101	0.000 074	0.205	43.854

以《地表水环境质量标准》（GB3838—2002）中 5 个指标 5 个等级的标准限值建立评价集，标准值见表 6-20。

表 6-20　地表水环境质量标准值　　　　　　　　　　单位：mg/L

项目	I	II	III	IV	V
TN	0.2	0.5	1.0	1.5	2.0
TP	0.02	0.1	0.2	0.3	0.4
Hg	0.000 05	0.000 05	0.000 1	0.001	0.001
石油类	0.05	0.05	0.05	0.5	1.0
COD	15	15	20	30	40

注：计算过程中 DTN、DTP 的标准值由 TN、TP 的标准值予以代替。

（2）确定各项因子的隶属度

隶属函数是各项水质指标模糊评价的依据，各单项指标的评价又是多因素模糊综合评价的基础，因此确定各因素对各级的隶属函数是问题的关键。求隶属函数的方法很多，包括中值法以及按函数分布形态曲线求隶属函数等。其中较为成熟的是用"降半梯形分布图"确定某种元素的隶属函数。本研究即采用此种方法来确定各个元素的隶属函数。

设 R 是 U 到 V 上的一模糊关系，r_{nm} 代表第 n 个因子对第 m 级程度的大小，即第 n 个因子对第 m 级标准的隶属度。

当 $j=1$ 时，即第一级隶属函数式为：

$$r_{i1} = \begin{cases} 1 & x_i \leqslant a_1 \\ (a_2 - x_1)/(a_2 - a_1) & a_1 < x_i < a_2 \\ 0 & x_i \geqslant a_1 \end{cases}$$

当 $j=2$ 时，即第二级隶属函数式为：

$$r_{i2} = \begin{cases} (x_1 - a_1)/(a_2 - a_1) & a_1 < x_i < a_2 \\ (a_5 - x_1)/(a_5 - a_2) & a_2 < x_i < a_3 \\ 0 & x_i \leqslant a_1 \text{ 或 } x_i \geqslant a_3 \end{cases}$$

当 $j=3$ 时，即第三级隶属函数式为：

$$r_{i3} = \begin{cases} (x_1 - a_2)/(a_5 - a_2) & a_2 < x_i < a_3 \\ (a_4 - x_1)/(a_4 - a_5) & a_3 < x_i < a_4 \\ 0 & x_i \leqslant a_2 \text{ 或 } x_i \geqslant a_4 \end{cases}$$

当 $j=4$ 时，即第四级隶属函数式为：

$$r_{i4} = \begin{cases} (x_1 - a_5)/(a_4 - a_5) & a_3 < x_i < a_4 \\ (a_5 - x_1)/(a_5 - a_4) & a_4 < x_i < a_5 \\ 0 & x_i \leqslant a_3 \text{ 或 } x_i \geqslant a_5 \end{cases}$$

当 $j=5$ 时，即第五级隶属函数式为：

$$r_{i5} = \begin{cases} 0 & x_i \leqslant a_4 \\ (x_1 - a_4)/(a_5 - a_4) & a_4 < x_i < a_5 \\ 1 & x_i \geqslant a_5 \end{cases}$$

式中：x_i 为第 i 种因素的实际测定浓度值；r_{ij} 为第 i 种因素对第 j 级的隶属度；a_1、a_2、a_3、a_4、a_5 为第 I 级、第 II 级、第 III 级、第 IV 级、第 V 级水环境质量分级标准。

通过以上的隶属函数式及各项因子的实际监测浓度可以分别计算得到进水期（5 月）与出水期（9 月）的模糊矩阵 R，其结果为：

$$R (5月) = \begin{pmatrix} 0 & 0 & 0 & 0 & 1 \\ 0 & 0.79 & 0.21 & 0 & 0 \\ 0 & 0 & 0.92 & 0.08 & 0 \\ 0 & 0 & 0 & 0 & 1 \\ 0 & 0 & 0.13 & 0.87 & 0 \end{pmatrix}$$

$$R (9月) = \begin{pmatrix} 0.33 & 0.67 & 0 & 0 & 0 \\ 0 & 0.99 & 0.01 & 0 & 0 \\ 0 & 0.52 & 0.48 & 0 & 0 \\ 0 & 0 & 0.66 & 0.34 & 0 \\ 0 & 0 & 0 & 0 & 1 \end{pmatrix}$$

（3）建立评价因子的权重矩阵

评价指标中各指标对评价结果的影响程度有所不同，因此有必要确定各指标的权重。在水环境评价中所常用的方法是，按照各评判因子超标情况进行加权，超标越多，权重值越大。权重值计算公式为：

$$W_i = \frac{C_i}{S_i} \tag{6-6}$$

式中：W_i 为第 i 种污染物的权重；C_i 为第 i 种污染物的实测值，mg/L；S_i 为第 i 种污染物各级水环境质量标准值的算术平均值，mg/L。

为进行模糊运算，各单项权重必须进行归一化运算，公式为：

$$a_i = \frac{C_i/S_i}{\sum\limits_{i=1}^{m} C_i/S_i} = \frac{W_i}{\sum\limits_{i=1}^{m} W_i} \tag{6-7}$$

$$\sum\limits_{i=1}^{m} ai = 1 \tag{6-8}$$

式中：$m=1$，2，3，4，5；$n=1$，2，3，4，5。

由以上计算公式可得权重计算结果，具体数据见表6-21。

表6-21 辽河口湿地各评价因子权重计算结果

项目		DTN	DTP	Hg	石油类	COD
C_i	进水（5月）	6.225	0.121	0.000 171	1.730	28.700
（mg/L）	出水（9月）	0.401	0.101	0.000 074	0.205	43.854
S_i（mg/L）	标准值	1.040	0.204	0.000 440	0.330	24.000
W_i	进水（5月）	5.99	0.59	0.39	5.24	1.20
	出水（9月）	0.39	0.50	0.17	0.62	1.83
a_i	进水（5月）	0.45	0.04	0.03	0.39	0.09
	出水（9月）	0.11	0.14	0.05	0.18	0.52

进水期（5月）与出水期（9月）的归一化权重分配矩阵 A 分别为：

$$A（5月）=（0.45 \quad 0.04 \quad 0.03 \quad 0.39 \quad 0.09）$$
$$A（9月）=（0.11 \quad 0.14 \quad 0.05 \quad 0.18 \quad 0.52）$$

（4）模糊综合评判结果

在已建立的两个模糊矩阵 R 和 A 的基础上，对于 R 和 A 进行复合运算，即 $B=A\times R$，计算得到模糊综合评判的结果，并且 $\sum_{j=1}^{5} b_j = 1$，具体为

$$B（5月）=（0, 0.03, 0.05, 0.08, 0.84）$$
$$B（9月）=（0.04, 0.24, 0.14, 0.06, 0.52）$$

根据最大隶属度原则，选择 $\max(b_j)_{1\times5}$ 作为对河口湿地水环境质量评价的评判依据。由以上矩阵可以看出，5月的 $\max(b_j)_{1\times5}$ 为0.84，9月份的 $\max(b_j)_{1\times5}$ 为0.52，而 $\max(b_j)_{1\times5}$ 值越大，则表示水环境质量越差。因此可以看出，出水与进水相比水质有了明显的改善。

（5）水资源价格的计算

水资源价值综合评价 B 是个无量纲的向量，必须通过与水资源价格向量 S 进行复合运算才能转化为水资源价格。根据盘锦市生活用水的水价，选取2.50 CNY/t 作为水价上限，将其进行等差间隔，得到水资源向量 S 为：（2.50，1.875，1.25，0.625，0）。

通过 B 与水资源价格向量 S 进行复合运算得到辽河口湿地进水与出水的水资源价格分别为0.169 CNY/t 和0.763 CNY/t，进水和出水的差就是污染物净化功能的价值，即0.594 CNY/t。

（6）计算结果

综上所述，辽河口湿地处理水量即进水量为 7.29×10^6 m³/t，处理单位污水产生的价值为0.594 CNY/t，因此净化功能总价值为4 330 260 CNY/a。研究区域面积为695 hm²，则单位面积净化功能价值是6 230 CNY/（a·hm²）。

6.2.1.3 影子工程法计算结果

影子工程法是指假设当环境破坏后，以人工建造一个新工程来替代原来生态系统的功能或原来被破坏的生态功能的费用，然后用建造新工程所需的费用来估算环境破坏（或污染）造成的损失的一种方法。其优点是可以将难以直接估算的生态价值用替代工程表示出来，缺点是替代工程非唯一性，替代工程时间、空间差异较大。张培（2008）用于计算湿地的净化

功能价值时，选取城市生活污水处理厂作为其替代工程，计算其处理同等规模废水的成本作为净化污水所产生的价值。通过查阅文献，目前单位污水处理成本为 0.5 CNY/t，辽河口湿地处理水量为 7.29×10^6 m³/a，因此计算得到净污功能总价值为 3 645 000 CNY/a，研究区域面积为 695 hm²，计算得到单位面积的净污价值为 5 245 CNY/（a·hm²）。

6.2.1.4 Costanza 成果参照法计算结果

Costanza 等（1997）在 Nature 上发表文章，对全球主要类型的生态系统服务功能的价值进行了评估，揭开了生态系统服务功能价值研究的序幕。文中不仅归纳出 16 类生态系统的 17 项生态系统主要服务功能，还对于每一项服务功能给出了具体的服务价值，其中包括废物处理功能。文中将废物处理定义为流动养分的补充、去除或破坏次生养分和成分，并且将湿地划分为湖藻湿地和沼泽湿地。本研究即为参照 Costanza 的研究成果，来进行数据的比较与分析。此外还对全球生态系统服务及其自然资本的价值进行了评估，因其评估结果远远超出人们预期，从而引发广泛关注，在世界范围内引起轰动，生态学家和经济学家开始重新定义和关注生态系统的功能价值，并由此掀起了生态系统服务功能研究的热潮，具体见表6-22。由表可见，单位面积湿地的降解污染价值为 4 177 USD/（a·hm²）。

表 6-22 **Costanza 湿地生态系统服务功能价值** 单位：USD/（a·hm²）

湿地服务功能	价值
大气调节	133
干扰调节	4 539
水分调节	15
水资源供给	3 800
废物处理	4 177
避难所	304
食物生产	256
原材料	106
娱乐	574
科研文化	881
总价值	14 785

6.2.1.5 谢高地成果参照法

谢高地等（2001）指出，由于生态系统和生态系统服务类型的空间分布异质性，全球的估计是从点上的估计推算全球总价值的，这就不可避免地产生了较大的误差，因此，需要在区域尺度上进行更为精细的估算。最终，谢高地等学者通过对 600 多位中国具有生态学知识背景的专家进行 5 年调查，形成了一个基于专家知识的生态系统服务价值单价体系，其调查结果为被调查对象对生态服务效用的一个个人偏好价值的表达（谢高地等，2008）。

针对 Costanza 等从经济学的角度研究生态系统服务的经济价值，中国学者谢高地等根据计量经济学理论，构建了一个生态服务生产—消费—价值化的理论分析基础和方法框架，在此基础上提出了中国生态系统单位面积生态服务功能价值，其中关于湿地各级服务的数据见表 6-23。由表可见，谢高地成果参照法下辽河口湿地的单位面积净污价值为 6 467 CNY/ $(a \cdot hm^2)$。

表 6-23　中国湿地生态系统单位面积生态服务价值

单位：CNY/ $(a \cdot hm^2)$

一级类型	二级类型	服务价值
供给服务	食品生产	161.68
	原材料生产	107.78
调节服务	气体调节	1 082.33
	气候调节	6 085.31
	水文调节	6 035.90
	废物处理	6 467.04
支持服务	保持土壤	893.71
	维持生物多样性	1 657.18
文化服务	提供美学景观	2 106.28
合计		24 597.21

不同计算方法所得到的结果相差较大。其中，以全球范围为研究尺度的 Costanza 成果参照法所得到的数值最大，为 2.66×10^6 CNY/ $(a \cdot km^2)$，污染防治成本法的计算结果最小，为 1.02×10^5 CNY/ $(a \cdot km^2)$，其他三种方法的计算结果较为接近。具体见表 6-24。

表 6-24　不同方法计算结果比较　　单位：$\times 10^5$ CNY/ $(a \cdot km^2)$

计算方法	计算结果
污染防治成本法	1.02
模糊数学法	6.23
影子工程法	5.25
Costanza 成果参照法	26.61
谢高地成果参照法	6.47

Costanza 成果参照法评估的是全球湿地的平均价值，针对性不强，因此对于地域性较强的辽河口湿地来讲适用性不强，并且其评价值偏高，在此予以剔除。辽河口湿地净化功能价值为 $1.02 \times 10^5 \sim 6.47 \times 10^5$ CNY/ $(a \cdot km^2)$。

不同学者应用不同的计算方法估算出了我国部分湿地的生态系统服务价值与净化功能价值，其评估结果见表 6-25。

表 6-25　湿地生态服务功能与净化功能价值评估结果

序号	湿地名称	生态系统服务功能总价值（CNY/a）	净化功能价值（CNY/a）	单位面积净化功能价值 CNY/（a·km²）	净化功能价值估算方法
1	洞庭湖湿地		5.78×10^8	1.47×10^5	支出费用成本法
2	东江湖湿地	1.09×10^{10}	5.65×10^8	2.66×10^6	Costanza 计算法
3	洪泽湖湿地	5.12×10^9	2.50×10^8	1.07×10^6	$V = N \cdot a \cdot b1 + P \cdot a \cdot b2$ *
4	衡水湖湿地	1.52×10^8	1.80×10^6	2.40×10^4	单位污水处理成本×处理水量
5	太湖湿地	1.12×10^7	—	—	模糊数学法，生产成本法
6	博斯腾湖湿地	7.82×10^9	2.35×10^8	1.55×10^5	替代成本法
7	银川湖泊湿地	1.33×10^9	3.02×10^6	1.52×10^4	价格替代法
8	白洋淀湿地	2.17×10^{11}	0.38×10^8	1.22×10^5	影子工程法
9	海河流域湿地	3.52×10^9	1.61×10^8	2.66×10^6	Costanza 计算法
10	黄河三角洲湿地	176.08	3.99×10^9	1.61×10^6	成果参数法（谢高地成果参照法）
11	长江口湿地	40.0×10^8	3.41×10^8	1.59×10^5	生产成本法，专家评估法
12	长江河口湿地	$7.57 \times 10^{10} \sim$ 3.02×10^{11}	$7.45 \times 10^{10} \sim$ 2.98×10^{11}	$1.55 \times 10^5 \sim$ 6.21×10^5	影子价格法
13	南大港湿地	2.63×10^8	0.048×10^8	—	替代费用法
14	新洋港湿地	1.49×10^6	6.67×10^6	1.12×10^5	模糊数学法
15	辽宁省滨海湿地	1.16×10^{11}	6.90×10^8	3.20×10^3	污染防治成本法
16	莫莫格湿地	5.15×10^{10}	2.03×10^{10}	2.66×10^6	Costanza 计算法
17	西溪湿地	5.24×10^8	3.40×10^7	2.66×10^6	Robert Costanza 计算法
18	湛江红树林湿地	2.07×10^9	2.53×10^8	2.66×10^4	Costanza 计算法
19	海兴湿地	2.06×10^8	0.048×10^8	286	替代费用法
20	武汉市湿地	3.70×10^{11}	1.16×10^{10}	2.66×10^6	生态价值法
21	厦门湿地	1.36×10^{10}	6.65×10^9	2.60×10^7	单位污水处理价格×处理水量
22	盘锦地区湿地	6.21×10^9	1.08×10^8	1.36×10^5	模糊数学法
23	山东省七市地主要湿地	6.36×10^{10}	5×10^8	3.13×10^5	污染防治成本法
24	辽宁省湿地	7.42×10^{10}	4.95×10^8	4.06×10^4	污染防治成本法
25	辽宁省湿地	7.52×10^{10}	1.00×10^{10}	—	替代花费法

* 注：V 为湿地的污染净化价值；N 为湿地单位面积平均氮的去除率；P 为单位面积平均磷的去除率；$b1$、$b2$ 分别为氮和磷的处理成本；a 为湿地面积；—表示未给出。

根据已有研究成果中的单位面积净化功能价值，如果忽略各方法之间的差异，以 $1×10^5$ 和 $1×10^6$ 作为湿地净化功能价值评估等级的划分界限，可见大部分湿地是介于 $1×10^5$ 和 $1×10^6$ 之间的，辽河口湿地净化功能价值介于 $1.02×10^5～6.47×10^5$ CNY/（a·km²）之间，也属于这一区间，处于国内湿地净化功能的平均水平，具体见表6-26。

表 6-26　湿地净化功能价值结果分类

净化功能价值结果分类	湿地数量（个）
$>1×10^6$	3
$1×10^5～1×10^6$	13
$<1×10^5$	6

6.2.1.6　不同评估方法的比较

从以上数据结果可以看出，模糊数学法、谢高地成果参照法以及影子工程法的计算结果较为接近，以全球范围为研究尺度的 Costanza 成果参照法所得到的数据明显偏大，而以污染防治成本法得到的计算结果则较小。

（1）由计算结果可以看出，污染防治成本法的结果较小，分析其原因，主要是因为该方法不是将污水看作一个整体进行运算，而是将各个污染组分从中分离，分别计算其污染成本，这就在计算中受组分选取是否全面的影响较大。若因子计算不全面，就会使结果偏小；但同时它又可以精确反映各项组分具体的成本值，从较微观的角度体现水环境的污染情况，可以辨别出具体污染影响较大的组分，从而为水污染的防治指明更为具体的方向。

（2）由近几年的研究成果可以看出，很多文献已经将模糊数学法引入到了湿地水质的评价中，因为这种方法可以较好地体现水质好坏的模糊性，在综合考虑了多种因素后，利用隶属度来描述水质的分级界限。中间的计算过程可能会过于复杂，但是可以利用一些计算机软件技术进行运算，从而能够大大减少工作量，为处理和分析大量的水质样本提供了方便。权重的选取简单客观，同时也肯定了污染物超标大者其权重亦大的思想。计算过程中所采用的加权平均型，在因素集很多的情况下，可以避免信息的丢失。因此，可以认为本方法计算所得的结果较为准确。但是同时，在辛琨等的研究中也指出，在采取模糊数学法的方法评估净污价值时，是根据实际已经实现的净化功能进行估算，可能忽略了潜在的净化功能，导致估算结果偏小。但是目前文献中在探讨净污价值时，一般都未考虑潜在价值。因此，模糊数学评判法是一种较为可行、准确和简便的计算评价方法。

（3）由计算结果可得出，影子工程法的结果较为接近模糊数学法的结果，这种方法也是目前使用较多的一种。该方法将污水看作整体，不考虑特定污染物的处理成本，从而得出的计算值，该方法在城市污水处理计算成本过程中使用较多。

（4）由于 Costanza 的研究成果是在全球范围尺度上进行考虑的，因而其偏差最大，并且 Costanza 成果参照法考虑了生态系统的潜力值，其结果要远远超出其他方法下计算的结果，故在最后的计算中，将该结果舍去。但是，该数据依然具有一定的参考价值，也为今后中国湿地生态系统价值的研究提供了一个很好的对照值。

（5）谢高地的研究结果是针对中国生态系统价值所确定的，因而具有很好的参考价值，由结果也可看出，该参照值与模糊数学法的计算结果较为接近；但是，在针对具体某个湿地的评价研究时，依然存在尺度过大、数据不够精确的问题。因此，在一般的评价研究中，最好不要直接引用该数据，而是通过具体的数学统计计算得到结果；若在实验数据的可获得性或具体计算上存在问题，那么，谢高地的研究成果具有一定的参考价值。

综上所述，各种方法都有其不一样的特点与不足，在实际应用中，要视具体情况而定，以研究重点为准，根据各种方法的特点，选取适当、可行的方法进行评价研究。

根据以上结果，对 5 种方法进行了比较与总结，在此提出，以模糊数学法作为最合适的评价方法，即得出结论：辽河口湿地的净化能力价值为 $6.23×10^5$ CNY/（a·km^2）。

6.2.2 辽河口退化芦苇湿地净化能力评估

辽河口芦苇湿地修复区的芦苇生物量在 2008 年、2009 年、2010 年分别为 $3.24×10^5$ mg/m^2、$3.94×10^5$ mg/m^2 和 $5.47×10^5$ mg/m^2，随着修复的进行，生物量有明显的上升，上升幅度为 $2.23×10^5$ mg/m^2，而生长良好的芦苇湿地生物量为 $1.15×10^6$ mg/m^2（2008 年 10 月），则退化芦苇湿地生态修复区 3 年的生物量分别占净化区生物量的 28.2%、34.3% 和 47.7%，期间上升了 19.2%。

芦苇净化氮、磷的能力占到总净化能力的 90.4% 和 85.6%，而剩余的 9.6% 和 14.4% 由湿地的自然净化能力承担。随着芦苇生物量的减少，光照强度会增加，从而促进了光化学的降解作用，但系统的整体净化能力还是趋于下降，在此认为，该部分能力约下降 80%，因此，可以得出，辽河口芦苇湿地对于氮、磷的总体净化能力分别为 92.3% 和 88.5%。对于净化区，根据模糊数学计算法所得出的辽河口湿地的净化能力价值为 $6.23×10^5$ CNY/（a·km^2），其中对于氮、磷的净化价值则分别为 $5.75×10^5$ CNY/（a·km^2） 和 $5.51×10^5$ CNY/（a·km^2）。对于修复区，由于芦苇生物量的不同，推算出在 2008—2010 年间，辽河口湿地的净化能力价值分别为 $1.76×10^5$ CNY/（a·km^2）、$2.14×10^5$ CNY/（a·km^2）和 $2.97×10^5$ CNY/（a·km^2）。辽河口湿地芦苇对于氮、磷的净化价值则为 2008 年 $1.62×10^5$ CNY/（a·km^2） 和 $1.56×10^5$ CNY/（a·km^2）；2009 年 $1.97×10^5$ CNY/（a·km^2） 和 $1.89×10^5$ CNY/（a·km^2）；2010 年 $2.74×10^5$ CNY/（a·km^2） 和 $2.63×10^5$ CNY/（a·km^2）。其中对于氮的净化价值上升了 $1.12×10^5$ CNY/（a·km^2），对于 P 的净化价值上升了 $1.07×10^5$ CNY/（a·km^2）。

虽然修复区的净化价值与生长良好的芦苇湿地相比还有一定的差距，但是可以看出，从修复前的 2008 年到修复中的 2009 年，再到修复之后的 2010 年，辽河口湿地的净化价值是处于不断上升中。这说明，经过修复，辽河口湿地的生态功能正逐步得到恢复和提升。

第7章 河口湿地生态评价方法与管理对策

过去20年，由于高强度的开发利用，导致辽河口湿地土地利用格局发生了显著变化：一方面，自然湿地面积锐减、人工湿地面积逐渐增多，其中水体和滩涂面积分别减少了65.2%和21.1%，水田面积则增加了20.1%，自然湿地正逐渐被农田、石油设施建设等人工用地取代，湿地生态系统脆弱化和退化趋势明显。另一方面，由于上游和局地工、农业生产和生活排放的污染物经河流输送在此汇集，导致湿地水质恶化，湿地生态功能衰退。随着新时期辽河三角洲的开发和河口区上游城镇化进程的加速，在未来几十年，辽河口区经济社会必将迎来一个高速发展阶段，这无疑给河口区湿地生态环境带来更大的压力。辽河口湿地保护与生态修复已成为维持河口区生态平衡的重要瓶颈，关系到辽河口区的生态安全能否得以保障，对辽河三角洲地区的经济社会发展显得尤为重要。因此，要实现区域生态环境改善，促进区域经济社会的可持续发展，有必要将区域生态、环境与经济社会等因素综合起来，作为一个整体进行系统分析与研究，阐明辽河口湿地生态环境演变趋势与社会经济发展之间的关系，并在此基础上提出有针对性的湿地保护和修复措施。本研究开展了河口湿地生态保护综合方案和河口湿地生态保护管理信息系统的构建内容，对于深入认识经济社会发展对河口湿地生态环境变化的作用机制，有效保护和管理辽河口湿地，使湿地功能得以修复，保障辽河口生态安全乃至经济社会的可持续发展均具有重要意义。

7.1 河口湿地生态评价标准与应用

7.1.1 生态评价标准编制的原则

辽河口湿地生态评价指标的筛选、评价体系的构建需要遵循可持续性、科学性、简单性、针对性、系统性、协调性等基本原则。

7.1.1.1 可持续性原则

湿地的可持续利用性制约着地区经济、社会发展的可持续性，且总是与一定的社会条件和技术水平相联系的，因此，评价中应该贯穿可持续发展的观点，确保湿地资源和环境能够长期地为地球生态平衡及地区生态环境与经济社会协调发展做出贡献。

7.1.1.2 科学性原则

湿地生态评价的主要目的和根本任务是保持生态系统的环境功能，满足区域可持续发展对生态环境的要求。要提高评价的有效性，就必须保证评价的科学性，即评价应建立在湿地

240

生态学基本原理的基础上，遵循生态学基本规律和生态环境保护的基本原理，反映湿地环境的客观实际，按湿地生态环境固有特点采取相应的对策措施。

7.1.1.3 简单性原则

指标选取以能说明问题为目的，而不是以多而全为目的。在不同情况下，有针对性选取有用的指标即可。过多罗列指标，起初看起来考虑问题很全面，但常常是顾此失彼，有失重点，反而掩盖问题的实质，不能反映事实的真实情况。

7.1.1.4 针对性原则

针对性原则主要是要求针对辽河口湿地所处的地理位置、自然条件、社会经济条件、开发建设活动及具体受影响的生态环境特点等来进行评价。

7.1.1.5 系统性、方向性与灵活性原则

选用的指标应具有系统性、层次性与方向性，从不同方面、不同层次反映区域的生态评价。为此，构建评价指标应多样化、系统化，特别是对比较复杂的情况，其认识需要一个过程，多数情况下难以给出一个完美的评价指标，所以可灵活地从多角度选取指标和进行评价。

7.1.1.6 协调性原则

综合考虑湿地环境与社会、经济的协调发展。随着人类对湿地的开发利用，湿地已成为自然—经济—社会复合系统中的重要组成部分，人类已经深深介入并在很大程度上影响了湿地的演化过程，反过来湿地的生态、经济和社会效益又直接影响到人类经济社会的协调发展。促进湿地环境与社会经济的协调发展是湿地生态评价的根本目的。

7.1.2 生态评价指标体系构建

7.1.2.1 指标体系构建的依据

生态系统是客观存在的实体，有时间、空间的概念，包括以生物为主体，由生物和非生物成分组成的一个整体；系统处于动态之中，其过程就是系统的行为，体现了生态系统的多种功能；系统对变动（干扰），具有一定的适应和调控能力。

生态系统发生了退化，将会在该生态系统的组成、结构、功能与服务等方面有所表现。诊断途径有生物途径、生境途径、生态系统功能/服务途径、生态过程途径等。退化生态系统的退化程度诊断途径与指标（体系）如下。

（1）生物途径。生物途径的指标一般比较直观并且较易获得，是一类主要的诊断途径。如土壤微生物、土壤动物、土壤中高等植物的根等越来越受到重视。

（2）生境途径。生境往往是指气候条件和土壤条件，气候因子的变化一般不大，土壤因子的变化往往较大甚至很大，土壤是植物生长繁育和生物生产的基地，因而在生境诊断途径中更应重视土壤因子的变化。在气候条件的研究中，应重视小气候（如森林小气候、地形小气候等）的作用。

（3）生态系统服务功能途径。生态系统发生退化的最终表现是生态系统功能与服务。随着对生态系统服务价值评估研究的深入，生态系统退化程度诊断的生态系统功能/服务途径越来越重要。Costanza 等（1997）把生态系统服务（生态系统功能）分为气候调节、水

调控、水土流失控制、物质循环、污染净化、文化娱乐价值等 17 种功能。蔡晓明（2000）把生态系统功能分为生态系统的物种流动、生态系统的能量流动、生态系统的物质循环、生态系统的信息流动、生态系统的价值流、生态系统的生物生产、生态系统中资源的分解作用等。把生态系统服务分为生态系统的生产、生物多样性的维护、传粉、传播种子、生物防治、保护和改善环境质量、土壤形成及其改良、减缓干旱和洪涝灾害、净化空气和调节气候、休闲、娱乐、文化艺术素养——生态美的感受等。

（4）生态过程途径。生态系统发生了退化，其生态过程特别是关键的生态过程必然有所变化，从而就会出现生态演化的迹象，这就为生态过程途径的诊断奠定了基础。生态过程可以发生在不同的尺度水平上，生态演化也可能会朝不同的方向进行。首先，整个生态系统的基础条件会出现明显的变化，接着整个生态系统会发生一个整体的趋向性变化。因此，选用湿地弹性、面积变化情况、湿地生态经济协调、可持续发展等一些指标也可对生态系统程度诊断提供信息。

近些年，人类活动等社会因素在一个生态系统中起着越来越重要的影响。因此，在对一个生态系统进行评价时，人类社会因素对生态系统是一个不可忽略的驱动力影响因素。

7.1.2.2 评价体系指标筛选

评价体系的指标筛选是一项复杂的系统工程，要求评价者对评价系统有充分的认识及多方面的知识。合理地、正确地选择有代表性的重要指标，更好地体现地方特点，构建辽河口湿地生态评价体系，是正确评价辽河口湿地生态环境的关键。指标的筛选必须根据辽河口的特点、指标体系构建的原则和方法及实际数据的支持性，慎重进行。

目前，筛选指标的方法主要有频度分析法、理论分析法和专家咨询法等。本标准采取三种方法综合选取，即首先采取频度分析法，全面收集研究湿地的相关材料以及研究文献，同时获取辽河口地区的现状资料和环境背景特征，尽可能地收集影响湿地的关键因子，对各因子指标进行统计分析，选择使用频率较高、最具有代表辽河口湿地的指标，再结合辽河口地区的特征及主要问题，进行分析、比较，综合选择其中针对性较强的指标。在此基础上，邀请专家采用调查问卷评价相关因子，确定专家选择的预选指标，然后用专家咨询法，通过三轮讨论对指标进一步调整、确定，最终形成辽河口湿地生态环境质量评价指标体系（表 7-1）。

表 7-1　辽河口湿地生态评价指标体系

目标	系统	准则	指标
湿地生态环境质量指数	湿地结构特征	环境特征	气温增暖率
			年均降水变化量
			年均蒸发量
			空气污染指数
			水源保证率
			水质
			土壤污染指数
			土壤类型指数

目标	系统	准则	指标
湿地生态环境质量指数	湿地结构特征	生物特征	植物净初级生产力
			植物覆盖度
			动植物生理指数
			动植物丰富度
			珍稀物种个数
			土壤酶类与活性
		系统特征	湿地弹性
			湿地退化率
	湿地整体功能	生态功能	水文调节功能
			大气调节功能
			净化污染物功能
		服务功能	栖息地功能
			物质生产功能
			文化科研功能
			观光旅游功能
	人类社会环境	人类社会压力	人口自然增长率
			居民生活指数
			土地垦殖指数
			石油开采强度
			城市废水负荷
		社会保护	环保投资比例
			保护区面积

7.1.3 生态评价方法

7.1.3.1 指标综合评价方法

根据调查结果以及湿地评价的各项参考指标，同时考虑湿地生态环境质量的影响程度及其权重，进行分级化处理，采用多属性综合评价的方法对辽河口湿地进行生态环境评价。

多指标综合评价，指通过一定的数学模型将多个评价指标"合成"为一个整体性的综合评价值。辽河口湿地生态评价采用线性加权综合法，应用线性模型来进行综合评价。

综合评价指数：$CEI = \sum_{j=1}^{m} w_j x_j$ $\qquad(7-1)$

式中：CEI 为系统（或被评价对象）的综合评价值；w_j 是与评价指标 x_j 相应的权重系数（$0 \leqslant w_j \leqslant 1$，$j = 1, 2, \cdots, m$，$\sum_{j=1}^{m} w = 1$），简称"权重"。

线性加权综合法具有以下特征性。

（1）各评价指标间必须相互独立，其现实关系应是"部分之和等于总体"，否则，结果中存在信息重复，难以反映客观实际。

（2）各评价指标间可以线性补偿。任一指标值的减少都可以用另一些指标值的相应增量来维持综合评价水平的不变。

（3）权重系数作用比其他"合成"法明显，突出了指标值或指标权重较大者的作用。

（4）当权重系数预先给定时，由于各指标间可以线性补偿，对区分各备选方案之间的差异不敏感。

（5）采用专家打分法与层次分析法科学确定权重系数。

（6）指标数据无特定要求。

7.1.3.2　权重确定方法

权重确定采用层次分析法。首先，通过分析复杂的问题所包含因素的因果关系，将待解决问题分解为不同层次的要素，构成递阶层次结构；然后，对每一层次要素按规定的准则两两进行比较，建立判断矩阵；再次，运用特定的数学方法计算判断矩阵最大特征值及对应的正交特征向量，得出每一层次各要素的权重值，并进行一致性检验；最后，在一致性检验通过后，再计算各层次要素对于所研究问题的组合权重，据此就可解决评价、排序、指标综合等一系列问题。在应用层次分析法之前，首先要建立相应的评价指标体系，即对评判对象进行层次分析，确立清晰的分级指标体系，例如目标层 A、系统层 B、指标层 C 给出评判对象的因素集和子因素集，分别表示如下：

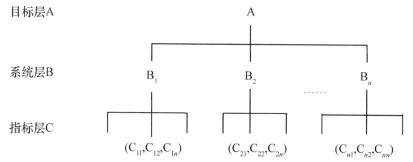

因集 $A = \{B_1, B_2, \cdots, B_n\}$，子因集 $B_i = \{C_{i1}, C_{i2}, \cdots, C_{in}\}$

层次分析法求解问题的整个过程体现了人大脑思维的基本特征：分解—判断—综合，使人们对复杂问题判断、决策的过程得以系统化、数量化。运用层次分析法确定评价元素的权重，按以下的步骤进行。

（1）构造判断矩阵

由专家分别对每一层次的评价指标的相对重要性进行定性描述，并用准确的数字进行量化表示，数字的取值所代表意义标度排列（表7-2）。由专家打分得到的两两比较判断矩阵，见表7-3。

表7-2　标度排列

标度 a_{ij}	定义
1	i 因素比 j 因素相同重要
3	i 因素比 j 因素稍微重要
5	i 因素比 j 因素较为重要
7	i 因素比 j 因素非常重要
9	i 因素比 j 因素绝对重要
2，4，6，8	为两个判断之间的中间状态对应的标度值
倒数	若 i 因素与 j 因素比较，得到的判断值为 a_{ij}，则 $a_{ji} = 1/a_{ij}$

通过专家咨询，考查 B 层因素和 A 层因素的相对重要性，可以得出 A–B 判断矩阵，如表 7-3。

表 7-3 A–B 判断矩阵

A	B_1	B_2	B_3	…	B_n
B_1	1	a_{12}	a_{13}	…	a_{1n}
B_2	a_{21}	1	a_{23}	…	a_{2n}
B_3	a_{31}	a_{32}	1	…	a_{3n}
⋮	⋮	⋮	⋮	⋮	⋮
B_n	a_{n1}	a_{n2}	a_{n3}	…	1

表中 $a_{ij} = B_i/B_j$，表示对于 A 这一总体评价目标而言，因素 B_i 对因素 B_j 相对重要性的判断值，数值大小由因素 B_i 与因素 B_j 的相对重要性决定。矩阵的特点是对角线上的元素为 1，即每个元素相对于自身的重要性为 1。

（2）运用和积法求解判断矩阵

得出在单一目标层 A 下被比较元素的相对权重，即层次单排序：

①将得到的矩阵按行分别相加

$$W_i = \sum_{j=1}^{N} \frac{a_{ij}}{n} \tag{7-2}$$

得到列向量，$\overline{W} = [W_1, W_2, \cdots, W_a]^T$，$i = 1, 2, 3, \cdots, n$ (7-3)

②将所得到的 W 向量分别做归一化处理，得到单一准则下所求各被比较元素的排序权重向量。

（3）一致性检验

一致性检验的基本步骤如下所述：应用式（7-3）计算求解判断矩阵的最大特征值；然后分别代入式（7-4）和式（7-5），计算判断矩阵的一致性：

$$\lambda_{max} = \frac{1}{n} \sum_{i=1}^{n} \frac{(Aw_i)}{nw_i}, \quad i = 1, 2, 3, \cdots, n \tag{7-4}$$

$$CI = \frac{\lambda_{max} - n}{n - 1} \tag{7-5}$$

式中：A 为 A—B 判断矩阵；n 为判断矩阵阶数，λ_{max} 为判断矩阵最大特征值。

判断矩阵一致性程度越高，CI 值越小。当 $CI = 0$ 时，判断矩阵达到完全一致。但在建立判断矩阵的过程中，思维判断的不一致只是影响判断矩阵一致性的原因之一，用 1~9 比例标度作为两两因子比较的结果也是引起判断矩阵偏离一致性的原因。仅仅根据 CI 值设定一个可接受的不一致性标准显然是不妥当的。为了得到一个对不同阶数判断矩阵均适用的一致性检验临界值，必须消除矩阵阶数的影响。

在层次分析法中以一致性比例来解决这一问题。引入平均随机一致性指标 RI，RI 是用于消除由矩阵阶数影响所造成判断矩阵不一致的修正系数。具体数值参见一致性指标表 7-4。

表 7-4 平均一致性指标 RI 的取值

阶数	1	2	3	4	5	6	7	8	9	10	11	12
RI 值	0.00	0.00	0.58	1.90	1.12	1.24	1.32	1.41	1.45	1.49	1.51	1.48

$$CR = CI/RI \tag{7-6}$$

通常情况下，对于 $n \geqslant 3$ 阶的判断矩阵，当 $C \leqslant 0.1$ 时，即 λ_{max} 偏离 n 的相对误差 CI 不超过平均随机一致性指标 RI 的 1/10 时，一般认为判断矩阵的一致性是可以接受的；否则，当 $CR > 0.1$ 时，说明判断矩阵偏离一致性程度过大，必须对判断矩阵进行必要的调整，使之具有满意一致性为止（表 7-5）。

表 7-5　指标权重赋值

目标层	系统层	权重	准则层	权重	指标层	权重
湿地生态环境质量指数 5.997 8	湿地结构特征	0.4	环境特征	0.5	气温增暖率	0.15
					年均降水量	0.15
					年均蒸发量	0.15
					空气污染指数	0.06
					水源保证率	0.21
					水质	0.11
					土壤污染指数	0.11
					土壤类型指数	0.06
			生物特征	0.3	植物净初级生产力	0.15
					植物覆盖度	0.3
					动植物生理指数	0.15
					动植物丰富度	0.15
					珍稀物种个数	0.1
					土壤酶类与活性	0.15
			系统特征	0.2	弹性	0.29
					湿地退化率	0.71
	湿地整体功能	0.4	生态功能	0.5	水文调节功能	0.59
					大气调节功能	0.29
					净化污染物功能	0.12
			服务功能	0.5	栖息地功能	0.413
					物质生产功能	0.413
					文化科研功能	0.127
					观光旅游功能	0.047
	人类社会环境	0.2	人类社会压力	0.67	人口自然增长率	0.2
					居民生活指数	0.07
					土地垦殖指数	0.46
					石油开采强度	0.2
					城市废水负荷	0.07
			社会保护	0.33	环保投资比例	0.58
					保护区面积	0.42

7.1.4 生态系统健康评价等级划分

将辽河口湿地生态环境质量划分为 5 个级别，如表 7-6 所示。

表 7-6 湿地评价等级划分

指数	级别	湿地生态系统健康状况
$7.5 < R \leqslant 10$	I	湿地生态结构十分合理、系统活力极强，外界压力极小，无生态异常，湿地生态系统功能极完善，系统极稳定，处于可持续状态（最优）
$6.0 < R \leqslant 7.5$	II	湿地生态结构比较合理，系统活力较强，外界压力较小，无生态异常，湿地生态系统功能较完善，系统较稳定，湿地生态系统可持续（健康）
$3.5 < R \leqslant 6.0$	III	湿地生态结构完整，具有一定的系统活力，外界压力较大，接近湿地生态阈值，系统不太稳定，生态异常较多，开始出现退化的趋势或已经退化（亚健康）
$R \leqslant 3.5$	IV	湿地生态结构出现缺陷，系统活力较低，外界压力大，湿地斑块破碎化严重，湿地生态异常大面积出现，湿地生态系统已经严重退化（退化）

7.1.5 辽河口湿地生态健康诊断与评价

河口湿地生态系统位于河流与海洋生态系统的交汇处，径流与潮流的掺混造成河口地区独特的环境特征和生物组成，表现为生产力高、生物多样性丰富、盐度梯度效应明显、人为干扰强烈。湿地生态系统健康水平可以通过水文、植被和土壤特征识别。目前，辽河口湿地生态系统存在天然湿地退化、环境污染严重、河流携带入海的水沙量减少、生物多样性下降等问题。鉴于河口生态系统复杂的环境因素及重要的生态服务功能，开展辽河口湿地生态系统健康评价研究很有必要。基于突变理论衍生的突变级数法可以反映生态系统健康的演变特征，更为准确地揭示河口生态系统健康的制约因素和变化趋势，林倩等（2010）将突变级数法引入辽河口湿地生态系统健康评价，结合压力-状态-响应（pressure-state-response，PSR）模型框架，综合考虑辽河口湿地的生态特征及存在的主要生态问题，从压力、环境状态及生物响应三方面构建指标体系，评估辽河口湿地生态系统健康状况。

7.1.5.1 PSR 模型

PSR 模型最初由 TONY 和 DAVID 提出，用于分析环境压力、现状与响应间的关系。20世纪 70 年代，欧洲经济合作与发展组织（Organization for Economic Cooperation and Development，OECD）对其进行了改进；80 年代末 90 年代初，OECD 在进行环境指标研究时对模型进行了适用性和有效性评价。PSR 评价模型是目前用于构建生态评价体系最有效的框架之一，该模型使用压力-状态-响应的逻辑思维方式，反映生态系统所处的状态、造成此状态的原因以及所需采取的改善措施，从而为资源管理者提供指导。

考虑数据的可获取性和避免主观偏见，林倩等（2010）借鉴 PSR 模型框架来定义"河口湿地生态系统健康"：压力指标描述系统所受的压力和胁迫，状态指标描述生态系统的环境状况，响应指标描述生物群落结构对环境状况的响应。

7.1.5.2 辽河口湿地生态系统健康评价指标体系构建

生态系统健康评价的关键在于选择能指示系统健康状况的指标，能反映生态系统结构功能是否受到损害，包括营养水平、系统能流、土壤养分、生物多样性以及系统从扰动中修复的能力。健康的生态系统对扰动有一定的抵抗和修复作用，表现为活力、组织和弹性力。结合国内外研究成果和辽河口湿地实际情况，以辽河口生态特征为基础，提取压力扰动、环境变化要素和生物响应特征，并重点考虑汇入水体的水平衡和水化学因素，构建辽河口湿地生态系统健康评价指标体系。

（1）压力指标

压力指标包括自然及人为因素两部分。自然因素主要为气候因子，包括降水量和蒸发量。其中蒸发量与温度、湿度和风速相关，可用常规监测指标平均气温指示。如果从长时间尺度评价，还需考虑海平面上升、风暴潮灾等。在河口湿地区域，高强度的人为干扰已成为湿地生态环境的主要影响因素。人类活动主要通过占用土地与消耗水资源、控制水质两种途径作用于河口湿地生态系统。选取土地利用强度、水资源利用强度和工农业排污量指标来衡量人类活动强度。土地利用强度为居民点用地面积与耕地面积的和除以湿地总面积。水资源利用强度反映湿地水源补给条件，采用人口数量指标间接衡量人类活动对水资源的消耗。工农业排污量用 COD 排放量指示。

（2）状态指标

以水环境健康指标衡量环境状态，包括水文和水质特征两个方面。初步选取径流量和泥沙通量作为水文特征指标。水量是湿地演替的关键驱动力，淡水不足是河口湿地退化的主要原因。辽河口湿地土壤是由河流携带泥沙通过物理生物作用形成的，泥沙通量过低会造成河口湿地土壤贫瘠化，植物生长受阻。水质特征通过水体质量的物理化学指标衡量。结合现有研究成果及辽河口湿地现状，初步选取入海口盐度、河流水体化学需氧量（COD）、氨氮、可溶性无机氮（DIN）、可溶性无机磷（DIP）、石油类污染物指数作为水质特征备选指标，并根据各指标对生物影响程度及超标状况进行重要性排序，选取前三个较重要的因子作为水质指标，即氨氮、COD 和石油类污染指数。

（3）响应指标

响应指标体现湿地生态系统生物对环境变化的响应程度，包括系统的活力、组织、弹性力三个方面。

活力是指系统的生产能力，通过植被特征判断。指标包括典型植被面积和生物量，其中生物量可由实测获取，或采用归一化植被指数（NDVI）值反映。辽河口湿地典型植被以芦苇沼泽和潮间带翅碱蓬滩涂为主，具有高生产力及重要生态功能，是重要的栖息繁殖生境，可作为指示性植被物种。

组织是指系统的结构和多样性，可以用生物多样性和完整性衡量，其中生物完整性指数（IBI）在水生态系统健康诊断中使用较多，大型底栖动物是应用最广泛的指示生物。鸟类作为湿地中高营养级生物类群，对环境变化响应敏感，易于监测和管理，可以作为评价河滨、湿地、陆地生态系统完整性等生态状况的指示生物（王强和吕宪国，2007），但目前尚未形成统一标准。辽河口区域在我国乃至世界的鸟类物种多样性保护中占有极其重要的地位，因此选取水鸟类群作为指示生物具有重要意义。由于目前辽河口湿地鸟类监测体系尚不完善，缺乏鸟类监测数据，暂用指示物种数量指标表征系统的组

248

织情况。现有研究表明，辽河口湿地水禽以鸻形目和雁形目为主，占总数的 64%（肖笃宁等，2005）。选取濒危保护物种丹顶鹤和黑嘴鸥作为指示物种。丹顶鹤栖息于芦苇沼泽，黑嘴鸥栖息于翅碱蓬滩涂，是辽河口湿地最典型的水禽生态类群，对生境破碎、植被演替及水盐动态等环境变化敏感。

弹性力是指系统受压力胁迫后保持结构和功能稳定的能力，采用高弹性斑块面积比例、景观多样性指数和破碎度指数反映。高弹性斑块面积比例为高弹性斑块的面积除以景观总面积，高弹性景观包括河流、湖泊、水库和坑塘，即集水面积。景观多样性指数 H 的计算公式为：

$$H = - \sum_{k=1}^{m} P_k \ln P_k \tag{7-7}$$

式中：P_k 为斑块类型 k 所占景观面积的比例；m 为研究区中斑块类型数。景观多样性指数值高，表示生态弹性力大，抗干扰能力强。

景观破碎度指数 N_F 描述具有重要生态功能生境的受干扰程度，反映系统的修复力，其公式为：

$$N_F = (N_p - 1)/N_c \tag{7-8}$$

式中：N_p 为重要生态功能景观斑块总数；N_c 为景观数据矩阵方格网中格子总数。借鉴肖笃宁等（2005）的方法，N_c 采用研究区总面积与最小斑块面积的比值表示。

7.1.5.3 突变理论

突变理论（catastrophe theory）由法国数学家 Rene 于 1972 年创立。该理论研究系统运动由渐变引起突变的系统现象。基于突变理论衍生的突变级数法用于解决多准则决策问题，利用突变理论与模糊数学相结合产生突变模糊隶属函数，由归一公式进行综合量化运算，最后求出总隶属函数进行评价。在以往研究中，突变级数法被应用于风险评价和城市生态系统健康评价，并已被证实与较成熟的模糊综合评价结果基本一致（魏婷等，2008）。河口湿地生态系统健康状态演变过程具有突变特性，并不是连续、渐变、平滑的。引入突变级数法，结合 PSR 模型评价辽河口湿地健康状况，可依据地理特征梯度和年际间变化比较不同年份湿地生态系统的健康相对状况，反映其演变规律和控制因素，避免了常规评价方法赋权值的主观性，计算简便，具有实际意义。

突变理论主要研究势函数 $f(x)$，变量分为状态变量 x 和控制变量（a、b、c、d）。突变级数法评价步骤为：①建立多级评价指标体系，并对各级指标按重要程度排序；②建立递级突变模型；③对底层指标原始数据进行标准化处理，转换为 [0，1] 之间的无量纲数值，得到初始模糊隶属函数值；④根据归一公式进行量化递归运算；⑤根据"互补"和"非互补"准则求总突变隶属函数值，即湿地健康度。归一公式包括折叠突变、尖点突变、燕尾突变和蝴蝶突变 4 个公式：

折叠突变：$x_a = a^{1/2}$ (7-9)

尖点突变：$x_a = a^{1/2}$，$x_b = b^{1/3}$ (7-10)

燕尾突变：$x_a = a^{1/2}$，$x_b = b^{1/3}$，$x_c = c^{1/4}$ (7-11)

蝴蝶突变：$x_a = a^{1/2}$，$x_b = b^{1/3}$，$x_c = c^{1/4}$，$x_d = d^{1/5}$ (7-12)

为使结果具有可参照性，将辽河口湿地健康度划分成 5 级，即 ≤0.2、>0.2~0.4、>0.4~0.6、>0.6~0.8、>0.8，分别表示病态、不健康、亚健康、健康、很健康。通过模型计算，得到相对应的健康度等级为≤0.92、>0.92~0.95、>0.95~0.97、>0.97~0.99、>0.99。

7.1.5.4 基于突变理论的辽河口湿地生态系统健康评价

（1）模型构建

1996 年和 2000 年辽河口湿地实测指标值见表 7-7。按照以下原则选取"健康状态"的基准值：①国家标准，如水质指标的基准值为 GB 3838-2002《地表水环境质量标准》中Ⅲ类标准；②若没有国家标准，则借鉴该区域多年平均值和相关研究调查成果，如气候因子、指示物种数量等；③若不存在①、②，则参考 20 世纪 80 年代以来各指标的较好水平或1996 年、2000 年指标均值取值，如人口数量、工农业排污量、植被面积、景观多样性和破碎度指数等因子。结合现有数据，构建辽河口湿地生态系统健康评价指标体系的突变模型（表 7-8）。

表 7-7　辽河口湿地健康评价指标体系及原始数据（林倩等，2010）

准则层	中间层	底层指标	单位	1996 年指标值	2000 年指标值	基准值
B_1 压力（3）	C_1 自然（2）	D_1 降水量（1）	mm	745.6	483.4	626
		D_2 平均气温（2）	℃	9	9.2	8.8
	C_2 人类活动（1）	D_3 土地利用强度（1）		0.645 868	0.639 738	0.602 949
		D_4 人口数量（2）	万	115.1	120.8	120.8
		D_5 工农业排污量（3）	×10^4 t	3 417.74	2 498.22	1 299.37
B_2 环境状态（2）	C_3 水文（1）	D_6 径流量（1）	×10^8 m^3/a	23.6	5.8	36.7
	C_4 水质（2）	D_7 氨氮（3）	mg/L	3.0	5.0	1.0
		D_8 COD（2）	mg/L	69.9	52.3	20
		D_9 石油类污染指数（1）	mg/L	0.13	0.29	0.05
B_3 生物响应（1）	C_5 活力（1）	D_{10a} 芦苇植被面积（1）	hm^2	70 642.51	76 746.42	82 002.76
		D_{10b} 翅碱蓬滩涂面积（2）	hm^2	31 538.3	27 337.23	33 900.82
		D_{11} 芦苇生物量（3）	×10^4 t	38.2	50	40
	C_6 组织（3）	D_{12a} 指示种丹顶鹤数量（1）	只	450	807	400
		D_{12b} 指示种黑嘴鸥数量（2）	只	2 150	2 522	4 000
	C_7 弹性力（2）	D_{13} 高弹性斑块面积比例（1）		0.042 8	0.034 4	0.051 5
		D_{14} 景观多样性指数（2）		1.709	1.681	1.748
		D_{15} 景观破碎度指数（3）		0.363 6	0.261 6	0.316 9

表 7-8　辽河口湿地生态系统健康评价体系突变模型（林倩等，2010）

总隶属度函数	突变模型	准则层	突变模型	中间层	突变模型	底层指标
A 健康度	燕尾	B_1 压力	尖点	C_1 自然	尖点	D_1 降水量
						D_2 平均气温
				C_2 人类活动	燕尾	D_3 土地利用强度
						D_4 人口数量
						D_5 工农业排污量
		B_2 环境状态	尖点	C_3 水文	折叠	D_6 径流量
				C_4 水质	燕尾	D_7 氨氮
						D_8 COD
						D_9 石油类污染指数
		B_3 生物响应	燕尾	C_5 活力	燕尾	D_{10} 翅碱蓬滩涂面积
						D_{11} 芦苇生物量
				C_6 组织	尖点	D_{12a} 指示种丹顶鹤数量
						D_{12b} 指示种黑嘴鸥数量
				C_7 弹性力	燕尾	D_{13} 高弹性斑块面积比例
						D_{14} 景观多样性指数
						D_{15} 景观破碎性指数

（2）模型计算结果

对原始数据进行标准化处理，转换为无量纲数值。

对于正向指标：$r_{ij} = \dfrac{x_{ij}}{x_i^*}$ （7-13）

对于逆向指标：$r_{ij} = \dfrac{x_i^*}{x_{ij}}$ （7-14）

式（7-13）和式（7-14）中，x_{ij} 为第 j 年评价指标 i 的实测值，x_i^* 为指标 i 的理想值。

以 1996 年辽河口湿地生态系统健康状况评价为例，依据构建的突变模型（表 7-8）进行递归运算，按照"互补"原则求总隶属函数值。D_1、D_2 构成尖点突变，$X_{D_1} = (1)^{1/2} =$ 1.000 0，$X_{D2} = (0.977 8)^{1/3} = 0.992 5$，$C_1 = (X_{D_1} + X_{D_2})/2 = 0.996 3$，同理，应用燕尾突变得到 $C_2 = 0.917 1$。C_1、C_2 构成尖点突变，$X_{C2} = (0.917 1)^{1/2} = 0.957 7$，$X_{C_1} = (0.996 3)^{1/3} =$ 0.998 8，$B_1 = (X_{C_1} + X_{C_2})/2 = 0.978 2$。按同样方法计算得到 $B_2 = 0.887 1$，$B_3 = 0.964 3$。将 B_1、B_2、B_3 按重要度排序，为 $B_3 > B_2 > B_1$，构成燕尾突变，得到总隶属函数值 $A_1 = 0.979 1$。同理，可计算得到 2000 年总隶属函数值 $A_2 = 0.961 8$（表 7-9）。

表 7-9　辽河口湿地生态系统健康评价结果（林倩等，2010）

年份	总隶属度函数		准则层		中间层	
	指标	数值	指标	数值	指标	数值
1996	A_1 健康度	0.979 1	B_1 压力	0.978 2	C_1 自然	0.996 3
					C_2 人类活动	0.917 1
			B_2 环境状态	0.887 1	C_3 水文	0.801 5
					C_4 水质	0.679 2
			B_3 生物响应	0.964 3	C_5 活力	0.946 4
					C_6 组织	0.779 9
					C_7 弹性力	0.941 8
2000	A_2 健康度	0.961 8	B_1 压力	0.965 3	C_1 自然	0.895 2
					C_2 人类活动	0.934 7
			B_2 环境状态	0.738 2	C_3 水文	0.399 0
					C_4 水质	0.602 9
			B_3 生物响应	0.980 8	C_5 活力	0.966 1
					C_6 组织	0.928 7
					C_7 弹性力	0.934 7
	A_3 健康度	0.996 3	B_1 压力	0.991 6	C_1 自然	0.958 1
					C_2 人类活动	0.994 6
			B_2 环境状态	1.000 0	C_3 水文	1.000 0
					C_4 水质	1.000 0
			B_3 生物响应	0.982 1	C_5 活力	0.981 9
					C_6 组织	0.852 0
					C_7 弹性力	0.984 4

　　1996 年和 2000 年辽河口湿地生态系统健康度分别为 0.979 1 和 0.961 8，即由健康转为亚健康状态，水资源不足、石油类污染加剧和土地利用方式的改变是湿地健康状况的主要影响因素。应加强区域石油开采管理，合理配置水资源，保障湿地生态用水，促进辽河口湿地生态建设及资源保护。

7.2　河口湿地生态系统管理对策

7.2.1　辽河口湿地生态环境保护原则与管理对策

7.2.1.1　基本原则

（1）辽河口湿地生态修复与保护基本思路

　　水量缺乏、水质下降、开发利用强度大是导致辽河口湿地生态退化的关键所在。因此，辽河口湿地生态保护与修复必须着重围绕解决水量供应、污染阻控、优化开发、协调环境与发展关系等方面来展开。

水量保障。目前辽河口湿地的调水采取的是"春灌秋排"的模式，调水时间安排及调水量的确定往往凭借人为经验，缺乏合理性调度分配，造成水资源的浪费。应依据湿地实际生态需水量对丰水年、枯水年、平水年水源供应量，合理安排调水时间和调水方式，科学制定湿地调水方案。

污染阻控。由于苇田的引水灌溉，每年约有 7 500 t COD、1 300 t 氮和 18 t 磷输入到芦苇湿地，大量污染物的输入导致湿地水环境质量降低。湿地污染物控制一方面要减少物质来源，另一方面要增强湿地的净化能力，采取控源和强化湿地净化功能的措施。

优化开发。改湿为耕、油气田开采、水产养殖等开发活动对湿地景观和生态系统结构与功能具有强烈的破坏性影响。应采取限制过度开发、科学规划、建立生态补偿等措施实施保护性开发。

（2）辽河口湿地生态修复与保护基本原则

协调发展，保护优先原则。湿地是区域社会经济发展的重要环境和资源保障，区域开发不应以牺牲环境为代价，一切开发活动都应在以"不破坏湿地环境、资源持续利用"的前提下进行。通过科学规划、合理开发，实现区域经济和环境的协调发展，使湿地资源得以可持续利用。

生态系统自我修复原则。生态系统对外界干扰在一定程度上都有自我修复的能力，在维持湿地生态系统结构整体性的提前下，通过自然和人工辅助措施的实施，开展对不同湿地类型的生态修复，应充分考虑湿地生态系统的自我设计和自我修复功能，实现湿地生态系统的良性发展。

因地制宜原则。辽河口湿地有其独特的气候、地貌、植被、水文、水质条件和区域社会经济条件，湿地生态系统的修复与保护管理措施的制定，应充分考虑其自然和社会经济背景，综合管理，统筹规划。

7.2.1.2 辽河口湿地生态修复与保护管理建议

湿地的生态修复与保护是针对退化的湿地生态系统而进行的，生态修复的总体目标是采用适当的生物、生态及工程技术，逐步修复退化湿地生态系统的结构和功能，最终达到湿地生态系统的自我持续状态。具体包括：实现生态系统地表基底的稳定性，修复湿地良好的水状况（一是修复湿地的水文条件；二是通过污染控制，改善湿地的水环境质量），修复植被和土壤，保证一定的植被覆盖率和土壤肥力，增加物种组成和生物多样性，实现生物群落的修复，提高生态系统的生产力和自我维持能力，修复湿地景观，实现区域社会、经济的可持续发展等方面。

基于上述对辽河口湿地生态问题及生态压力的分析，结合其他课题的研究结果，运用景观生态学、农业生态学、可持续发展的理论与方法，借鉴国内外在湿地修复和保护管理的技术和成功经验，结合辽河口区社会经济环境条件，在湿地面积保障、湿地污染控制、湿地植物群落修复、湿地生态需水保障、湿地管理等方面提出辽河口湿地生态修复与保护管理建议。

（1）合理规划，保障湿地面积

由于湿地的不合理开发，如改湿地为稻田、虾蟹田、堤坝的修筑、旅游开发、油田开采、人工沟渠的修建等，导致河口湿地面积萎缩、景观破碎化，其产生主要的生态影响有：生境和物种多样性的减少以及生境异质性的降低；种群和很多物种分布范围的减小；生境破碎化降低了孤立景观斑块应对自然及人为干扰的能力。为此，加强河口湿地的生态保护应以稳定湿地面积、修复生态系统的整体性为前提，将湿地生态修复纳入到环境管理中，在实施工程修复措施的同时，注重湿地生态系统的自我修复能力。具体措施如下。

①稳定湿地面积，维持湿地整体性功能

根据河口湿地生态环境模拟预测结果，在采取积极发展政策下，要保证湿地生态环境实现良性发展，在对湿地实施适宜开发的同时，至少应稳定湿地面积在 $12.85 \times 10^4 \ hm^2$，见图7-1。

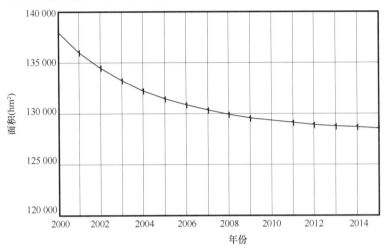

图7-1　河口湿地维持健康状态下湿地面积的模拟预测

②功能分区，区别保护

制定河口湿地生态系统功能分区，以此为依据划分出生物多样性保护区、珍稀鸟类栖息地保护区、生态养殖区、生态农业区、旅游开发区、油田开发区、海岸滩涂区等二级区域，依据不同区域的生态功能有区别地制定不同区域的保护措施。

在生物多样性保护区和珍稀鸟类开发区，应严格控制各类破坏湿地生态系统功能的开发活动，利用湿地生态系统的自我设计与修复能力，自然修复湿地生态系统的整体性功能。

在生态养殖和生态农业区，采用"集中化、规模化"原则对现有开发区域进行集约化整合，改变现有"单一规模小、布局散乱"的开发局面，对不合理的开发实施"退池还湿、退耕还湿"措施，以减小湿地景观的破碎化程度，增强生态系统的整体性和稳定性。

对于旅游开发区，制定科学合理的开发规划，对旅游线路和旅游承载力进行科学设定和评估，以保障发挥湿地生态旅游价值的同时，减少对湿地生态系统的干扰。

对于油田开发区，制定占地生态补偿制度，采用人工栽植等工程措施加强对废弃油井的生态修复；通过对现有道路的再优化，对部分道路进行再布局，取消使用率小的线路，以减少道路对湿地生态系统景观的切割强度；在油田开发区与其他功能区毗邻地带，建设生物防护带（其物种以湿地原生物种为主），以减少外界干扰对其他功能区生态系统的冲击。

对于海岸滩涂区，通过建立高抗逆植物品种的筛选、培育基地，设立人工栽植植被修复示范区，结合水盐调控措施，提高退化滩涂湿地植被盖度和修复其生态系统结构。

（2）多源科学供水，保障湿地生态用水

①湿地生态需水供需分析

依据湿地生态用地演变特征和区域生态功能定位，湿地生态用地构成分为三类：最小区、适宜区和规划区。最小区是指近20年来湿地未曾发生改变的区域，即湿地保持稳定发展的区域，其面积为 7.72×10^4 hm²，其中芦苇沼泽为 7.07×10^4 hm²，碱蓬滩涂为 0.65×10^4 hm²；生态适宜区是指为了保障双台河口自然保护区结构、规模和布局的稳定性，将双台河口自然保护区建设初的土地利用规模设定为本研究的生态用地适宜区，其中芦苇沼泽 7.79×10^4 hm²，碱蓬滩涂 1.46×10^4 hm²，总面积为 9.25×10^4 hm²；生态规划区是基于湿地生态用地演变特征，将 20 年来曾经有过湿地的区域，即满足湿地生态水文演变规律，适宜湿地留存的区域，面积为 9.33×10^4 hm²，其中芦苇沼泽 7.87×10^4 hm²，碱蓬滩涂 1.46×10^4 hm²。

基于上述湿地生态用地划分，湿地生态需水供求分析结果表明，丰水年湿地生态缺水量小于 0.3×10^8 m³/a，基本可以满足生态需水要求；平水年可满足最小区的最低生态需水要求，不能满足适宜区和规划区生态需水要求，总体缺水 $1.2 \times 10^8 \sim 2.4 \times 10^8$ m³/a；枯水年生态缺水严重，不能满足最小区最低生态需水要求，缺水范围为 $1.2 \times 10^8 \sim 4.0 \times 10^8$ m³/a，水量缺口大。因此，重点要对枯水年水量进行合理调控，以保障河口湿地生态用水安全。

②湿地供水建议

河口区现有苇田面积 429 km²，其中东郭苇场 278.4 km²，羊圈子苇场 150.5 km²。考虑芦苇三灌三排的需水量和抽水站实际运行情况，三次灌溉的抽水时间应分别不少于 9 d、13 d 和 18 d。抽水日期为 3 月 20 日—4 月 7 日、5 月 20 日—6 月 14 日和 7 月 10 日—8 月 14 日。在考虑现状水利工程和扩建提泵站的情况下，制定本调水方案。调水途径为：辽河调水经双绕总干到五棵站，沿盘锦监狱北侧龙家铺进绕阳河，经西大湾、胜利塘、万金滩提水后，灌溉苇田；东郭苇田通过大凌河的三义抽水站、南井子抽水站提水灌溉。具体调水措施如下。

芦苇湿地生态用水丰水年缺水总量为 $4\,045 \times 10^4$ m³，扩建水利设施后，丰水年缺水总量能够减小到 $1\,744 \times 10^4$ m³，即当前水利工程措施下三灌水量、水质基本能够满足生态需水的要求；不足部分可以通过扩建泵站提取纳潮混合水来解决。丰水年苇田三次灌溉期内绕阳河纳潮量总量为 $3\,870 \times 10^4$ m³，可补充水量缺口。

芦苇湿地生态用水平水年缺水总量为 $5\,420 \times 10^4$ m³，当前水利工程措施下第二次、第三次灌水量、水质基本能够满足生态需水的要求，第一次灌溉水水质超出芦苇生长的盐度限制条件，需增加大辽河、大凌河调水 $1\,120 \times 10^4$ m³，同时将胜利塘抽水站、曙光和红旗二站的提取量分别增加到 21.6 m³/s、9.6 m³/s、11.6 m³/s。平水年苇田三次灌溉期内绕阳河纳潮量总量为 $5\,190 \times 10^4$ m³，通过控制水位、盐度，水量缺口部分尽量提取纳潮混合水来解决。

芦苇湿地生态用水枯水年缺水总量为 $6\,508 \times 10^4$ m³，育苗灌溉时约 80% 的时间纳潮盐度值都高于 5，第二次灌溉时约 38% 的时间纳潮盐度值都大于 5，淡水资源明显不足，必须在现状水利调度的基础上增加大辽河、大凌河调水 $2\,545 \times 10^4$ m³。

（3）控制污染，改善湿地水质

由于苇田的引河水和农田退水灌溉，每年约有 7 520 t COD、1 312 t 氮、18 t 磷和 3.3 t 重金属输入到芦苇湿地，大量污染物的输入降低了河口湿地的环境容量，导致湿地水环境质量降低。湿地污染物控制一方面要减少物质来源，另一方面要增强湿地的净化能力。

前端削减，减少输入。主要是对上游流域点、面源来水的削减，特别是对虾蟹田养殖排放废水和农田退水污染物的阻控。利用湿地前端天然坑塘和芦苇湿地，构建"引水渠-稳定塘-芦苇湿地"污染物净化场，有效削减进入湿地的污染物量。同时，对苇田、河道养殖必须加以合理规划、科学指导，改变目前"散养、乱养"的粗放式经营局面。联合当地农业部门，加派技术指导，积极发展新型生态养殖模式。

生态设计，强化湿地自净能力。芦苇湿地对污染物具有较强的净化能力，通过合理化的生态设计，强化芦苇湿地的自净能力可有效减少污染物在湿地中的积累。具体措施为：①建设湿地输水沿线沟渠水岸生物带，以增加对营养物的吸收。水岸生物带物种的选择以本土湿地植物为主，可以芦苇-香蒲混搭。②采用人工诱导等工程措施，通过对现有苇田生态单元分布格局的改造、再配置，使湿地地表径流在多个生态单元间级次、循环流动，以增强湿地对营养物的降解和吸收，以达到强化净化、去除的目的。

（4）因地制宜，修复退化湿地植被

采用自然-人工相结合的方式，在退化严重的芦苇湿地、裸滩地和采油区，通过圈养保护、人工栽植、生态修复等工程措施，修复翅碱蓬和芦苇群系结构。具体措施如下。

①圈定保护，自我修复。在严重退化芦苇湿地区，进行圈定保护，严禁收割和焚烧，减少人为干扰。湿地低洼深水地区的芦苇将自然退出，还给香蒲等挺水植物群落以领地，而芦苇则可以迅速向外围发展，通过生境的自然演替，增加湿地物种的多样性指数，自然修复河口湿地的芦苇沼泽生态系统。

②人工栽培，辅助修复。在退化严重的裸滩地，通过人工栽植高抗逆植物品种，结合土壤基质改良、水盐调配工程等措施，用人工措施辅助修复翅碱蓬和芦苇群系结构。

③净化去污，生态修复。在油田采集区，对于废弃油井区域，及时处理作业现场，通过土著植物-微生物联合修复措施，去除湿地土壤石油污染，逐步进行生态修复工作。

（5）加强河口湿地保护管理，协调经济与持续环境发展

① 广泛开展宣传活动，提高公众的法律意识和生态意识

对湿地保护和湿地资源的合理利用，很大程度上取决于社会公众对湿地重要性的认识。长期以来人们对湿地的功能与效益缺乏全面认识，由此产生的错误政策导向和经济利益驱动的短视行为，是导致湿地资源得不到保护，生态效益、经济效益和社会效益不能得以持续发展的主要社会原因。对此，必须在湿地研究和保护的基础上，进一步加大对湿地保护意识和湿地资源忧患意识的宣传教育。

② 科学规划，合理开发湿地资源

编制河口湿地保护与合理利用总体规划是有效遏制湿地破坏的有效手段。建议当地人民政府组织有关部门和单位编制湿地保护与合理利用总体规划，结合辽河口湿地生态系统的实际状况，明确保护和合理利用的总体目标、阶段目标、实施方案及主要措施。辽河口湿地保护与合理利用总体规划应当与土地利用、农业开发、环境保护、防洪与水资源利用、城镇建设、旅游发展等方面的总体规划相衔接。在湿地保护与合理利用总体规划部署下，管理部门应对湿地周围的产业布局（农业、工业、水产养殖、旅游业、商业）进行科学规划，促进可持续发展与湿地生态环境更加协调相容。

③ 建立统一协调部门，统筹湿地保护工作

目前河口区湿地保护的管理涉及农林业、渔业、水利、海洋、环保等职能部门及相关企业与开发商等，必须尽快建立统一协调与管理部门，对河口湿地保护与合理利用统一领导、统一规划、合理布局。建议建立辽河口湿地保护综合协调机制，改变目前湿地管理职责分散、协调困难的局面。建议市人民政府成立辽河口湿地保护综合协调机构，该机构由市人民政府环境保护、农业、林业、水利等有关行政主管部门组成，其办事机构设在市人民政府林业行政主管部门。辽河口湿地保护综合协调机构具体组织辽河口湿地保护条例的贯彻实施，协调辽河口湿地保护与合理利用工作中的重大事项，督促政府有关部门依法履行湿地保护职责。有关县、镇（乡）人民政府应当积极配合有关部门做好湿地保护工作。

④ 理顺管理体制，统一管理

理顺现有的湿地管理体制，建立起适应河口区湿地资源环境特点，具有统一监管、宏观调控、分工协作职能的湿地管理体制，从而对辽河口湿地资源生态环境保护实施统筹规划、整体综合开发。同时，应进一步明确各部门及各级人民政府湿地保护与合理利用管理职权责任，规范部门行为，切实协调好自然湿地的开发利用、资源统一管理、自然湿地保护三者之间的关系。在此基础上，建立湿地资源开发以及用途变更的生态影响评估、审批管理制度，并严格论证，依法审批和检查监督。必须严禁盲目开发和破坏湿地，彻底改变对湿地资源的粗放型开发模式，逐步转变为集约型开发模式，改变只重视湿地生产功能而忽视其生态功能的倾向，全面发挥湿地的经济和生态综合效益，实现湿地资源的永续利用。

⑤ 拓宽渠道，鼓励湿地保护的资金投入

对于土地权属问题，必须明确每块土地的使用权面积和权限范围，严禁非法使用土地，杜绝滥垦、滥开等破坏行为，把人为破坏降到最低程度。要充分运用经济手段来保护环境，鼓励公众参与。按照市场经济的要求，从财税、金融、土地、投资等方面，建立鼓励湿地保护性开发投入的政策措施，鼓励企业增加湿地环境保护投入，引导社会资本参与湿地保护基础设施建设和运营，形成多元化的投入机制。

⑥ 建立健全生态补偿制度

首先要建立科学的湿地生态系统服务功能价值评估模式，以指导生态补偿的开展。目前生态补偿在国内仅处于探索阶段，没有较为系统的政策法规。如果能在河口湿地试点运用，本区将由此得到一笔宝贵的重建和保护经费，同时在国内同类地区还可以产生重要的示范意义。应尽快调研、制定湿地生态补偿标准和补偿对象，任何单位和个人开发利用湿地资源，都必须支付湿地修复费。根据湿地的区位、类型和开发项目的性质，确定不同类别单位面积的湿地修复费征收标准，由相关部门向湿地开发单位征收。这样便可形成谁利用谁建设、谁建设谁利用的行为模式，促进生态资源的循环性和产业化发展，实现生态价值的最大化。

⑦ 加强湿地环境监测，建立湿地生态环境监测体系

建立辽河口湿地监测体系，全面掌握河口湿地的动态变化情况，为湿地管理、科学研究和合理利用提供及时、准确的参考资料，对于保护湿地、维持湿地生态功能、实现河口社会经济的可持续发展具有重大意义。建议尽快建立湿地资源管理信息系统，在现有的湿地生态环境监测系统基础上，增加一定的经费投入和技术投入，在重点及典型湿地生态系统所在区域建立生态监控区，加强调查与监测。按照湿地功能区的划分，对湿地水质变化、地下水位、植物群落、土壤养分的变化及土壤退化的情况等进行监测，以及时评价湿地生态变化状况，掌握各类湿地变化动态、发展趋势，定期提供监测数据与监测报告，为各级政府提供决策依据。同时，在湿地生态环境监测中强化 RS、GIS 和 GPS 的组合运用，强化数字湿地系统，推动湿地科学由定性科学向定量科学的转化。

⑧ 协调区域经济与环境发展

生态压力分析表明，在河口区总生态消耗占用中，主要用地类型为耕地和化石能源用地。这说明，河口区的生态压力主要来自于人口和工业生产排放。因此，转变经济增长方式，实现经济转型，走低碳、高效的发展模式是实现河口区湿地健康的保障。

改善产业结构，提高第三产业比重，走低耗、高效的内涵式发展道路。经济形态不合理是造成湿地资源浪费的直接原因。河口湿地有着非常丰富的自然资源，特别是旅游业方面有着广阔的发展空间。科学开发这一资源不但能收到很好的效益，而且有助于改变当地第一产

业比重过大的现状，使产业结构趋于合理化，减少过分依赖第一产业对耕地需求的压力。

污染防治与生态保护相结合，提升河口湿地生态健康水平，确保河口区环境安全。河口湿地水环境质量日趋恶化，已成河口区面临的突出环境问题之一，并将直接威胁近岸海域的生态环境质量。湿地生态保护必须与控制污染、改善水质相结合。首先，加强区域污染防治，强化从源头预防污染，从点源排放控制和面源阻控两方面加以调控，以减少进入湿地的污染物量。其次，坚持污染防治与生态保护相结合，把生态治理作为污染防治的战略措施，围绕河口湿地保护和流域污染防治，以控制不合理的资源开发活动为重点，充分发挥生态系统的自然修复功能，通过生态修复扩大环境容量。

7.2.2 辽河口湿地管理信息系统构建

辽河河口湿地管理信息系统设计的总体目标是提供数据存储、编辑、分析、统计和可视化等基本功能，集成"河口区河网节点水质改善与调控远程信息管理"、"河口湿地生态修复示范工程实时监控"、"河口湿地生态环境预测评估系统"等第三方的功能模块，利用集成信息对湿地现状进行评价，并辅助决策者科学地制定湿地保护和发展规划（Choi et al.，2005）。系统的设计与开发是一项较为复杂的系统工程。为使系统在结构上趋于科学合理，功能上能够满足原定目标，技术路线上切实可行，需要针对系统设计进行细致深入的分析研究。系统的总体设计主要包括系统设计原则、需求分析、体系结构设计和系统开发平台等内容。

7.2.2.1 设计原则

结合辽河河口湿地管理的实际需求，通过对 WebGIS 实现方案的深入研究，确定了辽河河口湿地管理信息系统设计的基本原则。

（1）规范性原则

为了确保系统与其他功能模块的兼容以及未来可能的扩展，必须按照规范性标准进行系统的设计和开发。系统规范化原则的确立是在参考有关国家标准或行业标准的基础上，根据所选开发软件、系统体系结构、开发平台等相关要求制定的。该原则主要涉及系统管理的规范化、数据库搭建的规范化、各功能模块构建的规范化等方面。

（2）实用性原则

系统建设的目的是作为基础信息平台提供辽河河口湿地空间信息的可视化，通过数据分析、处理提供实时有效的信息检索和专题分析等功能，同时集成第三方湿地专用分析模块对研究区域的现状进行诊断评估和预测，最终为上层决策提供技术支持。为此，该系统的设计必须要以湿地保护和管理的实际需求为出发点，综合考虑各模块所要满足的功能要求，实现对湿地各项专题研究和综合分析，确保系统的实用性。

（3）通用性原则

在分析用户需求和湿地现状的基础上，要确保数据和功能的通用性。各模块设计要充分考虑数据共享，便于不同格式之间的数据转换，尽量避免由于系统软件的改变，而引起数据结构的改变，致使大量数据要重新采集整理。

（4）完备性原则

在详细分析湿地信息管理需求的基础上，确保数据的完备性和系统功能的完备性。

（5）可扩展性原则

为了保证系统在功能扩展和版本升级方面有足够的空间，系统的设计必须以可扩展性原则为基础，在系统体系结构上留有可扩展的余地。如果将来要添加新的功能或进行系统升级，可以保证在尽量不改变原有体系结构的情况下实现。

（6）友好性原则

系统用户界面是用户与系统交互的通道，是系统的外在表现和具体操作平台。美观、简洁的用户界面、实时高效的交互功能、方便快捷的操作方式和清楚明了的帮助信息都能带来良好的用户体验，是衡量系统友好性的关键内容。

（7）经济效益最优化原则

在满足湿地实际需求的基础上，应考虑以最少的资金建立辽河河口湿地管理信息系统，以取得最大的经济效益。其基本要求是力求做到既满足用户使用，又能最大程度节约人力、物力和财力。

7.2.2.2 系统需求分析

结合辽河河口湿地的特点，对河口区湿地管理信息系统进行详细的需求分析。本系统的定位是建立基于辽河河口湿地，以地图发布和基本 GIS 功能为基础、集成湿地专用分析功能的决策支持型地理信息系统。该系统将综合 GIS、Internet、数据库等多项技术为一体，实现 WebGIS 的相关功能。经过分析，系统总体上可分为 4 大功能模块，即系统管理功能模块、数据管理功能模块、GIS 基本功能模块和湿地专用分析功能模块（如图 7-2 所示）。

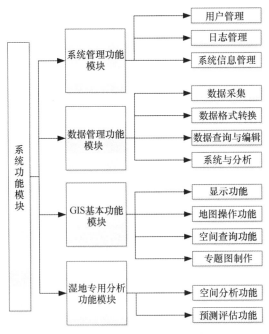

图 7-2 系统功能模块划分

（1）系统管理功能模块

系统管理功能模块包括用户管理、日志管理和系统信息管理。

用户管理通常包括用户注册、用户级别设置、用户权限设置、用户资料库管理等主要内容。可以实现对系统用户的增添和删除，同时根据初级用户、高级用户和系统管理员进行相应的权限设置。不同权限的用户对数据有不同的操作权限，以保障系统安全。系统管理员具有最高的权限，可以管理系统配置、查看系统日志、管理系统的用户、分配用户权限。高级用户可以对系统数据进行查询、编辑等操作，且可以使用系统功能对空间数据管理和分析。浏览权限只能浏览分析数据，但不能编辑、处理数据。

日志管理主要是记录系统和用户的日志信息，如用户登录时间、退出时间、对文件或数据的修改情况、系统运行状况、系统启动和停止时间等。

对系统中重要的配置信息、数据信息、文件信息等进行有效管理。

（2）数据管理功能模块

数据管理工作主要由数据库管理系统和数据库图形界面软件来实现。辽河河口湿地相关数据包含属性数据和空间数据两大部分，合理设计数据库，有效存储各类湿地特征数据，实现时空信息和属性信息的统一存储和无缝集成是本模块的核心工作。包括数据采集、数据格式转换、数据查询和编辑和数据统计分析。

收集、整理辽河河口湿地地理数据、环境数据、生态数据、资源数据、社会经济数据以及其他相关数据，并通过其他课题研究的"河口湿地生态修复示范工程实时监控模块"进行现场实时的数据采集，为后续数据处理和相关研究提供基础资料。

矢量数据结构、栅格数据结构、矢栅一体化数据结构是存储 GIS 数据的主要结构形式。数据格式转换是指将不同数据结构或同种数据结构下不同格式的数据转换成系统可以识别、处理的通要数据格式。

数据查询可以实现地图点击查询、属性表查询、属性 SQL 查询、空间位置查询，从而完成便利、准确的空间索引、查询和分析操作。数据编辑在保持属性数据与空间数据同步的基础上进行写入、修改和删除，主要包括图形编辑和属性编辑。属性编辑主要与数据库管理结合在一起完成，图形编辑主要包括拓扑关系建立、图形编辑、图幅拼接、图形变换、投影变换、误差校正等功能。

通过调用辽河河口湿地空间数据，用户可以实现专题数据的统计分析，并完成统计数据的动态更新。统计分析包括简单统计和综合统计，简单统计包括对属性数据的最大值、最小值、平均值等的计算，综合统计实现直方图、线型图、饼状图等统计图的生成，将直观的统计结果提供给用户。

（3）GIS 基本功能模块

GIS 基本功能模块包括显示功能、地图操作功能、空间查询功能和专题图功能。

地理信息系统为用户提供用于显示地理数据的工具，尤其要强调的是利用 WebGIS 开发软件实现空间地理数据的可视化功能，将各种 GIS 数据以地图的形式进行发布。

地图基本操作主要包括图层管理、地图缩放、地图重置、地图导航、鹰眼索引图等功能。其中，图层管理可以根据用户的意愿，选择显示卫星地图、城市区界矢量图、河流流向图、道路图等不同地图要素的图层或叠加某几个图层同时显示；地图缩放功能实现多级选择缩放、单倍缩放等放大缩小功能；地图重置使地图修复原始状态，或定位地图中心点；地图导航实现键盘或鼠标两种方式进行地图平移和缩放操作；鹰眼索引图显示全局视图及当前视图在全局视图中的范围和位置，拖动鹰眼可以实现视图范围的变更。

用户在图形环境下，借助光标点击地图上的图形要素，既可以查询检索相关的属性要素，也可以在屏幕上指定一个矩形或多边形范围，检索该区域内所有图形的相关属性；或者按照一定的逻辑条件查询属性数据。对查询检索得到的数据，可以在屏幕上显示，也可以生成报表输出。

地理信息系统不仅可以输出全要素地图，而且可以根据用户需要分层输出各种专题地图，如土壤利用专题图、污染物分布专题图、污染物含量专题图等。根据用户的要求对某一类地理要素按照一定的条件进行渲染，为用户提供直观的信息，进而更易于挖掘出数据内部潜在的信息及相互关系。

（4）湿地专用分析功能模块

该功能模块主要是针对辽河河口湿地各个具体研究领域，涉及专业领域较多，因此它主要是为其他课题研发的功能模块（如河口区河网节点水质改善与调控远程信息管理、河口湿地生态修复示范工程、河口湿地生态环境预测评估系统等）提供开放式接口，包括空间分析功能和预测评估功能。

主要是一些复杂的空间功能，包括拓扑空间查询、缓冲区分析、叠置分析、空间集合分析、数字高程模型的建立、地形分析等。

根据辽河河口湿地资源和生态环境的动态变化情况，统计分析生态环境演变规律，对其未来发展趋势进行分析预测；结合地方社会、经济、湿地保护等规划，利用河口湿地环境变化趋势预测结果，采用情景分析方法，初步预测河口湿地污染物入海通量的发展趋势，估算湿地污染物输入、输出通量，定性、定位、定量、定向分析评价河口湿地对主要污染物的拦截效应；集成各课题研发的功能模块，为湿地生态保护综合方案的确定提供技术支撑，为河口区大型湿地的科学规划、管理与保护提供决策支持。

7.2.2.3 系统体系结构

辽河河口湿地管理信息系统选择 WebGIS 最常用的 B/S 三层体系结构进行构建。采用三层体系结构能使系统具有良好的可扩展性，有利于将来与其他应用系统或功能模块的集成和信息共享（Asano et al.，2007）。系统运行遵循 HTTP 和 TCP/IP 协议，客户端运行通用浏览器，用户界面使用 WebGIS 的 Ajax 客户端实现与服务器端的交互访问和地图操作。在服务器端，利用 GIS 应用服务器完成地图渲染和空间查询等 GIS 相关功能，通过 Web 服务器响应客户端平台的请求，采用数据库管理系统完成地理信息数据和属性数据的存储管理，从而较好地解决数据的完整性、一致性以及处理来自不同客户端的并发操作请求。这种体系结构不但在逻辑上划分了各个模块的具体功能和相互之间的关系，也在物理实现时体现了真正的组件独立：客户端应用程序、Web 服务器扩展与 GIS 应用服务器、数据库服务器，每个组件都可以单独维护、升级和更新。整个系统的体系结构如图 7-3 所示。

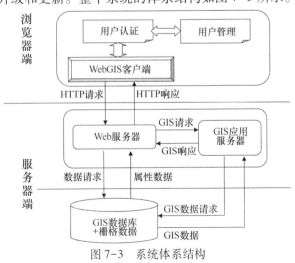

图 7-3　系统体系结构

7.2.3 辽河口湿地管理信息系统数据库设计与实现

在湿地管理信息系统构建中，GIS 数据库的设计是基础和关键，关系到系统的执行效率和成败问题。GIS 数据是具有丰富地理特征的数据集合，它不仅具有一般数据的特征，还具有数据量大、结构复杂、关系多样化、多尺度、多时态和查询复杂等特性。选用出色的空间数据存储方案和优秀的数据库管理软件来组织 GIS 数据，实现数据库的高效存储、访问、编辑和更新，以便实现空间查询和空间分析等复杂功能，是 GIS 数据库设计的核心任务。

7.2.3.1 空间数据库实现方案

GIS 数据库的核心任务是提供对空间数据建模、存储、管理和访问的方法，实现对空间和属性数据的高效管理（Raghavan et al.，2002）。经研究分析，目前国内外常用空间数据库的实现方案有如下几种：①文件与关系型数据库混合管理系统。用文件系统存储空间数据，而用关系型数据库管理系统（RDBMS）存储属性数据，属性数据和空间数据通过唯一标识进行关联。②全关系型数据库管理系统。通过扩展关系数据库管理系统的功能，增强其对空间数据的存储和管理，将空间数据和属性数据一起存储到关系型数据库中。③关系型数据库+空间数据引擎。属性数据直接存放在关系型数据库中，而空间数据则通过独立于数据库之外的空间数据引擎作为中转通道，存放于数据库中。④对象关系型数据库管理系统。随着面向对象 GIS（OOGIS）技术的发展，关系型数据库管理系统与面向对象技术实现融合，既能方便地管理关系数据，又能很好地管理复杂的对象数据，满足了空间数据存储和管理的需要（史杏荣等，2001）。表 7-10 对以上 4 种实现方案的优缺点进行了对比分析。

表 7-10 空间数据库实现方案优缺点对比

实现方案	优点	缺点
文件与关系型数据库混合管理系统	利用 RDBMS 对数据的强大管理功能 文件系统对空间数据管理灵活、方便	存储冗余大、访问效率低 不利于数据更新 数据并发访问困难 文件存储数据安全性不高
全关系型数据库管理系统	充分利用 RDBMS 的优势 支持多用户并发访问、数据共享 便于实现安全控制、一致性检查	存储效率低 空间数据操作需要扩展 SQL 无法有效支持复杂空间对象
关系型数据库+空间数据引擎	访问速度快，空间数据编辑准确 与特定 GIS 平台结合紧密、应用灵活 支持通用的关系型数据库管理系统，可跨数据库平台，无需分块处理	数据模型复杂，无法在数据库内核中实现空间处理 不易实现 SQL 扩展，数据共享和互操作困难
对象关系型数据库管理系统	空间、属性数据共同存储，方便管理 可以管理连续的空间数据，无需分幅 借鉴面向对象技术，在数据库内核中实现空间操作和处理 方便 SQL 扩展，较易实现数据共享 很好地满足了对复杂对象数据的管理	实现难度稍大 目前还不够成熟

在以上几种方案中，对象关系数据库管理系统和关系型空间数据库+空间数据引擎方案是目前国内外比较流行的选择。辽河河口湿地数据库的构建选用对象关系数据库管理系统来实现。目前，对象关系型数据库管理系统主要有 Oracle 的 Oracle Spatial，IBM 的 DB2 Spatial Extender 和开源数据库 PostgreSQL 的空间扩展 PostGIS。前两者都是商业数据库软件，价格昂贵。因此，选用功能强大、开源免费的 PostgreSQL+PostGIS 实现辽河河口湿地空间数据和属性数据的统一存储与管理。

7.2.3.2 PostgreSQL 与 PostGIS

PostgreSQL 是一种跨平台、免费、开源的关系型数据库，最早是由美国加州大学伯克利分校开发的。该数据库是目前开源空间信息软件领域性能最优秀的数据库软件，全面支持 SQL，具有最为丰富的数据类型支持，支持面向对象技术，支持大数据量，提供了 C/C++、Java、.Net、PHP，Perl、Python、TCL 等语言接口。PostgreSQL 定义了一些基本的集合实体类型，如点、线、线段、多边形、方形、圆等，并且定义了一系列的函数和操作符来实现各种几何类型的操作与运算，引入空间 R-tree 索引机制（http：//www.postgresql.org/）。PostgreSQL 在一定程度上提供了对空间数据特性的支持，但它缺乏复杂的空间数据类型，没有提供空间分析和空间投影等功能，很难达到地理信息系统的需要。

PostGIS 是由 Refractions Research 公司开发的开源软件，是对 PostgreSQL 的一个空间扩展。PostGIS 遵循 OpenGIS 规范，实现了对 PostgreSQL 的空间扩展，使其成为一个大型的空间数据库管理系统（http：//postgis.refractions.net/）。PostGIS 主要功能和特性可以概括为以下几点（http：//postgis.refractions.net/documentation/manual-1.5/）。

支持 OGC 定义的所有简单空间数据类型。此数据类型包括点（POINT）、线（LINESTRING）、多边形（POLYGON）、多点（MULTIPOINT）、多线（MULTILINESTRING）、多多边形（MULTIPOLYGON）和集合对象集（GEOMETRYCOLLECTION）等，可以用 WKT（坐标文本格式）和 WKB（二进制格式）两种方式表达。

支持 3DZ、3DM 和四维几何类型。通过对 OGC 空间数据类型的扩展，用 EWKT 和 EWKB 两种方式表达超出二维的数据类型，并嵌入空间参考系标识（SRID）。

支持所有的数据存取、构造方法。包括 GeomFromText（ ）、AsBinary（ ）、GeometryN（ ）等。

空间分析功能。PostGIS 提供了长度量算、面积度量、缓冲区分析、空间统计等一些空间分析功能。

元数据支持。PostGIS 依照 OpenGIS 规范，在数据库中添加了 SPATIAL_ REF_ SYS 和 GEOMETRY_ COLUMNS 两张系统表。前者使用 ID 序列号及文本参数来记录数据库中可支持的投影系统；后者相当于几何字段的元数据表，跟踪记录几何数据字段的添加、修改、删除等操作。

空间关系、空间操作符和空间聚集函数。PostGIS 提供了 Contains、Within、Overlaps、Touches 等二元谓词用于检测空间对象之间的关系；提供了 Union 和 Difference 等空间操作符用于空间图形的处理；提供了 ST_ Union、ST_ Polygonize 等用于空间聚集求解。

空间索引。通过建立空间索引，PostGIS 极大地提高了空间数据的访问效率。

7.2.3.3 辽河口湿地数据库实现

（1）数据对象分类

辽河河口湿地数据从数据类型上可分为空间数据和属性数据，其中空间数据是与空间地理位置紧密相连的数据，主要以矢量和栅格两种格式存在。为了紧密结合辽河河口湿地管理信息系统所要实现的各项专题功能，本书打破了常规的根据空间数据和属性数据进行分类的方法，而是按照系统专题数据进行分类。辽河河口湿地数据库主要包括以下数据。

①湿地基础地理数据对象类

辽河河口湿地地形地貌图、数字高程图、TM 遥感图；

行政区界表（市、县、城镇、村四级）；

行政中心表（市、县、城镇、村四级）；

企事业单位表（包括工程示范区、大气降水收集点等）（名称、类型、经纬度、描述）；

河流表（名称、边界）；

道路表（名称、边界）。

②湿地环境基础数据对象类

湿地分类表（类型、分布范围、面积、植被、动物、土壤类型等）；

植被表（名称、类型、覆盖度、密度、种群特征、物种多样性、个体特征、图片、描述）；

动物表（名称、类型、数量、个体特征、图片、描述等）；

土著微生物种类表（名称、类别、种群特征、个体特征、图片、描述、吸附转化重金属等）；

土壤分类表（类型名称、有机质含量、ph 值、容积密度、持水能力等）；

气象表（年份、年累积降水量、最高气温、最低气温、年均气温、年均风速、年均湿度、日照时常）。

③湿地水资源相关数据对象类

流域水资源分布表（名称、时间、空间分布、流域供、用、耗、排水情况）；

监测表（监测断面/点名称、位置、经纬度、海拔、描述）；

水文监测指标（监测断面/点、时间、盐度、温度、水位、流量、流速、水量等）；

地表水生态空间分布/生态水文单元表（水量、水质、水文过程，包括流速、水文周期、水持续时间）；

生态需水分区表（分区名称、空间分布、水循环消耗量、生物栖息地需水量、生态需水总量）。

④湿地生态专题数据对象类

芦苇专题表（时间、分布区名称、分布范围、面积、斑块类型、生态状况，包括未退化区、正在退化区、已退化区、环境因素、共生土著根际微生物）；

翅碱蓬专题表（时间、分布区名称、分布范围、面积、斑块类型、生态状况，包括未退化区、正在退化区、已退化区，环境因素、共生土著根际微生物）；

高抗逆植株跟踪记录表（名称、时间、生理特征、其他记录）。

⑤湿地污染情况相关数据对象类

各类湿地净污功能表（湿地类型、面积、对营养物质的净化能力、对铜、锌、砷、汞等典型重金属净化能力、对 COD、石油类等有机污染物的净化能力）；

264

湿地净污功能评估表（评价指标、权重等）；

污染源分布表（名称、位置、经纬度、来源，包括工业污染、农业污染等，说明）；

流域污染物监测数据表（监测断面/点、时间、污染源、污染物输入通量、污染物输出通量、氨氮、总磷、总氮、铜/锌/砷/汞等重金属、COD、石油类浓度、水质等级）；

各类湿地污染物时空分布表（时间、湿地类型、取样点，包括植物、积水、土壤或沉积物、浅层地下水，COD、DO、DOC、营养盐、重金属、油类等）；

大气降水污染物监测数据表（时间、氨氮浓度、总N、总P、重金属等）。

⑥其他相关数据对象类

社会经济数据（年份、人口数量、人口密度、芦苇产量、翅碱蓬产量、其他水产业统计、石油开采量、旅游价值、产业结构比、GDP、GDP增长率、污染排放）；

系统用户管理数据（用户管理、密码、性别、邮箱）；

文档、图片、多媒体数据；

元数据。

（2）数据库逻辑结构设计

通过对各部分数据对象分类研究，辽河河口湿地数据库实现了空间数据与属性数据的一体化存储模式，该库共分为6部分，即6个对象类，包括湿地基础地理对象类、湿地环境基础对象类、湿地水资源对象类、湿地生态专题对象类和其他数据对象类。每一个对象类分别由子对象类所构成，如湿地基础地理由地形地貌图、数字高程图、TM遥感图、行政区界、行政中心、企事业单位、河流和道路这些对象类组成。湿地基础地理数据中的地形地貌图、数字高程图、TM遥感图是图片格式的栅格数据，为了保证数据的访问效率，该数据和第6部分其他数据对象类中的文档、图片、多媒体数据均以文件形式存放。针对其余各子对象类分别建立数据表，表中各字段可以是属性数据类型，也可以是空间数据类型。为了减少数据冗余尤其是空间数据冗余，可以将子对象类的字段进行拆分建立多级相互关联的数据表。子对象类数据表之间或同一个对象类的不同数据表之间的相互关联通过共有键来实现。图7-4是湿地水资源相关数据对象类中的监测表、水文监测指标表和湿地污染情况相关数据对象类中的流域污染物监测数据表、污染源分布表之间的逻辑关系图。

图7-4 数据表之间的逻辑关系

（3）数据库物理实现

在完成了数据对象类的划分并确定了数据的逻辑结构后，就可以实现数据的存储和编辑，即数据库物理实现。如前所述，本书采用 PostgreSQL/PostGIS 数据库软件来存取湿地相关数据。对于属性数据的存取和编辑，可以像一般数据一样直接通过 PostgreSQL 来实现。例如，在数据库中分别建立照片数据表和文档数据表，表中建立相关信息字段，其中一个字段用来存储照片和文档文件的在文件系统中的路径，表中的每一条记录代表一张照片或一个文档索引。

在存储空间地理信息数据时，需要应用 PostgreSQL 的空间扩展 PostGIS。应用 PostGIS 创建空间数据记录表需要两个步骤：第一步，建立一张普通的数据表；第二步使用 PostGIS 提供的 Add Geometry Column 函数为其添加几何字段。在创建了空间数据记录表后，可以通过 Insert 语句逐条地添加信息记录。但是，由于 GIS 数据量太大，这样做是不太现实的。PostGIS 安装时自带 shp2pgsql 和 pgsql2shp 两个命令，用于在 Shape 文件和 PostGIS 数据库之间进行数据转换。例如包含辽河河口湿地研究区内所有城镇行政中心的 shape 文件（至少包含 town. shp、town. shx 和 town. dbf 三个文件），把其中数据导入到辽河河口湿地数据库（LHHKGLXXXT）中的城镇行政中心数据表（cz）中，其语法如下：

```
$  shp2pgsql    town. shp   cz > tmp. sql
$  psql -d   LHHKGLXXXT -f   tmp. sql
```

对于其他文件格式的空间数据则可以通过 ArcGIS、MapInfo 等工具完成不同格式间的转换，也可以通过 OGR/GDAL 等开源工具直接导入 PostgreSQL 数据库。图 7-5 是利用 shp2ppgsql 命令导入的湿地水污染情况监测点数据表（jcd）的内容，其中突出显示的一列是监测点几何对象的二进制表示。

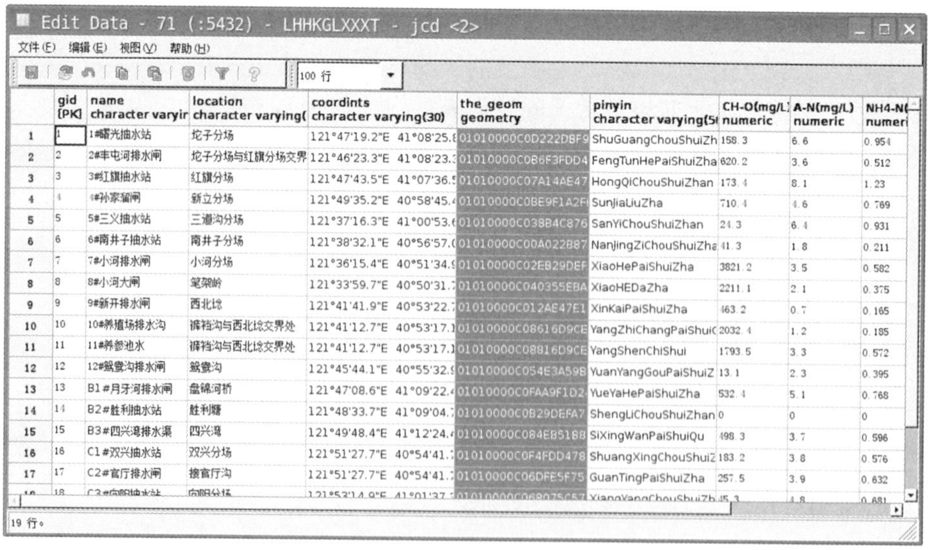

图 7-5　监测点数据

完成数据的入库工作以后，需要考虑对空间数据表建立空间索引，以便提高数据访问的效率。PostGIS 使用 R-tree 索引机制对空间几何体建立索引，使用的 SQL 语句如下：

CREATE INDEX［indexname］ON［tablename］

USING GIST（［geometryfield］GIST_ GEOMETRY_ OPS）；

例如，对数据库中城镇行政中心表（cz）中的几何字段 the_ geom 建立空间索引：CRE-ATE INDEX cz_ gidx ON cx USING GIST（the_ geom GIST_ GEOMETRY_ OPS）。

7.2.4　辽河口湿地基础地理信息可视化应用

7.2.4.1　可视化信息创建流程

设计科学合理的流程图可以使可视化信息的创建达到一目了然的目的。整个创建过程包括前期数据收集与整理、数据的处理（包含部分数据的坐标系统转换）、文件的创建、图层叠加、信息图成型等。基本流程图如图 7-6 所示。

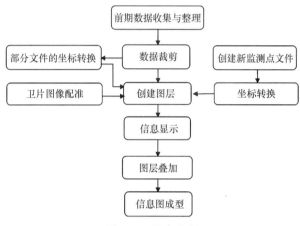

图 7-6　基本流程

7.2.4.2　坐标系转换

已获得的辽河河口区湿地数据大部分属于 Beijing1954 坐标系数据，但是课题利用 GPS 测得的环境监测点数据为 WGS1984 坐标，为了减小数据整合时所出现的误差和提高可视化事物之间相对位置的精度，需要将监测点坐标从 WGS1984 转换成 Beijing1954 坐标（采用七参数布尔莎模型）。转换过程如图 7-7 所示。

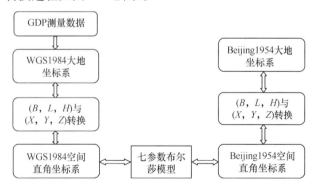

图 7-7　坐标系与 Beijing1954 坐标系之间的转换

（1）坐标系

WGS1984 坐标系对应椭球体（WGS-84 椭球）的主要参数为长半轴 $a = 6\ 378\ 137$ m；扁

率 $f = 1 : 298.257\ 223\ 563$。Beijing1954 坐标系对应椭球体（克拉索夫斯基椭球）的主要参数为长半轴 $a = 6\ 378\ 245$ m；扁率 $f = 1 : 298.3$。扁率和长半轴之间的数学关系公式为：

$$f = \frac{a - b}{a} \tag{7-15}$$

其中：b 为短半轴。

（2）大地坐标系与空间直角坐标系之间的转换

地球上的任何一点，既可以用大地坐标系（B，L，H）表示，也可以用空间直角坐标系（X，Y，Z）来表示。实际当中，经常只有其中一种坐标系形式，但需要的是另一种坐标系形式，所以两者之间需要相互转换。大地坐标到空间直角坐标转换公式为（邝继双，2003）：

$$\left.\begin{array}{l} X = (N + H)\cos B \cos L \\ Y = (N + H)\cos B \sin L \\ Z = [N(1 - e^2) + H]\sin B \end{array}\right\} \tag{7-16}$$

空间直角坐标到大地坐标的转换公式为（王解先等，2003）：

$$\left.\begin{array}{l} B = \tan^{-1}\dfrac{Z + Ne^2\sin B}{\sqrt{X^2 + Y^2}} \\[2ex] L = \tan^{-1}\dfrac{Y}{X} \\[2ex] H = \dfrac{\sqrt{X^2 + Y^2}}{\cos B} - N \end{array}\right\} \tag{7-17}$$

（3）WGS1984 坐标系到 Beijing1954 坐标系的转换

转换使用七参数布尔莎模型，将 WGS1984 空间直角坐标系转换到 Beijing1954 空间直角坐标，然后再将空间直角坐标转换成大地坐标系，此即为我们所要求的坐标系。七参数布尔莎模型的转换公式为（蔡昌盛等，2005）：

$$\begin{bmatrix} X \\ Y \\ Z \end{bmatrix}_{54} = (1 + m)\begin{bmatrix} X \\ Y \\ Z \end{bmatrix}_{94} + \begin{bmatrix} 0 & \omega_Z & -\omega_Y \\ -\omega_Z & 0 & \omega_X \\ \omega_Y & -\omega_X & 0 \end{bmatrix}\begin{bmatrix} X \\ Y \\ Z \end{bmatrix}_{94} + \begin{bmatrix} \Delta X_0 \\ \Delta Y_0 \\ \Delta Z_0 \end{bmatrix} \tag{7-18}$$

其中：ΔX_0、ΔY_0、ΔZ_0 是平移参数；m 是尺度比参数；ω_X、ω_Y、ω_Z 是旋转参数。

7.2.4.3 数据的处理与创建

（1）前期数据收集与整理

本课题使用的 1：400 万基础底图的 shp 文件来自于国家基础地理信息系统（国家基础地理信息系统），包括河流、铁路、市级居民地、县级居民地、市界和县界。使用的地图，即卫星图像来源于 Google Earth 截图（http：//www.godeyes.cn/index.html）。使用截图工具获取研究区域即辽河口地区的卫星图片。

（2）数据裁剪

由于从国家基础地理信息系统下载的 1：400 万的基础地图，都是全国性的，而课题的研究区域仅限于辽河口地区，所以要对数据进行裁剪以达到课题的要求。根据研究的需要将研究区域限定在盘锦市、锦州市和营口市 3 市，对河流、铁路、市级居民地、县级居民地、市界和县界进行裁剪（汤国安等，2006；石伟，2009），只保留以上 3 个市区内的部分。

（3）创建监测点文件（http：//webhelp.esri.com）

在 ArcCatalog 中创建名为"监测点"的 shp 文件，在通过 ArcMap 的添加按钮就"监测点"文件添加到 ArcMap 中去。在 ArcMap 中对它进行添加监测点编辑，如图 7-8 所示。

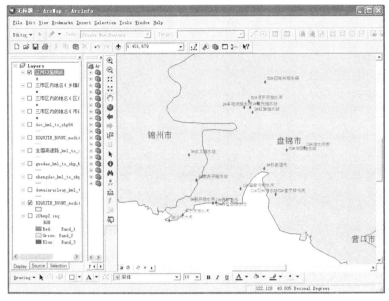

图 7-8　监测点图层视图

（4）卫片配准

利用 ArcGIS 的功能对卫星图片进行配准，使卫星图片具有精确的地理信息，进行图层叠加时能够精确地显示出自身事物与其他事物（例如，监测点）之间的相对位置。配准后的卫星图片作为整个研究区域的地理信息底图。这样卫片就可以作为一个图层和其他图层进行叠加了，已达到按照所需获得信息的目的。卫片视图图层如图 7-9 所示。

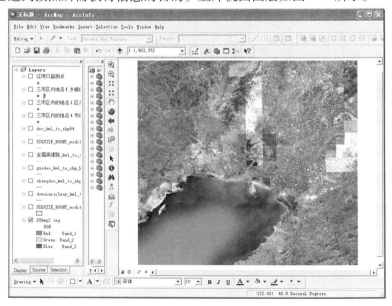

图 7-9　底图可视化图层

（5）信息显示

利用 ArcGIS 的功能，可以有选择地对信息进行编辑和显示。通过将需要显示的信息设置成可视化图层文件的属性的方法，然后再通过 Layer Properties 中的 Labels 标签选择显示属性字段，最后在可视化图层右击选择 Label Features，这样就可以显示想要显示的信息，并形象化地表现在图像上。当然，ArcGIS 还有更多功能用于美化图形显示。

（6）可视化图层叠加和综合信息可视化图层

ArcGIS 中制图是采用分层的形式来进行的，像这里的监测点可视化图层和底图可视化图层。通过将多个可视化图层进行叠加，可以达到按照所需获得要求的可视化图。图 7-10 为未添加底图的可视化信息全局图和局部图；图 7-11 为将各个可视化图层叠加后获得的可视化综合信息图。

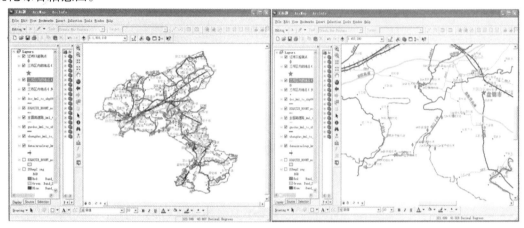

图 7-10　未添加底图的可视化信息全局图和局部图

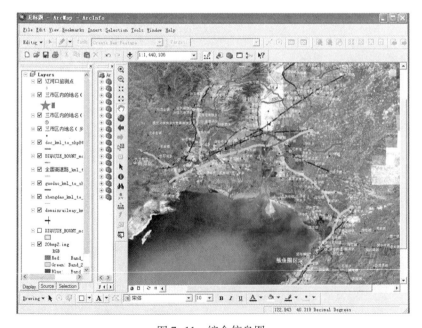

图 7-11　综合信息图

270

（7）研究区域和监测点概况的获得

通过可视化的综合信息图，既可以观测到研究区域的基础地理信息，研究区域的高速路、铁路、河流、乡镇分布、各种地形的分布等；也可以观察到监测点的信息，像 C4#清水河桥监测点在清水镇附近，东北侧是省道 S308 和盘海营高速等基础地理信息。

参 考 文 献

安立会，郑丙辉，张雷，等．2010. 渤海湾河口沉积物重金属污染及潜在生态风险评价［J］．中国环境科学，30（5）：666-670.

安淼，周琪，李晖，等．2005. 2，4-二氯代酚的共代谢降解研究［J］．中国给水排水，21（12）：53-55.

敖长林，李一军，冯磊，等．2010. 基于 CVM 的三江平原湿地非使用价值评价［J］．生态学报，30（23）：6470-6477.

白洁，陈春涛，赵阳国，等．2010. 辽河口湿地沉积物硝化细菌及硝化作用研究［J］．环境科学，31（12）：3011-3017.

白洁，董晓，赵阳国．2011. 辽河口芦苇湿地土壤氨氧化菌的时空变化［J］．中国环境科学，31（11）：1870-1874.

白洁，尹宁宁，赵阳国，等．2011. 辽河口湿地异养细菌的变化规律及影响因素研究［J］．中国海洋大学学报：自然科学版，41（7/8）：113-118.

白军红，邓伟，朱颜明，等．2003. 霍林河流域湿地土壤碳氮空间分布特征及生态效应［J］．应用生态学报，14（9）：1494-1498.

白军红，李晓文，崔保山，等．2006. 湿地土壤氮素研究概述［J］．土壤，38（2）：143-147.

白军红，王庆改．2003. 中国湿地生态威胁及其对策［J］．水土保持研究，10（4）：247-249.

包为民，张建云．2009. 水文预报（第4版）［M］．北京：中国水利水电出版社．

包芸，任杰．2005. 伶仃洋盐度高度层化现象及盐度锋面的研究［J］．水动力学研究与进展，（06）：689-693.

包贞，潘志彦，杨晔，等．2003. 环境中多环芳烃的分布及降解［J］．浙江工业大学学报，31（5）：528-533.

毕春娟，陈振楼，许世远．2003. 芦苇与海三棱草中重金属的累积及季节变化［J］．海洋环境科学，22（2）：6-9.

蔡昌盛，高井祥，郑南山，等．2005. 北京54坐标转换至 WGS-84 坐标的方法［J］．四川测绘，28（3）：1-2.

蔡体久，辛国辉，张阳武，等．2010. 小兴安岭泥炭藓湿地土壤有机碳分布特征［J］．中国水土保持科学，8（5）：109-113.

蔡晓明．2000. 生态系统生态学［M］．北京：科学出版社．

蔡元帅，曲波，吕久俊．2015. 盘锦地区景观多样性及其变化研究［J］．西北林学院学报，30（4）：277-282.

曹知勉，叶勇，卢昌义，等．2004. 红树林修复对海岸湿地土壤影响的初步研究［J］．生态科学，23（2）：110-113.

陈兵，李晓红，张万敏．2010. 人类活动对辽河三角洲湿地的影响及对策［J］．现代农业科技，2：317-318.

陈鹤建．2000. 原油在土壤中的渗透及降解规律［J］．油气田环境保护，10（4）：14-15.

陈家长，胡庚东，瞿建宏，等．2005. 太湖流域池塘河蟹养殖向太湖排放氮、磷的研究［J］．农村生态环境，21（1）：21-23.

陈家坊，何群，邵宗臣．1983. 土壤中氧化铁的活化过程的探讨［J］．土壤学报，20（4）：387-393.

陈家军，王红旗，奚成钢，等．1999. 龙南油田水环境中石油类污染物迁移数学模拟［J］．水资源保护，（4）：11-15.

陈洁，林栖凤．2003. 植物耐盐生理及耐盐机理研究进展［J］．海南大学学报：自然科学版，21（2）：177-182.

陈景明．2006. 植物耐盐逆性的研究概况［J］．安徽农业科学，34（14）：3277-3278.

陈灵芝．1997．中国森林生态系统养分循环［M］．北京：气象出版社．

陈润羊，花明，涂安国．2008．长江流域水质评价的几种方法［J］．华东理工大学学报：自然科学版，31（2）：146-151．

陈旭良，郑平，金仁村，等．2005．pH 和碱度对生物硝化影响的探讨［J］．浙江大学学报，31（6）：755-759．

陈亚东，梁成华，王延松，等．2010．氧化还原条件对湿地土壤磷吸附与解吸特性的影响［J］．生态学杂志，29（4）：724-729．

陈云英．2007．应用内梅罗综合污染指数法综合评价长乐市金峰镇陈塘港排污口邻近海域环境质量［J］．福建水产，114（3）：39-42．

初征．2010．水环境质量评价中的几种方法［J］．有色金属，62（3）：160-162．

代惠萍，顾斌，屈继旗，等．2009．氨态氮和水溶性磷酸盐配比对土壤硝化作用的影响［J］．西北农业学报，18（5）：189-193．

戴祥，朱继业，窦贻俭．2001．中外大河河口湿地保护与利用初探［J］．环境科学与技术，24（2）：11-14．

邓先余，高健，谭树华，等．2009．一株甲胺磷高效降解菌-巴氏葡萄球菌（Staphylococcus pas-teuri）的筛选及其分子鉴定［J］．海洋与湖沼，40（5）：551-556．

邓欣，谭济才，尹丽蓉，等．2005．不同茶园土壤微生物数量状况调查初报［J］．茶叶通讯，32（2）：7-9．

董春娟，吕炳南，马立，等．2003．微生物群落在难降解物质生物降解中的作用［J］．哈尔滨工业大学学报，35（7）：893-896．

董志成，鲍征宇，谢淑云，等．2008．湿地芦苇对有毒重金属元素的抗性及吸收和累积［J］．地质科技情报，27（1）：80-84．

杜金友，孟宪强，徐兴友，等．2006．植物耐盐相关基因克隆与基因工程的研究进展［J］．河北科技师范学院学报，20（1）：68-72．

范航清，何斌源．2001．北仑河口的红树林及其生态恢复原则［J］．广西科学，8（3）：210-214．

范君华，刘明．2005．塔里木海岛棉生育全程土壤微生物与酶活性的动态变化［J］．中国农学通报，21（4）：202-205，243．

冯慕华，龙江平，喻龙，等．2003．辽东湾东部浅水区沉积物中重金属潜在生态评价［J］．海洋科学，27（3）：52-56．

冯忠民，孙兴平，吕芳，等．2005．水稻田在农业环境保护中的特殊功能［J］．中国稻米，2：5-6．

付光明，苏乔，吴畏，等．2006．转 BADH 基因玉米的获得及其耐盐性［J］．辽宁师范大学学报：自然科学版，29（3）：344-347．

傅伯杰．1995．景观多样性分析及其制图研究［J］．生态学报，04：345-350．

高超，张桃林，吴蔚东．2002．氧化还原条件对土壤磷素固定与释放的影响［J］．土壤学报，39（4）：542-549．

高明．2003．鸭绿江河口湿地鸟类生境的破坏与修复［J］．生态科学．22（2）：186-188．

耿毅，汪开毓，陈德芳，等．2006．嗜麦芽寡养单胞菌研究进展［J］．动物医学进展，27（5）：28-31．

顾莉，华祖林．2007．天然河流纵向离散系数确定方法的研究进展［J］．水利水电科技进展，27（2）：85-89．

关景渠，李济生．1994．表面活性剂在环境中的生物降解［J］．环境科学，15（2）：81-84．

郭程轩，徐颂军．2007．基于 3S 与模型方法的湿地景观动态变化研究述评［J］．地理与地理信息科学，23（5）：86-90．

郭伟，何孟常，杨志峰，等．2007．大辽河水系表层沉积物中石油烃和多环芳烃的分布及来源［J］．环境科学学报，27（5）：824-830．

郭跃东，何岩，张明祥，等．2004．洮儿河中下游流域湿地景观演变及其驱动力分析［J］．水土保持学报，18（2）：118-121．

国家林业局. 2000. 中国湿地保护行动计划 [M]. 北京：中国林业出版社.

国家气象局. 1984. 中国云图 [M]. 北京：科学出版社.

韩德昌，姜思维，闻大中. 2008. 辽河油田污染土壤石油总烃垂直分布特征 [J]. 土壤通报，39（4）：932-934.

韩松俊，刘群昌，胡和平，等. 2010. 灌溉对景泰灌区年潜在蒸散量的影响 [J]. 水科学进展，21（3）：364-369.

韩文权，常禹. 2004. 景观动态的 Markov 模型研究——以长白山自然保护区为例 [J]. 生态学报，24（9）：1958-1969.

韩雪，马启敏，周华，等. 2012. 渤海典型海域表层沉积物正构烷烃特征比较 [J]. 环境化学，31（9）：1316-1319.

韩言柱，王立成，许学工，等. 2000. 河三角洲土壤（潮土）石油类含量对小麦的影响研究 [J]. 环境科学与技术，27（4）：1-4.

韩永镜，潘根兴. 1999. 土壤环境中阴离子表面活性剂的分布 [J]. 环境科学，20（5）：63-65.

何桂芳，袁国明. 2007. 用模糊数学对珠江口近 20a 来水质进行综合评价 [J]. 海洋环境科学，26（1）：53-57.

贺红武. 2008. 有机磷农药产业的现状与发展趋势 [J]. 世界农药，30（6）：29-33.

贺华中，柏森. 1998. 地面水环境质量模糊综合评判方法的改进 [J]. 武汉大学学报：自然科学版，44（5）：594-596.

贺康宁，田阳，张光灿. 2003. 刺槐日蒸腾过程的 Penman-Monteith 方程模拟 [J]. 生态学报，23（2）：251-258.

贺永华，沈东升，朱荫湄. 2006. 根系分泌物及其根际效应 [J]. 科技通报，22（6）：761-766.

胡忠良，潘根兴，李恋卿，等. 2009. 贵州喀斯特山区不同植被下土壤 C、N、P 含量和空间异质性 [J]. 生态学报，29（8）：4187-4195.

黄桂林，何平，侯盟. 2006. 中国河口湿地研究现状及展望 [J]. 应用生态学报，17（9）：1751-1756.

黄娟，王世和，鄢璐，等. 2006. 人工湿地污水处理系统脱氮研究进展 [J]. 电力环境保护，22（5）：33-36.

黄明勇，杨剑芳，王怀锋. 2007. 天津滨海盐碱土地区城市绿地土壤微生物特性研究 [J]. 土壤通报，38（6）：1131-1135.

黄溪水，王国生. 1981. 芦苇耐盐实验报告 [J]. 芦苇科技通讯，（2）：12-17.

黄学林，李筱菊. 1995. 高等植物组织离体培养的形态建成及其调控 [M]. 北京：科学出版社.

黄镇国，张伟强，吴厚水，等. 2000. 珠江三角洲 2030 年海平面上升幅度预测及防御策略 [J]. 中国科学：D 辑，30（2）：202-208.

贾建丽，李广贺，钟毅. 2007. 石油污染土壤生物修复中试系统对微生物特性的影响 [J]. 环境科学研究，20（5）：115-118.

贾文泽，田家怡，王秀凤，等. 2003. 黄河三角洲浅海滩涂湿地环境污染对鸟类多样性的影响 [J]. 重庆环境科学，25（3）：10-14.

江波，欧阳志云，苗鸿，等. 2011. 海河流域湿地生态系统服务功能价值评价 [J]. 生态学报，31（8）：2236-2244.

江春波，张明武，杨晓蕾. 2010. 华北衡水湖湿地的水质评价 [J]. 清华大学学报：自然科学版，50（6）：848-851.

姜翠玲，严以新. 2003. 水利工程对长江河口生态环境的影响 [J]. 长江流域资源与环境，12（6）：547-551.

金卫红，付融冰，顾国维. 2007. 人工湿地中植物生长特性及其对 TN 和 TP 的吸收 [J]. 环境科学研究，20（3）：75-80.

鞠瑾, 张志扬, 唐运平, 等. 2006. 不同植物湿地系统对高盐再生水的除氮能力比较 [J]. 中国给水排水, 22 (19): 56-58.

康艳华. 2004. 盘锦海岸带翅碱蓬种群退化原因的调查与分析 [J]. 辽宁农业职业技术学院学报, 6 (3): 27-28.

匡少平, 孙东亚. 2008. 中原油田周边土壤中 PAHs 的污染特征及评价 [J]. 世界科技研究与发展, 30 (4): 422-425.

邝继双. 2003. 基于 GIS 组件的农田空间信息管理系统的开发研究 [D]. 北京: 中国农业大学, 30-33.

冷延慧, 郭书海, 聂远彬, 等. 2006. 石油开发对辽河三角洲地区苇田生态系统的影响 [J]. 农业环境科学学报, 25 (2): 432-435.

黎夏, 刘小平. 2007. 基于案例推理的元胞自动机及大区域城市演变模拟 [J]. 地理学报, 62 (10): 1097-1109.

李彬, 王志春, 孙志高, 等. 2005. 中国盐碱地资源与可持续利用研究 [J]. 干旱地区农业研究, 23 (2): 154-158.

李朝生, 杨晓晖, 于春堂, 等. 2006. 放牧对黄河低阶地盐化草场土壤水盐空间异质性的影响 [J]. 生态学报, 6 (7): 2402-2408.

李春荣, 王文科, 曹玉清. 2007. 石油污染土壤的生态效应及修复技术研究 [J]. 环境科学与技术, 30 (9): 4-6.

李加林, 赵寒冰, 曹云刚, 等. 2009. 辽河三角洲湿地景观空间格局变化分析 [J]. 城市环境与城市生态, 19 (2): 5-7.

李加林, 赵寒冰, 刘闯, 等. 2006. 辽河三角洲湿地生态环境需水量变化研究 [J]. 水土保持学报, 20 (2): 129-134.

李佳霖. 2009. 典型河口区沉积物的硝化与反硝化过程 [D]. 青岛: 中国海洋大学.

李建国, 杨德明, 胡克, 等. 2006. 盘锦市红海滩碱蓬空间特征研究 [J]. 吉林大学学报, 36 (S1): 108-112.

李建军, 冯慕华, 喻龙. 2001. 辽东湾浅水区水环境质量现状评价 [J]. 海洋环境科学, 20 (3): 42-45.

李经建. 2006. 泉州湾河口湿地保护现状及发展对策 [J]. 湿地科学与管理, 2 (1): 47-50.

李恺. 2009. 层次分析法在生态环境综合评价中的应用 [J]. 环境科学与技术, 32 (2): 183-185.

李如忠, 石勇. 2009. 巢湖塘西河河口湿地重金属污染风险不确定性评价 [J]. 环境科学研究, 22 (10): 1156-1163.

李晓文, 胡远满, 肖笃宁. 1999. 景观生态学与生物多样性保护 [J]. 生态学报, 03: 111-119.

李兴钢, 梁成华, 王延松, 等. 2013. 基于 CA-Markov 模型的辽河三角洲湿地景观格局预测 [J]. 环境科学与技术, 36 (5): 188-192.

李雪梅, 王祖伟, 汤显强, 等. 2007. 重金属污染因子权重的确定及其在土壤环境质量评价中的应用 [J]. 农业环境科学学报, 26 (6): 2281-2286.

李亚楠, 黄水光, 张燕. 2001. 盘锦市海洋功能区划研究 [J]. 海洋环境科学, 20 (1): 60-63.

李奕林, 张亚丽, 胡江, 等. 2006. 淹水条件下籼稻与粳稻苗期根际土壤硝化作用的时空变异 [J]. 生态学报, 26 (5): 1641-1647.

李奕林, 张亚丽, 胡江, 等. 2006. 淹水条件下籼稻与粳稻苗期根际土壤硝化作用的时空变异 [J]. 生态学报, 26 (5): 1641-1647.

李育中, 祝延成, 吴雨华. 1996. 人工羊草草地演替过程中格局多样性的变化 [J]. 东北师范大学学报: 自然科学版, 03: 108-111.

李月瑶, 梁成华, 王延松, 等. 2010. 河口湿地土壤砷吸附-解吸特性的研究 [J]. 北方园艺, (13): 35-37.

李云辉, 文荣联, 莫测辉. 2007. 土壤有机污染的植物修复研究进展 [J]. 广东农业科学, (12): 96-98.

李哲强，侯美英，白云鹏．2008．基于 SPSS 的主成分分析在水环境质量评价中的应用［J］．海河水利，3：
  49-52．

梁士楚，刘镜法，梁铭忠．2004．北仑河口国家级自然保护区红树植物群落研究［J］．广西师范大学学报：
  自然科学版，22（2）：70-76．

廖书林，郎印海，王延松．2011．辽河口湿地土壤多环芳烃的分布与生态风险评价［J］．环境化学，20
  （2）：423-429．

林倩，张树深，刘素玲．2010．辽河口湿地生态系统健康诊断与评价［J］．生态与农村环境学报，26（1）：
  41-46．

林以安，唐仁友，李炎．1995．长江口生源元素的生物地球化学特征与絮凝沉降的关系［J］．海洋学报，17
  （5）：65-72．

刘爱江，吴建政，姜胜辉，等．2009．双台子河口区悬沙分布和运移特征［J］．海洋地质动态，25
  （8）：12-16．

刘爱霞，郎印海，薛荔栋，等．2009．沉积物中有机污染物生态风险分析方法研究［J］．海洋湖沼通报，3：
  17-23．

刘成，何耘，王兆印．2005．黄河口的水质、底质污染及其变化［J］．中国环境监测，21（3）：58-61．

刘春慧，田福林，陈景文，等．2009．正定矩阵因子分解和非负约束因子分析用于大辽河沉积物中多环芳烃
  源解析的比较研究［J］．科学通报，54（24）：3817-3822．

刘春涛，刘秀洋，王璐．2009．辽河河口生态系统健康评价初步研究［J］．海洋开发与管理，26（3）：
  43-48．

刘奉觉，郑世锴，臧逆群．1987．杨树人工幼林的蒸腾变异与蒸腾耗水量估算方法的研究［J］．林业科学，
  23：35-44．

刘惠明，杨燕琼，罗富和，等．2003．广州市帽峰山森林公园森林景观多样性分析［J］．生态科学，22
  （1）：30-33．

刘京涛，刘世荣．2006．植被蒸散研究方法的进展与展望［J］．林业科学，42（6）：108-114．

刘景双，杨继松，于君宝，等．2003．三江平原沼泽湿地土壤有机碳的垂直分布特征研究［J］．水土保持学
  报，17（3）：5-8．

刘磊，李习武，刘双江．2007．降解多环芳烃的菌株 Gordonia sp. He4 的分离鉴定及其在菲污染土壤修复过程
  中的动态变化［J］．环境科学，28（3）：617-622．

刘蕾．2006．东北典型湿地及松辽流域河道内生态需水研究［D］．武汉：武汉大学．

刘路，洪天求，潘国林，等．2007．巢湖十五里河河口沉积物污染特征研究［J］．合肥工业大学学报，30
  （3）：364-366，374．

刘庆生，刘高焕，励惠国．2003．胜坨、孤东油田土壤石油类物质含量及其变化［J］．土壤通报，34（6）：
  592-593．

刘树，梁漱玉．2008．芦苇湿地土壤有机质含量对芦苇产能的影响研究［J］．现代农业科技，（7）：
  232-234．

刘小京，刘孟雨．2002．盐生植物利用与区域农业可持续发展［M］．北京：气象出版社．

刘晓敏，张学庆，孙刚，等．2011．辽河口水盐分布的数值研究［J］．海岸工程，30（4）：31-36．

刘学录．2000．盐化草地景观中的斑块形状指数及其生态学意义［J］．草业科学，02：50-52，56．

刘洋，白贞爱，张和平，等．2009．盘锦市水资源保护现状及污染防治对策［J］．科技信息，31：317-319．

刘义，陈劲松，刘庆，等．2006．土壤硝化和反硝化作用及影响因素研究进展［J］．四川林业科技，27
  （2）：36-41．

刘岳峰，邬伦，韩慕康，等．1998．辽河三角洲地区海平面上升趋势及其影响评估［J］．海洋学报，20
  （2）：73-82．

刘振乾，吕宪国，刘红玉．2000．黄河三角洲和辽河三角洲湿地资源的比较研究［J］．资源科学，22（3）：

60-65.

陆光华，孙哲，耿亮．2008．水中氯代酚类化合物的生物降解研究［J］．中国给水排水，24（11）：80-88.

陆健健，何文珊，富春童，等．2006．湿地生态学［M］．北京：高等教育出版社.

芦晓峰，王铁良，李波．2008．盘锦双台河口湿地生态环境需水量与水资源优化配置研究［J］．水土保持研究，15（5）：93-96.

罗宏宇，黄方，张养贞．2003．辽河三角洲沼泽湿地时空变化及其生态效应［J］．东北师范大学学报：自然科学版，35（2）：100-105.

罗秋香，管清杰，金淑梅，等．2006．植物耐盐性分子生物学研究进展［J］．分子植物育种，4（6）：57-64.

罗先香，张秋艳，杨建强，等．2010．双台子河口湿地环境石油烃污染特征分析［J］．环境科学研究，23（4）：437-444.

罗先香，张珊珊，敦萌．2010．辽河口湿地碳、氮、磷空间分布及季节动态特征［J］．中国海洋大学学报：自然科学版，40（12）：97-104.

吕国红，周广胜，汲玉河．2007．辽河三角洲主要植被类型土壤碳氮含量分析［C］．广州：中国气象学会．2007年年会生态气象业务建设与农业气象灾害预警分会场论文集．714-724.

吕国红，周广胜，周莉，等．2006．盘锦湿地芦苇群落土壤碱解氮及溶解性有机碳季节动态［J］．气象与环境学报，22（4）：59-63.

吕国红，周莉，赵先丽，等．2006．芦苇湿地土壤有机碳和全氮含量的垂直分布特征［J］．应用生态学报，17（3）：384-389.

吕佳，李俊清．2008．海南东寨港红树林湿地生态恢复模式研究［J］．山东林业科技，（3）：70-72.

吕建霞，王亚韡，张庆华，等．2007．天津大沽排污河河口沉积物多溴联苯醚、有机氯农药和重金属的污染趋势［J］．科学通报，52（3）：277-282.

吕瑞恒，刘勇，于海群，等．2009．北京山区不同林分类型土壤肥力的研究［J］．北京林业大学学报，31（6）：159-163.

吕艳华．2007．黄河三角洲湿地硝化细菌生态特征及硝化作用研究［D］．青岛：中国海洋大学.

马春，鞠美庭，李洪远，等．2011．天津地区土地生态系统多样性演变与驱动力分析［J］．南开大学学报：自然科学版，01：66-70，77.

马德毅，王菊英．2003．中国主要河口沉积物污染及潜在生态风险评价［J］．中国环境科学，23（5）：521-525.

马德毅．1993．海洋沉积物的污染指示作用和监测方法［J］．海洋通报，12（5）：89-97.

马俊，张永祥，刘亮，等．2006．A2/O脱氮工艺效果研究［J］．哈尔滨商业大学学报，22（1）：28-31.

马克明，傅伯杰，周华峰．1998．景观多样性测度：格局多样性的亲和度分析［J］．生态学报，01：78-83.

马鸣超，姜昕，李俊，等．2008．人工快速渗滤系统中硝化菌群脱氮作用解析［J］．中国环境科学，28（4）：350-354.

倪晋仁，殷康前．1998．湿地综合分类研究：I．分类［J］．自然资源学报，13（3）：214-221.

欧维新，高建华，杨桂山．2006．芦苇湿地对氮磷污染物质的净化效应及其价值初步估算——以苏北盐城海岸带芦苇湿地为例［J］．海洋通报，25（5）：90-96.

潘纲．2003．亚稳平衡态吸附（MEA）理论——传统吸附热力学理论面临的挑战与发展［J］．环境科学学报，23（2）：156-173.

潘桂娥．2005．辽河口演变分析［J］．泥沙研究，（1）：57-62.

彭溶，邹立，万汉兴，等．2012．辽河口芦苇湿地土壤有机碳的积累特征研究［J］．中国海洋大学学报：自然科学版，42（5）：28-34.

彭少麟，任海，张倩媚．2003．退化湿地生态系统恢复的一些理论问题［J］．应用生态学报，14（11）：2026-2030.

秦延文，苏一兵，郑丙辉，等．2007．渤海湾表层沉积物重金属与污染评价［J］．海洋科学，31（12）：28-33.

秦延文，郑丙辉，张雷，等．2010．2004—2008年辽东湾水质污染特征分析［J］．环境科学研究，23（8）：987-992.

任保卫．2010．闽江口表层沉积物中重金属含量分布特征及其潜在生态风险评价［J］．福建水产，126（3）：46-50.

任磊，黄廷林．2000．土壤的石油污染［J］．农业环境保护，19（6）：360-363.

戎郁萍，韩建国，王培，等．2001．放牧强度对草地土壤理化性质的影响［J］．中国草地，23（4）：41-47.

沈新强，晁敏．2005．长江口及邻近渔业水域生态环境质量综合评价［J］．农业环境科学学报，24（2）：270-273.

盛菊江，范德江，杨东方，等．2008．长江口及其邻近海域沉积物重金属分布特征和环境质量评价［J］．环境科学，29（9）：2405-2412.

石福臣，李瑞利，王绍强，等．2007．三江平原典型湿地土壤剖面有机碳及全氮分布与积累特征［J］．应用生态学报，8（7）：1425-1431.

石伟．2009．ArcGIS地理信息系统详解［M］．北京：科学出版社．

史杏荣，俞能海，张永谦．2001．基于组件对象技术的WebGIS研究［J］．计算机工程，27（6）：4-7.

宋晓林，吕宪国．2009．中国退化河口湿地生态恢复研究进展［J］．湿地科学，7（4）：379-384.

宋晓林，吕宪国，陈志科．2010．不同覆被条件下双台子河口湿地土壤主要营养元素含量［J］．生态学杂志，29（11）：2117-2121.

宋有强．1990．辽东湾北部岸带温、盐分布基本特征［J］．海洋通报，（03）：9-13.

宋云香，战秀文．1997．辽东湾北部河口区现代沉积特征［J］．海洋学报，19（5）：145-149.

苏玲，林咸永，章永松，等．2001．水稻土淹水过程中不同土层铁形态的变化及磷吸附解吸特性的影响［J］．浙江大学学报，27（2）：124-128.

孙栋，段登选，刘红彩，等．2010．黄河口水域渔业生态水环境调查与研究［J］．海洋科学进展，28（2）：229-236.

孙立汉，杜丽娟，李东明，等．2005．滦河口湿地环境因子变化对黑嘴鸥繁殖影响研究［J］．河北省科学院学报，22（2）：65-68.

孙丽，宋长春．2008．三江平原典型沼泽湿地能量平衡和蒸散发研究［J］．水科学进展，19（1）：43-48.

孙淑荣，吴海燕，刘春光，等．2004．玉米连作对中部农区主要土壤微生物区系组成特征影响的研究［J］．12（4）：67-69.

孙毅，郭建斌，党普兴，等．2007．湿地生态系统修复理论及技术［J］．内蒙古林业科技，33（3）：33-38.

孙志高，刘景双，王金达，等．2006．湿地生态系统氮素输入过程的研究进展［J］．地理与地理信息科学，22（1）：97-102.

孙志高，刘景双．2007．三江平原典型小叶章湿地土壤氮素净矿化与硝化作用［J］．应用生态学报，18（8）：1771-1777.

孙志高，刘景双．2008．湿地土壤的硝化-反硝化作用及影响因素［J］．土壤通报，39（6）：1262-1266.

台培东，苏丹，刘延斌，等．2009．双台子河口国家自然保护区红海滩景观退化机制研究［J］．环境与污染防治，31（1）：17-20.

汤国安，杨昕．2006．ArcGIS地理信息系统空间分析实验教程［M］．北京：科学出版社．

汤金顶，潘桂娥，王立强．2003．辽河下游（柳河口至盘山闸段）河床演变初探［J］．泥沙研究，（5）：59-63.

陶晶，秦彩云，姚露贤，等．2000．杨树耐盐性突变体育种的研究进展［J］．吉林林业技术，（4）：5-9.

田敏，张昌楠．2008．盘锦市典型区域土壤中石油烃的污染状况调查与分析［J］．现代农业科技，20：352-354.

田伟君，王勇梅，孙会梅，等．2014．石油输入对河口芦苇湿地根际微生物的影响［J］．中国环境科学，10：2676-2683．

田蕴，郑天凌，王新红．2004．厦门西港表层海水中多环芳烃（PAHs）的含量组成及来源［J］．环境科学学报，24（1）：50-55．

宛立，王年斌，杜牛．2008．辽东湾北部海域水质质量模糊评价［J］．水产科学，27（6）：302-305．

宛立，王年斌，周遵春，等．2007．辽东湾北部海域夏季水质的综合评价［J］．海洋湖沼通报，4：88-92．

万金保，李媛媛．2007．模糊综合评价法在鄱阳湖水质评价中的应用［J］．上海环境科学，26（5）：215-218．

王蓓，张旭，李广贺，等．2007．芦苇根系对土壤中石油污染物纵向迁移转化的影响［J］．环境科学学报，27（8）：1281-1287．

王纯杰，白洁，赵阳国，等．2012．不同碳氮比对辽河口湿地总氮去除的影响［J］．海洋湖沼通报，（2）：157-165．

王国平．2004．湿地磷的生物地球化学特性［J］．水土保持学报，18（4）：193-195．

王焕松，雷坤，李子成，等．2011．辽东湾北岸主要入海河流污染物入海通量及其影响因素分析［J］．海洋学报，33（6）：110-116．

王建华，李勤凡，王岚峰，等．一种新的巴氏葡萄球菌 LF-2 及其应用．CN 200710017249A，2009-11-18．

王解先，王军，陆彩萍．2003．WGS-84 与北京 54 坐标的转换问题［J］．大地测量与地球动力学，23（3）：2-3．

王菊英，马德毅，鲍永恩，等．2003．黄海和东海海域沉积物的环境质量评价［J］．海洋环境科学，22（4）：21-24．

王克林．1998．洞庭湖湿地景观结构与生态工程模式［J］．生态学杂志，17（6）：28-32．

王丽荣，赵焕庭．2000．中国河口湿地的一般特点［J］．海洋通报，19（5）：47-54．

王凌，李秀珍，郭笃发．2003．辽河三角洲土地利用变化及其影响［J］．山东师范大学学报：自然科学版，18（3）：43-173．

王凌，李秀珍，胡远满，等．2003．用空间多样性指数分析辽河三角洲野生动物生境的格局变化［J］．应用生态学报，14（12）：2176-2180．

王领元．2007．丹麦 MIKE11 水动力模块在河网模拟计算中的应用研究［J］．中国水运，7（2）：106-107．

王其兵，贺金生．1997．长江三峡地区退化生态系统土壤异养细菌的初步研究［J］．生物多样性，5（4）：241-245．

王强，吕宪国．2007．鸟类在湿地生态系统监测与评价中的应用［J］．湿地科学，5（3）：274-281．

王少昆，赵学勇，左小安，等．2009．科尔沁沙质草甸土壤微生物数量的垂直分布及季节动态［J］．干旱区地理，32（4）：610-615．

王世岩．2004．三江平原退化湿地土壤物理特征变化分析［J］．水土保持学报，18（3）：167-170，174．

王树功，黎夏，周永章，等．2005．珠江口淇澳岛红树林湿地变化及调控对策研究［J］．湿地科学，3（1）：13-20．

王文强．2008．综合指数法在地下水水质评价中的应用［J］．水利科技与经济，14（1）：54-55．

王西琴，李力．2006．辽河三角洲湿地退化及其保护对策［J］．生态环境，15（3）：650-653．

王宪，李文权，张钒．2002．厦门市港湾沉积物质量现状和评价［J］．海洋环境科学，21（1）：58-59．

王宪礼，布仁仓，胡远满，等．1996．辽河三角洲湿地的景观破碎化分析［J］．应用生态学报，7（3）：299-304．

王宪礼，胡远满，布仁仓．1996．辽河三角洲湿地的景观变化分析［J］．地理科学，16（3）：260-265．

王宪礼，李秀珍．1997．湿地的国内外研究进展［J］．生态学杂志，16（1）：58-62．

王毅，张天相，徐学仁，等．2001．辽东湾北部至辽西沿岸海域营养盐分布及水质评价［J］．海洋环境科学，20（2）：63-66．

王幼奇，樊军，邵明安．2010. 陕北黄土高原雨养区谷子棵间蒸发与田间蒸散规律［J］. 农业工程学报，26（1）：6-10.

王玉广，鲍永恩．1996. 辽河口海区悬浮体运移扩散动力特征［J］. 黄渤海洋，14（1）：33-40.

魏皓，田恬，周锋．2002. 渤海水交换的数值研究——水质模型对半交换时间的模拟［J］. 青岛海洋大学学报，32（4）：519-525.

魏婷，朱晓东，李杨帆．2008. 基于突变级数法的厦门城市生态系统健康评价［J］. 生态学报，28（12）：6312-6320.

文梅，鞠莲，易柏林，等．2011. 双台子河口沉积环境质量综合评价［J］. 中国海洋大学学报：自然科学版，41（S1）：391-397.

邬建国．1992. 当代生态学博论［M］. 北京：中国科学技术出版社.

夏斌．2009. 2005年夏季环渤海16条主要河流的污染状况及入海通量［D］. 青岛：中国海洋大学.

夏柳荫，孙永利，田庆玲，等．2008. 混合固定化耐受菌共代谢降解五氯苯酚［J］. 化学工业与工程，25（2）：138-142.

肖笃宁，胡远满，李秀珍，等．2005. 环渤海三角洲湿地的景观生态学研究［M］. 北京：科学出版社.

肖笃宁．1991. 景观生态学理论、方法和应用［M］. 北京：中国林业出版社.

肖笃宁．1994. 辽河三角洲的自然资源与区域开发［J］. 自然资源学报，9（1）：43-50.

肖寒，欧阳志云，赵景柱，等．2001. 海南岛景观空间结构分析［J］. 生态学报，01：20-27.

谢高地，鲁春霞，成升魁．2001. 全球生态系统服务价值评估研究进展［J］. 资源科学，23（6）：5-9.

谢高地，甄霖，鲁春霞，等．2008. 生态系统服务的供给、消费和价值化［J］. 资源科学，30（1）：93-99.

谢正苗．1987. 土壤中砷的吸附和转化及其与水稻生长的关系［D］. 杭州：浙江农业大学.

邢尚军，张建锋，宋玉民，等．2005. 黄河三角洲湿地的生态功能及生态恢复［J］. 山东林业科技，（2）：69-70.

熊毅．1985. 土壤胶体：土壤胶体研究法（第2册）［M］. 北京：科学出版社.

徐宏伟，王效科，欧阳志云．2005. 三江平原小叶章湿地生态系统对氮磷的净化效率［J］. 农村生态环境，21（4）：38-42.

徐惠风，刘兴土，白军红．2004. 长白山沟谷湿地乌拉苔草沼泽湿地土壤微生物动态及环境效应研究［J］. 水土保持学报，18（3）：115-117，122.

徐继荣，王友绍，殷建平，等．2005. 珠江口入海河段DIN形态转化与硝化和反硝化作用［J］. 环境科学学报，25（5）：686-692.

徐继荣，王友绍，殷建平，等．2007. 大亚湾海域沉积物中的硝化和反硝化作用［J］. 海洋与湖沼，38（3）：206-211.

徐玲玲，张玉书，陈鹏狮，等．2009. 近20年盘锦湿地变化特征及影响因素分析［J］. 自然资源学报，24（3）：483-490.

徐燕侠．2013. 城市区域生态系统结构与格局遥感调查与变化分析［D］. 杭州：浙江大学.

徐祖信，卢士强，林卫青．2006. 苏州河干流防洪水位的数值计算［J］. 河海大学学报：自然科学版，34（2）：148-151.

徐祖信，卢士强．2003. 苏州河综合调水的流量计算分析［J］. 上海环境科学，22（增刊）：36-38.

徐祖信，卢士强．2003. 平原感潮河网水质模型研究［J］. 水动力学研究与进展，A辑，18（2）：182-188.

许士国，王昊．2007. 测量芦苇沼泽蒸散发量的渗流补偿方法［J］. 水科学进展，18（4）：496-503.

许学工，Yu S L，张枝焕，等．2005. 湿地状态对石油污染和植物长势影响的模拟研究［J］. 北京大学学报：自然科学版，41（6）：935-940.

薛巧英．2004. 水环境质量评价方法的比较分析［J］. 环境保护科学，30：64-67.

严文武，邬长国．2007. 水动力模型在平原感潮河网地区的研究与应用［J］. 浙江水利科技，4（152）：8-10.

杨程程，依艳丽，吕久俊，等．2010．辽河三角洲湿地重金属在土壤及植被中的分布特征［J］．安徽农业科学，38（20）：10852-10855.

杨慧玲，尹怀宁，徐惠民，等．2009．双台子河口滨海湿地生态系统服务功能与价值评估［J］．国土与自然资源研究，（1）：68-70.

杨继松，陈红亮，吴昊，等．2012．辽河口湿地水质模糊综合评判研究［J］．沈阳大学学报，24（3）：5-8.

杨继松，刘景双，于君宝，等．2006．草甸湿地土壤溶解有机碳淋溶动态及其影响因素［J］．应用生态学报，17（1）：113-117.

杨新华，解成喜，陈兆慧，等．2006．柴油中正构烷烃的高温气相色谱分析［J］．分析试验室，25（10）：9.

杨新梅，陈志宏，刘娟，等．2002．大连湾海域水质污染因子权重分析［J］．海洋通报，21（3）：86-90.

叶春，金相灿，王临清，等．2004．洱海湖滨带生态修复设计原则与工程模式［J］．中国环境科学，24（6）：717-721.

叶淑红，丁鸣，马达，等．2005．微生物修复辽东湾油污染湿地研究［J］．环境科学，26（5）：143-146.

易柏林，邹立，文梅，等．2013．双台子河口水环境质量综合评价［J］．中国海洋大学学报：自然科学版，43（11）：87-93.

尹发能．2004．基于模糊数学方法的洞庭湖区水安全评价［D］．长沙：湖南师范大学.

尹连庆，谷瑞华．2008．人工湿地去除氨氮机理及影响因素研究［J］．环境工程，26：151-155.

于立霞．2011．大辽河口生态环境综合评价［D］．青岛：中国海洋大学.

于天仁．1987．土壤化学原理［M］．北京：科学出版社.

于颖，周启星，王新，等．2003．黑土和棕壤对铜的吸附研究［J］．应用生态学报，14（5）：761-765.

于长斌．2008．盘锦芦苇湿地河蟹养殖现状及发展对策［J］．现代农业科技，（3）：294-295.

余晓鹤，朱培立，黄东迈．1991．土壤表层管理对稻田土壤 N 矿化势、固 N 强度及铵态 N 的影响［J］．中国农业科学，24（1）：73-79.

余新晓，牛健植，关文彬，等．2006．景观生态学［M］．北京：高等教育出版社.

俞集辉，韦俊涛，彭光金，等．2009．基于人工神经网络的参数灵敏度分析模型［J］．计算机应用研究，26（6）：2279-2281.

袁红明，赵广明，庞守吉，等．2008．黄河三角洲北部湿地多环芳烃分布与来源［J］．海洋地质与第四纪地质，28（6）：57-62.

袁可能．1983．植物营养元素的土壤化学［M］．北京：科学出版社.

袁平夫，廖柏寒，卢明．2004．表面活性剂（LAS&NIS）的环境安全性评价［J］．安全与环境工程，11（3）：31-34.

袁玉欣，王印肖，刘柄响，等．2006．木本植物耐盐选育研究进展［J］．河北林业科技，（2）：0031-0035.

翟旭，吴树彪，侯保朝，等．2009．人工湿地植物净化效果研究［J］．安徽农业科学，37（31）：15368-15370.

詹道江，叶守泽．2000．工程水文学（第三版）［M］．北京：中国水利水电出版社.

张帆，刘长安，姜洋．2008．滩涂盐沼湿地退化机制研究［J］．海洋开发与管理，25（8）：99-101.

张鸿，吴振斌．1999．两种人工湿地中氮磷净化率与细菌分布关系的初步研究［J］．华中师范大学学报：自然科学版，33（4）：575-578.

张虎成，俞穆清，田卫，等．2004．人工湿地生态系统中氮的净化机理及其影响因素研究进展［J］．干旱区资源与环境，18（4）：163-168.

张建锋，李吉跃，宋玉民，等．2003．植物耐盐机理与耐盐植物选育研究进展［J］．世界林业研究，16（2）：16-22.

张晶，张惠文，张勤，等．2008．长期石油污水灌溉对东北旱田土壤异养细菌生物量及土壤酶活性的影响［J］．中国生态农业学报，16（1）：67-70.

张婧，王淑秋，谢琰，等．2008．辽河水系表层沉积物中重金属分布及污染特征研究［J］．环境科学，29

（9）：2413-2418.

张培．2008．白洋淀湿地价值评价［D］．保定：河北农业大学．

张绮纹，张望东．1995．群众杨39无性系耐盐悬浮细胞系的建立和体细胞变异体完整植株的诱导［J］．林
业科学研究，（4）：395-401.

张秋菊，傅伯杰，陈利顶．2003．关于景观格局演变研究的几个问题［J］．地理科学，23（3）：264-270.

张蕊．2009．双台子河口湿地生态水文模拟与调控［D］．青岛：中国海洋大学．

张蕊，严登华，罗先香，等．2010．河口湿地生态需水研究框架及关键问题［J］．中国水利，（19）：7-10.

张司达．2012．盘锦市农业污染源污染现状及防治对策［J］．现代农业科技，8：280-284.

张先勇，王轶，杨宝．2012．海口湾水体中多环芳烃（PAHs）浓度及来源研究［J］．环境科学与技术，35
（2）：102-105.

张晓龙，李培英，李萍，等．2005．中国滨海湿地研究现状与展望［J］．海洋科学进展，23（1）：87-94.

张欣，周林林，李萌，等．2009．基于模糊综合评判方法的双台子河口湿地水质评价研究［J］．南水北调与
水利科技，7（4）：54-56.

张欣，周林林，李萌，等．2010．辽宁盘锦双台子河口湿地生态环境需水量研究［J］．水资源保护，26
（4）：8-12.

张绪良，张朝晖，谷东起，等．2009．辽河三角洲滨海湿地的演化［J］．生态环境学报，18（3）：
1002-1009.

张学佳，纪巍，康志军，等．2008．土壤中石油类污染物的自然降解［J］．石化技术与应用，26（3）：
273-278.

张勇，刘树函．2007．广州入海河口沉积物重金属污染及潜在生态风险初步评价［J］．广州环境科学，22
（1）：37-39.

张云浦．2006．双台子河盘锦市段污染状况及整治措施［J］．黑龙江环境通报，30（3）：81-82.

张长春，王光谦，魏加华．2005．基于遥感方法的黄河三角洲生态需水量研究［J］．水土保持学报，19
（1）：149-152.

张颖，郑西来，伍成成，等．2011．辽河口芦苇湿地蒸散试验研究［J］．水科学进展，22（3）：351-358.

张政，付融冰，顾国维，等．2006．人工湿地脱氮途径及其影响因素分析［J］．生态环境，15（6）：
1385-1390.

张志山，谭会娟，周海燕，等．2006．用气孔计测定沙漠人工植物的蒸腾［J］．草业学报，15（4）：
129-135.

张志勇，王建国，杨林章，等．2008．植物吸收对模拟污水净化系统去除氮、磷贡献的研究［J］．土壤，40
（3）：412-419.

张竹圆，白洁，周方，等．2011．两株河口湿地耐盐石油降解菌的生物学特性及降解能力研究［J］．海洋
湖沼通报，（1）：147-153.

赵博，王铁良，周林飞，等．2007．河口湿地生态环境需水量计算方法概述与应用实例［J］．安徽农业科
学，35（18）：5532-5534.

赵化德，姚子伟，关道明．2007．河口区域反硝化作用研究进展［J］．海洋环境科学，26（3）：296-300.

赵先丽，周广胜，周莉．2006．盘锦芦苇湿地土壤微生物特征分析［J］．气象与环境学报，22（14）：
64-67.

赵欣胜，崔保山，杨志峰．2005．黄河流域典型湿地生态环境需水量研究［J］．环境科学学报，25（5）：
567-572.

赵兴青，杨柳燕，陈灿，等．2006．DCR-DGGE技术用于湖泊沉积物中微生物群落结构多样性研究［J］．
生态学报，26（11）：1316-1322.

郑国琦，许兴，徐兆桢，等．2002．耐盐分胁迫的生物学机理及其基因工程研究进展［J］．宁夏大学学报：
自然科学版，23（1）：79-85.

郑青华, 罗格平, 朱磊, 等. 2010. 基于 CA-Markov 模型的伊犁河三角洲景观格局预测 [J]. 应用生态学报, 21 (4): 983-882.

郑西来, 李永乐, 林国庆, 等. 2003. 土壤对可溶性油的吸附作用及其影响因素分析 [J]. 地球科学, 28 (5): 563-566.

郑一, 王学军, 李本纲, 等. 2003. 天津地区表层土壤多环芳烃含量的中尺度空间结构特征 [J]. 环境科学学报, 23 (3): 311-316.

中国标准出版社总编室. 1999. 中国国家标准汇编 252GB17365-17385 [M]. 北京: 中国标准出版社.

中国海湾志编纂委员会. 1998. 中国海湾志: 第十四分册 (重要河口) [M]. 北京: 海洋出版社.

中华人民共和国国家质量监督检验检疫总局. GB17378.3—2007 海洋监测规范 [S]. 北京: 中国国家标准化管理委员会, 2007.

钟玉书, 王国生. 1989. 芦苇叶面积的简易测定法 [J]. 芦苇科技通讯, (13): 53-55.

周才平, 欧阳华. 2001. 温度和湿度对暖温带落叶阔叶林土壤氮矿化的影响 [J]. 植物生态学报, 25 (2): 204-209.

周广胜, 周莉, 关恩凯, 等. 2006. 辽河三角洲湿地与全球变化 [J]. 气象与环境学报, 22 (4): 7-12.

周林飞, 高云彪, 许士国. 2005. 模糊数学在湿地水质评价中应用的研究 [J]. 水利水电技术, 36 (1): 35-38.

周晓峰, 蒋敏元. 1999. 黑龙江省森林效益的计量、评价及补偿 [J]. 林业科学, 39 (3): 97-102.

周秀艳, 王恩德, 朱恩静. 2004. 辽东湾河口底泥中重金属的污染评价 [J]. 环境化学, 23 (3): 321-325.

朱浩峥, 侯万发, 李忠波, 等. 2006. 双台子河口红海滩退化初探 [J]. 土壤通报, 37 (6): 1191-1194.

朱建荣, 胡松. 2003. 河口形状对河口环流和盐水入侵的影响 [J]. 华东师范大学学报: 自然科学版, (02): 68-73.

庄铁诚, 张瑜斌, 林鹏. 2000. 红树林土壤微生物对甲胺磷的降解 [J]. 应用与环境生物学报, 6 (3): 276-280.

邹景忠, 董丽萍, 秦保平. 1983. 渤海湾富营养化和赤潮问题的初步探讨 [J]. 海洋环境科学, 2 (2): 41-54.

邹昶和, 李新通, 高文兰, 等. 2012. 拉市海流域景观多样性空间特征分析 [J]. 福建师范大学学报: 自然科学版, 28 (3): 65-71.

邹强, 刘芳, 杨剑虹. 2009. 三峡库区消落区紫色土砷吸附-解吸特征研究 [J]. 广西农业科学, 40 (3): 266-270.

邹志红, 孙靖南, 任广平. 2005. 模糊评价因子的熵权法赋权及其在水质评价中的应用 [J]. 环境科学学报, 25 (4): 552-556.

邹志红, 云逸, 王惠文. 2008. 两阶段模糊法在海河水系水质评价中的应用 [J]. 环境科学学报, 28 (4): 799-803.

Abeliovich A. 1992. Transformations of ammonia and the environmental impact of nitrifying bacteria [J]. Biodegradation, 3 (2): 255-264.

Adams P, Vernon D M. 1992. Distinct cellular and organismic responses to salt stress [J]. Plant Cell Physiol, 33 (8): 1215-1123.

Agna S K, Nico M S, Henk W V. 2002. Potential nitrification and factors influencing nitrification in pine forest and agricultural soils in Central Java, Indonesia [J]. Pedobiologia, 46 (6): 573-594.

Aksoy A, Demirezen D, Duman F. 2005. Bioaccumulation, detection and analysis of heavy metal pollution in Sultan Marsh and its environment [J]. Water Air Soil Pollut, 164 (1): 241-255.

Alfaro A C, Thomas F, Sergent L, et al. 2006. Identification of trophic interactions within an estuarine food web (northern New Zealand) using fatty acid biomarkers and stable isotopes [J]. Estuar Coast Shelf S, 70: 271-286.

Ann Y, Reddy K R, Delfino J J. 2000. Influence of redox potential on phosphorus solubility in chemically amended wetland organic soils [J]. Ecol Eng, 14: 169−180.

Bagwell C E, Piceno Y M, Ashburne-Lucas A, et al. 1998. Physiological diversity of the rhizosphere diazotroph assemblages of selected salt marsh grasses [J]. Appl Environ Microbiol, 64: 4276−4282.

Bento F M, Oliveira Camargo F A, Okeke B C, et al. 2005. Diversity of biosurfactant producing microorganisms isolated from soils contaminated with diesel oil [J]. Microbiol Res, 160: 249−255.

Binding H, Binding K, Straub J. 1970. Selektion in Gewebekulturen mit haploiden Zellen [J]. Naturwissenschaften, 57 (3): 138−139.

Blaylock M J, Salt D E, Dushenkov S, et al. 1997. Enhanced accumulation of Pb in Indian mustard by soil-applied chelating agents [J]. Environ Sci Technol, 31 (3): 860−865.

Bock E, Wagner M. 2006. Oxidation of inorganic nitrogen compounds as an energy source [M]. The prokaryotes. New York: Springer, 457−495.

Boer W, Tietema A, Klein Gunnewiek P J A, et al. 1992. The chemolithotrophic ammonium-oxidizing community in a nitrogen saturated acid forest soil in relation to pH-dependent nitrifying activities [J]. Soil Biol Biochem, 24: 229−234.

Brinkman A G. 1993. A double-layer model for iron adsorption onto metal oxides, applied to experimental data and to natural sediments of lake Veluwe, the Netherlands [J]. Hydrobiologia, 253: 31−45.

Budelsky R A, Galatowitsch S M. 1999. Effects of moisture, temperature and time on seed germination of five wetland carices: implications for restoration [J]. Restor Ecol, 7: 86−97.

Budzinski H, Jones I, Bellocq J, et al. 1997. Evaluation of sediment contamination by polycyclic aromatic hydrocarbons in the Gironde estuary [J]. Mar Chem, 58 (1−2): 85−97.

Burchett M D, Allen C, Pulkownik A, et al. 1998. Rehabilitation of saline wetland, Olympic 2000 site, Sydney (Australia) −II: Saltmarsh transplantation trials and application [J]. Mar Pollut Bull, 37 (8−12): 526−534.

Cartaxana P, Lloyd D. 1999. N_2, N_2O and O_2 Profiles in a Tagus Estuary Salt Marsh [J]. Estuar Coast Shelf S, 48 (6): 751−756.

Cebron A, Oci M, Garnier J, et al. 2004. Denaturing gradient gel electrophoretic analysis of ammonia-oxidizing bacterial community structure in the lower Seine River: impact of Paris wastewater effluents [J]. Appl Environ Microbiol, 70: 6726−6737.

Chen C, Cowles G, Beardsley R C. 2006. An unstructured grid, finite-volume coastal ocean model: FVCOM user manual [M]. SMAST/UMASSD.

Chiang C, Craft C B, Rogers D W, et al. 2000. Effects of 4 years of nitrogen and phosphorus additions on Everglades plant communities [J]. Aquat Bot, 68 (1): 61−78.

Choi J Y, Engel B A, Farnsworth R L. 2005. Web-based GIS and spatial decision support system for watershed management [J]. J Hydroinform, 7 (3): 165−174.

Clevering O A. 1995. Germination and seedling emergence of Scirpuslacustris L. and Scirpus maritimus L. with special reference to the restoration of wetlands [J]. Aquat Bot, 50: 63−78.

Costanza R, D'Arge R, Degroot R, et al. 1997. The value of the world's ecosystem services and natural capital [J]. Nature, 387: 253−260.

Cousins I T, Gevao B, Jones K C. 1999. Measuring and modeling the vertical distribution of semi-volatile organic compounds in soils. I: PCB and PAH soil core data [J]. Chemosphere, 39 (14): 2507−2518.

Craft B C, Broome S W, Seneca E D. 1988. Nitrogen, phosphorus and organic carbon pools in natural and transplanted marsh soils [J]. Estuaries, 11 (4): 272−280.

Cunha M A, Pedro R, Almeida M A, et al. 2005. Activity and growth efficiency of heterotrophic bacteria in a salt marsh (Ria de Aveiro, Portugal) [J]. Microbiol Res, 160: 279−290.

284

De Boer W, Kowalchuk G A. 2001. Nitrification in acid soils: microorganisms and mechanisms [J]. Soil Biol Biochem, 33: 853-866.

De Boer W, Tietema A, Klein Gunnewiek P J A, et al. 1992. The chemolithotrophic ammonium-oxidizing community in a nitrogen saturated acid forest soil in relation to pH-dependent nitrifying activities [J]. Soil Biol Biochem, 24: 229-234.

Dise N B, Write R F. 1995. Nitrogen leaching from European forests in relation to nitrogen deposition [J]. Forest Ecol Manag, 71: 153-161.

Dollhopf S L, Hyun J H, Smith A C, et al. 2005. Quantification of ammonia-oxidizing bacteria and factors controlling nitrification in salt marsh sediments [J]. Appl Environ Microbiol, 71 (1): 240-246.

Finlay B J, Maberly S C, Cooper J I. Microbial diversity and ecological function [J]. Oikos, 1997, 80: 209-213.

Fitzgerald E J, Caffrey J M, Nesaratnam S T, et al. 2003. Copper and lead concentrations in salt marsh plants on the Suir Estuary, Ireland [J]. Environ Pollut, 123 (1): 67-74.

Franco I, Contin M, Bragato G, et al. 2004. Microbiological resilience of soils contaminated with crude oil [J]. Geoderma, 121 (1/2): 17-30.

Garten C J T, Cooper L W, Post W M I, et al. 2000. Climate controls on forest soil C isotope ratios in the southern Appalachian Mountains [J]. Ecology, 81 (4): 1108 - 1119.

Garten C T Jr, Wullschleger S D. 2000. Soil carbon dynamics beneath switchgrass as indicated by stable isotope analysis [J]. Environ Qual, 29 (2): 645-653.

Gomez E, Durillon C, Rofes G, et al. 1999. Phosphate adsorption and release from sediments of brachish lagoons: pH, O_2 and loading influence [J]. Water Res, 33: 2437-2447.

Grahame H. 1984. Measurement of Nitrification Rates in Lake Sediments: Comparison of the Nitrification Inhibitors Nitrapyrin and Allylthiourea [J]. Microb Ecol, 10: 25-36.

Groffman P M, Bohlen P J. 1999. Soil and sediment biodiversity-cross-system comparisons and large-scale effects [J]. BioScience, 49: 130-148.

Grofman P M, Driscoll C T, Fahey T J, et al. 2001. Effects of mildwinter freezing on soil nitrogen and carbon dynamics in a northernhardwood forest [J]. Biogeochemistry, 56: 215-238.

Guo X Y, Valle-Levinson A. 2007. Tidal effects on estuarine circulation and outflow plume in the Chesapeake Bay [J]. Cont Shelf Res, (27): 20-42.

Gutrich J J, Taylor K J, Fennessye M S. 2008. Restoration of vegetation communities of created expressional marshes in Ohio and Colorado (USA): The importance of initial effort for mitigation success [J]. Ecol Eng, 9: 1-18.

Henning P, Kristie A D, Mary K F. 1999. The relative importance of autotrophic and heterotrophic nitrification in a conifer forest soil as measured by 15N tracer and pool dilution techniques [J]. Biochem, 44: 135-150.

Hinkle R L, Mitsch W J. 2005. Salt marsh vegetation recovery at salt hay farm wetland restoration sites on Delaware Bay [J]. Ecol Eng, 25: 240-251.

Hu J F, Zhang H B, Peng P A. 2006. Fatty acid composition of surface sediments in the subtropical Pearl River estuary and adjacent shelf, southern China [J]. Estuar Coast Shelf S, 66: 346-356.

Huang Q Y, Wu J M, Chen W L, et al. 2000. Adsorption of cadmium by soil colloids and mineral in presence of rhizobia [J]. Pedosphere, 10 (4): 299-307.

Hunter P R, Gaston M A. 1988. Numerical index of the discriminatory ability of typing systems: an application of Simpson's index of diversity [J]. J Clin Microbiol, 26 (11): 2465-2466.

Jenkins M C, Kemp W M. 1984. The coupling of nitrification and denitrification in two estuarine sediments [J]. Limnol Oceanogr, 29 (3): 609-619.

Ji G D, Sun T H, Ni J R. 2007. Impact of heavy oil-polluted soils on reed wetlands [J]. Ecol Eng, 29 (3): 272

-279.

Ji G D, Yang Y S, Zhou Q, et al. 2004. Phytodegradation of extra heavy oil-based drill cuttings using mature reed wetland: an insitu pilot study [J]. Environ Int, 30 (4): 509-517.

Jobbagy E G, Jackson R B. 2000. The vertical distribution of soil organic carbon and its relation to climate and vegetation [J]. Ecol Appl, 10 (2): 423-436.

Kaneda T. 1991. Iso-and anteiso-fatty acids in bacteria: biosynthesis, function, and taxonomic significance [J]. Microbiol Rev, 55 (2): 288-302.

Kennedy A C, Smith K L. 1995. Soil microbial diversity and the sustainability of agricultural soils [J]. Plants Soil, 170: 75-86.

Koponen H T, Jaakkola T, Kein Nen-Toivola M M, et al. 2006. Microbial communities, biomass, and activities in soils as affected by freeze thaw cycles [J]. Soil Biol Biochem, 38 (7): 1861-1871.

Koretsky C. 2000. The significance of surface complexation reactions in hydrologic systems: a geochemist's perspective [J]. Hydrology, (230): 127-171.

Krave A S, Van Straalen N M, Van Verseveld H W. 2002. Potential nitrification and factors influencing nitrification in pine forest and agricultural soils in Central Java, Indonesi [J]. Pedobiologia, 46 (6): 573-594.

Li H, Zhang Y, Zhang C G, et al. 2005. Effect of petroleum-containing wastewater irrigation on bacterial diversities and enzymatic activities in a paddy soil irrigation area [J]. J Environ Qual, 34: 1073-1080.

Lijklema L. 1980. Interaction of orthophosphate with iron (III) and aluminium hydroxides [J]. Environ Sci Technol, 14: 537-541.

Lin Q X, Irving M A, Carney K, et al. 2002. Salt marsh recovery and oil spill remediation after in-situ burning: effects of water depth and burn duration [J]. Environ Sci Technol, 36 (4): 576-581.

Lin Q X, Mendelssohn I A. 2009. Potential of restoration and phytoremediation with *Juncus roemerianus* for diesel-contaminated coastal wetlands [J]. Ecol Eng, 35: 85-91.

Liu H L, Li L Q, Yin C Q, et al. 2008. Fraction distribution and risk assessment of heavy metals in sediments of Moshui Lake [J]. J Environ Sci, 20: 390-397.

Liu Q. 2000. The arabidopsis thaliana SOS2 gene encodes a protein kinase that is required for salt tolerance [J]. Proc Natl Acad Sci U S A, 97: 3730-3734.

Long E R, Morgan L G. 1990. The potential for biological effects of sediments-sorbed contaminants tested in the National Status and Trends Program [R]. National Oceanic and Atmospheric Administration.

Lu Y T, Chen X B, Zhou P, et al. 2005. Screening on oil-decomposing micro-organisms and application in organic waste treatment machine [J]. J Environ Sci, 17 (4): 440-444.

Lucotte M D, D'Anglejan B. 1988. Seasonal changes in the phosphorus-iron geochemistry of the St Lawrence E stuary [J]. J Coastal Res, 4: 339-349.

Lutz B, Ralf K, Klaus B B. 2002. Temperature and moisture effects on nitrification rates in tropical rain-forest soils [J]. Soil Sci Soc Am J, 66 (3): 824-844.

Mai B X, Fu J M, Sheng G Y, et al. 2002. Chlorinated and polycyclic aromatic hydrocarbons in riverine and estuarine sediments from Pearl River Delta, China [J]. Environ Pollut, 117 (3): 457-474.

Mao X Y, Jiang W S, Zhao P, et al. 2008. A 3-D numerical study of salinity variations in the Bohai Sea during the recent years [J]. Cont Shelf Res, (28): 2689-2699.

Martin C, Johnson W. 1995. Variation in radiocarbon ages of soil organic matter fractions from late quaternary buried soils [J], Quaternary Res, (43): 232-237.

Martin J F, Reddy K R. 1997. Interaction and spatial distribution of wetland nitrogen processes [J]. Ecol Model, 105 (1): 1-21.

Mattina Mi, Isleyen M, Eitzer Bd, et al. 2006. Uptake by cucurbitaceae of soil-Bome contaminants depends upon plant genotype and pollutant properties [J] . Environ Sci Technol, 40 (6): 1814-1821.

Mondal P, Southworth J. 2010. Evaluation of conservation interventions using a cellular automata-Markov Model [J] . Forest Ecol Manag, 260: 1716-1725.

Nazire M, Adem O, Suleyman M. 1999. Interpretation of Water Quality Data by Principal Components Analysis [J]. Eng Environ Sci, 23: 19-26.

Nedwell D B. 1996. Estuaries and saltmashes: interface between land and sea [J] . Environ Manag Health, 7 (2): 20-23.

Nelson P J. 1994. Aspects of the ecology of vascular halophytes which determine their distribution in a Kooragang Island saltmarsh community [D] . Honours Thesis, University of Newcastle.

Nie M, Zhang X D, Wang J Q, et al. 2009. Rhizosphere effects on soil bacterial abundance and diversity in the Yellow River Deltaic ecosystem as influenced by petroleum contamination and soil salinization [J] . Soil Biol Biochem, 41: 2535-2542.

Niels P R, Jacob P J, Lars P N. 2005. Nitrogen transformations in microenvironments of river beds and riparian zones [J]. Ecol Eng, 24: 447-455.

Nowicki B L. 1994. The effect of temperature, oxygen, salinity, and nutrient enrichment on estuarine denitrification rates measured with a modified nitrogen gas flux technique [J] . Estuar Coast Shelf Sci, 38 (2): 137-156.

O'Brien E L, Zedler J B. 2006. Accelerating the restoration of vegetation in a southern California salt marsh [J] . Wetl Ecol Manag, 14: 269-286.

Orlando. 2003. The Vesicular-arbuscular Mycorrhizal Symbiosis [J] . Afr J Biotechnol, 2 (12): 539-546.

Oudot J, Merlin F X, Pinvidic P. 1998. Weathering rates of components in a bioremediation experiment in estuarine sediments [J] . Mar Environ Res, 45 (2): 113-125.

Oved T, Shaviv A, Goldrath T, et al. 2001. Influence of effluent irrigation on community composition and function of ammonia-oxidizing bacteria in soil [J] . Appl Environ Microbiol, 67 (8): 3426-3433.

Pant H K, Reddy K R. 2001. Phosphorus sorption characteristics of estuarine sediments under different redox conditions [J] . J Environ Qual, 30: 1474-1480.

Parker R J, Taylor J. 1983. The relationship between fatty acids distributions and bacterial respiratory types in contemporary marine sediments [J] . Estuar Coast Shelf S, 16 (2): 173-189.

Raghavan V, Masumot S, Santitamont P, et al. 2002. Implementing an online spatial database using the GRASS GIS environment [C] . Proceedings of the Open source GIS—GRASS users conference.

Recep G, Bilal A, Mehmet H A. 2004. Copper adsorption from aqueous solution by herbaceous peat [J] . J Colloid Interf Sci, 4 (11): 68-73.

Regan J M, Harrington G W, Noguera D R. 2002. Ammonia-and nitrite-oxidizing bacterial communities in a pilot-scale chloraminated drinking water distribution system [J] . Appl Environ Microbiol, 68 (1): 73-81.

Ren H, Kawagoe T, Jia H J, et al. 2010. Continuous surface seawater surveillance on poly aromatic hydrocarbons (PAHs) and mutagenicity of East and South China Seas [J] . Estuar Coast Shelf Sci, 86: 395-400.

Rietz D N, Haynes R J. 2003. Effects of irrigation induced salinity and sodicity on soil microbial activity [J] . Soil Biol Biochem, 35 (6): 845-854.

Ringelberg D, Richmond M, Foley K, et al. 2008. Utility of lipid biomarkers in support of bioremediation efforts at army sites [J] . J Microbiol Methods, 74 (1): 17-25.

Rittmann B E, Mccarty P L. 2001. Environmental Biotechnology: Principles and Applications [M] . New York: McGraw-Hill BookCo, 408.

Roey A, Lior A, Zeev R, et al. 2010. Nitrogen Transformations and diversity of ammonia-oxidizing bacteria in a desert ephemeral stream receiving untreated wastewater [J] . Microb Ecol, 59: 46-58.

Rutter H, Sass H, Cypionka H, et al. 2002. Microbial communities in a Wadden Sea sediment core—clues from analyses of intact glyceride lipids, and released fatty acids [J]. Org Geochem, 33 (7): 803-816.

Rysgaard S, Thastum P, Dalsgaard T, et al. 1999. Effects of salinity on NH4+adsorption capacity, nitrification and identification in Danish estuarine sediments [J]. Estuaries, 22 (1): 21-30.

Ryuhei I, Yanhua W, Tomoko Y, et al. 2008. Seasonal effect on N2O formation in nitrification in constructed wetlands [J]. Chemosphere, 73: 1071-1077.

Saada A, Breeze D, Crouzet C, et al. 2003. Adsorption of arsenate (V) on kaolinite and on kaolinitehumic acid complexes: Role of humic acid nitrogen groups [J]. Chemosphere, 51: 757-763.

Salt D E, Blaylock M, Kumar N P, et al. 1995. Phytoremediation: A Novel Strategy For The Removal Of Toxic Metals From The Environment Using Plants [J]. Nat Biotech, 13 (5): 468-474.

Sakadevan K, Bavor H J. 1998. Phosphate adsorption characteristics of soils, slags and zeolite to be used as substrates in constructed wetland systems [J]. Water Res, 32 (2): 393-399.

Sanada Y, Veda H, Kuribayashi K, et al. 1995. Novel light-dark change of proline levels in halophyte (Mesembryanthemum crystallinum L.) and glycophytes (Hordeum vulgare L. and Triticum aestivum L.) leaves and roots under salt stress [J]. Plant Cel Physiol, 36 (6): 965-970.

Sang L L, Zhang C, Yang J Y, et al. 2011. Simulation of land use spatial pattern of towns and villages based on CA-Markov model [J]. Math Comput Model, 54: 938-943.

Santa-Cruz A, Acosta M, Rus A, et al. 1999. Short-term salt tolerance mechanisms in differentially salt tolerant tomato species [J]. Plant Physiol Biochem, 37 (1): 65-71.

Schafer A, Wichtmann W. 1998. Fen restoration and reed cultivation: first results of an interdisciplinary project in Northeastern Germany Economic aspects [A]. In: Malterer T J, Johnson K W & Stewarteds J. Peatland restoration and reclamation [C]. Duluth: International Peat Society, 244-249.

Seliskar D M. 1998. Natural and tissue culture-generated variation in the salt marsh grass Sporobolus virginicus: Potential selections for marsh creation and restoration [J]. Hortscience, 33 (4): 622-625.

Sheen J. 1996. Ca^{2+}—dependent protein kinases and stress signal transduction in plants [J]. Science, 274: 1900-1902.

Sherry L, Dollhopf, Jung-Ho, et al. 2005. Quantification of Ammonia-Oxidizing Bacteria and Factors Controlling Nitrification in Salt Marsh Sediments [J]. Appl Environ Microbiol, 71 (1): 240-246.

Shin W S, Pardue J H, Jackson W A, et al. 2001. Nutrient enhanced biodegradation of crude oil tropical salt marshes [J]. Water Air Soil Pollut, 131: 135-152.

Šlmek M, Cooper J E. 2002. The influence of soil pH on denitrification: progress towards the understanding of this interaction over the last fifty years [J]. Ecology, 53 (3): 345-354.

Soclo H H, Garrigues P H, Ewald M. 2000. Origin of polycyclic aromatic hydrocarbons (PAHs) in coastal marine sediments: case studies in Cotonou (Benin) and Aquitaine (France) areas [J]. Mar Pollut Bull, 40 (5): 387-396.

Stapleton R D, Sayler G S, Boggs J M, et al. 2000. Changes in subsurface catabolic gene frequencies during natural attenuation of petroleum hydrocarbons [J]. Environ Sci Technol, 34: 1991-1999.

Sui D Z, Hui Z. 2001. Modeling the dynamics of landscape structure in Asia's emerging desakota regions: a case study in Shenzhen [J]. Landscape Urban Plan, 53 (1): 37-52.

Swartz R C. 1999. Consensus sediment quality guidelines for polycyclic aromatic hydrocarbon mixtures [J]. Environ Toxicol Chem, 18 (4): 780-787.

Takada H, Ishiwatari R, Ogura N. 1992. Distribution of linear alkylbenzenes (LABs) and linear alkylbenzene sulfonates (LAS) in Tokyo Bay sediments [J]. Estuar Coast Shelf S, 35 (2): 141-156.

Tan Z X, Rattan L. 2005. Carbon sequestration potential esti-mates with changes in land use and tillage practice in Ohio, USA [J]. Agric Ecosyst Environ, 111: 140-152.

Tayfur G, Singh V P. 2005. Predicting Longitudinal Dispersion Coefficient in Natural Streams by Artificial Neural Network [J]. J Hydraul Eng-Asce, 131 (11): 991-1000.

Thompson S P, Paerl H W, Go M C. 1995. Seasonal patterns of nitrification and denitrification in a natural and a restored salt marsh [J]. Estuaries, 18 (2): 399-408.

Tiago I, Chung A P, VerSsimo A. 2004. Bacterial Diversity in a Nonsaline Alkaline Environment: Heterotrophic Aerobic Populations [J]. Appl Environ Microbiol, 70 (12): 7378-7387.

Tiehm A. 1994. Degradation of polycyclic aromatic hydrocarbons in the presence of synthetic surfactants [J]. Appl Environ Microbiol, 60 (1): 258-263.

Tobias C R, Anderson I C, Canuel E A, et al. 2001. Nitrogen cycling through a fringing marsh-aquifer ecotone [J]. Mar Ecol Prog Ser, 210: 25-39.

Tremolada P, Parolini M, Binelli A, et al. 2009. Seasonal changes and temperature-dependent accumulation of polycyclic aromatic hydrocarbons in high-altitude soils [J]. Sci Total Environ, 407 (14): 4269-4277.

Vaidya O S, Kumar S. 2006. Analytic hierarchy process: An overview of applications [J]. Eur J Oper Res, 169: 1-29.

Van Vleet E S, Quinn J G. 1979. Early diagenesis of fatty acids and isoprenoid alcohols in estuarine and coastal sediments [J]. Geochim Cosmochim Ac, 43 (3): 289-303.

Verhoeven J T, Arheimer B, Yin C, et al. 2006. Regional and global concerns over wetlands and water quality [J]. Trends Ecol Evol, 21 (2): 96-103.

Vitousek P M, Howarth R W. 1991. Nitrogen limitation on land and in the sea: how can it occur? [J]. Biogeochemistry, 13: 87-115.

Volkman J K, Jeffrey S W, Nichols P D, et al. 1989. Fatty acid and lipids composition of 10 species of microalgae used in mariculture [J]. J Exp Mar Bio Ecol, 128 (3): 219-240.

Wanchope R D. 1985. Fixation of arsenical herbicides、phosphate and arsenate in alluvial soils [J]. J Environ Qual, 4 (3): 355-358.

Wannigama G P, Volkman J K, Gillan F T, et al. 1981. A comparison of lipid components of the fresh and dead leaves and penumatophores of the mangrove Avicennia marina [J]. Phytochemistry, 20 (4): 659-666.

Watts S H, Seitzinger S P. 2000. Denitrification rates in organic and mineral soils from riparian sites: a comparison of N2 flux and acetylene inhibition methods [J]. Soil Biol Biochem, 32 (10): 1383-1392.

Wen Y, Chen Y, Zheng N, et al. 2010. Effects of plant biomass on nitrate removal and transformation of carbon sources in subsurface-flow constructed wetlands [J]. Bioresource Technol, 101 (19): 7286-7292.

Yu W Y, Zhou G S, Chi D C, et al. 2008. Evapotranspiration of Phragmites communis community in Panjin wetland and its control factors [J]. Acta Ecologica Sinica, 28 (9): 4594-4601.

Zhou C F, Qin F, Xie M. 2003. Vegetating coastal areas of east China species selection, seedling cloning and transplantation [J]. Ecol Eng, 20: 275-286.

Zhu L Z, Cai X F, Wang J. 2005. PAHs in aquatic sediment in Hangzhou, China: Analytical methods, pollution pattern, risk assessment and sources [J]. J Environ Sci, 17 (5): 748-755.